U0865836

江苏“十四五”普通高等教育本科省级规划教材
普通高等学校机械类一流本科专业建设创新教材

机械设计综合训练

（第五版）

主　编　朱永梅　王明强
副主编　王黎辉

科学出版社
北　京

内 容 简 介

本书阐述了机械设计综合训练的基本内容，提供了相关的设计参考资料和图例，编写了适用于不同专业、不同学时的综合训练题目。本书分为四部分：第一部分为机械设计综合训练指导；第二部分为机械设计现代设计方法训练；第三部分为机械设计综合训练参考资料；第四部分为综合训练题目。另设有附录，提供相关重点难点的微课视频。

本书利用现代教育技术和互联网信息技术，将部分学生难以理解的重点难点制作成三维仿真动画、微课视频等，通过二维码技术实现教学互动和师生互动。

本书可用作高等工科院校机械类、近机类及部分非机类专业师生的教材，即可以作为不同专业、不同学时的机械设计综合训练、机械设计综合课程设计、机械设计课程设计、机械设计基础课程设计等课程的教材。

图书在版编目(CIP)数据

机械设计综合训练 / 朱永梅, 王明强主编. -- 5 版. 北京 : 科学出版社, 2025. 5. --(江苏“十四五”普通高等教育本科省级规划教材)(普通高等学校机械类一流本科专业建设创新教材). -- ISBN 978-7-03-082146-1

Ⅰ. TH122

中国国家版本馆 CIP 数据核字第 202525FW04 号

责任编辑：邓 静 / 责任校对：王 瑞
责任印制：师艳茹 / 封面设计：马晓敏

科 学 出 版 社 出版
北京东黄城根北街 16 号
邮政编码：100717
http://www.sciencep.com

三河市骏杰印刷有限公司印刷

科学出版社发行 各地新华书店经销

*

2007 年 11 月第 一 版 开本：787×1092 1/16
2025 年 5 月第 五 版 印张：17 1/2
2025 年 5 月第 22 次印刷 字数：440 000

定价：59.80 元

（如有印装质量问题，我社负责调换）

前　言

本书内容遵循“新工科”建设理念，对接机械类人才培养的核心要求，基于机械设计课程群系统性改革方案，以强化工程实践能力和创新素养为导向，重点构建以数字化设计能力和复杂系统创新能力为核心的体现“理论—实践—创新”三位一体的培养体系，系统整合工程教育专业认证标准与数字设计技术发展需求，重点突出工程伦理意识培育和工程问题解决能力的培养。

本书编写的指导思想是：

(1) 强调机械设计中总体设计能力的培养，将原机械原理课程设计和机械设计课程设计内容整合为一个新的课程设计体系即机械设计综合训练，将学生在机械设计系列课程中(如机械制图、机械制造基础、机械工程材料、工程力学、互换性与技术测量、机械原理、机械设计等) 所学的内容有机地结合，进行综合设计实践训练，使课程设计与机械设计实际的联系更为紧密。

(2) 分析整理机械设计综合训练的任务和内容，以简单机械系统(机械装置或产品设计) 为主线，完成其总体方案设计和执行机构的选型、设计、分析，完成机构和零部件运动学、动力学分析和设计，完成零部件设计计算和结构的设计分析，完成绘制机械系统图、部件装配图和零件图，完成零部件三维造型，完成计算机辅助设计与分析等。

(3) 以典型船海机械设计为主线，剖析设计程序和方法，增加了机械构思设计和创新设计等内容，对学生的方案设计内容和要求有所加强，以利于培养学生的创新能力和竞争意识。

(4) 兼顾不同专业、不同学时的教学要求。本书的基本内容和设计资料，在保留传统选材精华的基础上，增加了具有创新特点和不同难度的设计题目，选题范围广，既可用于不同专业的机械设计综合训练，也可用于各专业的机械设计课程设计及其他综合训练。

(5) 提倡学生使用现代化设计手段，实现在 AutoCAD 环境下完成二维绘图、三维造型，以及零部件的计算机辅助设计和分析，有利于提高学生的综合素质。

(6) 利用现代教育技术和互联网信息技术，制作了大量三维仿真动画、微课视频等，通过二维码技术实现知识讲解和重点难点知识学习。

本书共 13 章：第 1 章绪论，第 2 章机械运动方案设计，第 3 章机械总体设计参数计算，第 4 章执行机构设计及分析，第 5 章机械传动装置的设计，第 6 章零件图样设计，第 7 章编写设计计算说明书和准备答辩，第 8 章常用机构的计算机辅助设计，第 9 章常用零部件的三维建模和有限元分析，第 10 章机械设计常用标准和规范，第 11 章减速器结构及零件图例，第 12 章机械装置参考图例，第 13 章机械设计综合训练题目。另外，附录设置有机械设计综合训练重点难点微视频。

本书由朱永梅、王明强担任主编。参加本书第五版编写和修订工作的有朱永梅、王明强、王黎辉、李纯金、邱小虎、刘志强、田桂中、樊玉杰、周元凯、展铭、梁杰能等。编写具体分工为：王明强编写第 1 章，刘志强编写第 2 章，田桂中编写第 3 章，李纯金编写第 4 和 11

章，朱永梅编写第 5 和 12 章，邱小虎编写第 6 和 9 章，展铭编写第 7 章，樊玉杰编写第 8 章，王黎辉编写第 10 章，周元凯、梁杰能编写第 13 章，附录中微视频由朱永梅、樊玉杰、张维光、邱小虎等提供，全书由朱永梅负责统稿。

由于作者水平有限，本书难免存在不足和欠妥之处，敬请同行和广大读者批评指正。

作　者
2024 年 12 月

目　　录

第一部分　机械设计综合训练指导

第二部分　机械设计现代设计方法训练

第三部分　机械设计综合训练参考资料

第四部分　综合训练题目

第一部分　机械设计综合训练指导

第1章　绪　　论

1.1　现代船舶与海洋工程机械装备发展

机械工程装备是指在机械工程领域中用于设计、制造、测试和维护机械系统的各种设备和工具。近年来，随着计算机技术和信息技术的发展，机械工程装备逐渐向数字化和智能化转型，出现了如智能制造、工业 4.0 等新概念。机械工程装备广泛应用于多个领域，包括但不限于航空航天、船舶与海洋工程、土木与建筑工程、汽车制造和能源开发等行业。在海洋强国战略的引领下，越来越多的科学研究聚焦于海洋资源的可持续开发和管理。船舶与海洋工程装备是实现深远海洋科学研究和资源开发的重要技术支撑(图 1-1)。

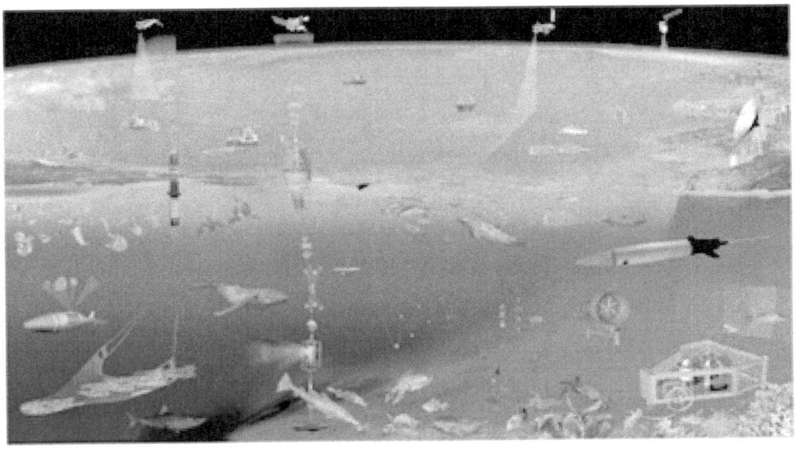

图 1-1 彩图

图 1-1　海洋科学研究和资源开发

海洋资源开发在 20 世纪中叶仍处于初步阶段，船舶设计主要集中于满足基本的运输需求。然而，随着深海石油和天然气开发的迅速发展，自升式钻井平台(图 1-2)逐渐成为海洋工程装备的重要组成部分。自升式钻井平台具有独立升降的能力，主要由平台结构、桩腿和升降传动装置等组成。在作业时，平台依靠升降装置将其提升至海平面以上，以避免海浪冲击；同时通过锁紧机构将平台固定，利用桩腿的支撑在海底进行钻井作业。这些升降装置通常分为齿轮齿条式和液压插销式，允许平台在水面浮动时升降，或者使平台沿桩腿上下移动。

图 1-2　自升式钻井平台

与此同时，潜水器的技术进步也是现代海工机械装备发展中的一个关键领域。目前，现代潜水器如“奋斗者”号和“蛟龙”号(图 1-3)，在设计上越来越趋向智能化和轻量化，这对于提升水下深潜能力至关重要。这些先进潜水器不仅具备在极端环境中执行高复杂性任务的能力，还能够实时采集和传输环境数据，极大地拓展了科研和探测的范围。潜水器的设计涵盖多种类型，包括载人潜水器和无人潜水器，以满足不同任务需求。

图 1-3　深海潜水器

此外，海底多金属结核资源开采的兴起使深海采矿的重要性日益凸显(图 1-4)。深海采矿是指在海洋深处进行矿物资源开采的活动，旨在获取丰富的矿产资源，如锰结核、稀土元素和化石燃料等。由于采矿区域位于深海，面临着极高的技术挑战，包括强大的水压、低温和复杂的水流环境，因此需要高度专业化的设备和技术来进行探测、钻探、收集和运输。

展望未来，现代船舶与海工机械装备将愈加趋向智能化和可持续化。人工智能技术的引入，不仅可以提高船舶的自主航行能力，同时也能够提高各种作业机械的自动化水平，使其在更复杂的海洋环境中操作更加安全、高效。此外，新型材料的应用将成为新的发展方向，以适应全球对可再生资源和可持续发展的需求。作为连接资源开发与生态保护的桥梁，现代海工机械装备在未来将发挥更加关键的作用。

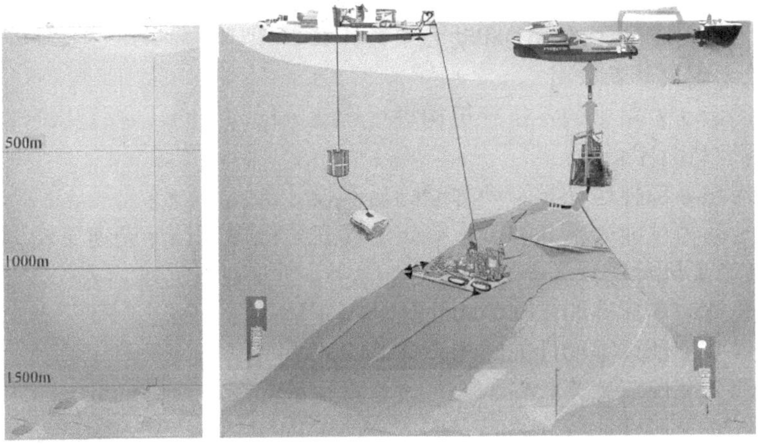

图1-4　深海采矿装备

1.2　机械设计综合训练的概述

机械设计综合训练是针对机械设计系列课程的教学要求，由原机械原理课程设计和机械设计课程设计综合而成的一门设计实践性课程，是继机械原理与机械设计课程后，理论与实践紧密结合，培养工科学生机械工程设计能力的课程。

综合训练内容主要涉及机械设计、机械原理、机械制图、机械制造基础、机械工程材料、工程力学(理论力学、材料力学)、互换性与技术测量等课程基础知识。教学内容主要为：以简单机械系统(机械装置或产品设计)为主线，完成其总体方案设计和执行机构的选型、设计、分析，完成机构和零部件运动学、动力学分析和设计，完成零部件设计计算和结构的设计分析；完成绘制机械系统图、部件装配图和零件图，完成零部件三维造型，完成计算机辅助设计计算与分析等，编写设计计算说明书，最终完成设计任务。

1. 机械设计综合训练的目的

机械设计综合训练的目的主要包括以下三方面。

(1) 培养学生综合运用所学的理论知识与实践技能，树立正确的设计思想，掌握机械设计一般方法和规律，提高机械设计能力。

(2) 通过设计实践，熟悉设计过程，学会准确使用资料、设计计算、分析设计结果及绘制图样，在机械设计基本技能的运用上得到训练提高。

(3) 在教学过程中，为学生提供一个较为充分的设计空间，使其在巩固所学知识的同时，强化创新意识，在设计实践中深刻领会机械工程设计的内涵。

2. 机械设计综合训练的任务

机械设计综合训练的任务是以简单机械系统(机械装置或产品设计)为主线完成其运动方案设计和传动零部件的工作能力设计。具体如下。

1) 机械装置总体设计

(1) 根据给定机械的工作要求，确定机械的工作原理，拟定工艺动作和执行构件的运动形式，绘制工作循环图。

(2) 选择原动机的类型和主要参数，并进行执行机构的选型与组合，设计该机械的几种运动方案，对各种运动方案进行分析、比较和选择，完成其总体方案设计。

(3)完成该机械传动装置的运动和动力参数计算。

2)机械装置方案设计及分析

(1)对选定的运动方案中的各执行机构进行运动分析与综合，完成其设计，确定其运动参数，并绘制机构运动简图。

(2)完成机构和零部件运动学、动力学分析和设计。

(3)进行机械动力性能分析与综合，确定速度变化规律，设计调速飞轮。

3)机械传动装置设计及计算

(1)进行主要传动零部件的工作能力设计计算。

(2)传动装置中各轴系零部件的结构设计。

(3)完成轴的强度校核计算、轴承的寿命计算及键等校核计算。

(4)箱体及附件等的设计与选用。

4)图形绘制及表达

(1)绘制机械系统图。

(2)绘制部件装配图。

(3)绘制零件图。

5)完成零部件三维造型

根据绘制的图形完成零部件三维造型。

6)完成计算机辅助设计计算等

整理有关分析设计和计算机计算程序。

7)编制设计计算说明书

整理各阶段设计计算过程，检查是否有疏漏。进行课程设计答辩。

依据专业和学时的不同，所选择的题目的不同，这些任务可以进行调整和取舍，并有所侧重。

3. 机械设计综合训练的要求

在机械设计综合训练过程中，要求每个学生做到以下几方面。

(1)坚持系统观念。党的二十大报告中指出“必须坚持系统观念”，同样的，在工程设计中，我们应该在多重目标中寻求动态平衡，各要素都服从整体功能的要求，不要求所有要素都具有完美性能，但要与其他相关要素能很好地统一协调。

(2)了解机械装置或产品设计过程和设计要求，以机械总体设计为出发点，采用系统分析的方法，合理确定机械运动方案和结构布局。

(3)以所学知识为基础，针对具体设计题目，充分发挥自己的主观能动性，独立地完成综合训练分配的各项任务，并注意与同组其他同学进行协作与协调。

(4)在确定机械工作原理、构思机械运动方案等过程中，要有意识地采用创新思维方法，设计出原理科学、方案先进、结构合理的机械产品。

(5)对设计题目进行深入分析，收集类似机械的相关资料，通过分析比较，吸取现有机械中的优点，并在此基础上发挥自己的创造性，提出几种可行的运动方案，通过比较分析，优选出一、两种方案进行进一步设计。

(6)仔细阅读本书，并随时查阅机械原理与设计教材和有关资料，在认真思考的基础上提出自己的见解。

(7)正确使用综合训练参考资料和标准规范，认真计算和制图，力求设计图样符合国家标准，计算过程和结果正确。

(8) 在条件许可时，尽可能多地采用计算机辅助设计技术，完成综合训练中分析计算和图形绘制。

(9) 在综合训练过程中，应注意将方案构思、机构分析以及设计计算等所有工作都仔细记录在笔记本上，最后将笔记本上的内容进行分类整理、补充完善，即可形成设计计算说明书。

(10) 每个同学都要认清自己在工程设计中承担的责任，在设计实践中体会精益求精的工匠精神，建立严谨规范的工程素养和客观缜密的科学思维。

1.3　机械设计综合训练的一般步骤和注意事项

1. 机械系统的组成及设计

机械系统主要由原动机、传动装置、执行机构、操纵系统和控制系统等组成，能替代人完成特定的功能并做功的设备和系统，有时将机械系统简称为机械。对特定用途、结构功能相对简单的机械系统可称为机械装置或产品。

机械系统是实现一定功能和达到一定目的的技术系统。设计中必须紧密结合现实生活和生产实践中的实际机械，分析和研究它们的组成和应用方案，确定其功能、运动参数等。

机械设计主要应了解设计任务、设计方法及机械系统方案拟定，应掌握用功能分析和综合的方法设计机械系统的方案，会对机械系统设计实例进行分析。

机械设计综合训练一般以简单机械装置或产品作为设计对象，例如，图 1-5、图 1-6 分别为带式运输机和搓丝机简图。设计任务中可只给出工作机的原始运动、动力参数和工作要求，如图 1-5(a) 和图 1-6(a) 所示；也可给出该机械装置的布置图(图 1-5(b) 和图 1-6(b))或系统简图(图 1-5(c) 和图 1-6(c))，作为设计参考。

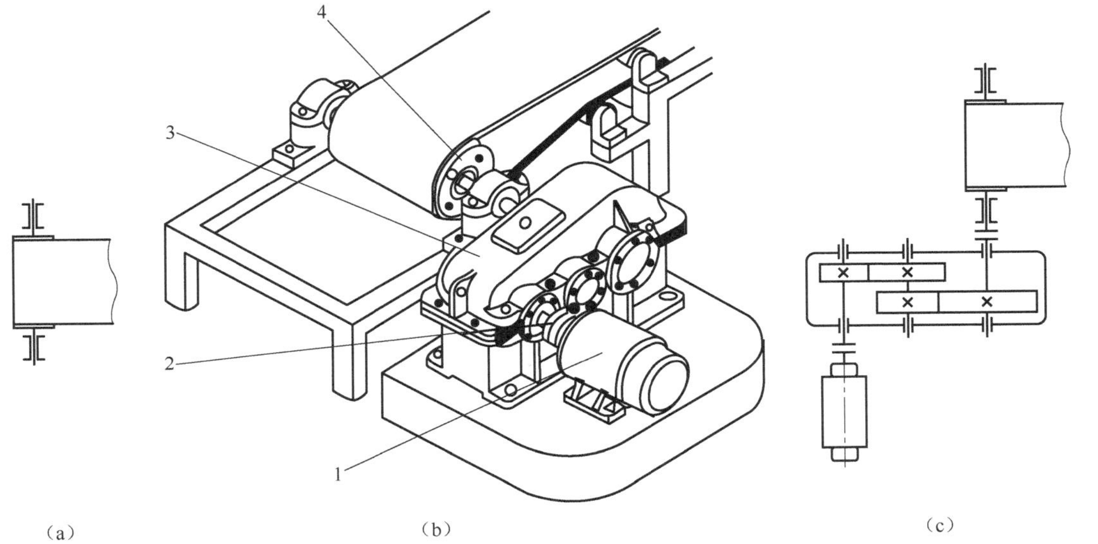

1-电动机；2-联轴器；3-减速器；4-驱动滚筒

图 1-5　带式运输机简图

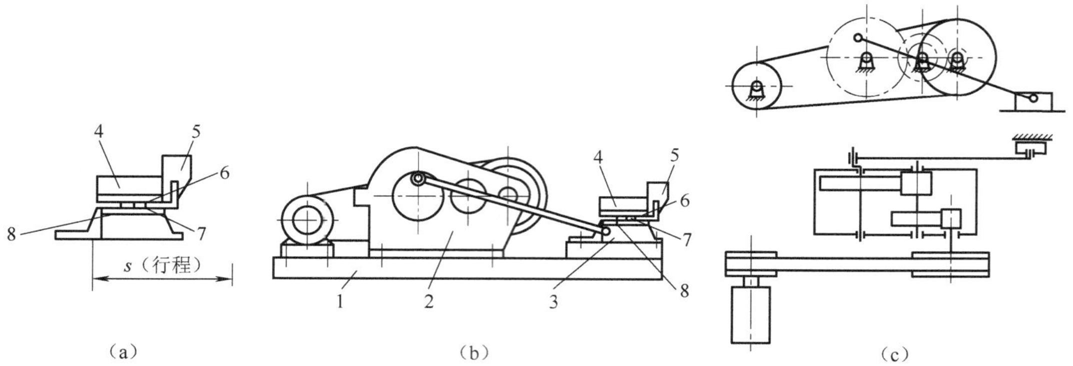

1-床身；2-传动系统；3-滑块；4-机头；5-送料装置；6-上搓丝板；7-工件；8-下搓丝板

图 1-6　搓丝机简图

设计内容主要包括：设计任务分析；总体方案论证，绘制总体系统图；选择原动机，确定传动装置和执行机构的类型，分配传动比；计算各设计零部件的运动和动力参数，如各轴的受力、转矩、转速、功率等；设计传动件、轴系零件、箱体、机构构件和为保证机械装置正常运转所必需的附件，绘制装配图样和零件图样；整理和编写设计计算说明书；最后进行考核和答辩等。

2. 常用船舶机械

船舶辅机数量庞大、品种繁多，其成本约为整个船舶配套的一半。船舶辅机涉及的技术面较为广泛，各处的技术发展水平差异较大。甲板机械作为其中的一种，主要包括：舵机、起锚机、吊机和救生设备等。目前，甲板机械技术发展的趋势为：集自动化、数字化、智能化、高效和模块化于一体，向小型化、大容量、高可靠性、低功耗、绿色环保方向发展。

(1)通过采用先进的设计技术来缩短产品的研发周期，如利用有限元法、流体力学法、多体动力学等技术对模型进行数字化仿真，对产品的质量进行提高，对产品性能进行改善，进而增强产品的市场力。

(2)通过建立半实物模型进行仿真和系统动态模拟，将结果和数字仿真及设计参数进行比较，进一步提高产品的质量，减少产品的设计周期。

(3)通过利用成熟的共性技术，目前我国船舶机电配套设备的技术已向智能化、网络化和机电液一体化方向发展，这对于提高产品的生产效率和维护机器设备有重要的意义。

3. 机械设计综合训练的步骤

1)设计准备

首先应明确设计任务、设计要求及其工作条件，针对设计任务和要求进行分析调研，查阅有关资料，有条件的可参观有相似机械装置的现场或实物。

2)方案设计

根据分析调研结果，选择原动机、传动装置和执行机构及它们之间的连接方式，拟定若干可行的总体设计方案。

3)总体设计

对所拟定的设计方案进行必要的计算，如总传动比和各级传动比、各轴的受力、转矩、转速、功率等，并对执行机构和传动机构进行初步设计，进行分析比较，择优确定一个正确合理的设计方案，绘制传动装置和执行机构的总体方案简图。

4) 传动装置设计

针对整机或某一部件，如部分传动装置或执行机构等，进行详细设计，完成各个传动零部件的强度、刚度、寿命计算。

5) 结构设计

根据各个零部件的设计计算得到的尺寸和结构要求，确定其结构尺寸和装配关系，并根据整机运转要求，进行箱体和附件设计，完成装配图样设计和零件图样设计。

6) 整理文档

整理设计图样，编写设计计算说明书。

4. 机械设计综合训练中需要注意的几个问题

1) 循序渐进，逐步完善和提高

在设计过程中，应特别注意理论与实践的结合。设计者应充分认识到，设计过程是一项复杂的系统工程，要从机械系统整体需要考虑问题，成功的设计必须经过反复的推敲和认真的思考才能获得，设计过程不会是一帆风顺的，要注意循序渐进。设计和计算、绘图和修改、完善和提高，常需要交叉结合进行。

2) 巩固机械设计基本技能，注重设计能力的培养和训练

机械设计的内容繁多，而所有的设计内容都要求设计者将其明确无误地表达为图样或软件形式，并经过制造、装配方能成为产品。机构设计，强度、刚度计算和结构设计，图样表达是在设计中必备的知识和技能。学生应自觉加强理论与工程实践的结合，掌握认识、分析、解决问题的基本方法，提高设计能力。

3) 汲取传统经验，发挥主观能动性，勇于创新

机械设计综合训练题目多选自工程实际中的常见问题，设计中有很多前人的设计经验可供借鉴。学生在学习过程中应注意了解、学习和继承前人的经验，同时又要充分发挥主观能动性、勇于创新，在设计实践中自觉培养创新能力，以及发现问题、分析问题和解决问题的能力。

4) 从整体着眼，提高综合设计素质

在设计过程中，应自觉加强自主设计意识，注意先总体设计，后零部件设计；先概要设计，后详细设计。遇到设计难点时，要从设计目标出发，在满足工作能力和工作环境要求的前提下，首先解决主要矛盾，逐渐化解其他矛盾；提倡使用成熟软件和计算机，提高运用现代设计手段的能力。

5) 正确处理创新与经验设计的关系

设计时，要正确处理传统设计与创新设计的关系，要合理利用各种设计资料和手册，优先选用标准化、系列化产品，力求做到技术先进、可靠安全、经济合理、使用维护方便。适当采用新技术、新工艺和新方法，以提高产品的技术经济性和市场竞争能力。

1.4 机械设计综合训练的结构体系

机械设计综合训练的培养目标是要求学生掌握基本设计理论完成常用普通机械产品的设计；培养学生实现“设计计算→结构设计→产品设计”的转化过程；培养学生利用设计资料

和手册的能力；初步培养学生利用现代化设计工具、手段及现代设计方法，完成机械设计的能力；进一步培养学生工程动手能力和工程意识、工程设计能力。

通过工程素质、机械知识、设计能力和创新能力的综合一体化研究，建立机械设计综合训练的体系结构(图 1-7)。

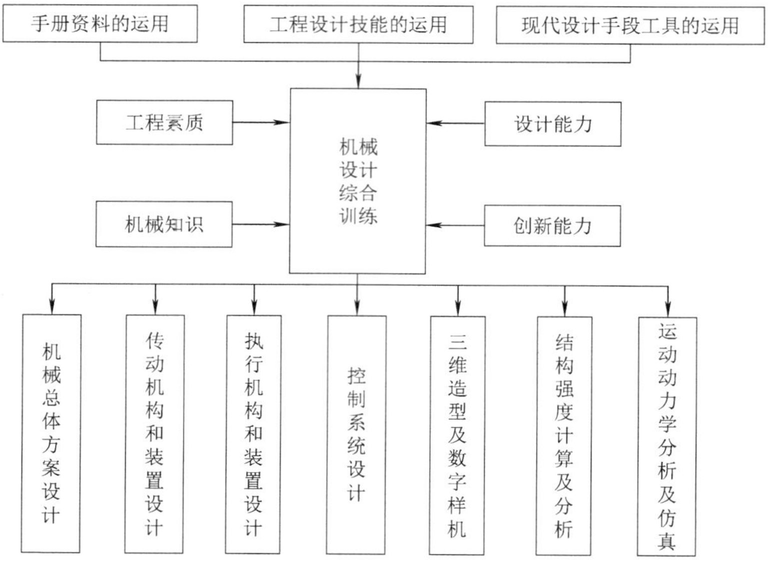

图 1-7　机械设计综合训练体系结构

机械设计综合训练是学生完成机械原理和机械设计(或机械设计基础)及其他相关先修课后进行的集中实践性训练，是学生首次较全面地完成机械传动系统设计、机械结构设计和机械系统性能分析的一个十分重要的实践性教学环节。旨在进一步加深理解机械工程的基本知识，并运用所学理论和方法进行一次综合性设计训练，从而培养学生独立分析问题和解决问题的能力，掌握机械设计的一般方法。

机械设计综合训练完成的能力培养主要体现在设计能力的培养和工程意识的建立上。其主要关系可通过图 1-8 反映出来。

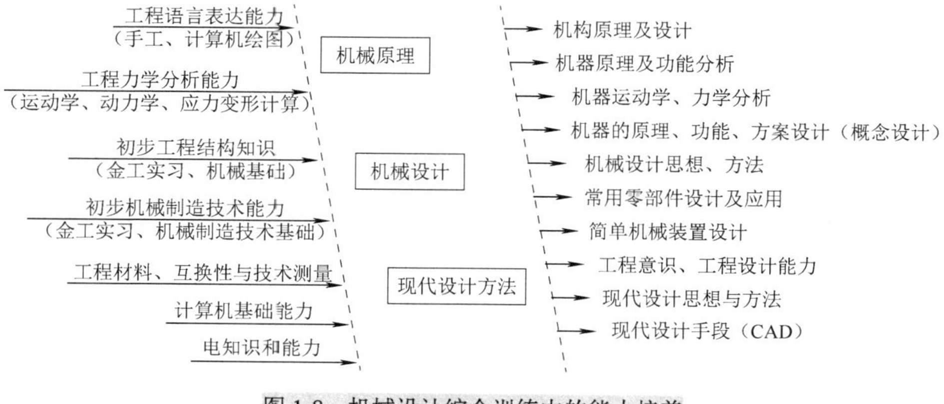

图 1-8　机械设计综合训练中的能力培养

1.5 现代机械设计的方法概述

1.5.1 机械设计的基本原则

机械的设计、生产和使用水平是工业技术水平及其现代化程度的标志之一，现代机械产品常具有机电一体化特征，而设计是决定产品技术经济性能的重要环节。

机械产品的成本、生产周期、产品质量、技术经济性能、工作性能及其安全和可靠性等指标，在很大程度上是由设计阶段决定的。统计表明，60%的质量事故是设计失误造成的，70%～80%的产品成本取决于设计本身，机械设计在产品的全生命周期中起着十分重要的作用。机械设计应遵循以下基本原则。

1. 创新原则

设计是人们为达到某种目的所做创造性工作的描述，因而创新是设计的主要特征。现代机械设计，首先应是创新的设计，其特点常表现为理论和实践经验与直觉的结合。现代设计的综合性内涵已越来越突出地显现于产品设计之中，产品的系统性，多目标、短周期、多品种的设计要求，使多领域跨学科交叉共同设计更为普遍，这虽然使设计的复杂性增加，但也给产品创新提供了更好的机遇。新的构思和创新设计，常使产品更具生命力。

2. 安全原则

产品安全可靠地工作是对设计的基本要求。设计中为了保证机械装备的安全运行，必须在结构设计、材料性能、零部件强度、刚度及摩擦学性能、运动及其动态稳定性等方面按照一定的设计理论和设计标准来完成设计。产品的安全性通常是指在某种工况条件及可靠度水平上的安全性，是设计中必须满足的指标。

3. 技术经济原则

产品的技术经济性常用产品本身的技术含量与价格成本之比来衡量，产品技术含量越高与价格成本越低，其技术经济性越好。由于市场竞争激烈，现代工业产品的设计周期、技术指标将直接影响产品的成本消耗和经济效益。设计对技术经济指标的影响，必然引起设计者的充分重视。

4. 工艺性原则

产品完成图样设计后，进入生产或试生产阶段，产品零部件的生产和装配工艺性，应是设计者在设计过程中要解决的问题。设计时要力求使零部件的结构工艺性合理，生产过程最简单，周期最短，成本最低。除传统机械加工外，现代工艺技术的发展为我们提供了多种先进的制造加工手段，如高精度组合加工、光加工和电加工等，合理的设计可以使产品加工装配易于实现，同时又具有良好的经济性。

5. 维护性原则

产品经流通领域到达最终用户后，其实用性、维护性就显得十分重要。平均无故障时间、最大检修时间通常是用户的基本维护指标，而这些指标显然取决于设计过程。良好的维护性和实用性，可以使产品较好地适应使用环境和生产节奏，在高效工作的同时，节省维护费用。事实上产品的维护性好、可靠性高，可以更充分地发挥其潜在的社会和经济效益。

1.5.2 机械设计的现代方法

设计工作应充分体现设计目标的社会性、设计方案的多样性、工程设计的综合性、设计条件的约束性、设计过程的完整性、设计结果的创新性和设计手段的先进性。科学技术的进步，为设计者提供了越来越丰富的技术手段和方法，机械设计也有它自己的特点和必须遵循的科学规律；只有掌握设计规律和先进的设计方法，充分发挥聪明才智，才能圆满完成设计任务。

近几十年来，由于科学技术的飞速发展和计算机技术的普遍应用，给机械设计带来了新的变化。随着科技发展，新工艺、新材料的出现，微电子技术、信息处理技术及控制技术等新技术对机械产品的渗透和有机结合，与技术相关的基础理论的深化和设计思想的更新，使机械设计跨入了现代设计阶段，该阶段使用的新型技术和方法称为现代设计方法。

与传统设计方法相比，现代设计方法的主要特点是：①强调设计的全过程；②突出设计者的创造性；③用系统工程处理人-机-环境的关系；④寻求最优的设计方案和参数；⑤动态的、精确的分析和计算机械的工作性能；⑥将计算机全面地引入设计全过程；⑦强调产品的生态性能即绿色环保性。

常用的现代设计方法有：机械系统设计、计算机辅助设计、创新设计、优化设计、可靠性设计、摩擦学设计、反求设计、并行设计、三次设计、虚拟设计、智能设计、相似性设计、人机工程、绿色设计等。

所有这些设计方法都以系统性、社会性、创造性、智能化、数字化和最优化为特征，以快捷获得高技术经济价值机械产品为目标。

1.5.3 机械设计中的创新设计

机械设计是为达到预定设计目标的思维和实现的过程，设计产品应有所创新。因而，设计者应具有良好的专业技术和广博的知识视野，才能借鉴前人经验，推陈出新，得到符合设计标准和独创新颖的设计结果。创新设计是在设计中采用新的技术原理、技术手段、非常规的设计过程和方法进行设计，以提高产品的技术经济内涵和市场竞争能力。

培养工程意识，加强工程实践锻炼，重视学生独立工作的能力，进行创新思维训练，就可以培养学生的创新设计能力。

1. 创新设计的基本原理

创新设计方法是以创造学理论，尤其是创造性思维规律为基础，通过对广泛的创造活动及实践经验进行概括、总结，而提炼得出的创造发明的一些原理、技巧和方法。创新技法的基本出发点是打破传统思维习惯，克服阻碍创新设计的各种消极的心理因素，充分发挥创新思维，以提高创造力为宗旨，进而促使多出创造性成果。创新设计方法的基本原理有以下几种。

(1) 主动原理：创造者经常保持有强烈的好奇心，勇于设问探索。

(2) 刺激原理：广泛留心和接受各种外来刺激，善于吸纳各种知识和信息，对各种新奇刺激有强烈兴趣，并跟踪追击。

(3) 希望原理：不安于现状，不满足于既得经验和既成事实，追求产品的完善化和理想化。

(4) 环境原理：保持自由和良好的心境，有容许失败的社会环境。

(5) 多多益善原理：树立创造设想越多，创造成功的概率就越大的信念，解决任何问题都要有多个方案，只有设想很多方案，才能在比较鉴别的基础上选择出最优方案。

(6)压力原理：人不能在高压中生活，但是可以利用高压来为人类服务。

2. 创新设计法则

根据创新设计的基本原理可以形成众多创新设计法则，具体有：分析与综合法则、还原法则(抽象法则)、对应法则、移植法则、离散法则、强化法则、换元法则、迂回法则、组合法则、逆反法则、造型法则(仿形法则)、群体法则等。所有这些创新设计法则都可单独应用加以实现，也可以几个法则组合运用。常用的创造法则及其简单原理如下。

1)分析与综合法则

分析与综合法则就是先把设计提出的要求，分解为各个层次和各种因素，分别加以研究，分析其本质，然后再按设计要求，综合成为一个新的系统。

对某几种机器的工艺动作和功能、结构进行分解分析。注意综合不是将对象各个构成要素的简单相加，而是使综合后的整体作用导致为创造性的新发现。

技术综合创造法很多，主要包括以下几种。

(1)先进技术成果综合法。

(2)多学科技术综合法。

(3)新技术与传统技术综合法。

(4)自然科学与社会科学综合法。

2)还原法则(抽象法则)

还原创造的定义是：任何发明和革新都有创造的起点和创造的原点，创造的原点为基本功能要求，是唯一的；创造的起点为满足该功能要求的手段与方法，是无穷的。创造的原点可作为创造起点，但并非任何创造起点都可作为创造的原点；研究已有事物的创造起点，并深入到它的创造原点，再从创造原点另辟门路，用新的思想、新的技术重新创造该事物或从原点解决问题。即抽象出其功能，集中研究实现该功能的手段和方法，或从中选取最佳方案，这就是还原创造法的目的。

3)对应法则

常用的对应法则有以下几种。

(1)相似对应联想：设计时，人脑中会自然地产生一种倾向，会联想起同这次设计要求相似的设计过程和经验。

(2)对比对应联想：联想起与这次设计要求完全相反的经验。

(3)接近对应联想：联想起在时间上或空间上与这次设计要求相关联的经验。

只有掌握对应联想的法则，把自己身边或岗位上革新的成果与发明对象进行联想，就会产生许多意想不到的设想。

4)移植法则

这是一个把原研究对象的概念、原理和方法等运用于其他研究对象并取得成果的认识。移植法可分为以下几种。

(1)纵向移植法：沿不同物质层次和运动级别进行的移植法。

(2)横向移植法：在同一物质层次和运动级别内的不同形态之间进行的移植法。

(3)综合移植法：把多种物质层次和运动级别的概念、原理和方法，综合引进到同一研究领域或同一研究对象的移植法。

(4) 技术移植法：在同一技术领域的不同研究对象或不同技术领域的各种研究对象之间进行的移植法。

5) 离散法则

离散法则是冲破商品互补型观念的限制，把互补型商品予以分离，创造发明出一种或多种新产品的一种方法。例如，把眼镜的镜架和镜片分离出来，发明出一种新型产品——隐形眼镜。隐形眼镜不用镜架，缩短了镜片与眼球之间的距离，同时起到美容和矫正视力的双重作用。

3. 创新设计方法

创新设计方法众多，常月的创新设计方法有：功能原理法、智力激励法、提问列举法、思维的扩展法、联想类推法、组合创新法、仿真与变异法、专利利用法、信息交合法、仿生移植法和系统搜索法等。

1.6　现代设计人员的素养

工程师的主要工作是从事工程的规划、设计、实施、运行和管理，其工程行为对企业的发展具有至关重要的影响，被形象地喻为“企业的第一生产力”，高校机械类专业学生是未来的机械工程师，是经济建设的主力军，其水平高低在很大程度上决定了我国经济建设成就。机械工程师基本要求如下：

(1) 熟练掌握工程制图标准和数字化建模方法；掌握公差配合的选用和标注。

(2) 熟悉常用金属材料的性能、试验方法及其选用。掌握钢的热处理原理，熟悉常用金属材料的热处理方法及其选用。了解常用工程塑料、特种陶瓷、光纤和纳米材料的种类及应用。

(3) 掌握机械产品设计的基本知识与技能，能熟练进行零、部件的设计。熟悉机械产品的设计程序和基本技术要素，能用计算机进行辅助设计，了解数字孪生、人工智能辅助设计等先进技术。

(4) 掌握制订工艺过程的基本知识与技能，能熟练制订典型零件的加工工艺过程，并能分析解决现场出现的一般工艺问题。熟悉铸造、压力加工、焊接、切(磨)削加工、特种加工、表面涂盖处理、装配等机械制造工艺的基本技术内容、方法和特点，并掌握其中重点。掌握智能制造系统集成方法，熟悉柔性生产线设计原则。

(5) 熟悉与职业相关的安全法规、道德规范和法律知识。熟悉工业互联网下新型的经济和管理模式。了解管理创新的理念及应用。

(6) 熟悉质量管理和质量保证体系，掌握过程控制的基本工具与方法，了解有关质量检测技术。

(7) 熟悉计算机应用的基本知识。熟悉计算机数控(CNC)系统的构成、作用和控制程序的编制。了解计算机仿真的基本概念和常用计算机软件的特点及应用。

(8) 具备系统思维、跨学科协作能力、持续学习和创新意识。

第 2 章　机械运动方案设计

2.1　机械运动方案设计步骤

机械运动方案设计的主要内容是：根据给定机械的工作要求，确定机械的工作原理，拟定工艺动作和执行构件的运动形式，绘制工作循环图；选择原动机的类型和主要参数，并进行执行机构的选型与组合，随之形成机械系统的几种运动方案，对运动方案进行分析、比较、评价和选择；对选定运动方案中的各执行机构进行运动综合，确定其运动参数，并绘制机构运动简图，在此基础上，进行机械的运动性能和动力性能分析。一般按下述步骤进行。

1．拟定机械的工作原理

根据需求制定机械的总功能，拟定实现总功能的工作原理和技术手段，确定出机械所要实现的工艺动作。

例如，设计可制造加工薄壁零件的冲压机床的机构系统，其基本生产工艺过程为：将配料(薄板材)送至冲压位置，然后进行冲压成形。如图 2-1 所示为冲压薄壁零件(如电容器薄片)的冲压系统。生产工艺过程为：将坯料送至冲压位置，然后进行冲压。组成机构系统的主要部分是冲压部分(位移示意图如图 2-1(b)所示)。冲压过程中执行构件上冲头慢速做上下等速移动；为提高冲压效率，上冲头在空回行程中应做加速移动。辅助运动为送料机构运动，其在水平方向向右推送坯料到达冲压位置。送料运动和冲压运动必须协调配合，即只有上模冲头离开下模顶面到达某位置后，坯料才能到达待冲压的位置。

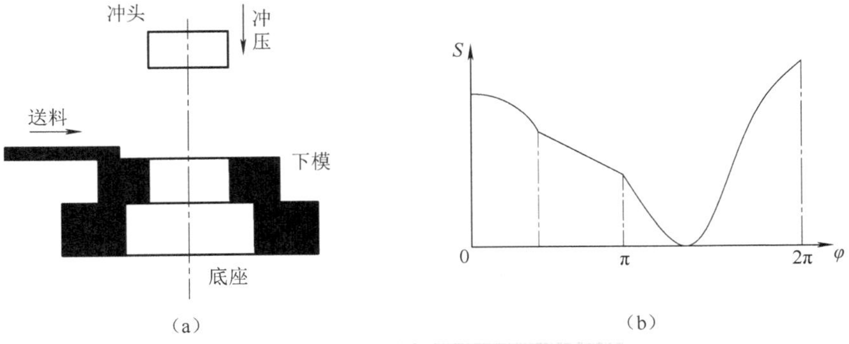

图 2-1　冲压机床机构的生产工艺过程

2．功能分析，确定任务及性能指标

根据机械要实现的功能和工艺动作，分析机械产品的生产工艺过程或其功能要求，区分出主运动部分和辅助运动部分。较为复杂的机械，可分解成若干个基本运动。

合理选择运动方案，拟定机构系统的运动循环图。针对机械要实现的工艺动作，确定执行构件的数目；为了实现机械的功能，各执行构件的工艺动作之间往往有一定的协调配合要求，为了清晰地表述各执行构件运动协调关系，应绘制机械的工作循环图。机械工作循环图也是进行执行机构的选型和拟定机构的组合方案的依据。如图 2-2 所示为机械运动循环图的两种形式。

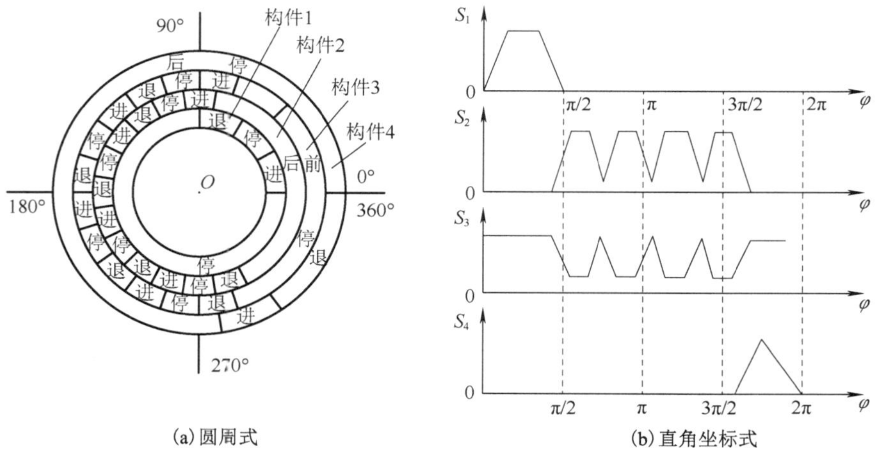

(a) 圆周式　　(b) 直角坐标式

图 2-2　机械运动循环图

3. 合理选择机构类型，机构的选型、变异与组合

根据机械的运动及动力等功能的要求，选择能实现这些功能的机构类型，必要时应对已有机构进行变异，创造出新型的机构，并对所选机构进行组合，形成满足运动和动力要求的机械系统方案，绘制系统的示意图。

表 2-1 中所列出的几种对执行构件常用的运动要求，并未包括所有可能的运动要求，而且仅是定性的描述。详细可在有关机构设计手册中查阅。

表 2-1　运动要求及其相应机构举例

对执行构件的运动要求	可供选择的机构类型
等速连续转动	平行四边形机构、双万向联轴器、各种齿轮机构、轮系等
非等速连续转动	双曲柄机构、转动导杆机构、单万向联轴节机构等
往复摆动 (只有行程角或若干位置要求)	曲柄摇杆机构、双摇杆机构、摇块机构、摆动导杆机构、摇杆滑块机构(滑块为主动件)、摆动从动件凸轮机构等
往复摆动(有复杂运动规律要求)	摆动从动件凸轮机构、凸轮-齿轮组合机构等
间歇旋转运动	棘轮机构、槽轮机构、不完全齿轮机构、凸轮机构、凸轮-齿轮组合机构等
等速直线移动	齿轮齿条机构、移动从动件凸轮机构、螺旋机构等
往复移动 (只有行程或若干位置要求)	曲柄滑块机构、摇杆滑块机构、正弦机构、正切机构等
往复移动(有复杂运动规律要求)	移动从动件凸轮机构、连杆-凸轮组合机构等
平面一般运动(刚体导引运动)	铰链四杆机构、曲柄滑块机构、摇块机构等(连杆做平面一般运动)
近似实现点的轨迹运动	各种连杆机构等
精确实现点的轨迹运动	连杆-凸轮组合机构、双凸轮机构等

4. 机构的尺寸综合，运动设计与分析

对所选的机构进行运动参数设计，结合各执行构件运动的协调配合要求，确定各机构具体的几何尺寸，最后按比例绘制出机构系统的运动简图。然后确定所需的执行构件数目、运动形式、运动特性(运动参数及运动协调配合关系)，并选定原动机的类型和运动参数。

在实际设计中拟定运动方案，“合理选择机构类型”与“机构运动设计和分析”这两个步骤经常是相互交叉进行的。有时在进行机构运动设计与分析的基础上需要对原运动方案进行修改，甚至全面否定。

5. 方案分析和评审

对机械系统进行运动和动力分析，考察其能否全面满足机械的运动和动力功能要求，必要时还应进行适当调整。运动和动力分析结果也将为机械的工作能力和结构设计提供必要的数据。

2.2　机构基本运动与机构选型

执行构件的基本运动形式有：连续转动、往复摆动、往复移动、单向间歇转动、间歇往复移动、间歇往复摆动、平面一般运动、点轨迹运动(如直线)、空间定轴转动、空间平动、螺旋运动等。

如表 2-2 所示，为基于功能角度提出的机构运动模块，每一种类型中都有多种模块，例如，实现“转动(R)-转动(R)”的运动模块，或者“转动(R)-移动(T)(或者反过来)”的运动模块等，可从机构图库中查到。

表 2-2　基于功能的模块库

转动 转动	曲柄摇杆机构(平行) 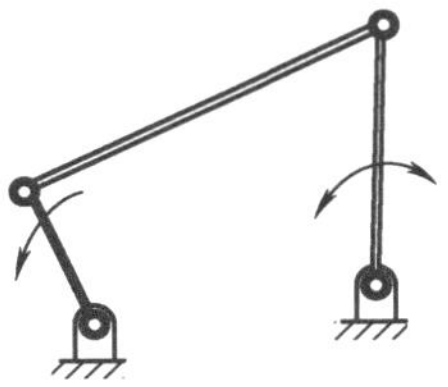 (非线性)	双曲柄机构(平行) 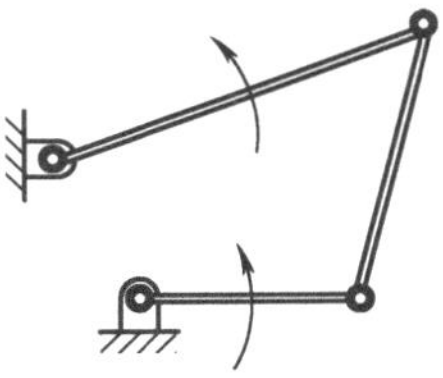 (非线性)	双摇杆机构(平行) 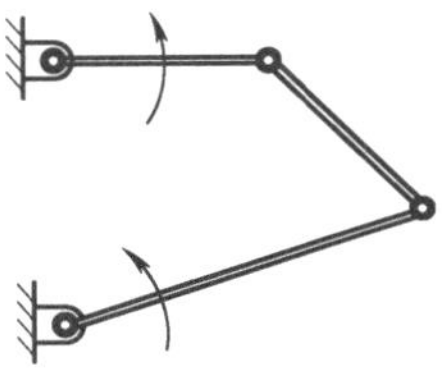 (非线性)
	六杆停歇机构(平行) 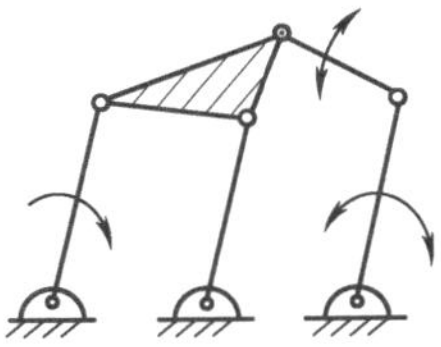 (非线性)	直齿圆柱齿轮(平行) 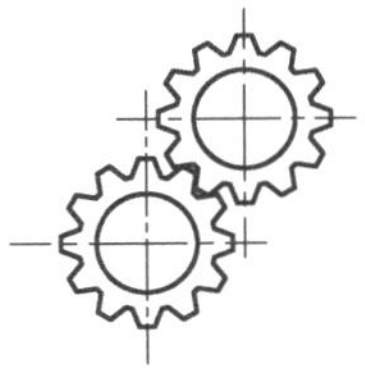 (线性)	圆柱内齿轮机构(平行) 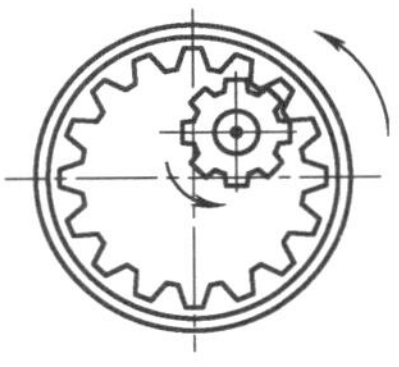 (线性)
	带轮传动(平行) 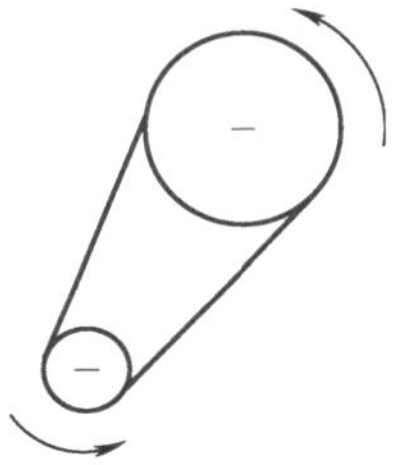 (线性)	带轮传动(正交) 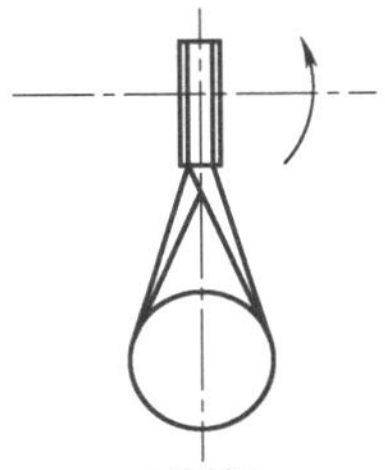 (线性)	带轮传动(斜交) 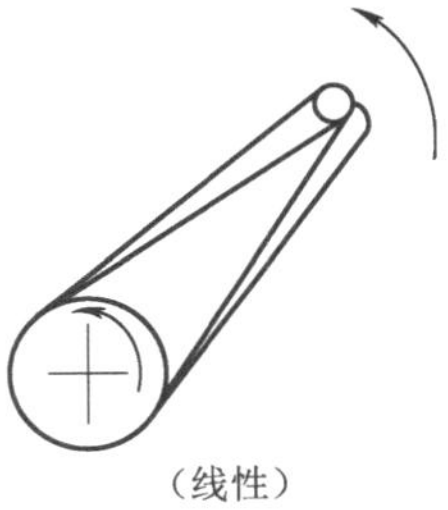 (线性)

续表

转动 ⇕ 转动	链轮机构(平行) 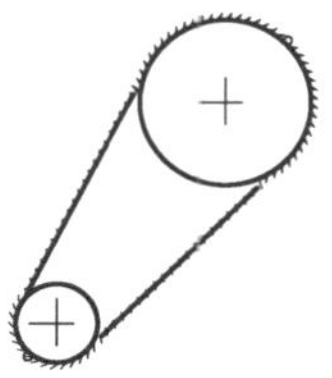 (线性)	链轮传动(正交) 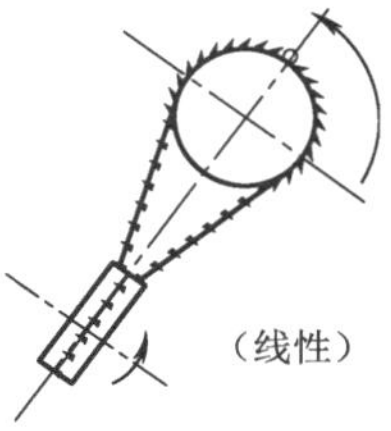 (线性)	链轮机构(斜交) 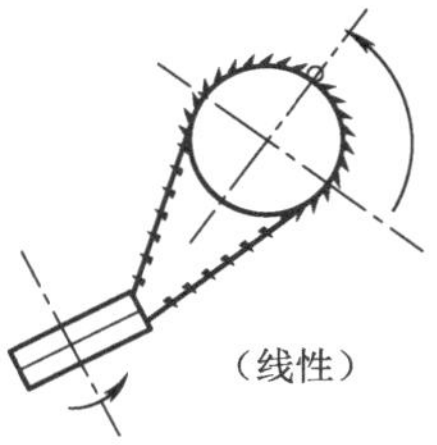 (线性)
	凸轮机构(平行) 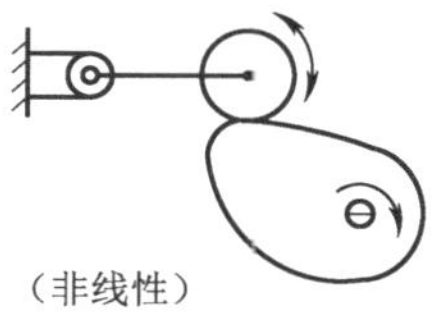 (非线性)	摩擦轮传动(平行) 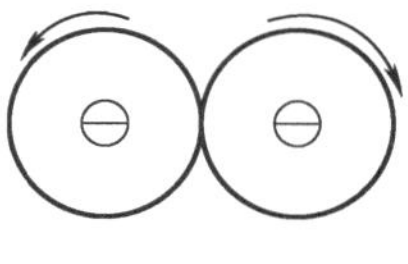 (线性)	非圆齿轮(平行) 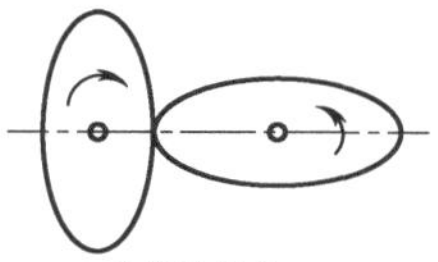 (非线性)
	准双曲面齿轮(正交) 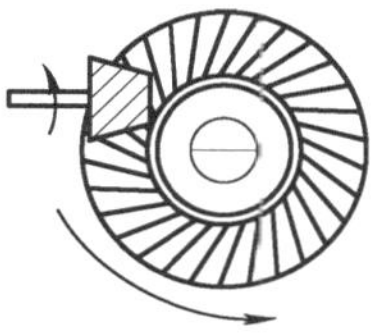 (线性)	斜齿圆柱齿轮(正交) 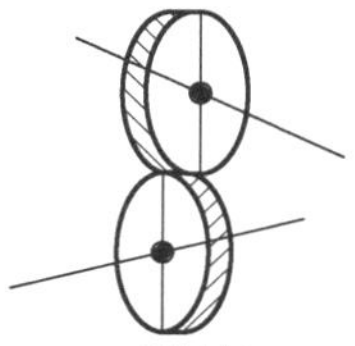 (线性)	锥齿轮机构(正交) 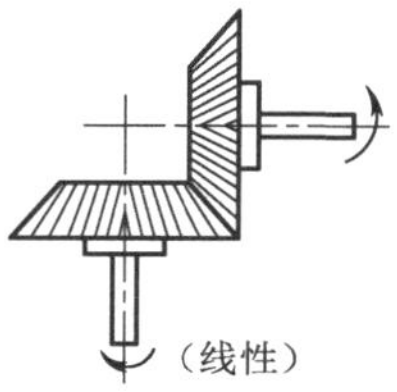 (线性)
	蜗轮蜗杆机构(正交) 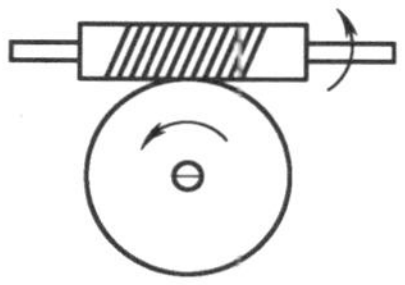 (线性)	圆柱凸轮机构(正交) 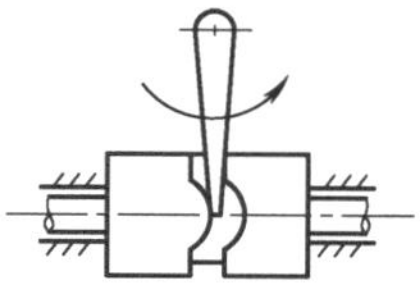 (非线性)	斜齿圆柱齿轮(斜交) 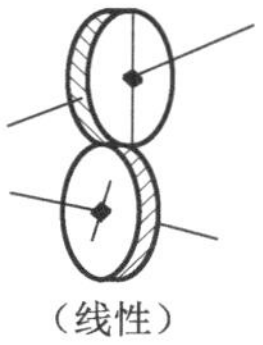 (线性)
	槽轮机构(平行) 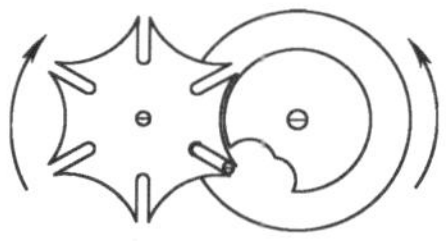 (非线性)	虎克铰(斜交) 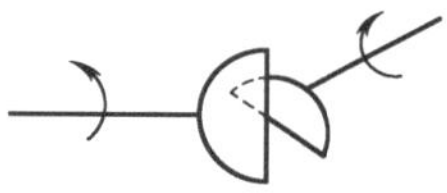 (非线性)	棘轮棘爪机构(正交)  (非线性)
转动 ⇕ 移动	曲柄滑块机构(正交) 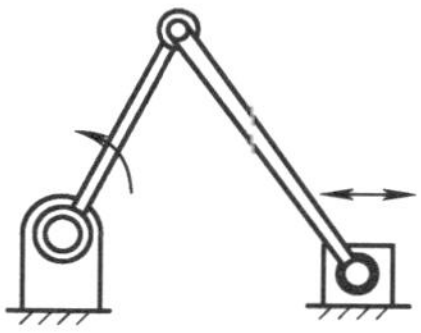 (非线性)	六杆停歇机构(正交) 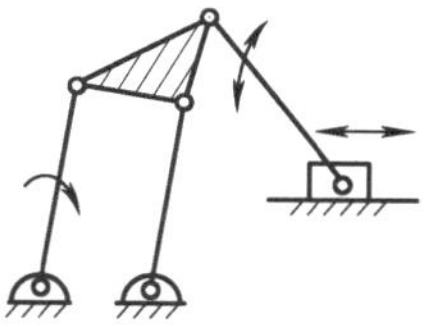 (非线性)	齿轮齿条机构(正交) 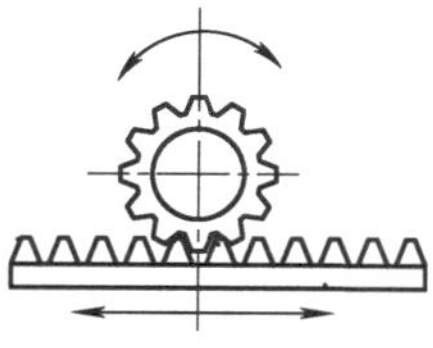 (线性)

续表

转动 ⇕ 移动	圆柱凸轮机构（平行） 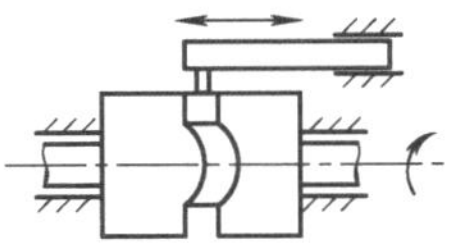 （非线性）	凸轮机构（正交） 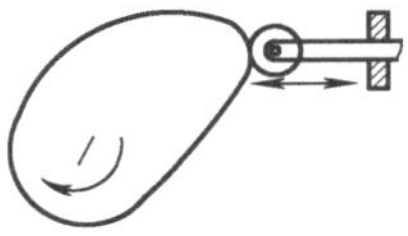 （线性）	螺旋机构（平行） 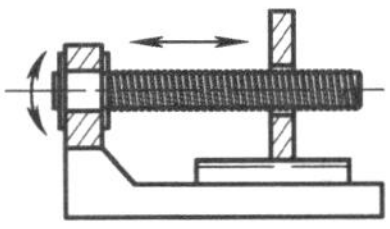 （线性）
	移动凸轮机构（正交） 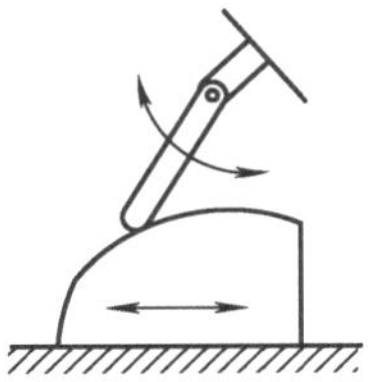 （非线性）		
移动 ⇕ 移动	移动凸轮机构（正交） 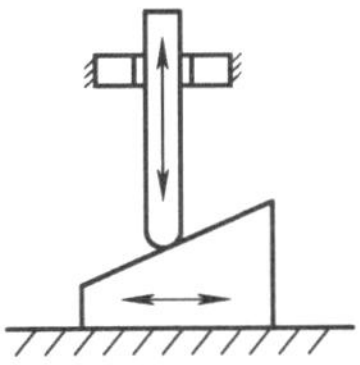 （线性）	移动凸轮机构（正交）  （非线性）	移动凸轮机构（斜交） 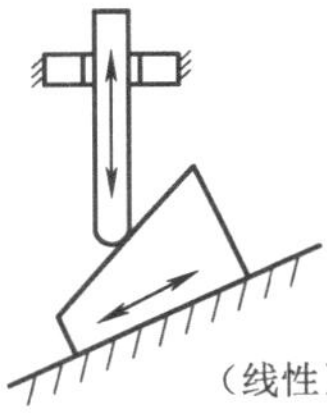 （线性）
	移动凸轮机构（斜交）  （非线性）	双滑块机构（正交） 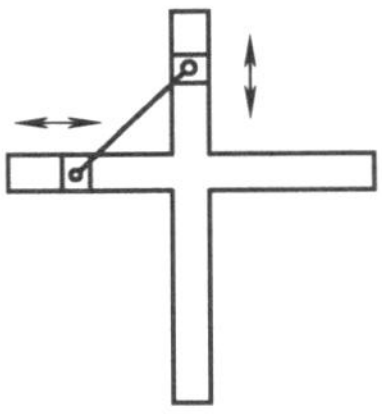 （非线性）	双滑块机构（斜交） 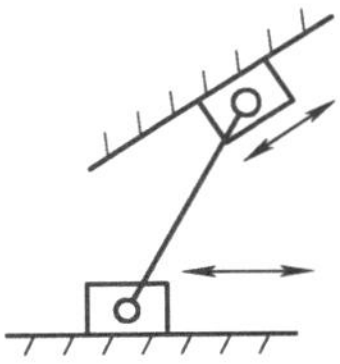 （非线性）
螺旋运动 ⇕ 转动	螺旋机构（平行） 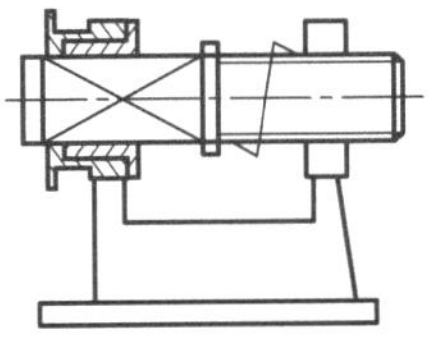 （线性）	弧齿锥齿轮机构（正交） 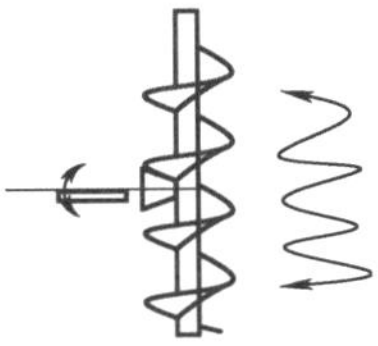 （非线性）	弧齿锥齿轮机构（正交） 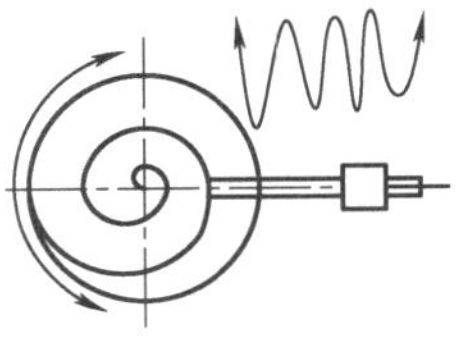 （非线性）
螺旋运动 ⇕ 移动	螺旋机构（正交） 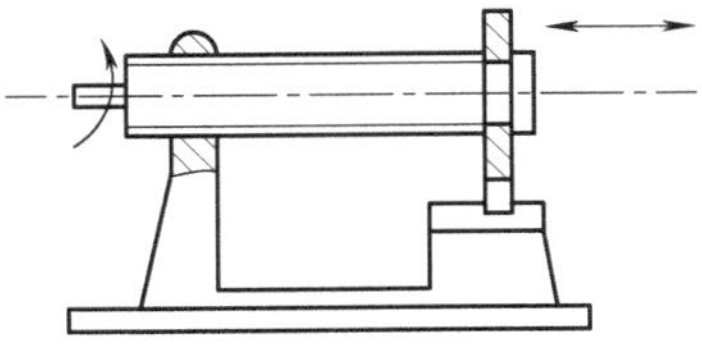 （线性）		

2.3　机械传动系统构思方法

为拟定出一个简单实用的机械运动方案，仅仅从常见的基本机构(又可称为元机构)中选择机构类型显然是不够的，还需要在原有基本机构的基础上创造出新机构。可在基本机构的基础上通过某种创新构造出一些简单的机构系统。

1. 演化法

完全沿用基本机构构型综合的演化法思路，如机构倒置、高副低代等。如高副低代就是通过将高副变换成低副，或将低副变换成高副而得到新机构。这在机械原理和机械设计基础课程中已经介绍。

2. 扩展法

扩展法是指在原有基本机构的基础上，通过叠加杆组或将两个以上的基本机构组合成新机构的方法，包括叠加杆组法和基本机构组合法。

叠加杆组法就是将若干个杆组叠加到基本机构上，由于杆组的自由度为零，因此不会改变原机构的自由度，但可以得到功能有所改善的新机构。杆组相关内容可以查阅机械原理教材。

基本机构组合法是将若干基本机构组合在一起，是机构创新的常用方法。基本机构能实现一些简单功能，将若干个基本机构按照一定的原则和规律组合成一个复杂的机构系统，往往可以实现某些复杂的运动。

基本机构组合法是实现机构创新的一个重要途径。具体可分为：串联式机构组合、并联式机构组合、混联式机构组合、反馈式机构组合、叠联式机构组合等，如表 2-3 所示。

表 2-3　基本机构的组合方式

类型	特点	图示
串联式组合	前一个元机构的输出构件为后一个元构件的输入构件	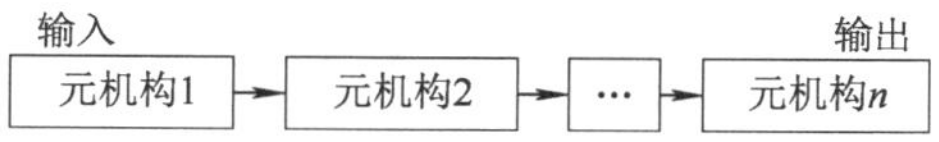
并联式组合	一个输入分别输给多个并列的元机构，然后各元机构的运动又输出给同一个多自由度元机构	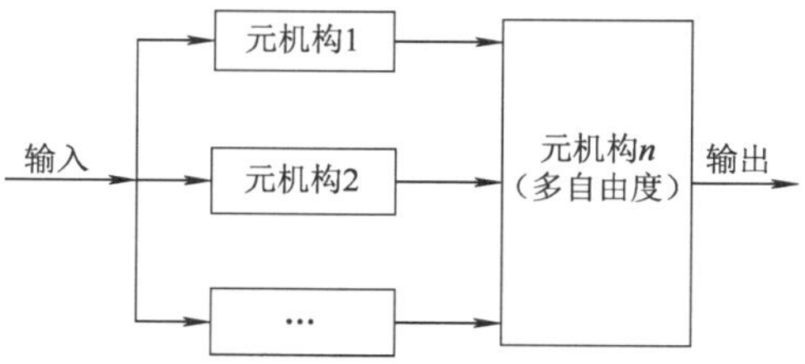
混联式组合	以一个多自由度元机构为基础机构，基础机构中至少有一路输入运动由其他元机构输出得到	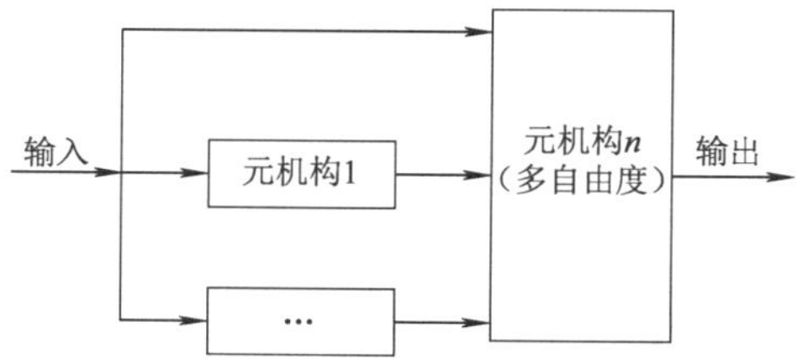

续表

类型	特点	图示
反馈式组合	以一个多自由度元机构为基础机构，基础机构中至少有一路输入运动是通过其他元机构从输出构件反馈得到	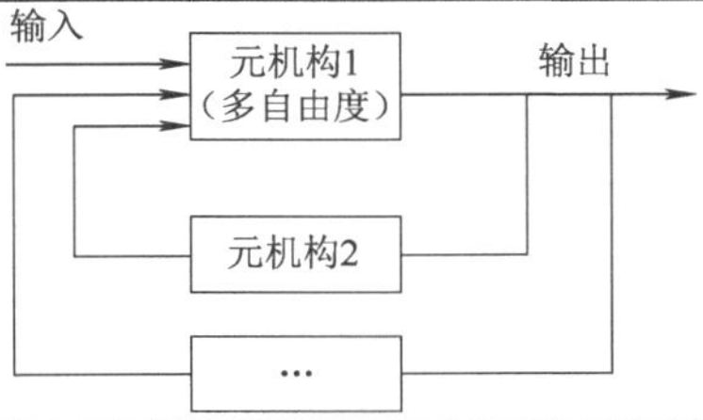
叠联式组合	前一个元机构的输出构件是后一个元机构的相对机架	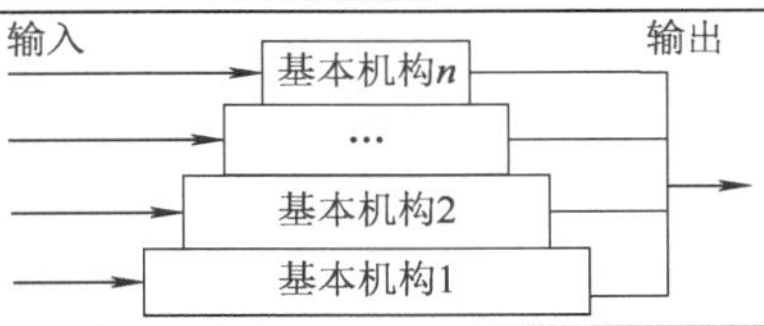

1）串联式组合

在应用非常广泛的串联式组合机构中，关系可用如图 2-3(b)所示框图表示，前一个机构的输出构件即为后一个机构的输入构件。图 2-3 所示为凸轮机构与摇杆滑块机构的串联式组合，凸轮机构输出的构件摆杆 2 为摇杆滑块机构的输入构件。图中 φ_1 表示构件 1 的转动（输入），φ_2 表示构件 2 的转动，S_4 表示构件 4 的位移运动。

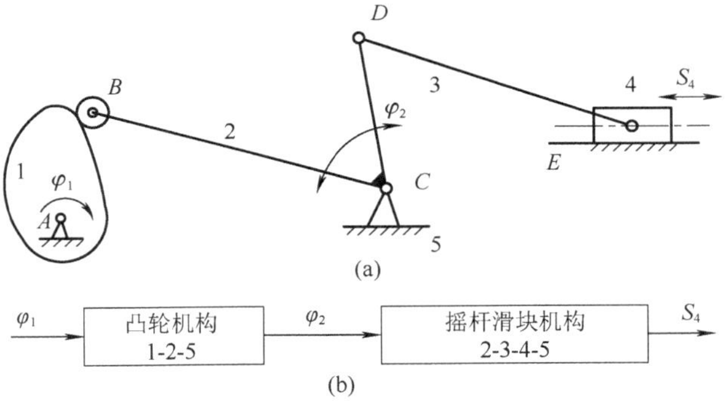

图 2-3 动画

图 2-3　机构的串联式组合及其框图

2）并联式组合

在并联式组合机构中，多个子机构共用同一输入构件，输出运动又同时输入给一个多自由度的子机构，从而形成一个自由度为 1 的机构系统，则这种组合方式称为并联式组合。图 2-4 所示的双色胶辊印刷机的接纸机构就是这种组合方式的一个实例。图 2-4 中，凸轮 1、1′为一个构件，当其转动时，同时带动四杆机构 *ABCD*（子机构Ⅰ）和四杆机构 *GHKM*（子机构Ⅱ）运动，而这两个四杆机构的输出运动又同时传给五杆机构 *DEFNM*（子机构Ⅲ），从而使其连杆 9 上的点 *P* 描绘出一条工作所要求的运动轨迹。

3）复合式组合（混联式组合）

在机构组合系统中，若由一个或几个串联的基本机构去封闭一个具有两个或多个自由度的基本机构，则这种组合方式称为复合式组合（又称为混联式组合）。图 2-5(a)所示的凸轮-连杆组合机构，就是这种组合方式的一个例子。图中构件 1、4、5 组成自由度为 1 的凸轮机构（子机构Ⅰ），构件 1、2、3、4、5 组成自由度为 2 的五杆机构（子机构Ⅱ）。当构件 1 为主动件时，

点 C 的运动由构件 1 和构件 4 的运动确定。与串联式组合相比，其相同之处在于子机构 I 和子机构 n 的组成关系也是串联关系，不同的是，子机构 II 的输入运动并不完全是子机构 I 的输出运动；与并联式组合相比，其相同之处在于点 C 的输出运动也是两个输入运动的合成，不同的是，这两个输入运动一个来自子机构 I，而另一个来自主动件。这种组合方式的框图如图 2-5(b)所示。

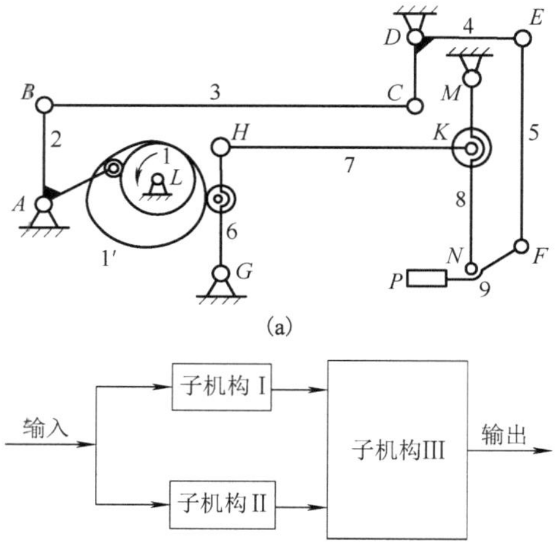

图 2-4 动画

图 2-4　机构的并联式组合

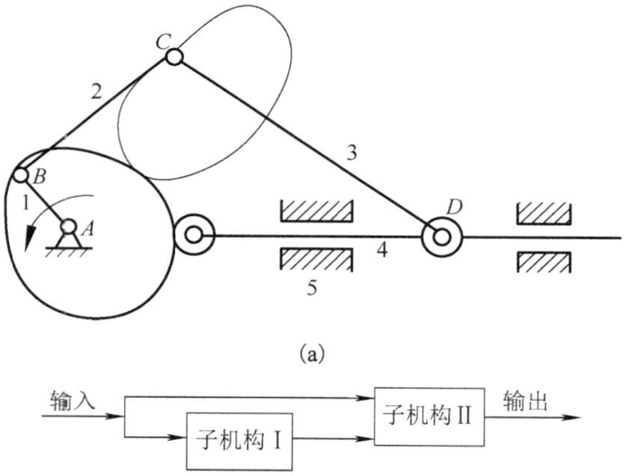

图 2-5 动画

图 2-5　机构的复合式组合(混联式组合)

4)反馈式组合

在机构组合系统中，若其多自由度子机构的一个输入运动是通过单自由度子机构从该多自由度子机构的输出构件回馈的，则这种组合方式称为反馈式组合。图 2-6(a)所示为精密滚齿机中的分度校正机构。图中蜗杆 1 除了可绕本身的轴线转动外，还可以沿轴向移动，它与蜗轮 2 组成一个自由度为 2 的蜗杆蜗轮机构(子机构 I)；凸轮 2′和推杆 3 组成自由度为 1 的移动滚子从动件盘形凸轮机构(子机构 II)。其中，蜗杆 1 为主动件，凸轮 2′和蜗轮 2 为一个构件。蜗杆 1 的一个输入运动(沿轴线方向的移动)就是通过凸轮机构从蜗轮 2 回传的。图 2-6(b)是这种组合方式的框图。

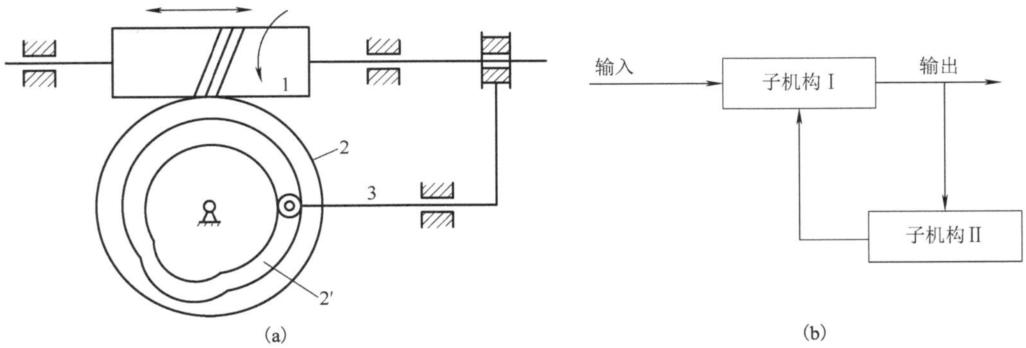

图 2-6　机构的反馈式组合

5) 叠联式组合

在大多数机构系统中，主动件均为连架杆之一，故主动件的输入运动为绝对运动。但在某些机构系统中，令一般平面运动的构件(如连杆)作为主动件，其输入运动为相对运动，由此引起的机构组合将不同于以上各种组合。若将做一般平面运动的构件作为主动件，且其中一个基本机构的输出(或输入)构件为另一个基本机构的相对机架，这种连接方式称为叠联式组合。叠联式与前述各种组合方式不同的是：各基本机构没有机架，而是互相叠联在一起。其特点是：每一个基本机构各有一个动力源，前一个机构的输出件是后一个机构的相对机架。

图 2-7 所示为飞机起落架收放机构，它由上半部的五杆机构 1-2-5-4-6 和下半部的四杆机构 2-3-4-6 组成。其中液压油缸 5 中的活塞杆 1 为主动件，当活塞杆从液压缸中推出时，机轮支柱 4 就绕 C 轴收起。构件 2 和 4 是两个基本机构的公共构件。五杆机构 1-2-5-4-6 可看作在原四杆机构 1-2-5-4 的基础上使机架 4 变成活动构件，从而形成自由度为 2 的五杆机构。四杆机构的输出构件 4 即五杆机构构件 5 的相对机架。

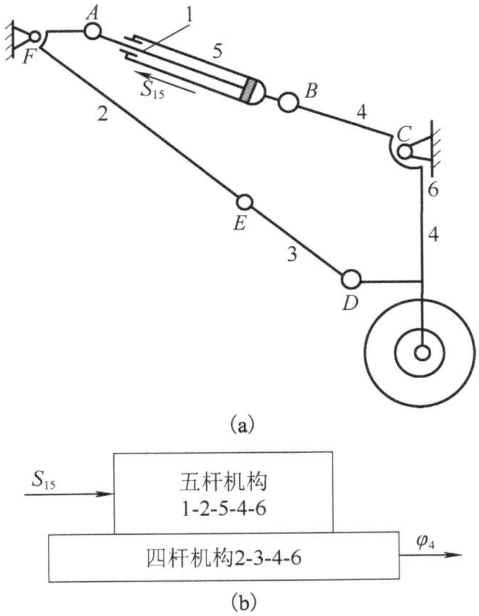

图 2-7 动画

图 2-7　飞机起落架收放机构

2.4　船用起锚机运动方案设计

起锚机的作用是通过收、放锚链和锚，用于海上固定船舶或协助船舶靠、离码头。起锚机由锚、锚链、止链器、锚机、锚链舱等组成。锚机设备可分为五个大的系统模块：动力系统模块、传动系统模块、控制系统模块、执行系统模块和支撑系统模块。

起锚机的运动方案如图 2-8 所示，动力系统通过传动系统带动驱动轴和副卷筒，动力系统和传动系统能实现不同工况下所需的速度，再通过离合器的控制，将运动传递给锚机的运动转换系统(即锚链轮和卷筒)，达到起锚、抛锚和收放缆绳等目的。在锚机运转过程中，正常停车或遇紧急情况需要停车，则通过刹车控制系统来实现。一般来说，锚链轮和卷筒不会同时工作，主要依靠离合器来完成这一动作的转化。

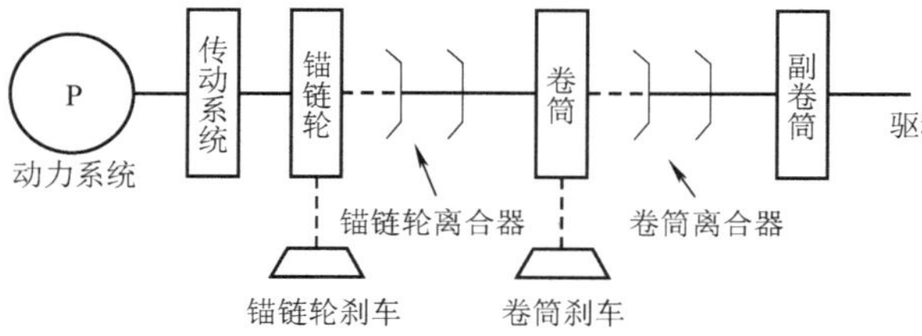

图 2-8　起锚机运动方案示意图

2.5　自升式平台升降系统运动方案设计

自升式钻井平台主要包括平台主体、桩腿、升降装置及锁紧装置等。为了避免自升式平台受到海浪冲击，首先通过升降系统实现桩腿的下降，然后依靠桩腿在海底的支撑将平台主体提升至海平面上开展作业。作业任务完成后，将平台主体降至海平面，并升起桩腿航行到下一工作位置。

自升式平台升降系统包括动力系统、传动系统、控制系统、执行系统、支撑系统，其运动方案如图 2-9 所示。动力系统通过传动系统带动传动输出轴，动力系统和传动系统能实现不同工况下所需的速度，将运动传递到执行驱动轴，通过齿轮齿条机构的运动转换，实现桩腿的上升、下降运动，桩腿运动到位后利用锁紧装置进行固定。在实际应用中，自升式平台利用多个桩腿的同步工作实现平台升降，可以通过单输入多输出的传动系统设计或多个桩腿的同步控制实现。

图 2-9　自升式平台升降系统运动方案示意图

2.6 机械运动方案评价与分析

1. 机械运动方案的评价

机械运动系统的方案设计是一个多解性问题。机械运动方案设计的评价就是从多种方案中寻求一种既能实现预期功能要求，又具备性价比较好的方案。可从以下方面进行比较。

1) 位移、速度、加速度分析

要对运动方案组成机构进行位移或轨迹、速度、加速度分析，这直接关系到机构实现预期功能的质量。通过绘制机构的位移、速度、加速度变化曲线图，并结合机构的运动循环图，考察机构在运动的形式、位移、速度、加速度、传动精度等方面能否满足设计要求。

2) 机构中力学性能分析

比较机构类型、构件的形状和尺寸等，对传力性能、效率、强度、冲击振动等动力性能的影响进行分析。对机构整个运动循环的力做分析，比较各方案中各构件和运动副受力的大小和方向，结合加速度分析惯性力的大小和变化规律。通过压力角、传动角、增力分析、死点、自锁以及高速精密机械的惯性力平衡等评价机构性能。

3) 机构结构的复杂程度和运动链长短

由原动件到输出构件间的运动链要尽量短，采用尽量少的构件和运动副。尽量采用通用件和标准件，这样可使制造和装配简单、减少成本、降低重量、控制外廓尺寸、减少摩擦损耗、增加系统刚性，有利于降低成本的同时提高机械效率及可靠性，并且还可以减少加工制造及运动副间隙导致的误差累积，提高系统的传动精度。

4) 运动链中的机构排布方式

传动系统机械效率取决于系统中各个机构的效率和机构的排布方式。串联系统的总机械效率不高于各分组成部分效率中的最低值；并联系统的总机械效率介于各分组成部分效率的最高值与最低值之间。所以，串联系统不使用效率低的机构，而并联系统尽量多地将功率分配给机械效率高的机构。

转变运动形式的机构(如凸轮机构、连杆机构、螺旋机构等)，通常安排在与执行构件靠近的运动链的末段(低速级)以简化运动链，而变换速度的机构则安排在靠近高速级。

带传动尽量安排在传动系统的高速级，以减小传动机构的尺寸并发挥其过载保护作用。

链传动在高速下，运转平稳性较差，振动和噪声较大，但链传动的传力性能较好，所以链传动通常安排在低速级。

在传动系统中，如果有圆锥齿轮机构传动，为了减少圆锥齿轮的外廓尺寸，应将圆锥齿轮传动尽量靠近转速高端。

对于既有齿轮机构传动，又有蜗轮蜗杆机构传动的运动链，如果系统以传递作用力为主，应尽量将蜗轮蜗杆传动放在靠近转速的高端，而齿轮机构传动应相对放在较低转速端；如果系统以传递运动为主，则应将齿轮机构传动放在靠近转速高端，而蜗轮蜗杆传动放在较低转速端。

2. 机械运动方案评价的方法

进行机械运动方案评价的方法包括图解法和解析法。

(1) 图解法：一般来说形象直观，对于平面机构来说，一般也较简单，通过直尺、圆规就可以进行较复杂的机构分析。图解法对三维空间机构往往是比较困难的，并且在进行机构的一系列位置分析时，要反复作图比较烦琐。图解法每次只能得到一个位置的运动参数，由于测量等原因会有误差，有时误差还比较大，平行线、垂直线的误差也有很大的影响。但是图解法如果借助于 AutoCAD、NX、CATIA 等绘图软件进行辅助作图可以得到较高的精度。

(2)解析法：把机构中已知的尺寸参数和运动变量与未知的运动变量之间的关系用数学式表达出来，然后求解。因此解析式一经列出，机构在各位置时的运动变量就可以计算出来，且可获得高的计算精度。同时还可把机构分析问题和机构综合问题联系起来，便于进行更深入的研究。解析法的缺点是不像图解法那样形象直观，而且计算式有时比较复杂，计算工作量可能很大。但随着计算机编程技术的发展和运动学动力学分析软件(ADAMS、RECURDYN 等软件)的普及，解析法也应用比较广泛。

3. 机械运动方案分析

当前，比较方便的分析工具包括以下几种。

(1)计算机编程求解解析方程或借助于 MATLAB-SimMechanics 模块分析。MATLAB/SIMULINK 中包括 SimMechanics 模块，可以完成机构运动学分析。根据机构组成，利用 SimMechanics 绘制仿真模型(主要由转动关节模块、刚体模块、接地模块等组成)。Joints 表示关节，刚体(Bodies)代表杆，地(Ground)表示固定机座。对于关节，可设置驱动器(Actuator)进行运动驱动，为了精简模型，可采用封装子系统，即把关节驱动器部分封装起来；可用传感器(Sensor)测量关节转角等，轨迹规划模块实现机器人末端的运动轨迹。

(2)动力学分析软件和三维建模软件中的运动动力学分析模块。产品开发经常会遇到各种机构的动力学分析问题，有些情况过于复杂和特殊，例如，含有大规模复杂的多体系统动力学问题，尤其是复杂的多接触问题是动力学分析的难点，可应用运动学动力学分析软件(ADAMS、RECURDYN 等软件)和三维建模软件中的运动动力学分析模块(Solidworks、NX、CATIA、PRO/E 中的 motion 求解模块)，在三维实体模型的基础上，快速构建仿真模型，进行分析求解，获得速度、位移、轨迹、力等力学性能分析指标。

第 3 章　机械总体设计参数计算

3.1　机械的工作载荷

机械是指利用机械能来改变物料或工件的性质、形态、形状或位置，以进行生产或达到其他预定目的的装置，例如，轮船、压缩机、机床、起重机、运输机或汽车等。这些机械在工作中都要承受外力的作用，即工作载荷，其大小和类型是由机械本身的功能要求、工作环境和结构间约束等情况确定，如一台起重机起升重物的重量、本身结构的自重、作用的风力等都是它所承受的工作载荷。

工作载荷是机械进行强度和刚度设计的主要依据，不同的载荷可使机械产生不同的失效形式，所用的设计方法也有不同。工作载荷也是对机械进行动力计算的依据，选择原动机的类型和容量都要考虑工作载荷的大小和特性。

按时间变化，载荷可分为静载荷和动载荷两大类。静载荷是指大小、位置和方向不变的载荷；动载荷是指随时间有显著变化的载荷。在工程中大多数工作机承受的都是动载荷，但有时常把量值变化不大或变化过程缓慢的载荷作为静载荷来处理，这样可以简化设计。

动载荷的载荷值随时间的变化规律，在工程上称为载荷-时间历程，或简称载荷历程，主要有周期载荷、冲击载荷和随机载荷这三种类型。

(1) 周期载荷：载荷的大小是随时间做周期变化的称为周期载荷。如起重机起升机构的载荷及振动机械的载荷等，可用幅值、频率和相位角三个要素来描述。

(2) 冲击载荷：冲击载荷的特点是载荷作用的时间短，幅值大。例如，冲压机和锻锤等作用在坯料上时，所承受的载荷就是冲击载荷。在工程中往往对于量值较小、频率较高的多次冲击载荷按一般的周期载荷来处理。

(3) 随机载荷：随机载荷的幅值和频率都是随时间变化的，不能用一个函数确切地进行描述，只能应用数理统计方法才能获得它们的统计规律。一般而言，对随机载荷-时间历程应通过现场实测进行频谱分析，从幅值域、时间域和频率域三个方面分析其统计规律，对随机载荷进行描述。

对于不同类型的载荷在机械设计时需采用不同的设计方法。对于静载荷采用静强度设计法，对于动载荷采用动强度设计法。但有时对于一些运动精度和控制精度要求不高的机械系统，虽然受有动载荷的作用，但由于经常采用名义载荷乘以大于 1 的动载系数，因此仍用静载荷的设计方法进行计算。

3.2　原动机的类型与选择

原动机是机器中的驱动部分，输出的转矩与转速的关系称为原动机的机械特性或输出特性，应按照其工作环境条件、机器的结构和相关的运动和动力参数要求选择。常用的原动机类型主要有电动机、液压马达、气压电动机、内燃机等，其中以电动机最为常用。表 3-1 给出了几种常用原动机的特点与应用实例。

表 3-1　常用原动机特点及其应用

原动机	动力来源	主要特点	应用实例
电动机	电力电源	机械系统中最常用的原动机，具有较高的驱动效率，与工作机械连接方便，具有良好的调速、起动、制动和反向控制性能，易于实现远距离、自动化控制，工作时无环境污染，可满足大多数机械的工作要求。但是必须具备相应的电源，对野外工作机械及移动式机械常因没有电源而不能选用	机床、机器人等整机固定的机器设备
液压马达	液压泵站	可获得很大的动力和转矩，运动速度和输出动力、转矩调整控制方便，易实现复杂工艺过程的动作要求。但需要有高压油的供给系统，油温变化较大时影响工作稳定性，密封不良时污染工作环境，液压系统制造装配要求高	汽车吊臂、压力机等车载或强力输出
气压电动机	压缩空气	工作介质为空气，易远距离输送，无污染，能适应恶劣环境，动作速度快。但需要有压缩空气供给系统，工作稳定性较差，噪声大，输出转矩不大，传动时速度较难控制。适用于小型轻载的工作机械	生产线、车门等中小功率往复运动
内燃机	燃料燃烧	功率范围广、操作简便、起动迅速，适用于没有电源的场合。但对燃油要求高、排气污染环境、噪声大、结构复杂。多用于工程机械	汽车、飞机等独立移动的大功率机器

3.2.1　电动机的种类及其机械特性

电动机是一种标准化的系列产品，具有效率高、价格低、选用方便等特点。不同种类和型号的电动机具有不同的工作性能，如表 3-2 所示，适用于不同的工作条件，如不同的功率、转速、转矩和工作环境等，可用于各种机械传动场合。工作机所需的运动和动力可以通过电动机与工作机之间的传动装置和执行机构获得。

表 3-2　常用电动机类型及其特点

类型	工作特点
三相异步电动机	结构简单、价格便宜、体积小、运行可靠、维护方便、坚固耐用，能保持恒速运行及经受较频繁的起动、反转及制动。但起动转矩小，调速困难。一般机械系统中应用最多
同步电动机	能在功率因子 $\cos\phi=1$ 的状态下运行，不从电网吸收无功功率，运行可靠，保持恒速运行。但结构较异步电动机复杂，造价较高，转速不能调节。适用于大功率离心式水泵和通风机等
直流电动机	能在恒功率下进行调速，调速性能好，调速范围宽，起动转矩大。但结构较复杂，维护工作量较大，价格较高，机械特性较弱，需直流电源
控制电动机	能精密控制系统位置和角度、体积小、重量轻，具有宽广而平滑的调速范围和快速响应能力，其理想的机械特性和调速特性均为直线。广泛用于工业控制、军事、航空航天等领域

1) 三相异步电动机

三相异步电动机使用三相交流电源，是机械系统中广泛应用的一种电动机。它的品种很多，主要分类如下。

(1) 按转子结构分为笼型电动机和绕线型电动机。笼型电动机结构简单、耐用、易维护、价格低、特性硬，但起动和调速性能差，用于无调速要求的机械。绕线型电动机结构较复杂、维护较麻烦，但起动转矩大，起动时功率因数较高，可进行小范围调速，并且调速控制简单，被广泛用于起动次数较多、起动负载较大或小范围调速的机械，如起重机及轧钢机械等。

(2) 按外壳结构形式分为开启式、防护式、封闭式和防爆式。开启式电动机外壳无防护结构，灰尘及杂物等易入侵，但散热性好，适用于洁净的环境。防护式电动机能防止各类杂物从上方落入电动机内。封闭式电动机能防止杂物从任意方向进入电动机内，用于尘物较多的环境。防爆式不仅能防止杂物进入电动机内，还能防止电动机内部的爆炸气体传到外部，其主要用于有危险的特殊环境。

(3) 按安装形式分为立式、卧式两种，以便于不同场合的安装。

2) 同步电动机

同步电动机是一种用交流电流励磁建立旋转的电枢磁场，用直流电流励磁构成旋转的转子磁极，依靠电磁力的作用旋转磁场牵着旋转磁极同步旋转的电动机。同步电动机的最大优点是能在功率因数为 1 的状态下运行，不需要从电网吸收无功功率。改变转子励磁电流大小，可调节无功功率大小，从而改变电网的功率因数。因此，不少长期连续工作而需保持转速不变的大型机械，如大功率离心式水泵和通风机等常采用同步电动机作为原动机。但同步电动机的结构较异步电动机复杂，造价较高，而且转速是不能调节的。

3) 直流电动机

使用直流电源的电动机称为直流电动机。它与交流电动机相比，具有调速性能好、调速范围宽、起动转矩大等优点。直流电动机定子中的主磁极产生气隙磁场，当电枢(转子)绕组通电后，即在磁场力作用下转动。通常直流电动机的主磁极不用永久磁极，而是用励磁绕组通以直流电流来建立磁场，因此直流电动机按励磁方式不同分为他励、并励、串励和复励四种不同的形式。它们的主要区别是励磁绕组与电枢绕组上，复励是同时使用并联和串联励磁绕组。

4) 控制电动机

在自动控制系统中作为测量和比较元件、放大元件、执行和计算元件的电机统称为控制电动机，主要包括步进电动机和伺服电动机等类型。

(1) 步进电动机是将电脉冲信号转变为角位移或线位移的开环控制器件，利用电子电路，将直流电变成分时供电的多相时序控制电流为步进电动机供电，驱动器就是为步进电动机分时供电的多相时序控制器。在非超载的情况下，电动机的转速、停止的位置只取决于脉冲信号的频率和脉冲数，而不受负载变化的影响，当步进驱动器接收到一个脉冲信号，它就驱动步进电机按设定的方向转动一个固定的角度，称为“步距角”，它的旋转是以固定的角度一步一步运行的。可以通过控制脉冲个数来控制角位移量，从而达到准确定位的目的；同时可以通过控制脉冲频率来控制电机转动的速度和加速度，从而达到调速的目的。步进电动机主要应用在数控机床制造领域，直接将数字脉冲信号转化为角位移，是一种较理想的数控机床执行元件。

(2) 伺服电动机是指在伺服系统中控制机械元件运转的原动机，伺服电动机转子转速受输入信号控制，并能快速反应，在自动控制系统中用作执行元件，且具有机电时间常数小、线性度高、始动电压等特性，可把所收到的电信号转换成电动机轴上的角位移或角速度输出。伺服电动机广泛应用于各种控制系统中，能将输入的电压信号转换为电动机轴上的机械输出量，拖动被控制元件，从而达到控制目的。伺服电动机有直流和交流之分。直流伺服电动机就是小功率的直流电动机，其励磁多采用电枢控制和磁场控制，但通常采用电枢控制。

3.2.2 液压马达的种类及选择

在液压系统中，液压泵作为动力源，是向液压系统提供液压能。液压泵是将机械能转换为液压能的能量转换装置。而液压马达是将液压能转换为机械能的能量转换装置，在液压系统中，液压马达作为执行元件来使用。

按结构分类，高速液压马达包括齿轮式、叶片式、斜盘柱塞式和斜轴柱塞式四种，低速大扭矩液压马达包括双斜盘轴向式和曲柄连杆、静力平稳、内曲线多作用的径向式。

齿轮电动机、叶片电动机、单斜盘式和斜轴式轴向柱塞等高速小扭转电动机的性能与同类型泵相近。它们的共同特点是结构尺寸和转动惯量小，换向灵敏度高，适用于扭矩小、转速高和换向频繁的场合。根据矿山、工程机械的负载特点和使用要求，目前低速大扭矩电动机应用较普遍。一般来说，对于低速稳定性要求不高、外形尺寸不受限制的场合，可以采用结构简单的单作用径向柱塞电动机。对于要求转速范围较宽、径向尺寸较小、轴向尺寸稍大的场合，可以采用双斜盘轴向柱塞电动机。对于要求传递扭矩大、低速稳定性好的场合，常采用内曲线多作用径向柱塞电动机。

3.2.3 气动电动机的种类及选择

气动电动机以压缩空气为动力输出转矩，驱动执行机构做旋转运动。按工作原理，气动电动机分为容积式和透平式两大类，容积式电动机按其结构形式又分成叶片式、活塞式、齿轮式和摆动式四种，典型的气动电动机特性如下。

1)叶片式气动电动机

一定工作压力下，当工作压力不变时，其转速 n、耗量 q_v 及功率 P 均随外加负载 T 变化而变化。当负载 T 为零即空转时，转速达最大值 n_{max}，气动电动机的输出功率 P 为零。当负载 T 等于最大转矩 T_{max} 时，转速为零，此时输出功率也为零。当 $T = T_{max}/2$ 时转速 $n = n_{max}/2$，此时电动机的功率达最大值，通常这就是所要求的气动电动机额定功率。

2)活塞式气动电动机

活塞式气动电动机的特性与叶片式气动电动机类同。当工作压力 p 增高时，电动机的输出功率 P、转矩 T 和转速均有增加。当工作压力不变时，有功率、转速均随外加负载的变化而变化。

选择气动电动机要求从负载特性考虑。在变负载场合使用时，主要考虑速度范围及满足所需的负载转矩。在稳定负载下使用时，工作速度则是一个重要的因素。叶片式气动电动机比活塞式气动电动机转速高、结构简单，但起动转矩小，在低速工作时空气耗量大。当工作速度低于空载速的 25%时，最好选用活塞式气动电动机。

气动电动机的选择计算比较简单。首先根据负载的转速和最大转矩计算出所需的功率，然后选择相应功率的气动电动机，并根据电动机的气压和耗气量设计气路系统。

3.2.4 内燃机的种类及选择

内燃机是指燃料在气缸内进行燃烧，直接将生产的气体(即工质)所含的热能转变为机械能的机械。从整体构造而言，内燃机主要包括机体、曲柄滑块机构、配气机构、燃油供给系统、点火系统、润滑系统、冷却系统及起动装置等。

内燃机的种类较多，按燃料种类主要分为柴油机和汽油机；按气缸数目分为单或多缸内燃机；按一个工作循环的冲程数分为二或四冲程内燃机；按点火方式分为压燃式或点燃式内燃机；按进气方式分为自然吸气式或增压式内燃机。内燃机又分为高速内燃机(转速高于1000r/min 或活塞平均速度高于 9m/s)、中速内燃机(转速为 600～1000r/min 或活塞平均速度为 6～9m/s)、低速内燃机(转速低于 600r/min 或活塞平均速度低于 6m/s)。

3.3　电动机选择和总体设计参数计算

3.3.1　电动机的选择

电动机主要按照其容量和转速要求选取。电动机容量大，则体积大、重量重，价格高；转速高，磁极对数少，则体积小、重量轻，价格低。

所选电动机的容量应不小于工作要求容量，即电动机额定功率 P_{ed} 略大于设备工作机所需电动机功率 P_d，此功率也是电动机的实际输出功率，为

$$P_{ed} \geqslant P_d \qquad (\text{kW})$$

式中，P_d 由工作机所需功率 P_w 和传动装置总效率 η 决定，即

$$P_d = P_w / \eta \qquad (\text{kW})$$

式中，η 等于传动装置各部分效率的连乘积，即 $\eta = \eta_1\eta_2\cdots\eta_n$。

$$P_w = Fv/1000 = T\omega/1000 = Tn_w/9550 \qquad (\text{kW})$$

式中，P_w 为工作机所需功率，kW；F 为工作机所需牵引力或工作阻力，N；v 为工作机受力方向上的速度，m/s；T 为工作机所需转矩，N·m；ω 为工作机角速度，rad/s；n_w 为工作机转速，r/min。

传动装置中常见传动和支承的效率取值范围见表 3-3，效率的具体取值，与相关零件的工作状况有关，加工装配精度高、工作条件好、润滑状况佳时，可取高值，反之应取低值。资料中给出的为一般工作状况下效率范围，标准组件的效率可按厂家提供的样本选取或计算；需要准确计算时，参照相关标准或方法计算；工况不明，为安全起见，可偏低选取。

表 3-3　常见机械传动和支承的效率取值范围

传动种类及工作状态		效率 η
圆柱齿轮传动	油润滑很好跑合的 6、7 级精度齿轮	0.98～0.99
	油润滑 8 级精度齿轮	0.97
	油润滑 9 级精度齿轮	0.96
	脂润滑开式齿轮	0.94～0.96
锥齿轮传动	油润滑很好跑合的 6、7 级精度齿轮	0.97～0.98
	油润滑 8 级精度齿轮	0.94～0.97
	脂润滑开式齿轮	0.92～0.95
蜗杆传动	油润滑自锁蜗杆	0.40～0.45
	油润滑单头蜗杆	0.70～0.75
	油润滑 2～4 头蜗杆	0.75～0.92
带传动	平带无张紧轮	0.98
	平带有张紧轮	0.97
	V 带	0.96

续表

传动种类及工作状态		效率 η
链传动	滚子链	0.96
	齿形链	0.97
摩擦传动	平摩擦轮	0.85～0.92
	槽形摩擦轮	0.88～0.90
复滑轮组	滑动轴承支承（$i=2$～6）	0.90～0.98
	滚动轴承支承（$i=2$～6）	0.95～0.99
联轴器	浮动联轴器（十字滑块联轴器等）	0.97～0.99
	齿式联轴器	0.99
	弹性联轴器	0.99～0.995
	万向联轴器	0.95～0.98
传动滚筒	驱动传动带运动的滚筒等	0.96
滚动轴承	球轴承	0.99（一对）
	滚子轴承	0.98（一对）
滑动轴承	液体润滑	0.99（一对）
	润滑良好（压力润滑）	0.98（一对）
	一般正常润滑	0.97（一对）
	润滑不良	0.94（一对）
减/变速器	一级圆柱齿轮减速器	0.97～0.98
	二级圆柱齿轮减速器	0.95～0.96
	行星圆柱齿轮减速器	0.95～0.98
	一级锥齿轮减速器	0.95～0.96
	圆锥-圆柱齿轮减速器	0.94～0.95
	无级变速器	0.92～0.95
	摆线针轮减速器	0.90～0.97
一般滑动螺旋传动		0.30～0.60

电动机同步转速的高低，取决于交流电频率和电动机绕组级数。一般常用电动机同步转速有 3000r/min、1500r/min、1000r/min、750r/min 等几种，对于相同的同步转速，有各种容量的电动机可选。选择电动机同步转速越高，磁极对数越少，外廓尺寸和重量小，价格低，但当工作机转速要求一定时，原动机转速高将使传动比加大，则传动系统中的传动件数、整体体积将相对较大，这可能因传动系统造价增加，造成整机成本增加。因此，电动机的选择，必须从整机的设计要求出发来考虑，综合平衡，为能较好地保证方案的合理性，应试选几种电动机，经初步计算后决定取舍。实际计算时可按电动机的满载转速计算。

此外，还有速度可调的变频调速电动机、转速转角可调的步进电动机和伺服控制电动机以及电动机传动组合动力产品供设计者选择。

3.3.2　传动比分配

传动装置的总传动比根据电动机的满载转速 n_d 和工作机轴的转速 n_w 计算确定，即

$$i = n_d / n_w$$

当传动装置为多级组合时，总传动比 i 为各级传动比的连乘积，即

$$i = i_1 i_2 \cdots i_n$$

传动装置各级传动比分配结果对传动装置的外廓尺寸、重量均有影响。分配合理，可以使其结构紧凑、成本降低，且较易获得良好的润滑条件。

1. 传动比分配主要应考虑的原则

(1) 不同的传动形式、不同的工作条件下的传动比一般应在推荐范围内选取，不要超过最大值。

(2) 各级传动零件应做到尺寸协调，避免发生相互干涉，要易于安装。图 3-1 所示的传动方案，高速级传动比过大，导致高速级大齿轮直径过大，而与低速轴相碰。又如图 3-2 所示，由 V 带和一级圆柱齿轮减速器组成的二级传动中，由于带传动的传动比过大，使大带轮外圆半径大于减速器中心高，造成尺寸不协调，安装时需将地基局部降低或将减速器垫高，为简化安装条件，可适当降低带传动的传动比。

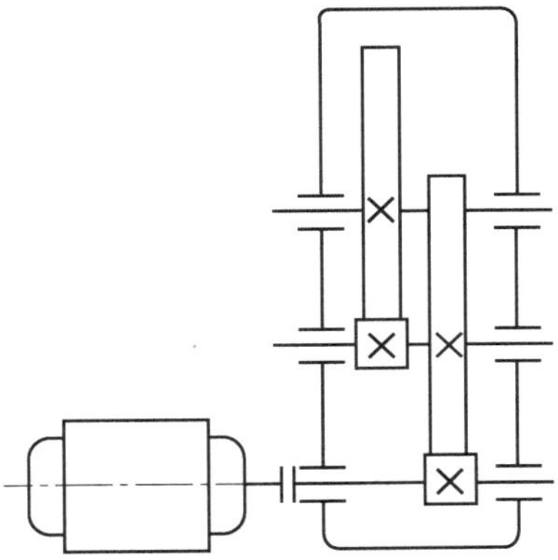

图 3-1　高速级大齿轮与低速轴干涉

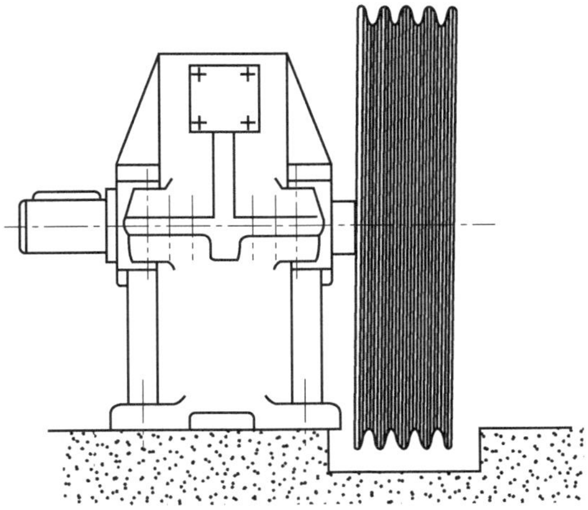

图 3-2　带轮过大造成安装不便

(3) 尽量使传动装置的外廓尺寸紧凑或重量较小。图 3-3 为二级圆柱齿轮减速器的两种传动比分配方案，在总中心距和总传动比相同（$a = a'$，$i_1 \cdot i_2 = i_1' \cdot i_2'$）时，图 3-3(a) 方案 i_2 较小，低速级大齿轮直径也较小，因而获得较紧凑结构外形尺寸。

(4) 在卧式二级齿轮减速器中，各级齿轮要同时得到充分润滑，又要避免因齿轮浸油过深而加大搅油损失，设计时应使各级大齿轮直径相近，一般高速级传动比略大于低速级，如图 3-3(a) 中所示。此时，高、低速级大齿轮都能浸到油，且均在合理深度范围内。

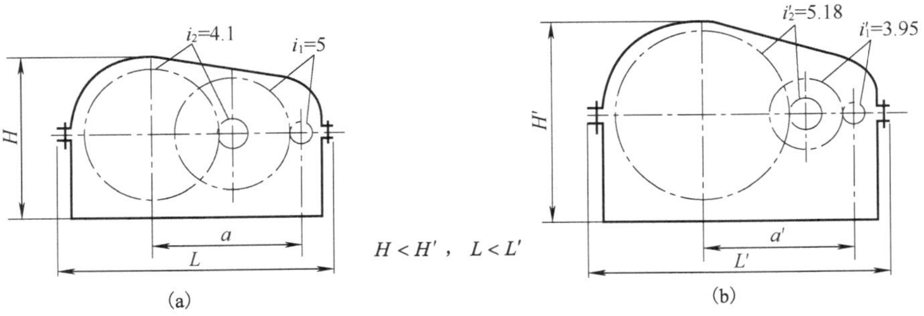

图 3-3　不同的传动比分配对外廓尺寸的影响

(5) 当一级传动的传动比过大时，应分成多级传动，以减小尺寸并改善传动性能。总传动比大于 8 的齿轮传动，采用两级传动时的外廓尺寸和重量要比采用单级传动时减小颇多(图 3-4)。同理，当传动比大于 30 时，宜设计成三级(或以上)传动。

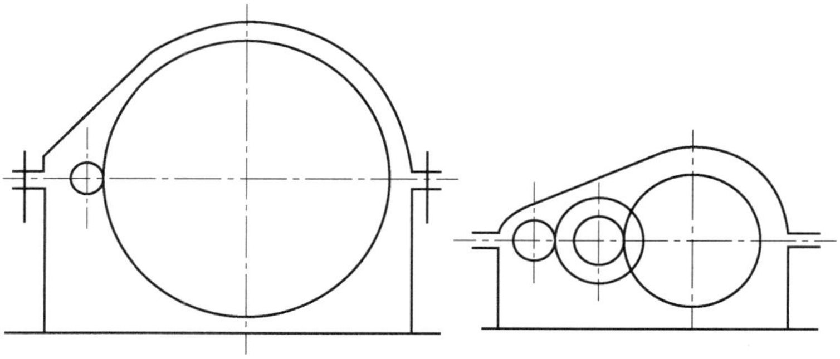

图 3-4　总传动比等于 8 时单级齿轮传动与两级齿轮传动的外廓尺寸比较

(6) 一般来说，在多级传动中，宜使相邻两级传动比的差值不要太大。这样能使输入轴与输出轴之间的各中间轴获得较高的转速和较小的转矩，从而能使轴和轴上的传动零件获得较小的尺寸，借以得到比较紧凑的结构，使所设计的传动系统具有较小的外廓尺寸。

(7) 同类几级传动装置，通常把传动比最大的一级安装在转速最低的位置，而其他各级可在较高的转速下工作。

2. 多级齿轮减速器的传动比分配

对于设计成独立部件形式的多级齿轮减速器，各级传动比的分配参考原则如下。

(1) 对展开式二级圆柱齿轮减速器，主要考虑满足浸油润滑的要求，如图 3-5 所示，应使两个大齿轮直径 d_2 、d_4 大小相近，在两对齿轮配对材料相同(即两级齿面许用接触应力 $[\sigma_{H1}]$ 和 $[\sigma_{H2}]$ 相近)、两级齿宽系数 ϕ_{d1} 和 ϕ_{d2} 相等情况下，其传动比分配推荐按图 3-6 中的展开式曲线选取，这时结构也比较紧凑。

展开式二级圆柱齿轮减逗器传动比也可推荐按 $i_1 \approx (1.2 \sim 1.4) i_2$ 进行分配。

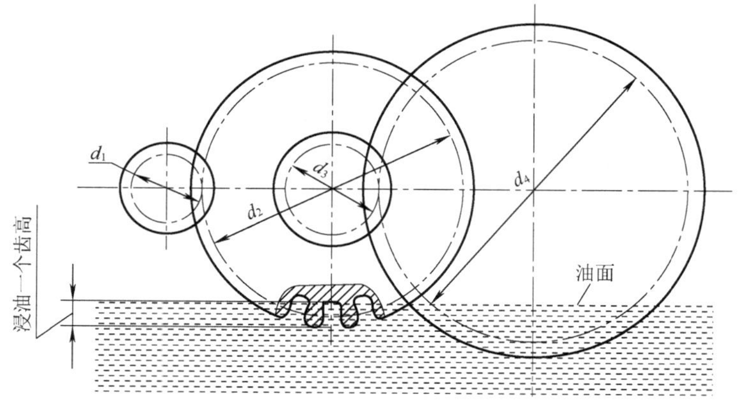

图 3-5　展开式齿轮直径浸油

(2) 对同轴式二级圆柱齿轮减速器，为使两级在齿轮中心距相等情况下，能达到两对齿轮的接触强度相等的要求，在两对齿轮配对材料相同，齿宽系数 $\phi_{d2} / \phi_{d1} = 1.2$ 的条件下，其传动比分配推荐按图 3-6 中同轴式曲线选取。这种传动比分配的结果，d_2 会略大于 d_4（图 3-7 粗实线），高速级大齿轮浸油深度较大，搅油损耗略有增加。

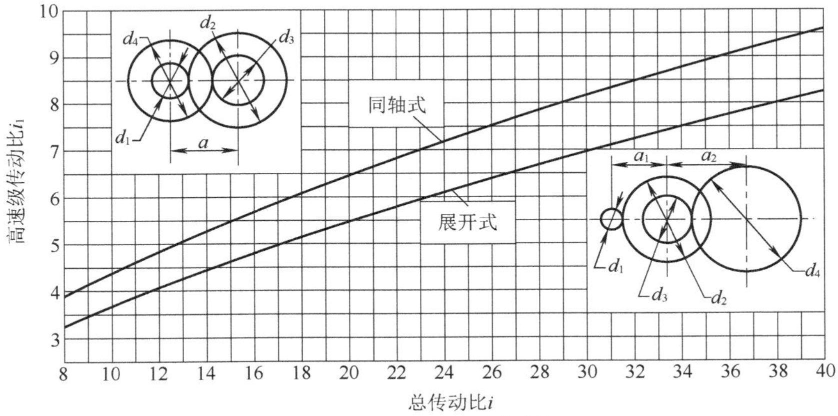

i_1-高速级传动比；i-总传动比

图 3-6　二级圆柱齿轮减速器传动比分配

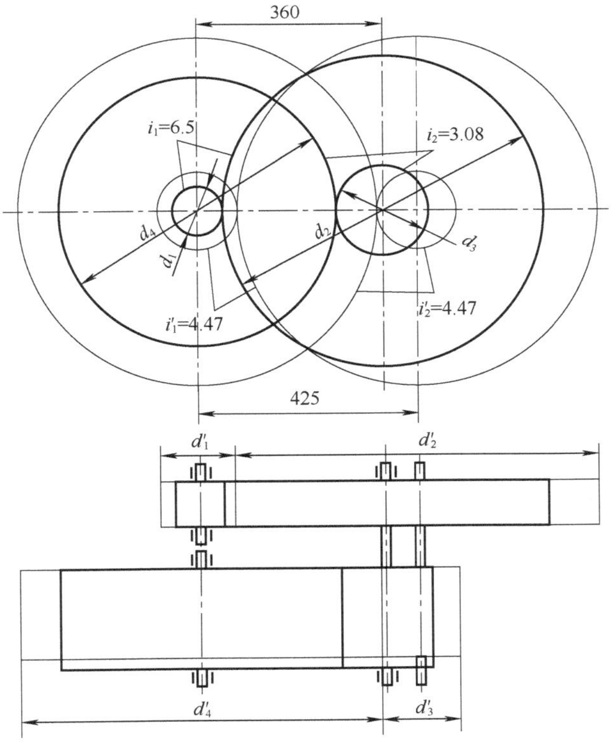

图 3-7　同轴式齿轮直径分析

同轴式二级齿轮减速器两级的传动比也可以取为 $i_1 = i_2 = \sqrt{i}$（i 为总传动比）。这时 $d_2 = d_4$，润滑条件较好，但在材料相同的情况下不能做到两级齿轮等强度，即使取齿宽系数 $\phi_{d2} = 2\phi_{d1}$，高速级强度仍有富裕，所以其减速器外廓尺寸会比较大，如图 3-7 中细实线所示。

同轴式二级齿轮减速器两级的传动比也可以推荐按 $i_1 \approx (1.1\sim1.2)i_2$ 进行分配。

(3) 对于圆锥-圆柱齿轮减速器，为了便于加工，大锥齿轮尺寸不宜过大，为此应限制高速级锥齿轮的传动比使 $i_1 \leqslant 3$，一般可取 $i_1 = 0.25i$。

(4) 蜗杆-齿轮减速器，可取齿轮传动的传动比 $i_2 \approx (0.03\sim0.06)\,i$。

(5) 齿轮-蜗杆减速器可取齿轮传动的传动比 $i_1 < 2\sim2.5$，以使结构比较紧凑。

(6) 二级蜗杆减速器，为使两级传动浸油深度大致相等，常使低速级中心距 $a_2 \approx 2a_1$（a_1 为高速级中心距），这时可取 $i_1 \approx i_2 = \sqrt{i}$。

分配的各级传动比只是初步选定的数值，实际传动比要由传动件参数准确计算，例如，齿轮传动为齿数比，带传动为带轮直径比。因此，工作机的实际转速，要在传动件设计计算完成后进行核算，若不在允许误差范围内，则应重新调整传动件参数，甚至重新分配传动比。设计要求中未规定转逗(或速度)的允许误差时，传动比一般允许在±(3～5)%范围内变化。

3.3.3　机械装置的运动和动力参数计算

在选定电动机型号，分配传动比之后，应计算传动装置各部分的功率及各轴的转速、转矩，为传动零件和轴的设计计算提供依据。

各轴的转速可根据电动机的满载转速 n_m 及传动比进行计算；传动装置各部分的功率和转矩通常是指各轴的输入功率和输入转矩。

计算各轴运动及动力参数时，应先将传动装置中各轴从高速轴到低速轴依次编号，定为 0 轴(电动机轴)，1 轴,2 轴,…，相邻两轴间的传动比表示为 $i_{01}, i_{12}, i_{13}, i_{23},\cdots$，相邻两轴间的传动效率为 $\eta_{01}, \eta_{12}, \eta_{23},\cdots$，各轴的输入功率为 $P_1, P_2, P_3,\cdots$，各轴的转速为 $n_1, n_2, n_3,\cdots$，各轴输入转矩为 $T_1, T_2, T_3,\cdots$。

电动机轴的输出功率、转速和转矩分别为

$$P_0 = P_d,\qquad n_0 = n_m,\qquad T_0 = 9550\frac{P_0}{n_0}$$

传动装置中各轴的输入功率、转速和转矩分别为

$$P_1 = P_0\eta_{01}(\text{kW}),\qquad n_1 = \frac{n_0}{i_{01}}(\text{r/min}),\qquad T_1 = 9550\frac{P_1}{n_1} = T_0 i_{01}\eta_{01}(\text{N·m})$$

$$P_2 = P_1\eta_{12}(\text{kW}),\qquad n_2 = \frac{n_1}{i_{12}}(\text{r/min}),\qquad T_2 = 9550\frac{P_2}{n_2} = T_1 i_{12}\eta_{12}(\text{N·m})$$

$$P_3 = P_2\eta_{23}(\text{kW}),\qquad n_3 = \frac{n_2}{i_{23}}(\text{r/min}),\qquad T_3 = 9550\frac{P_3}{n_3} = T_2 i_{23}\eta_{23}(\text{N·m})$$

$$\cdots$$

注意以下事项。

(1) 电动机轴的输出功率以电动机额定功率 P_{ed} 还是以设备工作机所需电动机功率 P_d 作为计算功率，取决于机械类型。一般作为通用设备应以 P_{ed} 作为计算功率，专用设备应以 P_d 作为计算功率。

(2) 因为有轴承功率损耗，同一根轴的输出功率(或转矩)与输入功率(或转矩)数值不同，因此，在对传动零件进行设计时，应该用输出功率。

(3) 因为有传动零件功率损耗，一根轴的输出功率(或转矩)与下一根轴的输入功率(或转矩)的数值也不相同，因此，计算时也必须加以区分。

3.4　机械总体设计参数计算实例

图 3-8 所示为带式运输机，运输带的有效拉力 F=4000N，带速 $v=0.8\text{m/s}$，传动滚筒直径 D=500mm，载荷平稳，在室温下连续运转，工作环境多尘，电源为三相交流，电压为 380V，试选择合适的电动机，分配各级传动比，并计算传动装置各轴的运动和动力参数。

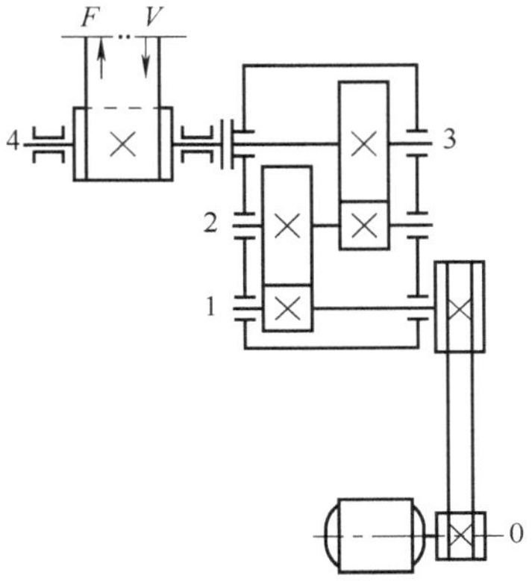

图 3-8　带式运输机

1. 电动机选择

1) 选择电动机类型

按工作要求选用 Y 系列全封闭自扇冷式笼型三相异步电动机，电压 380V。

2) 选择电动机功率

电动机所需工作功率为

$$P_d = \frac{P_w}{\eta}$$

工作机所需功率 P_w(kW) 为

$$P_w = \frac{Fv}{1000}$$

传动装置的总效率为

$$\eta = \eta_1 \eta_2^4 \eta_3^2 \eta_4 \eta_5$$

按表 3-3 确定各部分效率为：V 带传动效率 $\eta_1 = 0.96$，滚动轴承效率(一对)，$\eta_2 = 0.99$，闭式齿轮传动效率 $\eta_3 = 0.97$，联轴器效率 $\eta_4 = 0.99$，传动滚筒效率 $\eta_5 = 0.96$，代入传动装置的总效率公式得

$$\eta = 0.96 \times 0.99^4 \times 0.97^2 \times 0.99 \times 0.96 = 0.825$$

所需电动机功率为

$$P_{\mathrm{d}}=\frac{Fv}{1000\eta}=\frac{4000\times0.8}{1000\times0.825}=3.88(\mathrm{kW})$$

因载荷平稳，电动机额定功率 P_{ed} 略大于 P_{d} 即可。由第 10 章，Y 系列电动机技术数据，选电动机的额定功率 P_{ed} 为 4kW。

3）确定电动机转速

滚筒轴工作转速为

$$n_{\mathrm{w}}=\frac{60\times1000v}{\pi D}=\frac{60\times1000\times0.8}{\pi\times500}=30.56(\mathrm{r/min})$$

通常，V 带传动的传动比常用范围为 $i_1'=2\sim4$，二级圆柱齿轮减速器为 $i_2'=8\sim40$，则总传动比的范围为 $i'=16\sim160$，故电动机转速的可选范围为

$$n_{\mathrm{d}}'=i'n_{\mathrm{w}}=(16\sim160)\times30.56=489\sim4890(\mathrm{r/min})$$

符合这一范围的同步转速有 750r/min、1000r/min、1500r/min 和 3000r/min。现以同步转速 3000r/min、1500r/min 及 1000r / min 三种方案进行比较。由第 10 章相关资料查得的电动机数据及计算出的总传动比列于表 3-4。

表 3-4　额定功率为 4kW 时电动机选择对总体方案的影响

方案	电动机型号	额定功率/kW	同步转速满载转速 n_{m}/(r/min)	电动机质量/kg	价格/元	传动比 i_a
1	Y112M-2	4.0	3000/2890	45	910	2.91i
2	Y112M-4	4.0	1500/1440	49	918	1.50i
3	Y132M-6	4.0	1000/960	75	1433	i

表 3-4 中，方案 1 电动机重量轻，价格便宜，但总传动比大，传动装置外廓尺寸大，制造成本高，结构不紧凑，故不可取。而方案 2 与方案 3 相比较，综合考虑电动机和传动装置的尺寸、重量、价格以及总传动比，可以看出，若想使传动装置结构紧凑，选用方案 3 较好；若考虑电动机重量和价格，则应选用方案 2。现选用方案 2，即选定电动机型号为 Y112M-4。

2. 分配传动比

1）总传动比

$$i=\frac{n_{\mathrm{m}}}{n_{\mathrm{w}}}=\frac{1440}{30.56}=47.12$$

2）分配传动装置各级传动比

取 V 带传动的传动比 $i_0=2.7$，则减速器的传动比 i 为

$$i_{13}=\frac{i}{i_{01}}=\frac{47.12}{2.7}=17.45$$

取两级圆柱齿轮减速器高速级的传动比为

$$i_{12}=\sqrt{1.3i_{13}}=\sqrt{1.3\times17.45}=4.76$$

则低速级的传动比为

$$i_{23}=\frac{i_{13}}{i_{12}}=\frac{17.45}{4.76}=3.67$$

注意：以上传动比的分配只是初步的。传动装置的实际传动比必须在各级传动零件的参数，如带轮直径、齿轮齿数等确定后才能计算出来，故应在各级传动零件的参数确定后计算实际总传动比。一般总传动比的实际值与设计要求值的允许误差为 3%～5%。

3. 运动和动力参数计算

0 轴(电动机轴)：

$$P_0 = P_d = 3.88\,\text{kW}$$

$$n_0 = n_m = 1440\,\text{r/min}$$

$$T_0 = 9550\frac{P_0}{n_0} = 9550 \times \frac{3.88}{1440} = 25.7(\text{N}\cdot\text{m})$$

1 轴(高速轴)：

$$P_1 = P_0\eta_{01} = P_0\eta_1 = 3.88 \times 0.96 = 3.72(\text{kW})$$

$$n_1 = \frac{n_0}{i_{01}} = \frac{1440}{2.7} = 533.3(\text{r/min})$$

$$T_1 = 9550\frac{P_1}{n_1} = 9550 \times \frac{3.72}{533.3} = 66.6(\text{N}\cdot\text{m})$$

2 轴(中间轴)：

$$P_2 = P_1\eta_{12} = P_1\eta_2\eta_3 = 3.72 \times 0.99 \times 0.97 = 3.57(\text{kW})$$

$$n_2 = \frac{n_1}{i_{12}} = \frac{533.3}{4.76} = 112.0(\text{r/min})$$

$$T_2 = 9550\frac{P_2}{n_2} = 9550 \times \frac{3.57}{112.0} = 304.4(\text{N}\cdot\text{m})$$

3 轴(低速轴)：

$$P_3 = P_2\eta_{23} = P_2\eta_2\eta_3 = 3.57 \times 0.99 \times 0.97 = 3.43(\text{kW})$$

$$n_3 = \frac{n_2}{i_{23}} = \frac{112.0}{3.67} = 30.52(\text{r/min})$$

$$T_3 = 9550\frac{P_3}{n_3} = 9550 \times \frac{3.43}{30.52} = 1073.3(\text{N}\cdot\text{m})$$

4 轴(滚筒轴)：

$$P_4 = P_3\eta_{34} = P_3\eta_2\eta_4 = 3.43 \times 0.99 \times 0.99 = 3.36(\text{kW})$$

$$n_4 = \frac{n_3}{i_{34}} = \frac{30.52}{1} = 30.52(\text{r/min})$$

$$T_4 = 9550\frac{P_4}{n_4} = 9550 \times \frac{3.363}{30.52} = 1051.4(\text{N}\cdot\text{m})$$

1～3 轴的输出功率或输出转矩分别为各轴的输入功率或输入转矩乘轴承效率 99%。例如，1 轴的输出功率 $P_1' = P_1 \times 0.99 = 3.72 \times 0.99 = 3.68(\text{kW})$；输出转矩 $T_1' = T_1 \times 0.99 = 66.6 \times 0.99 = 65.9(\text{N}\cdot\text{m})$，其余类推。

运动和动力参数的计算结果应加以汇总，列出表格(表 3-5)，供以后的设计计算使用。

表 3-5　各轴运动和动力参数

轴名	功率 P/kW		转矩 T/(N·m)		转速 n/(r/min)	传动比 i	效率 η
	输入	输出	输入	输出			
电动机轴		3.38		25.7	1440		
						2.7	0.96
1 轴	3.72	3.58	66.6	65.9	533.3		
						4.76	0.96
2 轴	3.57	3.53	304.4	301.4	112.0		
						3.67	0.96
3 轴	3.43	3.40	1073.3	1062.6	30.52		
						1	0.98
滚筒轴	3.36	3.33	1051.4	1040.9	30.52		

第 4 章　执行机构设计及分析

4.1　执行机构的设计概述

执行机构是直接用来完成各种工艺动作或生产过程的机械系统单元，其方案设计是机械系统总体方案设计中极其重要又极富有创造性的环节，是整个机械设计工作的基础。它直接影响机械系统的性能、结构、尺寸、重量及使用效果等。

执行机构设计的优劣直接影响机械产品的功能和性能，因此必须满足以下要求：

(1) 实现预定的运动和动作；

(2) 各构件具有足够的刚度和强度；

(3) 各执行机构间的动作应协调；

(4) 结构合理、造型美观、便于加工与安装；

(5) 工作安全可靠，有足够的使用寿命。

除上述之外，根据执行系统的工作环境，还可能有防腐或耐高温等要求。

执行机构的设计不存在固有的设计程序，但为使初学者容易掌握，可将其设计流程概括为图 4-1 所示的设计流程。

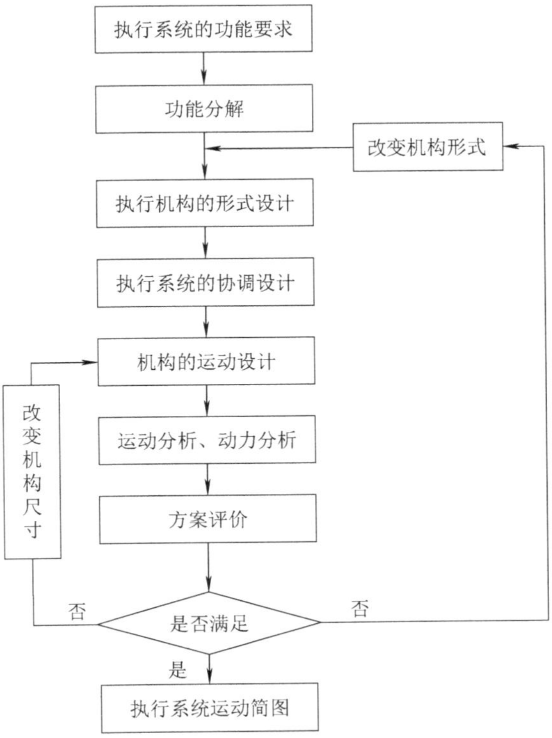

图 4-1　执行机构设计流程

4.2 执行机构的形式设计

4.2.1 执行机构形式设计的原则

机构形式设计具有多样性和复杂性，满足同一功能要求，可选用或创造不同的机构类型。在进行机构形式设计时，除应满足基本功能所要求的运动形式或运动轨迹外，还应遵循以下几项原则。

1. 机构尽可能简单

要使机构简单，可采用以下几项措施。

(1) 运动链尽量简短。完成同样的运动要求，应优先选用构件数和运动副数较少的机构，如图 4-2 所示为两种直线轨迹机构，图 4-2(a)为 E 点有近似直线轨迹的四杆机构，图 4-2(b)为理论上 E 点有精确直线轨迹的八杆机构。实际分析表明，在保证同一制造精度条件下，(b)的实际传动误差为(a)的 2～3 倍，其主要原因在于运动副数目增多而造成运动累积误差增大。

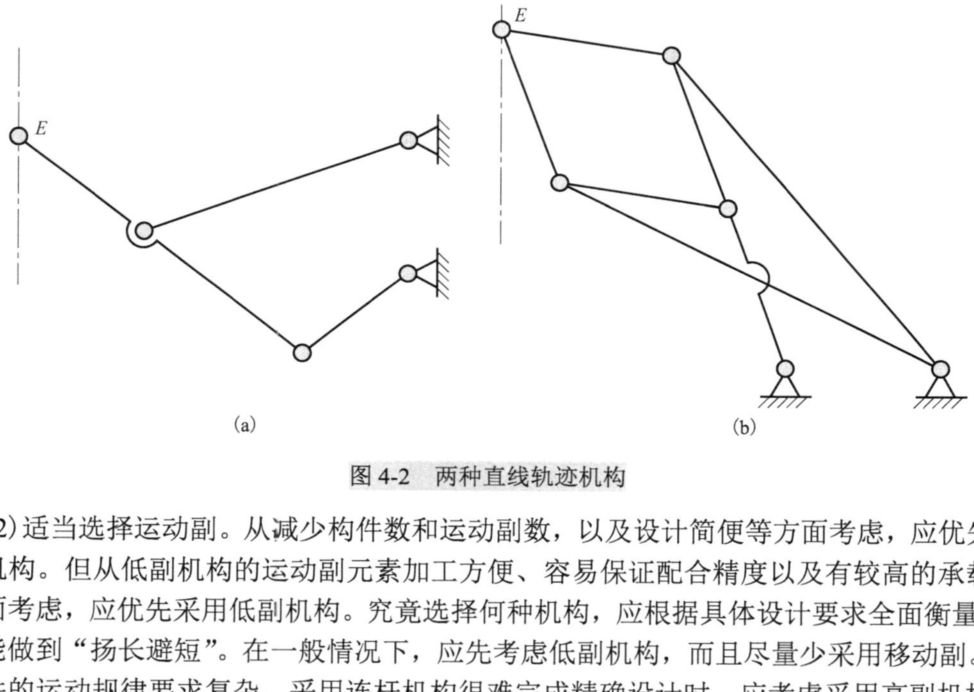

图 4-2　两种直线轨迹机构

(2) 适当选择运动副。从减少构件数和运动副数，以及设计简便等方面考虑，应优先采用高副机构。但从低副机构的运动副元素加工方便、容易保证配合精度以及有较高的承载能力等方面考虑，应优先采用低副机构。究竟选择何种机构，应根据具体设计要求全面衡量得失，尽可能做到“扬长避短”。在一般情况下，应先考虑低副机构，而且尽量少采用移动副。当执行构件的运动规律要求复杂，采用连杆机构很难完成精确设计时，应考虑采用高副机构，如凸轮机构或连杆凸轮组合机构。

(3) 选用广义机构。选用机构不要仅限于刚性机构，还可选用柔性机构和利用光、电、磁以及利用摩擦、重力、惯性等工作原理的机构，许多场合可使机构更加简单、实用。

2. 应使机构具有较好的动力学特性

改善机构动力学特性的方式有以下几种。

(1) 采用传动角较大的机构。尽可能选择传动角较大的机构，以提高机器的传力效益，减少功耗，尤其对于传力大的机构，这一点更为重要。

(2)采用增力机构。对于执行构件行程不大，而短时克服生产阻力很大的机构(如冲压机械中的主体机构)，应采用“增力”的方法，即瞬时有较大机械增益的机构。如图 4-3 所示为某压力机的主操作机构，当冲压工件时，机构所处的位置是α和θ角都很小的位置。通过分析可知，虽然冲头受到较大的冲压力F，但曲柄传给连杆 2 的驱动力R_{12}很小。当$\theta \approx 0°$、$\alpha = 2°$时，R_{12}仅为F的 7%左右。由此可知，采用了这种增力方法后，即使该瞬时需要克服的生产阻力很大，但电动机的功率不需要很大。

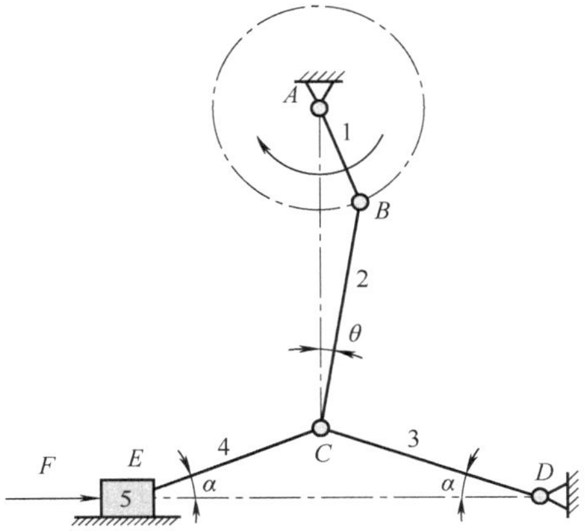

图 4-3　压力机的增益机构

(3)采用对称布置的机构。对于高速运转的机构，做往复运动和平面一般运动构件，以及偏心的回转构件的惯性力和惯性力矩较大，则在选择机构时，应尽可能考虑机构的对称性，以减小运转过程中的动负荷和振动。如图 4-4 所示的摩托车发动机机构，由于两个共曲柄的曲柄滑块机构以点 A 为对称，所以在每一瞬间其所有惯性力完全互相抵消，达到惯性力的平衡。

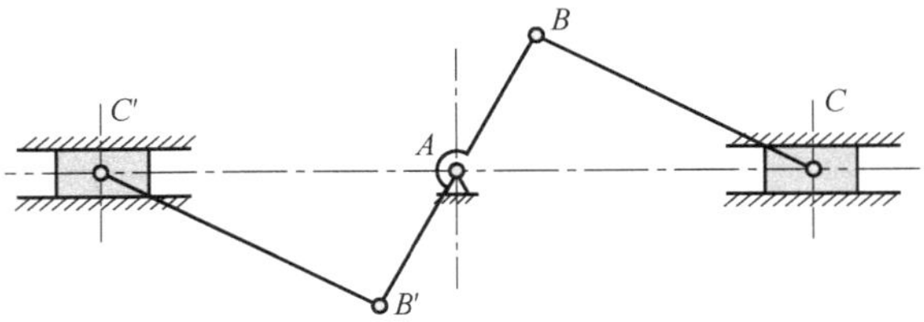

图 4-4　机构的对称平衡

3. 应使机构安全可靠

机械运转应满足其使用性能要求，同时要保证绝对安全。起重机械不允许在重物作用下产生倒转，为此，应使用自锁机构，或安装制动器。某些机械为防止过载而损坏，可安装联轴节或采用过载打滑的摩擦传动机构。

4.2.2　执行机构的选型

所谓机构的选型，是指利用发散思维的方法，将前人创造发明出的各种机构按照运动形式或实现的特定功能进行分类。然后根据设计要求尽可能地将所有可能的机构形式搜索到，通过比较和评价，确定出合适的机构形式。

机构的选型可以按照以下两种方式进行。

1. 按执行构件的运动形式

(1)执行构件的运动形式。执行机构中实现输出运动的执行构件的常见运动形式及实例如表 4-1 所示。

表 4-1　执行构件常见运动形式及实例

运动形式		实例
旋转运动	连续旋转运动	车床、铣床的主轴、缝纫机主轴等
	间歇旋转运动	自动机床工作台的转位、饮料灌装机工作台转位等
	连续往复摆动	颚式破碎机的动颚板的打击运动、电风扇的摆头运动等
直线运动	连续往复移动	冲床冲头的冲压运动、压缩机活塞的往复运动等
	间歇往复移动	自动生产线上的自动供料机构、自动机床刀架的进退刀运动等
曲线运动		插秧机秧爪的曲线运动、飞剪机剪刃的曲线运动等

(2)实现执行构件各种运动形式的常用机构。表 4-1 给出了部分实现各种执行构件运动形式的机构，供机构选型时参考。

(3)牛头刨床执行机构的选型。牛头刨床刨刀的运动为连续的往复移动，能够实现连续往复移动的机构有很多，如曲柄滑块机构、转动导杆机构、正弦机构、移动凸轮机构、齿轮齿条机构、螺旋机构、凸轮-连杆组合机构、齿轮-连杆组合机构等。同时还应考虑既要保证切削质量，又要提高生产率，即应使牛头刨床的执行构件具有急回特性。图 4-5 所示的 9 种方案均可实现具有急回特性的连续往复移动。

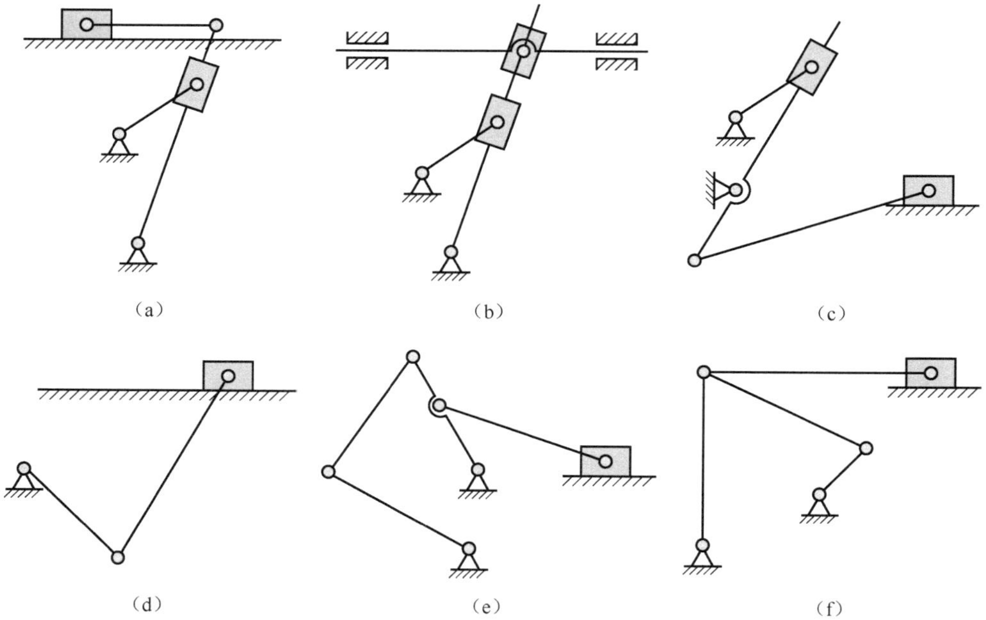

(a)　(b)　(c)　(d)　(e)　(f)

图 4-5　牛头刨床的几种执行机构

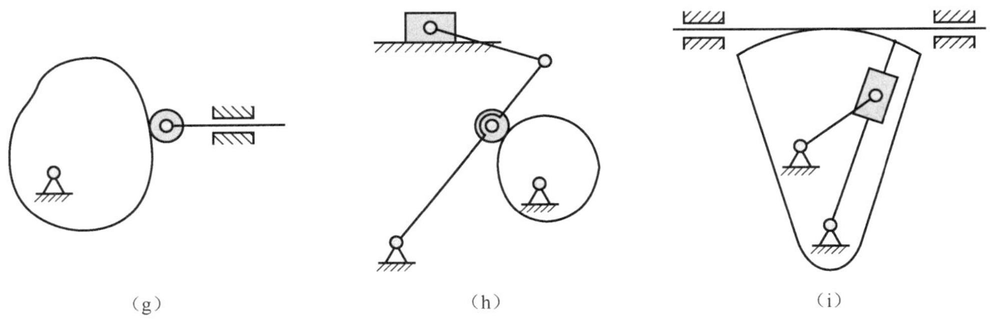

图 4-5　牛头刨床的几种执行机构(续)

对上述满足基本运动要求的方案，需要从工作性能、动力性能、经济性以及结构特性等方面进行综合评价，从中选出最优方案。

2. 按执行机构的功用

当机器的执行动作的功用很明确时，可以遵照这些功能，查阅有关手册，熟悉相应的这些机构，然后进行分析比较，选择一种满足设计要求的机构。表 4-2 为常用的执行机构的功用及其实例。

表 4-2　常用执行机构的功用及应用实例

功用	应用实例
夹压与夹持	液动压紧机构、压榨机构、悬吊式抓取机构、平行四边形移动抓取机构、重力式自锁性抓取机构、滑槽杠杆式抓取机构
供料与运送	步进式送料机构、供料机构
分度与转位	自动车床转位机构、冰激凌自动灌装机工作台转位机构、蜂窝煤压制机工作台间歇转位机构
超越、离合与制动	棘轮超越机构、杠杆带式制动机构、带式制动器、牙嵌离合器、单盘摩擦离合器、多盘摩擦离合器
升降	液压升降机构、凸轮式升降机构
压、剪、飞剪	四连杆式剪切机构、双四连杆剪切机构、摆式剪切机构、杠杆式剪切机构、偏心轴式剪切机构、滚筒式剪切机构、移动式剪切机构、凸轮移动式剪切机构、偏心摆式剪切机构

表 4-2 中所列出的执行机构的功用及应用实例仅仅是很少的一部分，在各种机构手册和机械设计手册中可查阅到大量其他的机构实例。

4.3　执行机构的协调设计及评价

4.3.1　执行机构的协调设计

1. 执行机构的运动协调性

当根据功能原理的设计要求，确定了实现各功能元的机构形式后，需要将各执行机构形成一个整体，使这些机构在时间上以一定的次序协调动作，互相配合，完成机械预定的总功能，同时在空间布置上也应满足协调性和操作上协同性的要求，这一过程称为执行机构的协调设计。

机械系统的各执行机构的运动协调设计应满足以下要求。

(1) 机械系统的各执行机构的动作过程和先后次序应符合工艺过程提出的要求，即应保证各执行机构动作的顺序性。

(2) 当机械系统的各执行机构的动作按一定顺序进行时，还应保证各执行构件的动作在时间上同步，即各执行机构的运动循环时间间隔相同或和工艺过程要求成一定的倍数关系，从而使各执行机构的运动不仅在时间上保证确定的顺序，而且能够周而复始地循环协调动作。

(3) 机械系统的各执行机构在运动过程中不发生轨迹干涉，即要保证空间的同步性。

(4) 保证机械系统各执行构件对操作对象的操作具有单一性或协同性。即两个或两个以上的执行构件对同一操作对象实施操作时，应保证协同一致。

2．运动循环图的设计

为了清楚地了解机械系统中各执行机构在完成总功能中的作用和次序，必须先绘出整个机械系统各执行机构的运动循环图。运动循环图不但能够表明各机构的配合关系，而且可以由它得出某些机构设计的原始参数，是进行执行机构运动设计的依据，同时也是设计控制系统和调试设备的重要依据。

运动循环图主要有三种形式，直线式、极坐标式和直角坐标式。

(1) 直线式运动循环图在机械执行机构较少时，动作时序清晰明了。

(2) 极坐标式运动循环图容易清晰地看出各执行构件的运动与机械原动件或定标件的相位关系，它给凸轮机构的设计、安装、调试带来方便，其缺点是同心圆较多，看上去较杂乱。

(3) 直角坐标式运动循环图是用执行机构的位移线图表示其运动时序的，将其工作行程及停歇区段分别以上升、下降及水平直线表示，这种运动线图能清楚地表示出执行构件的位移情况及相互关系。

现以牛头刨床为例，说明三种运动循环图的绘制方法。

牛头刨床各执行构件的运动要求：①刨刀做往复直线运动，具有急回特性；②工作台做间歇直线运动，切削时做单向间歇直线运动。

执行构件间协调要求：以曲柄导杆机构中的曲柄为定标构件，曲柄回转一周为一个运动循环。工作台的横向进给必须在刨头空行程开始一段时间以后开始，在空行程结束以前完成，以便保证刨刀与移动工件不发生干涉。

图 4-6 为按给定的行程速比系数设计的三种运动循环图。

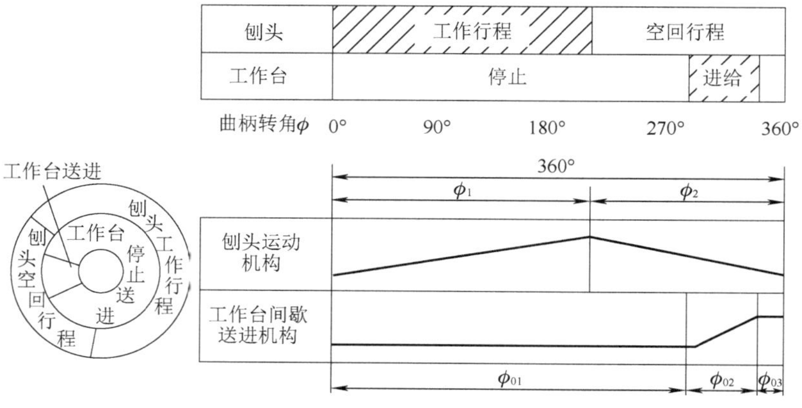

图 4-6　牛头刨床三种运动循环图

4.3.2　执行机构的方案评价

1．执行机构方案评价指标

满足同一运动形式或特定功能要求的机构方案有很多，对这些方案应从运动特性、工作性能、动力性能等方面进行综合评价。表 4-3 列出了各项评价指标及其具体项目，供设计者参考。

表 4-3　执行机构评价项目

性能指标	运动性能	工作性能	动力性能	经济性	结构紧凑
具体项目	(1) 运动规律、运动轨迹 (2) 运转速度、传动精度	(1) 效率高低 (2) 使用范围	(1) 承载能力 (2) 传力特性 (3) 振动、噪声	(1) 加工难易 (2) 维护方便性 (3) 能耗大小	(1) 尺寸 (2) 重量 (3) 结构复杂性

表 4-3 列出的各项评价指标及其具体项目，是根据机构设计的主要要求设定的。对于具体的机构，这些评价指标和具体项目还需依实际情况加以增减和完善。

2．典型机构的评价

连杆机构、凸轮机构、齿轮机构是最基本的机构，由于本身结构简单、易于应用，往往成为首选机构，表 4-4 是对它们的初步评价，供设计者参考。

表 4-4　常用机构指标评价

性能指标	具体项目	评价		
		连杆机构	凸轮机构	齿轮机构
A 运动性能	(1) 运动规律、运动轨迹	任意性较差，只能达到有限个精确位置	基本能任意	一般做定比传动或移动
	(2) 运转速度、传动精度	较低	较高	高
B 工作性能	(1) 效率高低	一般	一般	高
	(2) 使用范围	较大	较小	较小
C 动力性能	(1) 承载能力	较大	较小	较大
	(2) 传力特性	一般	一般	较好
	(3) 振动、噪声	较大	较小	较小
D 经济性	(1) 加工难易	易	难	一般
	(2) 维护方便性	较方便	较麻烦	方便
	(3) 能耗大小	一般	一般	一般
E 结构紧凑	(1) 尺寸	较大	较小	较小
	(2) 重量	较轻	较重	较重
	(3) 结构复杂性	复杂	一般	简单

4.4　搓丝机执行机构的设计及分析

4.4.1　搓丝机工作头的设计

产品加工工艺是设计机械设备的依据，而所设计的设备，则是实现产品工艺过程机械化、自动化的工具，两者是相互依存的。机械执行机构的工作头是根据工艺过程提出的动作要求来进行设计的，所以总体设计在开始阶段就要选择工艺方法和动作要求，制定工艺过程，从而确定工作头的运动形式并确定执行机构的类型，工艺过程对设备生产率、结构、运动和使用性能产生很大的影响。

螺纹加工工艺传统的加工方法是在机床上几次走刀做切削加工。如果按这种工艺方法设计切制螺纹的专用设备，其结构虽比普通机床简单，但仍需有工件装卡、旋转、刀架的纵横向进给与快进等动作(图 4-7(a))；最后，其结构和普通车床类似，而工效不会提高很多。

按滚压原理设计的搓丝机，主要是动搓丝板和送料板的往复运动，从而使机构大大简化，而生产率、工件质量和材料利用率都有所提高(图 4-7(b))；对辊式搓丝机，把往复运动改成单向旋转运动，不但省掉了往复式搓丝机的空行程而使生产率得到提高，而且又缩小了机器的体积(图 4-7(c))；根据行星机构原理制造成的行星搓丝机(图 4-7(d))，使工艺动作进一步简化，生产率成倍提高。

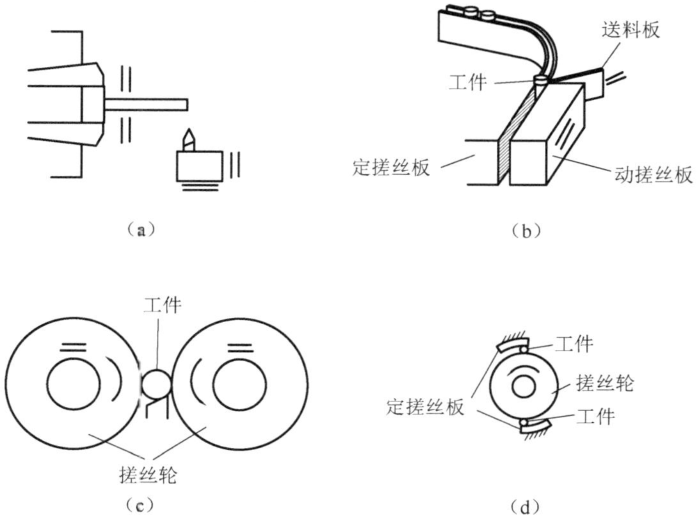

图 4-7　搓丝机工作头的几种工艺方案

4.4.2　搓丝机执行机构的运动分析

机械工作头的运动形式和速度确定执行机构的类型和原动件的速度大小，从而确定机械总体传动方案和上游传动比大小，以下就平板搓丝机进行运动分析，分析目标是确定执行机构原动件速度和工作头的行程，以及校核搓丝板的速度参数。

原始设计数据：最大加工直径为 12mm，最大加工长度为 200mm，对应搓丝动力为 16kN，生产率为 35 件/min。

根据平板搓丝机工作头的运动形式和搓丝的工作原理，执行机构可采用曲柄滑块机构，该类型搓丝机运动简图如图 4-9 所示，滑块往复运动一次搓制一个工件的螺纹，在搓丝过程中定板和动板之间开始间距为螺纹大径，在搓丝工作行程中可以近似认为是恒压搓制，当定板和动板之间距离减到螺纹小径时，表明已经搓制出标准螺纹。在搓丝工作行程中搓丝板的运动相当于螺母无移动的转动，因而工件(图 4-8)要做轴线方向的移动。要搓制出标准螺纹，搓丝板的位移至少如下：

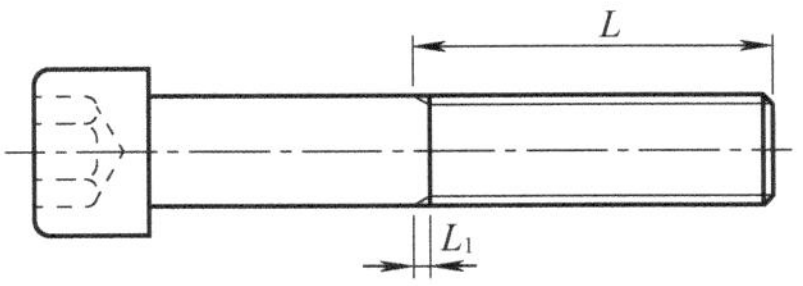

图 4-8　加工的工件

$$n = \frac{L_1}{p} = \frac{5.25}{1.75} = 3$$

$$S = n \times \pi d = 3 \times 3.14 \times 12 = 113.04$$

式中，L_1 为螺纹收尾长度；p 为螺纹的螺距；n 为搓丝板相对于工件滚动的圈数；S 为搓制出标准螺纹，搓丝板所需的有效搓丝位移。

为了自动排掉已搓制的工件和具有较好的动力性，搓丝板的工作行程一般为有效搓丝位移的 3～3.5 倍，因而搓丝板工作行程 H 为

$$H = (3 \sim 3.5) \times S \approx 340 \sim 390\text{mm}$$

目前只知道搓丝板工作行程，若要设计出曲柄滑块机构运动尺寸还需知道其他约束条件，如偏置距离 e、行程速比系数 K，这些参数的确定需要综合考虑机构结构的设计，执行机构和送料机构之间的协调设计，以及搓丝效率等问题。在综合考虑以上因素下设定偏置距离 e=100mm，K=1.2，H=340mm，并通过图解法（按行程速比系数设计四杆机构）求解得 l_{AB}=170mm，l_{BC}=580mm。

根据执行机构的运动特点和工艺的生产率要求可确定曲柄的转速为 35r/min，也即减速器输出转速，从而可计算出上游传动装置的总传动比。

由图 4-9 可知，搓丝板从 C_1 到 C_2 为搓丝工作段，搓丝板的速度是逐渐加大的过程，采用速度瞬心法或矢量方程图解法可求机构在 AB_2C_2 位置时搓丝板的速度，并验算是否满足许用工作速度，求解条件为已知曲柄的转速为 35r/min（近似匀速）和机构的运动尺寸，这里取搓丝阶段搓丝板速度最大的机构位置 AB_2C_2 进行速度分析，采用的方法为速度瞬心法。通过三心定理可找到原动件 1 和滑块 3 的速度瞬心 P_{13}，如图 4-10 所示，求解出滑块在该位置的速度为

$$v_3 = \frac{2\pi n}{60} \times l_{AP_{13}} = \frac{2\pi \cdot 35}{60} \times 0.167 = 0.612(\text{m/s})$$

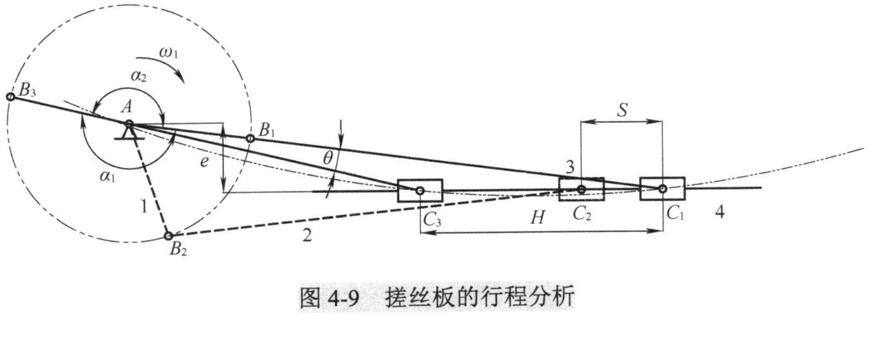

图 4-9　搓丝板的行程分析

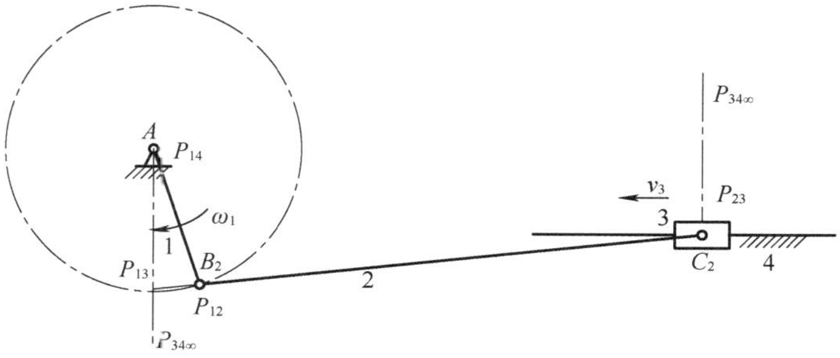

图 4-10　搓丝板的瞬心法速度分析

这里需指出的是对于不同的工作头和执行机构的运动分析目标是不同的，它们的共性问题是：所求解的运动参数取决于具体的工艺要求。有些执行机构只对位移有要求，有些对速度有要求，有些对加速度也有要求，一般情况下低速机构只对位移有要求。

4.4.3　搓丝机执行机构的动力分析

执行机构的动力分析是机械系统动力分析的基础，它关系到原动机类型的选择和机械总体动力性能的好坏。执行机构的力分析的任务主要有两点：①通过力分析计算运动副中的总反力，它是计算构件的强度，运动副中的摩擦、磨损和机械效率的基础；②通过力分析计算机械的平衡力，它是确定机械系统原动机最小功率的依据。

工作头所受的阻力称为生产阻力，在工作行程的搓丝阶段搓丝板所受的阻力近似为常数，图 4-11 为机构处于 AB_1C_1 时搓丝板的受力图（忽略运动副的摩擦），又因力 $R_{21}=R_{23}$，由力平衡可知机构处于该位置时所需的平衡驱动力偶为零（不考虑摩擦）。由图 4-11 并结合图 4-9 可知搓丝板从 C_1 到 C_2 所需平衡驱动力偶是逐渐加大过程。如按机构在 AB_2C_2 位置设计计算平衡驱动力偶则机械系统具有较大的过盈的功率。

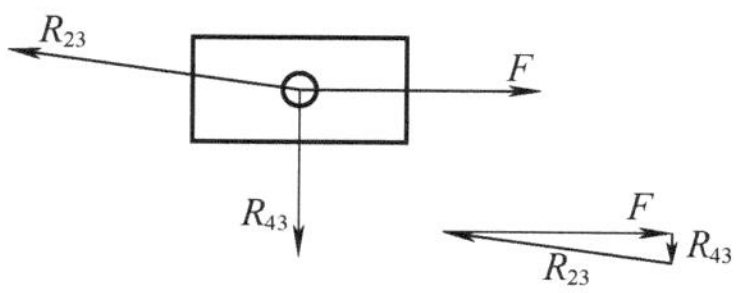

图 4-11　不考虑摩擦时搓丝板的受力分析

机构处于 AB_2C_2 位置时的受力分析如图 4-12 所示，作图采用 CAD 技术避免比例的换算，得 R_{23}=17kN，R_{21} 与 R_{41} 形成力偶并与 M_1 平衡，则 $M_1 = 17 \times h = 3.536(\text{kN}\cdot\text{m})$，所需功率为

$$p_0 = \frac{M_1 \times 10^6 \times n_1}{9.55 \times 10^6} = \frac{3.536 \times 35}{9.55} \approx 12.95(\text{kW})$$

考虑到机构在该位置为尖峰载荷，由于搓丝机在高速段安装了转动惯量比较大的带轮（起到了飞轮蓄能的作用）可以克服该位置的尖峰载荷，实际功率可取为

$$P = p_0 \times 0.65 \approx 8.4(\text{kW})$$

(a)

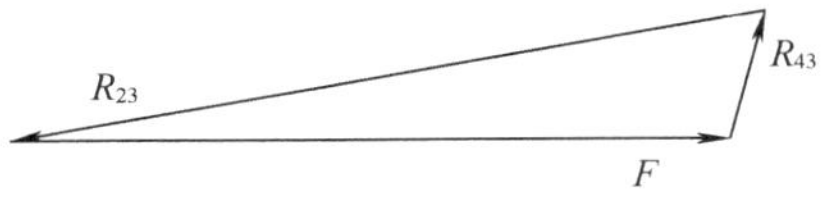

(b)

图 4-12　考虑摩擦搓丝机的力平衡分析

4.5　基于 MATLAB 的机构运动分析

4.5.1　机构运动分析方法

机构的运动学分析，就是按照已知的起始构件运动规律来确定机构中其他构件的运动。

机构运动分析的方法主要有图解法和解析法两种。图解法是运用理论力学中速度、加速度合成原理列出机构上相应点之间的相对运动矢量方程，以一定比例尺画出相应矢量多边形，用几何作图图解相应的运动参数。解析法的关键是建立位移方程式，速度和加速度分析则是利用位移方程式对时间求一次、二次导数，分别求出速度方程和加速度方程。常用的解析法有向量法、矩阵法等，核心均在于建立闭环矢量方程。

图解法形象直观、易于掌握，适于某瞬时运动参数的计算。而解析法借助计算机，可以获得一系列数据结果和运动线图，适用于整个运动过程的运动分析。在工程实际中，通过 MATLAB 编程建立相关矢量方程可实现机构的运动学分析。

4.5.2　MATLAB 辅助机构运动分析主要流程

MATLAB 是包含众多工程计算、仿真功能及工具的庞大系统。以曲柄滑块机构运动为例，在用解析法进行机构运动分析时，采用封闭矢量多边形求解较为方便。首先建立机构封闭矢量方程式，然后对时间求一阶导数得到速度方程，对时间求二阶导数得到加速度方程。每个曲柄滑块机构运动分析 MATLAB 程序都可以由主程序和子函数两部分组成，通过 MATLAB 工具对机构进行解析法运动分析大致步骤如图 4-13 所示。

主程序的任务是求机构在一个工作周期内各构件的位移、速度和加速度的变化规律，并以线图形式表示出来，同时进行机构运动仿真；子函数的任务是，求解机构某一位置时各构件的位移、速度和加速度。

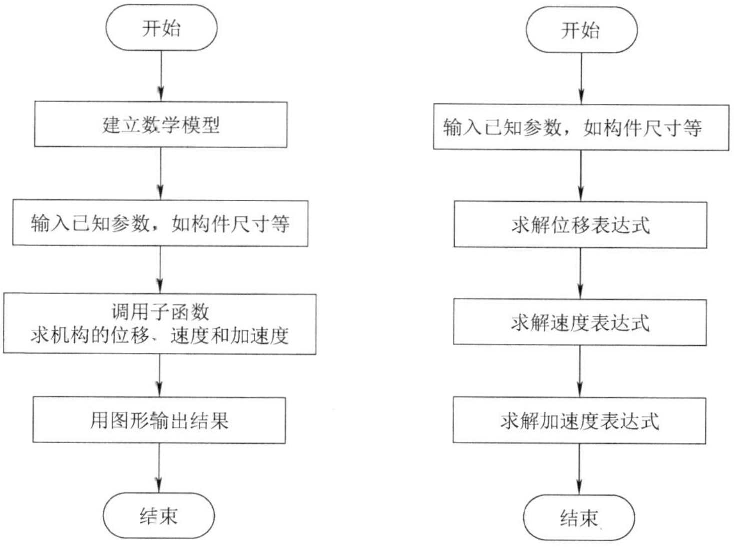

(a) 主程序　　(b) 子函数

图 4-13　平面连杆机构运动分析流程图

4.5.3　曲柄滑块机构的运动分析

如图 4-14 所示的曲柄滑块机构中，已知各构件的尺寸及原动件 1 的方位角 θ_1 和匀角速度 ω_1，对其进行运动分析。

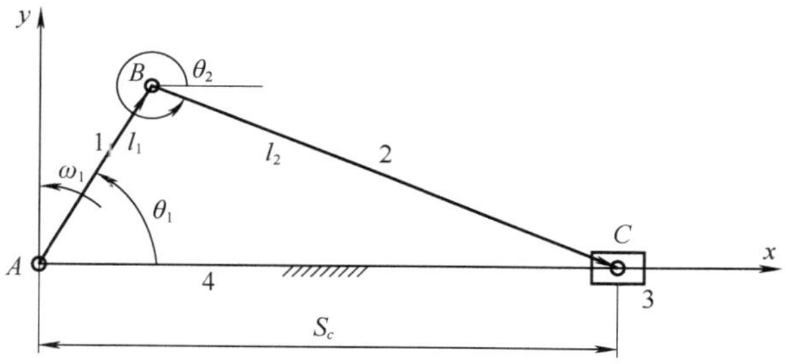

图 4-14　曲柄滑块机构

根据图 4-13 所示流程图，需先进行数学模型的建立。

1. 位置分析

建立如图 4-14 所示直角坐标系，各构件表示为杆矢，并将各杆矢用指数形式的复数表示。由封闭图形 $ABCA$ 写出机构各杆矢所构成的矢量方程为

$$\boldsymbol{l}_1+\boldsymbol{l}_2=\boldsymbol{S}_c$$

其复数形式表示为

$$l_1\mathrm{e}^{\mathrm{i}\theta_1}+l_2\mathrm{e}^{\mathrm{i}\theta_2}=\boldsymbol{S}_c$$

将上式实部与虚部分离，得

$$l_1\cos\theta_1+l_2\cos\theta_2=S_c,\qquad l_1\sin\theta_1+l_2\sin\theta_2=0$$

由上式可得

$$\theta_2 = \arcsin\left(\frac{-l_1 \sin\theta_1}{l_2}\right), \qquad S_c = l_1\cos\theta_1 + l_2\cos\theta_2$$

2. 速度分析

将机构各杆矢量方程对时间 t 求一次导数，得速度关系为

$$\mathrm{i}l_1\omega_1 \mathrm{e}^{\mathrm{i}\theta_1} + \mathrm{i}l_2\omega_2 \mathrm{e}^{\mathrm{i}\theta_2} = v_c$$

将上式实部与虚部分离，得

$$l_1\omega_1\cos\theta_1 + l_2\omega_2\cos\theta_2 = 0, \qquad -l_1\omega_1\sin\theta_1 - l_2\omega_2\sin\theta_2 = v_c$$

若用矩阵形式表示，上式表示为

$$\begin{bmatrix} l_2\sin\theta_2 & 1 \\ -l_2\cos\theta_2 & 0 \end{bmatrix}\begin{bmatrix} \omega_2 \\ v_c \end{bmatrix} = \omega_1\begin{bmatrix} -l_1\sin\theta_1 \\ l_1\cos\theta_1 \end{bmatrix}$$

解上式即可得角速度 ω_2 和线速度 v_c。

3. 加速度分析

将机构各杆矢量方程对时间 t 求二次导数，得加速度关系表达式，求解下式即可求得角加速度 α_2 和线加速度 a_c。

$$\begin{bmatrix} l_2\sin\theta_2 & 1 \\ -l_2\cos\theta_2 & 0 \end{bmatrix}\begin{bmatrix} \alpha_2 \\ a_c \end{bmatrix} + \begin{bmatrix} \omega_2 l_2\cos\theta_2 & 0 \\ \omega_2 l_2\sin\theta_2 & 0 \end{bmatrix}\begin{bmatrix} \omega_2 \\ v_c \end{bmatrix} = \omega_1\begin{bmatrix} -\omega_1 l_1\cos\theta_1 \\ -\omega_1 l_1\sin\theta_1 \end{bmatrix}$$

4.5.4　计算实例

图 4-14 所示的曲柄滑块机构中，*AB* 为原动件，以匀角速度 ω_1=10rad/s 逆时针旋转，曲柄和连杆的长度分别为 l_1=100mm，l_2=200mm。试确定连杆 2 和滑块 3 的位移、速度和加速度，并绘制运动线图。

首先建立如 4.5.3 节所讲述数学模型，之后通过 MATLAB 将已知构件参数输入 MATLAB 程序中进行编程求解，将 MATLAB 程序分为主程序 silder_crank_main 和子函数 silder_crank。

1) 主程序 silder_crank_main

```
%输入已知参数
clear;clc;
l1=100;
l2=200;
e=0;
hd=pi/180;
du=180/pi;
omega1=10;
alpha1=0;
%调用子函数计算位移、速度、加速度
for j=1:720
theta1(j)=(j-1)*hd        [theta2(j),s3(j),omega2(j),v3(j),alpha2(j),a3(j)]=
slider_crank(theta1(j),omega1,alpha1,l1,l2,e);
end
```

```
% 位移、速度和加速度图形输出
figure(1);                                    %绘制第一幅位移线图
[AX,H1,H2]=plotyy(theta1*du,theta2*du,theta1*du,s3);
set(get(AX(1),'ylabel'),'String','连杆角位移/\circ');
set(get(AX(2),'ylabel'),'String','滑块位移/\mm');
title('位移线图');
xlabel('曲柄转角\theta_1/\circ')
grid on;figure(2);                            %绘制第二幅速度线图
[AX,H1,H2]=plotyy(theta1*du,omega2,theta1*du,v3)
title('速度线图');
xlabel('曲柄转角\theta_1/\circ')
ylabel('连杆角速度/rad\cdots^{-1}');
set(get(AX(2),'ylabel'),'String','滑块位移/mm\cdots^{-1}');
grid on;figure(3);                            %绘制第三幅加速度线图
[AX,H1,H2]=plotyy(theta1*du,alpha2,theta1*du,a3)
title('加速度线图');
xlabel('曲柄转角\theta_1/\circ')
ylabel('连杆角加速度/rad\cdots^{-2}');
set(get(AX(2),'ylabel'),'String','滑块位移/mm\cdots^{-2}');
grid on;
```

2)子函数 slider_crank

```
Function [theta2,s3,omega2,v3,alpha2,a3]=slider_crank(theta1,omega1,alpha1,
l1,l2,e)
  %计算连杆 2 的角位移和滑块 3 的线位移
  theta2=asin((e-l1*sin(theta1))/l2);          %求解杆 2 角位移
  s3=l1*cos(theta1)+l2*cos(theta2);            %求解滑块 3 的线位移
  %计算连杆 2 的角速度和滑块 3 的线速度
  A=[l2*sin(theta2),1;-l2*cos(theta2),0];      %机构原动件的位置参数矩阵
  B=[-l1*sin(theta1);l1*cos(theta1)];          %机构原动件的位置参数矩阵
  omega=inv(A)*(omega1*B);                     %通过逆矩阵求解速度矩阵
  omega2=omega(1);                             %角速度
  v3=omega(2);                                 %线速度
  %计算连杆 2 的角加速度和滑块 3 的线加速度
  At=[omega2*l2*cos(theta2),0;omega2*l2*sin(theta2),0]; %At=dA/dt
  Bt=[-omega1*l1*cos(theta1);-omega1*l1*sin(theta1)];   %Bt=dB/dt
  alpha=inv(A)*(-At*omega+alpha1*B+omega1*Bt);  %通过逆矩阵求解加速度矩阵方程
  alpha2=alpha(1);                             %角加速度
  a3=alpha(2);                                 %线加速度
```

3)运动参数图形输出

机构的周期运动参数线图输出结果如图 4-15 所示。

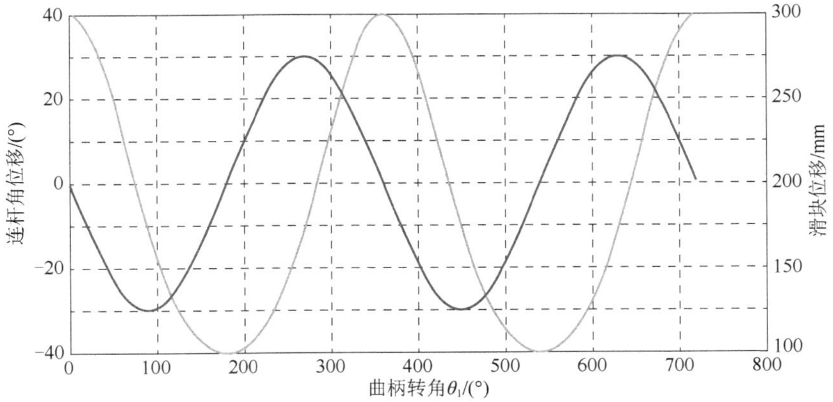

(a) 位移线图

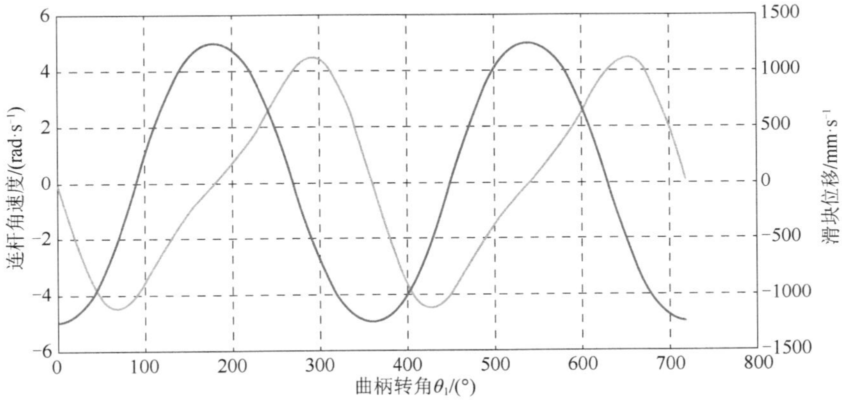

(b) 速度线图

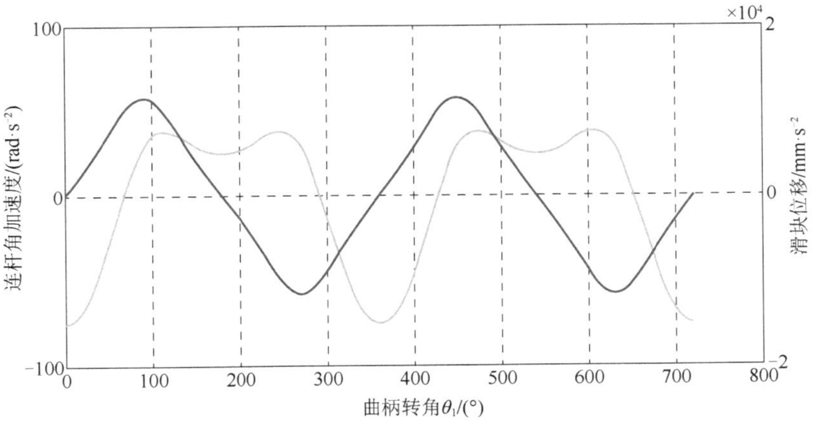

(c) 加速度线图

图 4-15　机构运动参数线图

第 5 章　机械传动装置的设计

传动装置中包含传动零件(如齿轮、蜗轮)、轴系和支撑零件(如轴、轴承、箱体、箱盖)及附件等。本章将介绍其工作能力计算和结构设计。

5.1　传动零件的设计计算

在装配图设计前，应首先设计计算传动件。当减速器外有传动件时，可先对外部传动和执行机构进行设计计算，以便使减速器设计的原始条件比较准确。减速器外传动零件主要有 V 带传动、链传动、开式齿轮传动、连杆机构和凸轮机构等。减速器内传动零件设计时，先设计计算内部传动零部件，再根据传动零件的尺寸及工作要求，设计确定支承零件、连接零件和附件等其他零件。传动零件的设计包括确定传动零件的材料、热处理方法、参数和主要结构尺寸等。传动零件的设计计算方法均按教材所述，本书不再重复。下面仅就设计中应注意的问题进行简要的提示。

5.1.1　减速器外传动零件的设计要点

减速器外的传动件设计，除了应满足传动件的设计要求，还应注意这些传动件与减速器和其他部件的协调问题。

1. 带传动

带传动
设计实例

带传动设计所需的原始数据主要有：工作条件及外轮廓尺寸、传动位置的要求，原动机种类和所需的传动功率，主动轮和从动轮的转速(或传动比)等。设计内容主要包括：确定 V 带的型号、长度和根数；传动中心距及带传动的张紧装置；对轴的作用力；带轮直径、材料、结构尺寸和加工要求等。设计时应注意的问题如下。

(1)装在电动机轴上的小带轮直径与电动机中心高是否相称，小带轮轴孔直径、长度与电动机外伸轴径、长度是否相配。如图 5-1 所示，带轮半径 D 大于电动机中心高 H，这样的设计不太合适。

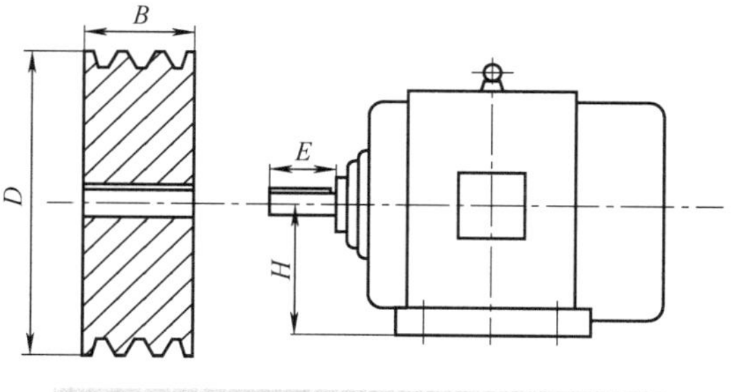

图 5-1　电动机中心高与小带轮直径不匹配

(2)大带轮外圆与其安装轴的支承箱体中心高是否相配。大带轮轴孔直径、长度应与减速器输入轴轴身尺寸相配。若有不合理的情况，应考虑改选带轮直径，修改设计。

(3) 应注意带轮轮缘宽度取决于带的型号和根数，而带轮轮毂长度 l 与带轮轮缘宽度 B 不一定相同(图 5-2)。带轮轮毂长度 l 按轴径直径 d 的大小确定，可按轴伸标准系列(表)选用，也可按 $l=(1.5\sim2)d$ 取值。

(4) 带轮结构形式主要由带轮直径大小而定，其具体结构及尺寸可查手册，为了便于后续设计，应按查得的结果画出结构草图，并标明主要尺寸。

(5) 应计算出初拉力以便安装时检查张紧要求及考虑张紧方式；计算出带传动对轴的作用力，用于轴的强度计算。

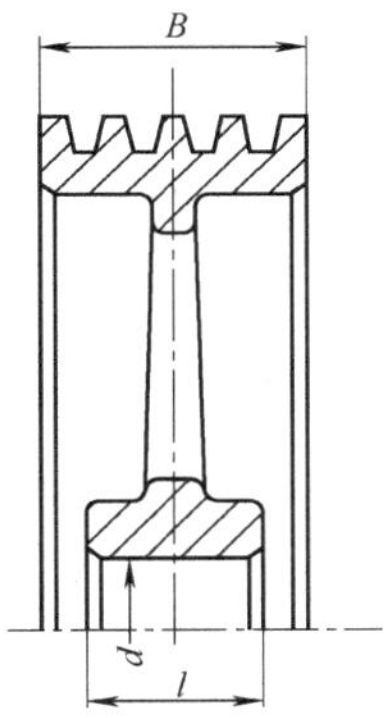

图 5-2　带轮的宽度

2. 链传动

常用的链传动为滚子链传动，设计时所需的原始数据主要有：载荷特性和工作情况、传递功率、主动链轮和从动链轮的转速或传动比、外廓尺寸、传动布置方式等。设计计算的主要内容：确定链条的节距、排数和链节数；确定传动参数和尺寸(中心距、链轮齿数等)；设计链轮(材料、尺寸和结构)；确定润滑方式、张紧装置和维护要求等。其设计计算要点如下。

(1) 应检查链轮直径尺寸、轴孔尺寸、轮毂尺寸等是否与减速器或工作机相适应。当链传动的实际传动比与设计要求的传动比相差较大时，应考虑修正减速器的传动比。

(2) 大、小链轮的齿数最好选择奇数或不能整除链节数的数，一般限定 $Z_{\min}=17$，$Z_{\max}=120$；为避免使用过渡链节，链节数最好为偶数。

(3) 当设计出的单排链链节尺寸过大时，为减小动载荷，可改选双排链或多排链。由于滚子链轮端面齿形已经标准化，并有专门的刀具加工，因此，只需画出链轮结构图，并按链轮标注标准在图上标注链轮参数即可。

3. 开式齿轮传动

对于不重要或转速较低、或间歇转动的齿轮传动，可设计成开式齿轮传动。设计时所需的原始数据主要有传递功率(或转矩)、转速、传动比、工作条件和尺寸限制等。设计计算内容主要是选择材料、确定齿轮传动的参数(中心距、齿数、模数、螺旋角、变位系数和齿宽等)和齿轮的其他几何尺寸及其结构。开式齿轮常采用直齿轮。其设计计算要点如下。

(1) 按齿轮传动的设计准则，开式齿轮一般按轮齿弯曲强度设计，校核齿面的接触强度。考虑到齿面的磨损，应将强度计算求得的模数加大 10%～20%。如果是进行轮齿弯曲强度校验计算，则应将已知的模数减小 10%～20%后，再代入公式中进行校核计算。

(2) 开式齿轮悬臂布置时，轴的支座刚度较小，易发生轮齿偏载，齿宽系数应取小些。

(3) 检查齿轮尺寸与传动装置和工作机是否相配，齿轮轴孔等尺寸与相配的轴伸尺寸是否相符。

4. 联轴器的选择

联轴器分为刚性联轴器和弹性联轴器，前者结构简单，刚性好，传力大，安装精度要求高；后者可以缓冲吸振，且对两轴间的安装精度要求不高。在设计中，一般按联轴器所需传递的转矩、轴的转速和安装轴头的几何尺寸要求从标准件中选择。常用刚性联轴器有凸缘联轴器、齿式联轴器等；弹性联轴器有弹性套柱销联轴器、弹性柱销联轴器等。其设计要点如下。

(1) 一般载荷平稳，传递转矩大，转速稳定，同轴度好，无相对位移的选用刚性联轴器。载荷变化较大，要求缓冲减振或同轴度不易保证的，应选用弹性元件挠性联轴器。

(2) 联轴器的主要功用是传递转矩，在安装正确和忽略自重情况下，联轴器对轴端不引起压轴力。刚性联轴器无补偿能力，无弹性元件挠性联轴器由于磨损和变形，在工作中不可避免产生两轴偏斜和位移，使传递转矩的平面不垂直于轴心线，故产生附加的压轴力、弯矩和支反力。由于这些附加载荷难以估计，一般假设附加压轴力 $F_0=(0.1\sim0.25)\dfrac{2T}{D}$。

5. 连杆机构设计

连杆机构设计内容主要包括：确定连杆的长度和截面形状等几何参数；选择材料和加工方法；铰链结构和安装形式；注意连杆结构设计不要造成与相关结构发生干涉；作用力的大小、方向，以及传力特性(压力角)对其他传动件的影响等。有些连杆设计时，需有一些特殊结构要求，如需要将铰链处制成剖分结构，方便安装；采用连杆长度可调结构等。

6. 凸轮机构设计

凸轮机构设计内容主要包括：按运动和强度要求，确定凸轮的轮廓形状和接触宽度等几何参数；选择材料、热处理工艺和加工方法；作用力的大小、方向，以及传力特性(压力角)对传动的影响；注意凸轮轮廓设计不能使运动失真，从动件设计应力求减少摩擦等。

5.1.2　减速器内传动零件的设计要点

1. 圆柱齿轮传动

齿轮传动设计实例

圆柱齿轮传动设计所需的已知条件为传递功率 P 或扭矩 T，齿轮转速 n_1、n_2 或齿数比 u(传动比 i)；传动的用途、工作条件及外廓尺寸和中心距等方面的要求。设计计算内容主要有：选择材料、热处理及精度等级，确定齿轮传动的参数(中心距、齿数、模数、螺旋角、变位系数和齿宽等)和齿轮的其他几何尺寸及其结构。具体设计步骤可参考教材，设计计算时应注意的问题如下。

(1) 选择齿轮材料及热处理时，通常先估计毛坯的制造方法，不同的毛坯制造方法将限定齿轮材料的选择范围。当 d>500mm 时，多用铸造毛坯；齿轮轴的选材应兼顾齿轮和轴两方面的要求；一般的齿轮，根据制造条件可以采用锻造或铸造毛坯。此外，同一减速器中的各级小齿轮(或大齿轮)的材料应尽可能一致，以减少材料牌号。

(2) 齿轮传动的几何参数和尺寸应分别进行标准化、圆整或精确计算，并保留其精确值。例如，模数必须选标准系列值，中心距和齿宽应该圆整，啮合尺寸(节圆、分度圆、齿顶圆以及齿根圆的直径、螺旋角、变位系数等)必须达到足够的精确，直径尺寸应计算到小数点后 2～3 位，角度应精确到秒。

(3) 圆整中心距时，对直齿轮传动，可以调整模数 m 和齿数 z，或采用角变位；对斜齿轮传动可以调整螺旋角 β。对于斜齿轮传动，中心距 α 值的尾数一般要求圆整为 0 或 5，螺旋角 β 的取值范围为 $\beta=8^\circ\sim20^\circ$。齿轮几何参数间满足的关系为

$$a=\frac{m_n}{2\cos\beta}(z_1+z_2)$$

(4) 根据 $\psi_d=b/d_1$ 求齿宽 b 时，可将一对齿轮中的大齿轮宽取为 b (即 $b_2=b$)，齿宽数值

应圆整。为补偿齿轮轴向位置误差，小齿轮宽度略大于大齿轮宽度，一般可取为 $b_1 = b_2 + (5 \sim 10)\,\mathrm{mm}$。

(5) 完成齿轮几何参数设计后，再进行齿轮结构设计。齿轮结构尺寸可按参考资料给定的经验公式计算，但都应尽量圆整，以便于制造和测量。

(6) 各级大齿轮、小齿轮几何尺寸和参数的设计过程与计算结果，将作为设计说明书中的内容，所以应及时整理，同时画出齿轮结构简图，以备装配图设计时使用。

2. 圆锥齿轮传动

圆锥齿轮传动的过程与圆柱齿轮传动的过程相似，除此之外，还应注意以下方面。

(1) 圆锥齿轮以大端模数为标准，计算锥距 R、分度圆直径 d (大端) 等几何尺寸都采用大端模数，数据保留至小数点后三位数值。

(2) 两轴交角为 90° 时，确定大齿轮、小齿轮齿数后，分度圆锥角 δ_1、δ_2 可由齿数比 $u = z_2 / z_1$ 算出。计算时应注意精度，u 应达到小数点后第 4 位，δ 应精确到秒。

(3) 大、小锥齿轮的齿宽应相等，齿宽 b 的数值应圆整。

(4) 圆锥齿轮结构设计原则与圆柱齿轮相同。选择圆锥齿轮结构形式时，除考虑分度圆直径大小外，还应注意分度圆锥角的大小。

蜗轮蜗杆设计实例

3. 蜗杆传动

蜗杆传动的设计条件、要求、设计过程和圆柱齿轮传动的设计条件、要求、设计过程基本相同。蜗杆传动设计时还应注意以下几方面。

(1) 由于蜗杆传动的工作特点是滑动速度大，因此要求蜗杆副材料有较好的跑合和耐磨损性能。在选材料时要初估蜗杆副的相对滑动速度，再由不同的相对滑动速度确定适用的蜗杆副材料。蜗杆传动尺寸确定后，要校验相对滑动速度和传动效率与初估值是否相符，并检查材料选择是否恰当等。

(2) 模数 m 和蜗杆特性系数 q 要符合标准规定。应注意，蜗杆传动的模数标准系列与圆柱齿轮的不同。在确定 m、q、z_2 后，蜗杆传动的中心距应尽量圆整成尾数为 0 或 5(mm)，为此蜗杆传动常采用变位传动，并适当调整蜗杆的齿数。在设计中，d_1、q 还应取标准值。

(3) 为便于加工，蜗杆螺旋线方向尽量采用右旋。蜗杆传动方向则由工作机转动方向和蜗杆螺旋线方向确定。

(4) 与齿轮传动不同的是蜗杆传动要进行蜗杆的刚度验算和传动的热平衡计算。一般蜗杆强度及刚度验算、蜗杆传动热平衡计算都要在装配草图完成后进行。

(5) 蜗杆传动结构设计时，主要分为蜗杆下置和上置两种。当蜗杆分度圆的圆周速度 $v \leqslant 4.5\,\mathrm{m/s}$ 时一般将蜗杆下置，当 $v > 4.5\,\mathrm{m/s}$ 时则上置。

其他传动零部件设计请参阅教材或手册中相关内容。

5.2 常用减速器结构及润滑

5.2.1 减速器的结构

传动装置中减速器较为常用，图 5-3～图 5-5 分别为圆柱齿轮减速器、圆锥-圆柱齿轮减速器和蜗杆减速器的典型结构。

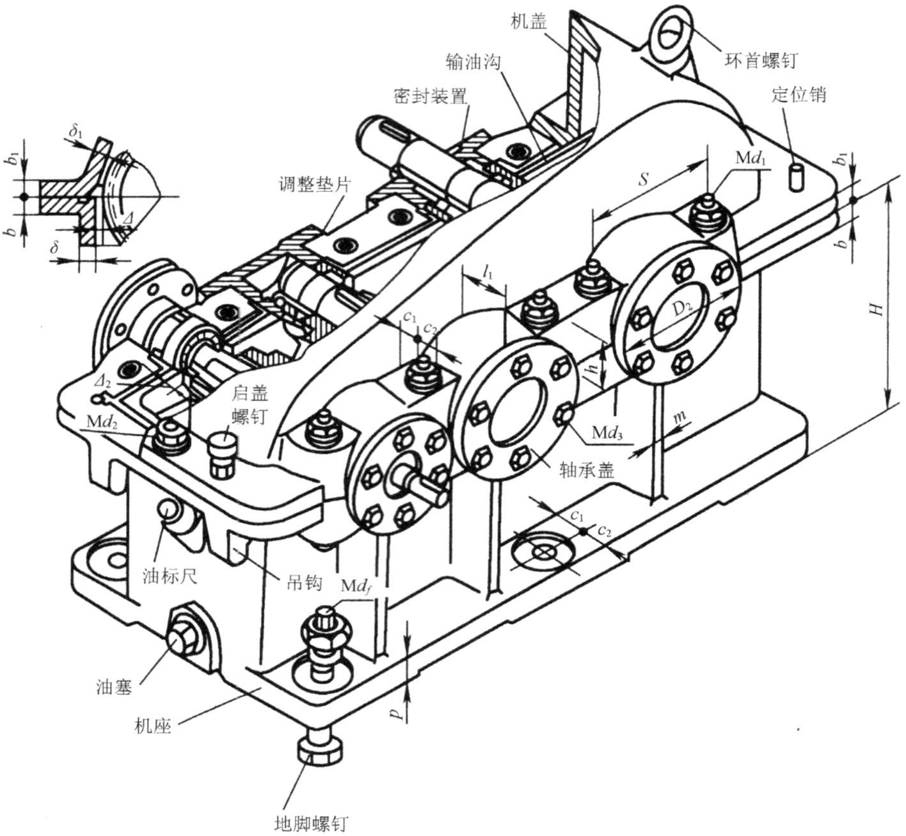

图 5-3 动画

图 5-3 圆柱齿轮减速器

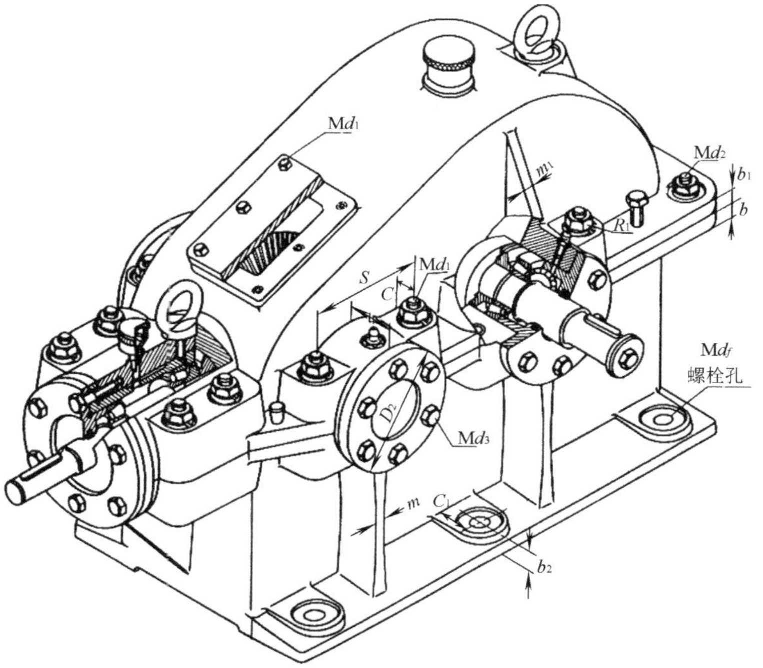

图 5-4 动画

图 5-4 圆锥-圆柱齿轮减速器

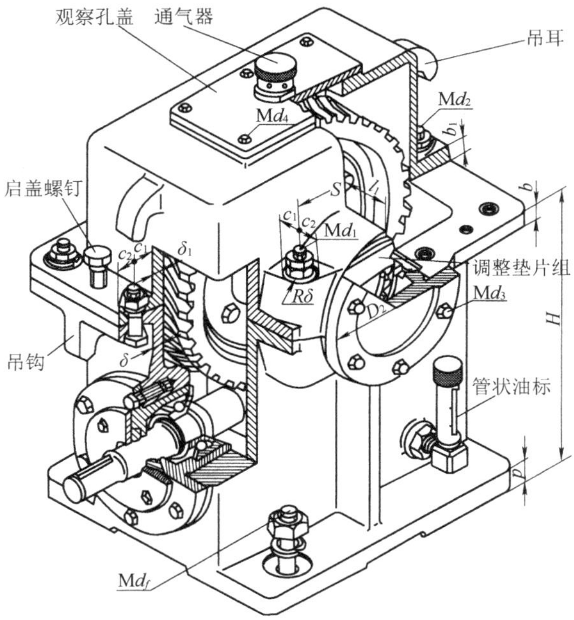

图 5-5 动画

图 5-5　蜗杆减速器

箱体结构尺寸及相关零件的尺寸关系经验值见表 5-1 和表 5-2。结构尺寸需圆整。

表 5-1　铸铁减速器箱体结构尺寸　　(mm)

名称	符号	减速器类型及尺寸关系			
		齿轮减速器		圆锥齿轮减速器	蜗杆减速器
箱座壁厚	δ	一级	$0.025a+1\geqslant 8$	$0.0125(d_{1m}+d_{2m})+1\geqslant 8$ 或$0.01(d_1+d_2)+1\geqslant 8$ d_1、d_2分别为小、大圆锥齿轮的大端直径 d_{1m}、d_{2m}分别为小、大圆锥齿轮的平均直径	$0.04a+3\geqslant 8$
		二级	$0.025a+3\geqslant 8$		
		三级	$0.025a+5\geqslant 8$		
		考虑铸造工艺，所有壁厚都不应小于 8			
箱盖壁厚	δ_1	一级	$0.02a+1\geqslant 8$	$0.01(d_{1m}+d_{2m})+1\geqslant 8$ 或$0.0085(d_1+d_2)+1\geqslant 8$	蜗杆在上：$\approx\delta$ 蜗杆在下： $=0.85\delta\geqslant 8$
		二级	$0.02a+3\geqslant 8$		
		三级	$0.02a+5\geqslant 8$		
箱座凸缘厚度	b	1.5δ			
箱盖凸缘厚度	b_1	$1.5\delta_1$			
箱座底凸缘厚度	b_2	2.5δ			
地脚螺栓直径	d_f	$0.032a+12$		$0.016(d_{1m}+d_{2m})+1\geqslant 12$ 或$0.015(d_1+d_2)+1\geqslant 12$	$0.032a+12$
地脚螺栓数目	n	$a\leqslant 250$时，$n=4$ $250<a\leqslant 500$时，$n=6$ $a>500$时，$n=8$		$n=\dfrac{\text{箱座底凸缘周长之半}}{200\sim 300}\geqslant 4$	4
轴承旁连接螺栓直径	d_1	$0.75d_f$			
箱盖与箱座连接螺栓直径	d_2	$(0.5\sim 0.6)d_f$			
连接螺栓d_2的间距	l	150～200			
轴承端盖螺钉直径	d_3	$(0.4\sim 0.5)d_f$			
视孔盖螺钉直径	d_4	$(0.3\sim 0.4)d_f$			

续表

名称	符号	减速器类型及尺寸关系		
		齿轮减速器	圆锥齿轮减速器	蜗杆减速器
定位销直径	d	$(0.7\sim0.8)d_2$		
d_f、d_1、d_2至外箱壁距离	c_1	见表 5-2		
d_f、d_2至凸缘边缘距离	c_2	见表 5-2		
轴承旁凸台半径	R_1	c_2		
凸台高度	h	根据低速级轴承座外径确定，以便于扳手操作为准		
外箱壁至轴承座端面距离	l_1	$c_1+c_2+(5\sim8)$		
大齿轮顶圆(蜗轮外圆)与内机壁距离	Δ_1	$\geqslant 1.2\delta$		
齿轮端面与内机壁距离	Δ_2	$\geqslant \delta$		
箱盖、箱座肋厚	m_1、m	$m_1\approx 0.85\delta_1$；$m\approx 0.85\delta$		
轴承端盖外径	D_2	凸缘式端盖：$D+(5\sim5.5)d_3$；D为轴承外径（嵌入式端盖尺寸见表 11-21）		
轴承旁连接螺栓距离	s	尽量靠近，以d_1和d_3互不干涉为准，一般取$s\approx D_2$		

注：多级传动时，a 取低速级中心距。对圆锥-圆柱齿轮减速器，按圆柱齿轮传动中心距取值。

表 5-2　c_1、c_2值　(mm)

螺栓直径	M8	M10	M12	(M14)	M16	(M18)	M20	(M22)	M24	(M27)	M30
$c_1\geqslant$	13	16	18	20	22	24	26	30	34	36	40
$c_2\geqslant$	11	14	16	18	20	22	24	26	28	32	34
沉头座直径	20	24	26	30	32	36	40	43	48	53	60

注：带括号者为第二系列。

5.2.2　减速器的润滑

减速器传动件和轴承都需要良好的润滑，其目的是减少摩擦、磨损，提高效率，防锈，冷却和散热。

减速器润滑对减速器的结构设计有直接影响，例如，油面高度和需油量的确定，关系到箱体高度的设计；轴承的润滑方式影响轴承的轴向位置和阶梯轴的轴向尺寸等。因此，在设计减速器结构前，应先确定减速器润滑的有关问题。

1. 传动件的润滑

绝大多数减速器传动件都采用油润滑，其润滑方式多为浸油润滑。对高速传动，则为压力喷油润滑。

1) 浸油润滑

浸油润滑是将传动件一部分浸入油中，传动件回转时，黏在其上的润滑油被带到啮合区进行润滑。同时，油池中的油被甩到箱壁上，可以散热。这种润滑方式适用于齿轮圆周速度 $v\leqslant 12$m/s，蜗杆圆周速度 $v<10$m/s 的场合。

箱体内应有足够的润滑油，以保证润滑及散热的需要。为了避免油搅动时沉渣泛起，齿顶到油池底面的距离应大于 30～50mm(图 5-6)。为保证传动件充分润滑且避免搅油损失过大，合适的浸油深度见表 5-3。由此确定减速器中心高 H，并圆整。

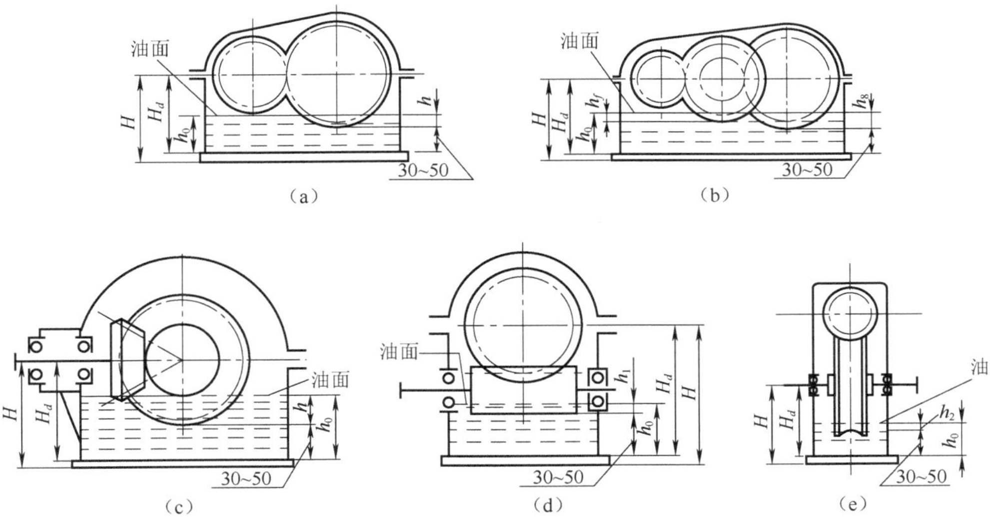

图 5-6　浸油润滑及浸油深度表

表 5-3　传动件浸油深度推荐值

减速器类型		传动件浸油深度
单级圆柱齿轮减速器(图 5-6(a))		$m \leqslant 20$mm时，h约为1个齿高，但不小于10mm； $m > 20$mm时，h约为0.5个齿高
两级或多级圆柱齿轮减速器(图 5-6(b))		高速级大齿轮，h_f约为0.7个齿高，但不小于10mm。低速级大齿轮，h_s按圆周速度大小而定，速度大取小值。 当$v = 0.8 \sim 1.2$m/s时，h_s为1个齿高(但不小于10mm)～1/6个齿轮半径； 当$v < 0.8$m/s时，$h_s \leqslant (1/6 \sim 1/3)$齿轮半径
圆锥齿轮减速器(图 5-6(c))		整个齿宽浸入油中(至少半个齿宽)
蜗杆减速器	蜗杆下置(图 5-6(d))	$h_1 = (0.75 \sim 1)h$，h为蜗杆齿高，但油面不应高于蜗杆轴承最低一个滚动体中心
	蜗杆上置(图 5-6(e))	h_2同低速级圆柱大齿轮浸油深度

另外，应验算油池中的油量 V 是否大于传递功率所需的油量 V_0。对于单级减速器，每传递 1kW 的功率需油量为 350～700cm^3(高黏度油取大值)。对多级传动，应按级数成比例地增加。若 $V<V_0$，则应适当增大 H。

设计两级或多级齿轮减速器时，应选择适宜的传动比，使各级大齿轮浸油深度适当。如果低速级大齿轮浸油过深，超过表 5-3 的浸油深度范围，则可采用油轮润滑。

2) 喷油润滑

当齿轮圆周速度 $v>12$m/s，或蜗杆圆周速度 $v>10$m/s 时，黏在传动件上的油由于离心力作用易被甩掉，啮合区得不到可靠供油，而且搅油使油温升高，此时宜用喷油润滑，即利用液压泵将润滑油通过油嘴喷至啮合区对传动件润滑。

2. 滚动轴承的润滑

滚动轴承一般高速时采用油润滑，低速时采用脂润滑，某些特殊环境如高温和真空条件下采用固体润滑。滚动轴承的润滑方式可根据速度因数 dn 查表选择，d 为轴颈直径，n 为工作转速。

对蜗杆减速器，下置式蜗杆轴承用浸油润滑，蜗轮轴承多用脂润滑或刮板润滑。

1) 脂润滑

脂润滑易于密封、结构简单、维护方便。采用脂润滑时，滚动轴承的内径和转速的积 dn 一般不宜超过 $2\times10^5\,\mathrm{mm\cdot r/min}$ 。为防止箱内油进入轴承而使润滑脂稀释流出，应在箱体内侧设挡油盘。

2) 飞溅润滑

减速器内只要有一个传动零件的圆周速度 $v\geqslant2\mathrm{m/s}$，即可利用浸油传动件旋转使润滑油飞溅润滑轴承。一般情况下，在箱体剖分面上制出油沟，使溅到箱盖内壁上的油流入油沟，从油沟导入轴承。

当传动件 $v>3\mathrm{m/s}$ 时，飞溅的油形成油雾，可以直接润滑轴承，此时无须制出油沟。

3) 刮板润滑

下置蜗杆的圆周速度 $v>2\mathrm{m/s}$，但蜗杆位置低，飞溅的油难以达到蜗轮轴承，此时轴承可采用刮板润滑。

4) 浸油润滑

下置蜗杆轴承的润滑是常见的浸油润滑方式。

5.3 传动装置装配草图入门

装配图反映各个零件的相互关系、结构形状以及尺寸，是绘制零件工作图的依据。所以必须综合考虑对零件的材料、强度、刚度、加工、装拆、调整和润滑等要求，用足够的视图和剖面图表达清楚。

装配图设计所涉及的内容较多、过程复杂，往往需要“边绘图，边计算，边修改”交替工作，直至最后完成装配图。

5.3.1 装配草图设计准备

在绘制装配草图前应先做好以下准备工作。

(1) 通过参观或装拆实际减速器，阅读减速器装配图，了解各零部件的功用、结构及相互关系，做到对设计内容心中有数。

(2) 确定传动零件的主要尺寸。如齿轮的分度圆和齿顶圆直径、宽度、轮毂长度、传动中心距等。

(3) 根据电动机型号查出其外伸轴径 d 和外伸长度 l，中心高 H。

(4) 按工作条件和转矩确定联轴器的类型和型号，查出两端轴孔直径和轴孔长。

(5) 按工作条件初选轴承类型。

(6) 确定轴承润滑和密封方式。

(7) 确定齿轮的润滑方式。

(8) 确定减速器箱体的结构方案(如剖分式、整体式等)，并计算出它的各部分尺寸。

5.3.2 绘制装配草图的步骤

传动零件、轴和轴承是减速器的主要零件，其他零件的结构尺寸随之而定。绘图时先画主要零件，后画次要零件；先从箱内零件画起，内外兼顾，逐步向外画；先画零件的中心线及轮廓线，后画细部结构。画图时要以一个视图为主，兼顾其他视图。主要步骤如下。

(1) 完成装配草图设计准备工作。

(2) 选择比例尺，合理布置图面。绘图时，为了加强真实感，应尽量选用 1∶1 的比例尺。布图时，应根据传动件的中心距、顶圆直径及轮宽等主要尺寸，估计出减速器的轮廓尺寸，合理布置图面。

(3) 初绘装配草图。绘制传动件的中心线及其轮廓尺寸，确定箱体内壁和轴承座端面的位置，计算箱体凸缘宽度。

(4) 轴系结构设计。初步估计轴颈尺寸，确定周向和轴向定位方式，初步确定各轴段直径和长度，完成轴的结构设计。

(5) 轴承的寿命计算。初步选择轴承型号，确定轴上力的作用点及支点距离。

(6) 轴的受力分析及强度计算。

(7) 校核键和其他零件的强度。

(8) 完成减速器的总体设计。

5.3.3　初绘装配草图

对于一级和二级圆柱齿轮减速器，装配草图一般只需画出主视图和俯视图(图 5-7 和图 5-8)。具体步骤如下。

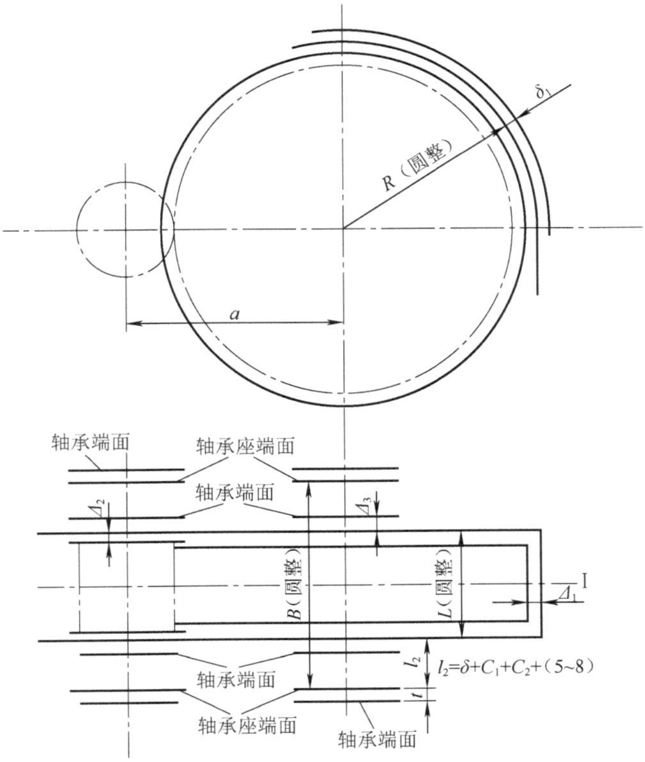

图 5-7　一级圆柱齿轮减速器装配草图设计

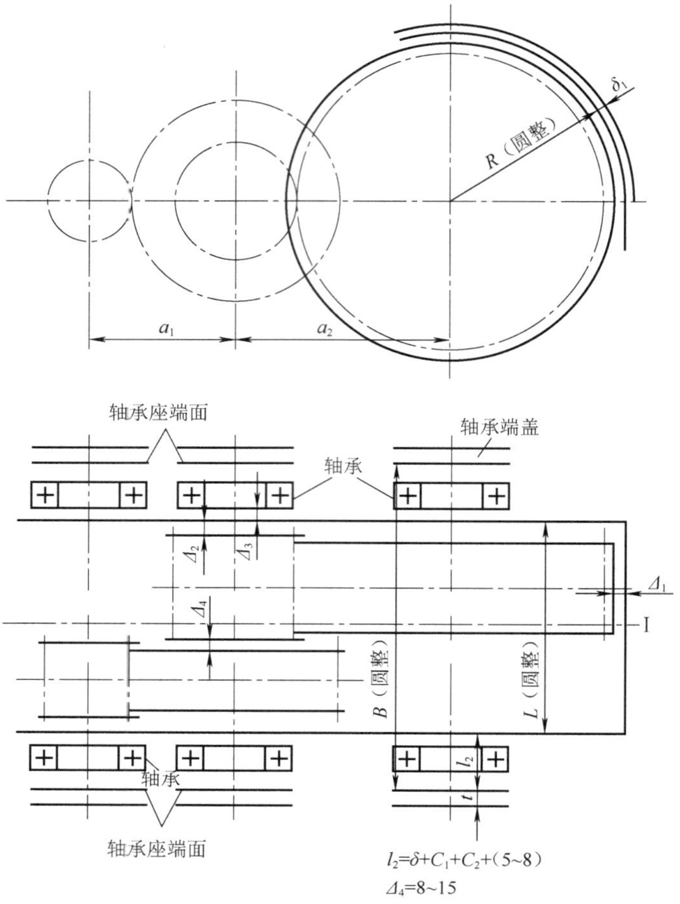

图 5-8　二级圆柱齿轮减速器装配草图设计

(1) 在主视图上画出齿轮水平中心线，按中心距尺寸绘出各齿轮的垂直中心线，并绘出各齿轮的分度圆和齿顶圆。

(2) 在俯视图上绘出齿轮的位置。对于二级减速器，为避免发生干涉，两对齿轮的轴向间距取 $\Delta_4 = 8 \sim 15$ 。

(3) 确定齿轮到内壁的距离。大齿轮齿顶到内壁的距离 $\Delta_1 > 1.2\delta$ ，其中 δ 为箱座的壁厚(见表 5-1)，齿轮端面到内壁的距离 $\Delta_2 > \delta$ ，内壁之间距离 L 需圆整。注意小齿轮齿顶到内壁的距离，可待完成装配草图阶段由主视图上箱体结构的投影关系确定。

(4) 根据先前设计的箱体壁厚，绘出箱体外壁位置。

(5) 在主视图上绘出大齿轮处的箱体内外壁位置。

(6) 确定箱体内壁到轴承座端面的距离 l_2 ，主要考虑扳手空间的 C_1、C_2 值，见图 5-9。C_1 、C_2 值见表 5-2。另外，左右两侧的轴承座端面之间的距离 B 应进行圆整。

(7) 对于采用凸缘式轴承端盖减速器，还应画出轴承端盖位置。轴承端盖厚度 $t = 1.2d_3$，其中 d_3 为轴承端盖固定螺钉直径(表 5-1)。

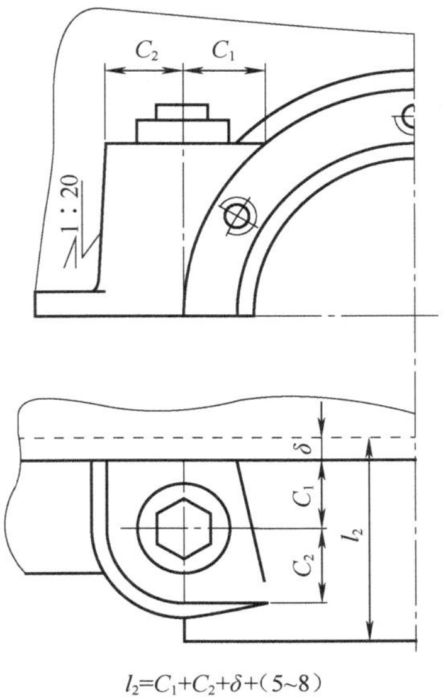

图 5-9　轴承座结构

(8) 确定轴承内侧到箱体内壁之间的距离 Δ_3，分油润滑和脂润滑两种情况，如图 5-10 所示。

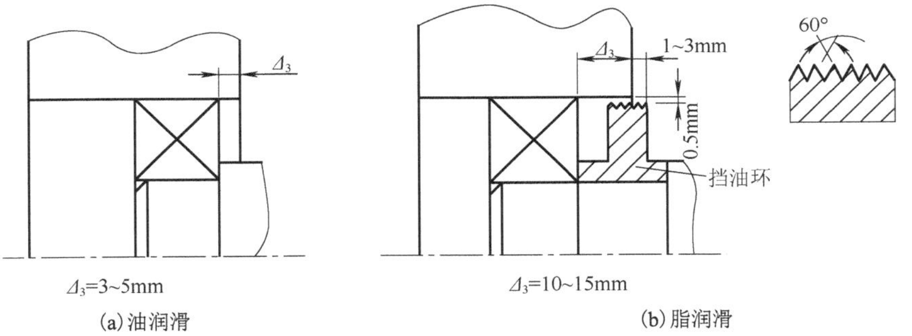

图 5-10　轴承内侧到箱体内壁的距离

对于锥齿轮减速器(图 5-11)，应在小锥齿轮大端轮缘端面和大锥齿轮大端轮缘端面与箱体内壁间留有间距 Δ_2。小锥齿轮顶圆与圆弧形箱体内壁之间留有一定距离 Δ_1，Δ_1 和 Δ_2 的值见表 5-1。靠近大圆锥齿轮一侧的箱体轴承座内端面确定后，在俯视图上以小圆锥齿轮中心线作为箱体宽度方向的中线，便可确定箱体另一侧轴承座内端面的位置。其他步骤同上。

对于蜗杆减速器(图 5-12)，蜗轮外圆与蜗轮轮毂端面与箱体内壁间应留有间距 Δ_1 和 Δ_2，为了提高蜗杆轴的刚度，应尽量缩小其支点距离，为此，蜗杆轴承座常伸至箱体内部。内伸部分的外径 D_1 近似等于凸缘式轴承盖外径 D_2。为使轴承座尽量内伸，常将圆柱形轴承座上部靠近蜗轮部分铸出一个斜面，使轴承座与蜗轮外径之间留有一定距离 Δ_1，为了增加轴承座的刚度，在其内伸部分的下面还应有加强筋，见图 5-13。蜗杆减速器箱体宽度 B_1 是在侧视图上绘图确定的，一般取 $B_1 \approx D_2$（D_2 为蜗杆轴的轴承盖外径）。有时为了缩小蜗杆轴的支点距离和提高刚度，可使 B_1 略小于 D_2。

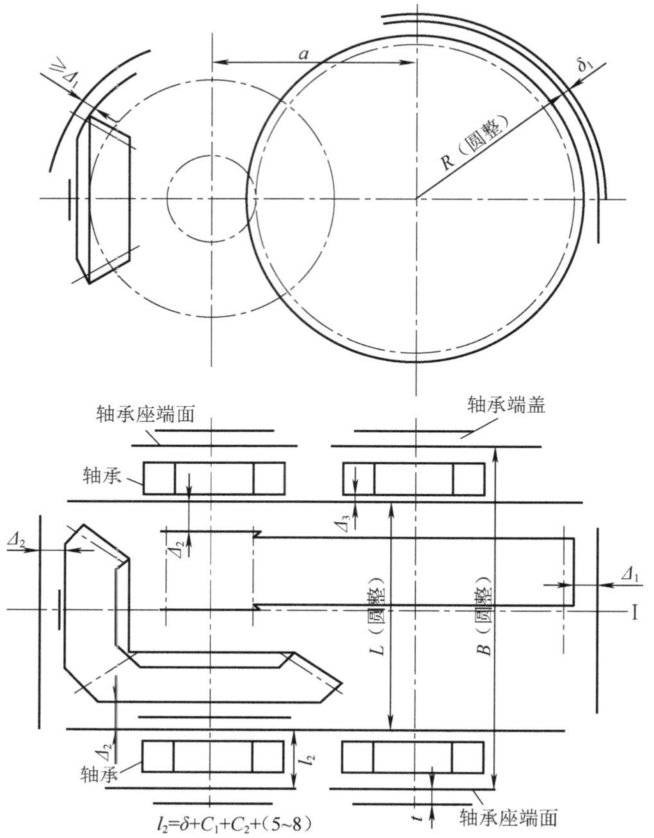

图 5-11　圆锥-圆柱齿轮减速器装配草图设计

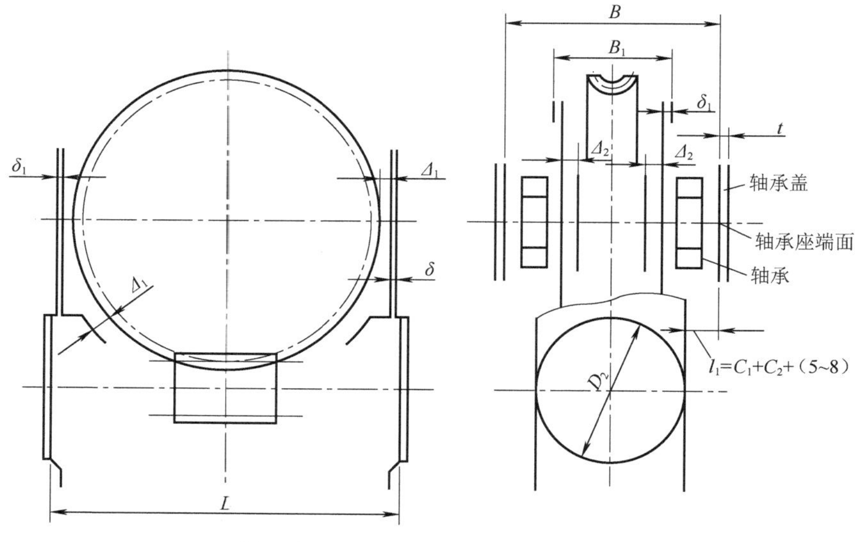

图 5-12　一级蜗杆减速器装配草图设计

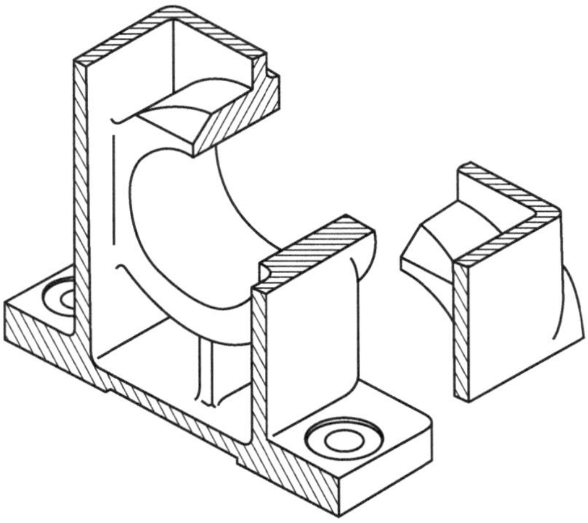

图 5-13　蜗杆轴承座

5.4　传动装置装配草图中主要零部件设计

5.4.1　轴系的结构设计

1. 轴的直径估算

在进行轴的结构设计之前，应首先初步计算轴的直径。一般按受纯扭的作用下的扭转强度估算各轴的最小直径，计算公式为

$$d_{\min} \geqslant A\sqrt[3]{\frac{P}{n}} \quad (\text{mm})$$

式中，P 为轴所传递的功率，kW；n 为轴的转速，r/min；A 为由轴的许用切应力所确定的系数，其值可查有关材料。利用上式估算轴的直径时，应注意以下问题。

(1) 对外伸轴，由上式算得的轴径常作为轴的最小直径(轴端直径)，这时应取较小的 A 值；对非外伸轴，初算轴径常作为安装齿轮处的直径，此时 A 值应取较大值。

(2) 当计算轴径处有键槽时，应适当增大轴径以补偿键槽对轴强度的削弱。

(3) 当外伸轴通过联轴器与电动机连接时，初算直径 d 必须与电动机轴和联轴器孔相匹配，必要时应适当增减轴径 d 的尺寸。

轴的结构除应满足强度、刚度要求外，还要保证轴上零件的定位、固定和装拆方便，并有良好的加工工艺性。因此常设计成阶梯轴。轴结构设计的主要内容是确定轴的径向尺寸、轴向尺寸以及键槽的尺寸、位置等。

2. 轴的尺寸确定

1) 确定轴的径向尺寸

阶梯轴各轴段直径的变化是根据轴上零件的受力、安装、固定及对轴表面粗糙度、加工精度等要求而定的。设计时应注意如下几方面问题。

轴的径向尺寸

(1) 有配合或安装标准件处的直径。

轴上有轴、孔配合要求的直径，如图 5-14 所示的安装齿轮和联轴器处的直径 d_6 和 d_1，一般应取标准值，因为大批量生产时，制造轮毂孔常用标准直径尺寸的塞尺测量。安装轴承及密封元件处的轴径 d_3、d_7 及 d_2，应与轴承及密封元件孔的标准尺寸一致。

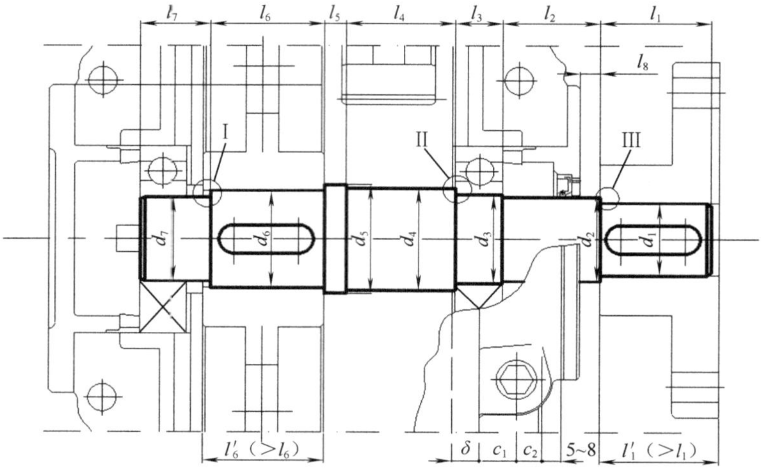

图 5-14　轴的结构设计(Ⅰ、Ⅱ、Ⅲ处局部放大图如图 5-15 所示)

(2)轴肩高度和圆角半径。

当直径变化是为了固定轴上零件或承受轴向力时，其轴肩高度要大些。如图 5-14 所示的 d_1 与 d_2，d_3 与 d_4，d_5 与 d_6 处的轴肩。如图 5-15 所示，轴肩高度 h、圆角半径 R 及轴上零件的倒角 C_1 或圆角 R_1 要保证如下关系：$h>R_1>R$ 或 $h>C_1>R$。轴径与圆角半径的关系见表 5-4。例如，d=50mm，由表查得 R=1.6mm，C_1=2mm，则 $h\approx3\sim4$mm。

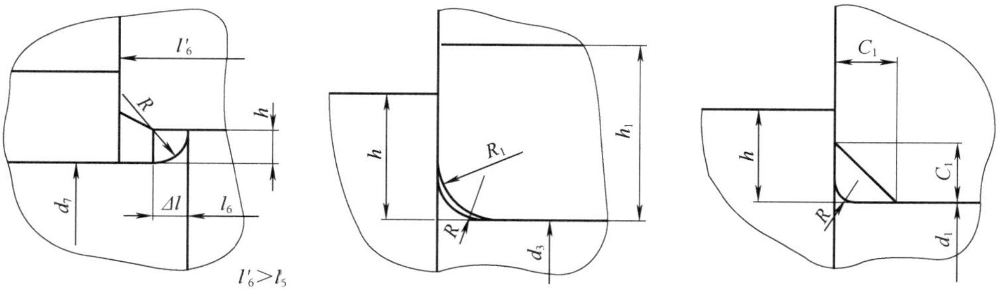

(a) Ⅰ　　(b) Ⅱ　　(c) Ⅲ

图 5-15　轴肩高度和圆角半径

表 5-4　定位轴肩　　(mm)

	d	r	C	d_1
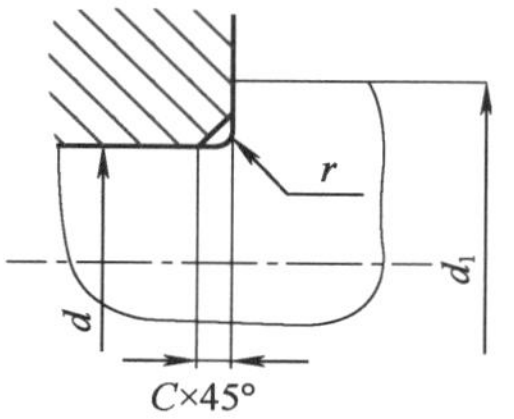	18～30	1.0	1.6	$d_1=d+(3\sim4)C$ (计算值应尽量圆整)
	30～50	1.6	2.0	
	50～80	2.0	2.5	
	80～120	2.5	3.0	

安装滚动轴承处的 R 和 R_1 可由轴承标准中查取。轴肩高度 h 除应大于 R_1 处，还要小于轴承内圈厚度 h_1，以便拆卸轴承，如图 5-16 所示。如由于结构原因，必须使 $h\geqslant h_1$ 时，可采用键槽结构，供拆卸轴承，见图 5-17。尺寸 h 可在相应的轴承标准中查到。

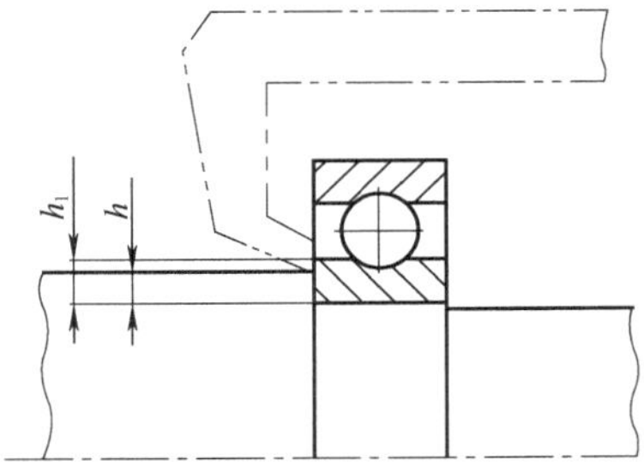

图 5-16　$h<h_1$ 时轴承的拆卸

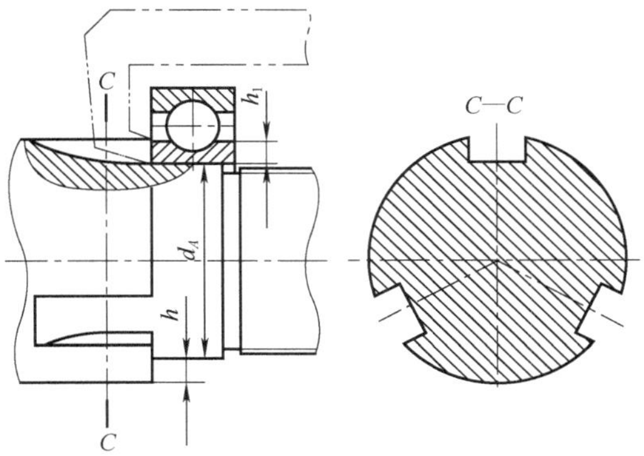

图 5-17　$h\geqslant h_1$ 时轴承的拆卸

当轴径变化仅是为装拆方便时，其直径变化值要小些，一般为 1～3mm，如图 5-14 中的 d_2 和 d_3、d_6 和 d_7 处的直径变化。有时由于结构原因，相邻两轴段甚至可采用同一公称直径而取不同的公差带，这样可以保证轴承装拆方便。如图 5-18 所示，轴承和密封装置处轴径取相同名义尺寸，但实际尺寸 d(f9)＜d(k6)。

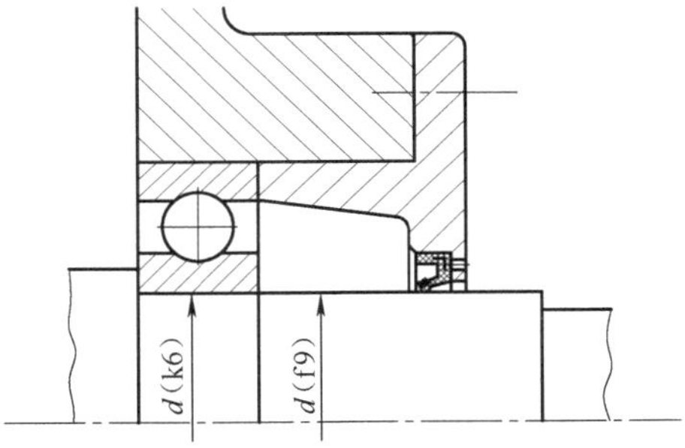

图 5-18　公差带不同

径向尺寸确定举例：如图 5-14 的输出轴，轴的径向尺寸确定一般由外伸端开始，例如，由初算并考虑键槽影响及联轴器孔径范围等，取 d_1=32 时，考虑前面所述决定径向尺寸的各种因素，其他各段直径可确定为：d_2=38mm，d_3=40mm（如轴承型号取 6208），d_4=47mm，d_7=40mm，d_6=42mm，d_5=49mm。又如，若 d_1=40mm 时，其他直径可为 d_2=45(f9)mm，d_3=45(k6)mm（如轴承型号为 6209），d_4=52mm，d_7=45mm，d_6=48mm，d_5=54mm。

2）确定轴的轴向尺寸

阶梯轴各段轴向尺寸，由轴上直接安装的零件（如齿轮、轴承等）和相关零件（如箱体轴承座孔、轴承盖）的轴向位置和尺寸确定。

轴的轴向尺寸

(1) 由轴上安装零件确定的轴段长度。

图 5-14 中 l_6、l_1 及 l_3 由齿轮、联轴器的轮毂宽度及轴承宽度确定。轮毂宽度 l' 与孔径有关，可查有关零件结构尺寸。一般情况下，轮毂宽度 $l'=(1.2\sim1.6)d$，最大宽度 $l'\leqslant(1.8\sim2)d$。轮毂过宽则轴向尺寸不紧凑，装拆不便；而且键连接不能过长，键长不大于 $(1.6\sim1.8)d$，以免压力沿键长分布不均匀现象严重。轴上零件靠套筒或轴端挡圈轴向固定时，轴段长度 L 应较轮毂宽 l' 小，$\Delta l=l'-l$=2～3mm，以保证套筒或轴端挡圈与零件可靠接触，如图 5-14 中安装联轴器处 $l'_1>l_1$，安装齿轮处 $l'_6>l_6$。图 5-19 上半部分为正确结构，图 5-19 下半部分为错误结构。

(2) 由相关零件确定的轴段长度。

图 5-14 中，l_2 与箱体轴承座孔的长度、轴承的宽度及其轴向位置、轴承盖的厚度及伸出轴承盖外部分的长度 l_B 有关。

轴承座孔及轴承的轴向位置和宽度在前面已确定。伸出端盖外部分的长度 l_B 与伸出端安装的零件有关。在图 5-20 中，l_B 与端盖固定螺钉的装拆有关，可取 $B\geqslant(3.5\sim4)d_3$，此处 d_3 为轴承端盖固定螺钉直径（表 5-1）。在图 5-21 上半部分中，轴上零件不影响螺钉等的拆卸，

这时可取 $l_B=(0.15\sim0.25)d_2$；在图 5-21 下半部分，l_B 由装拆弹性套柱销距离 B 确定(该 B 值可由联轴器标准查出)。

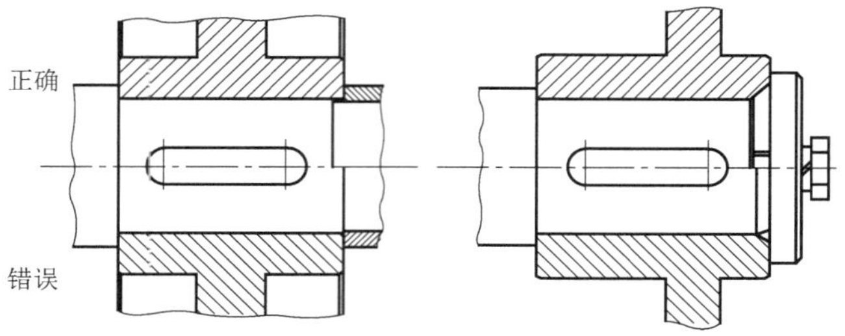

图 5-19　轮毂与轴段长度的关系

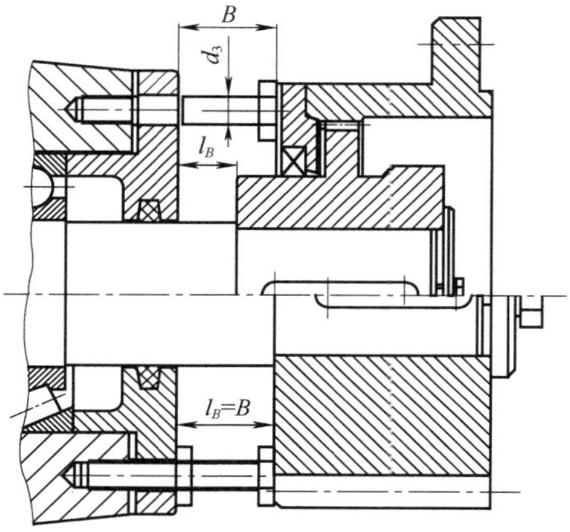

图 5-20　伸出长度 l_B

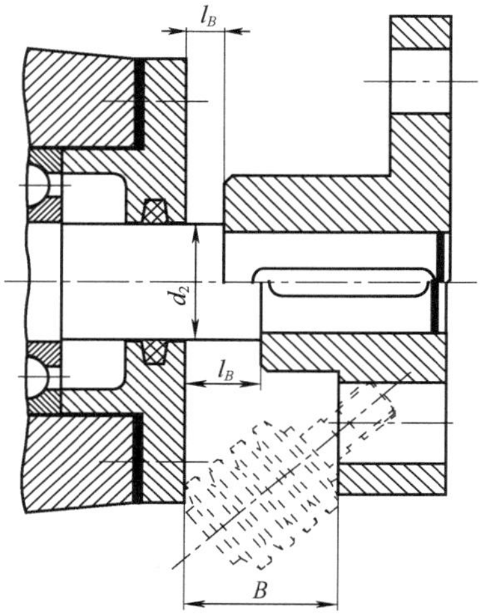

图 5-21　伸出长度 l_B

图 5-14 中，其他轴段的长度如 l_7、l_5、l_4 均可由画图确定。

(3) 采用基本偏差 s 以上过盈配合轴径的结构形式。

采用 s 以上过盈配合安装轴上零件时，为装配方便，直径变化可用锥面过渡，见图 5-22(a)、(b)。采用 s 以上过盈配合，也可不用轴向固定套筒，见图 5-22(b)。

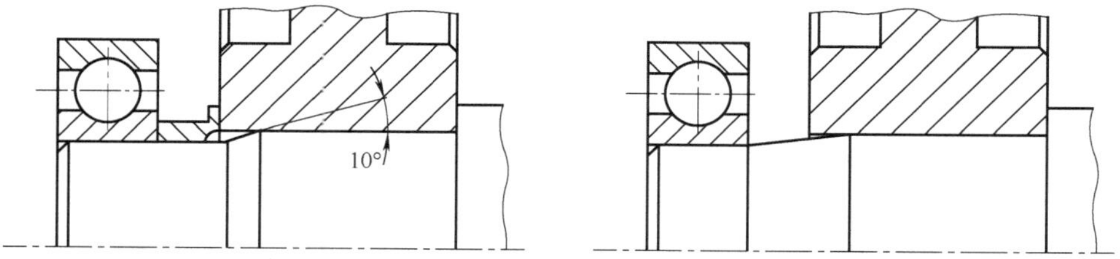

图 5-22　锥面过渡结构

3. 确定轴上键槽的位置和尺寸

键连接结构尺寸可按轴径 d 由表 10-46 查出，平键长度应比键所在轴段的长度短些，并使轴上的键槽靠近传动件装入一侧，以便于装配时轮毂上的键槽易与轴上的键对准，如图 5-23(a) 所示，$\varDelta$=1～3mm。图 5-23(b) 的结构不正确，因$\varDelta$值过大而对准困难，同时，键槽开在过渡角处会加重应力集中。当轴沿键长方向有多个键槽时，为便于一次装夹加工，各键槽应布置在同一直线上，图 5-23(a)正确，图 5-23(b)不正确。

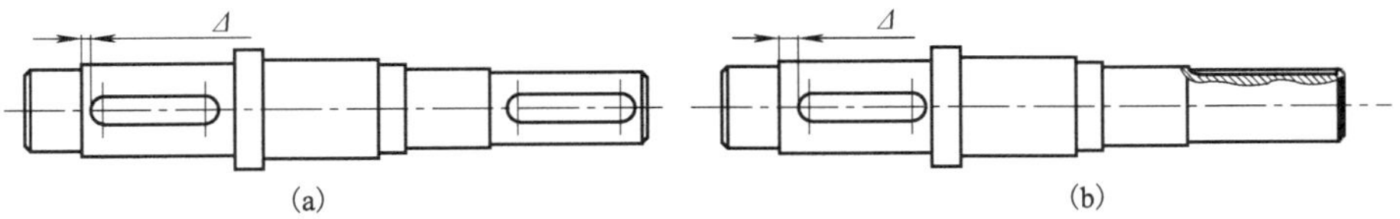

图 5-23　轴上键槽的位置

4. 小锥齿轮轴的结构设计

小锥齿轮轴多采用悬臂支承结构(图 5-24)。为使轴系具有较大的刚度，两轴承支点跨距 l_1 不宜太小，一般取 $l_1 \approx 2l_2$，或取 $l_1=2.5d$(d 为轴颈直径)，并尽量缩短 l_2，使受力点靠近支点。

为保证锥齿轮传动的啮合精度，装配时需要调整大小锥齿轮的轴向位置，使两轮锥顶重合。因此，常将小锥齿轮轴和轴承装在套杯里(图 5-25)，构成一个独立组件。用套杯凸缘内端面与轴承座外端面之间的一组垫片调整小锥齿轮的轴向位置。套杯的凸肩用于固定轴承，为便于轴承拆卸，凸肩高度应按轴承安装尺寸要求确定。套杯厚度 $\delta_2=8 \sim 10\text{mm}$。

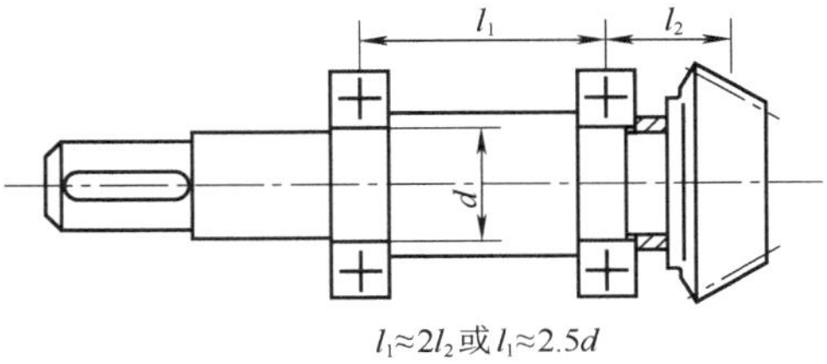

图 5-24　小锥齿轮轴悬臂支承结构

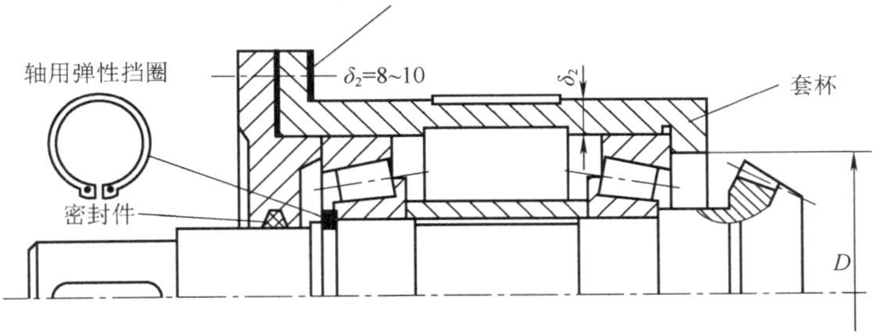

图 5-25　套杯结构

当小锥齿轮轴系采用角接触轴承时，轴承有正装和反装两种布置方式。

图 5-25 是轴承的正装结构，这种结构的支点跨距较小，刚性较差，但通过垫片调整轴承游隙比较方便，故应用较多。

图 5-26 是轴承的反装结构，这种结构支点跨距较大，刚性较好。轴承游隙是靠轴上圆螺母来调整的，操作不方便，且需在轴上车出螺纹，产生应力集中，削弱轴的强度，故应用较少。当要求两轴承布置结构紧凑而又需要提高轴系刚度时才采用这种结构。

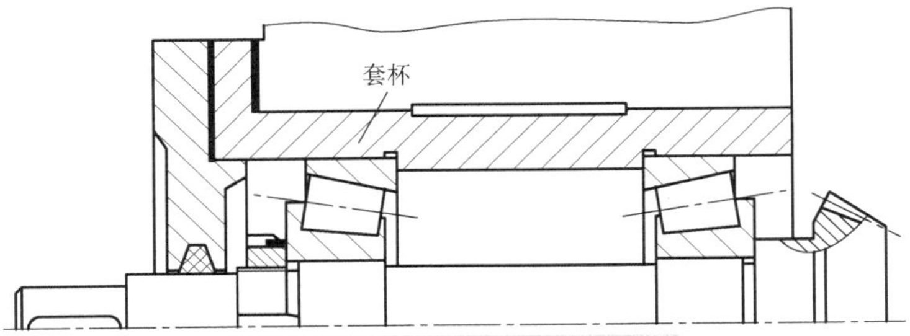

图 5-26　小锥齿轮轴承组合(反装)

通过轴的结构设计，可初步绘出减速器的装配草图，确定轴的主要结构、受力点的位置，为轴系受力简图的绘制和工作能力的计算打下基础。图 5-27 所示为一级圆柱齿轮减速器的装配草图。图 5-28 所示为二级圆柱齿轮减速器的装配草图。图 5-29 所示为圆锥-圆柱齿轮减速器装配草图。图 5-30 所示为一级蜗杆减速器装配草图。

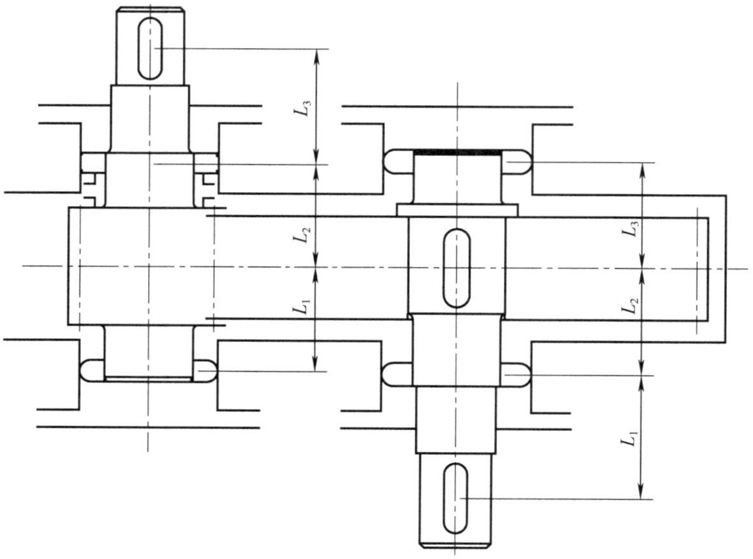

图 5-27　一级圆柱齿轮减速器的装配草图

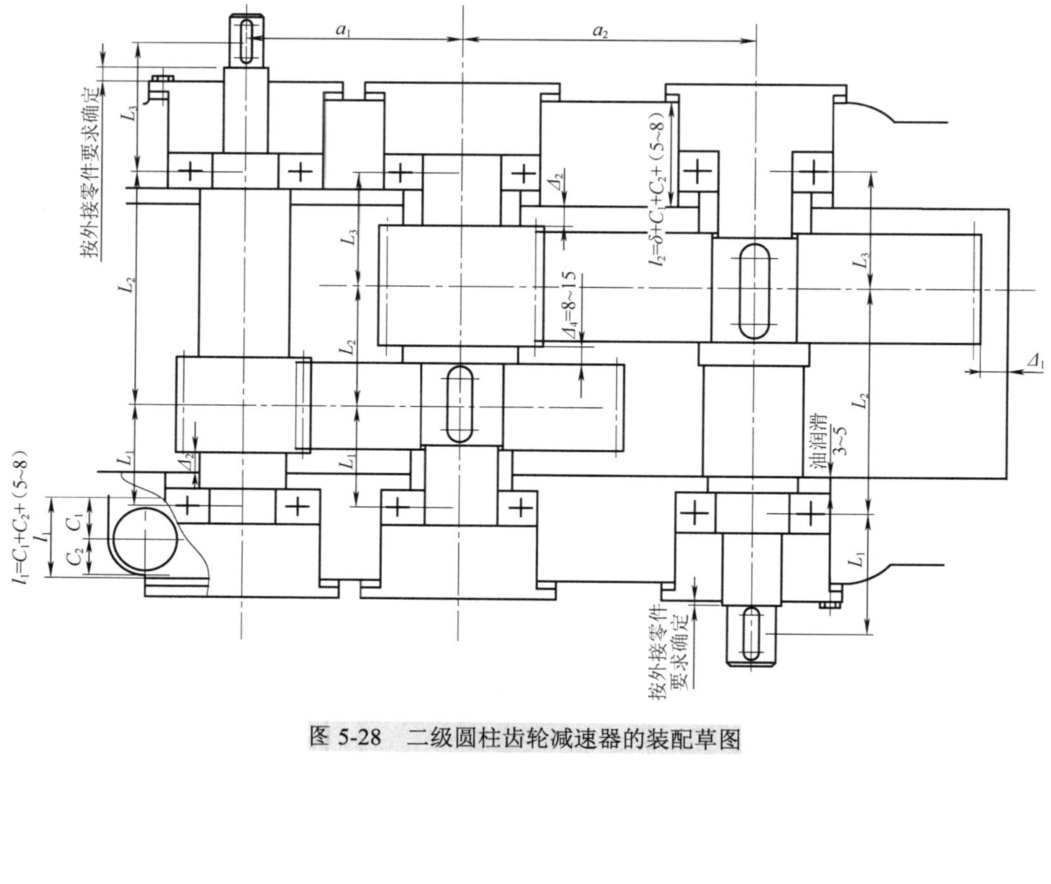

图 5-28　二级圆柱齿轮减速器的装配草图

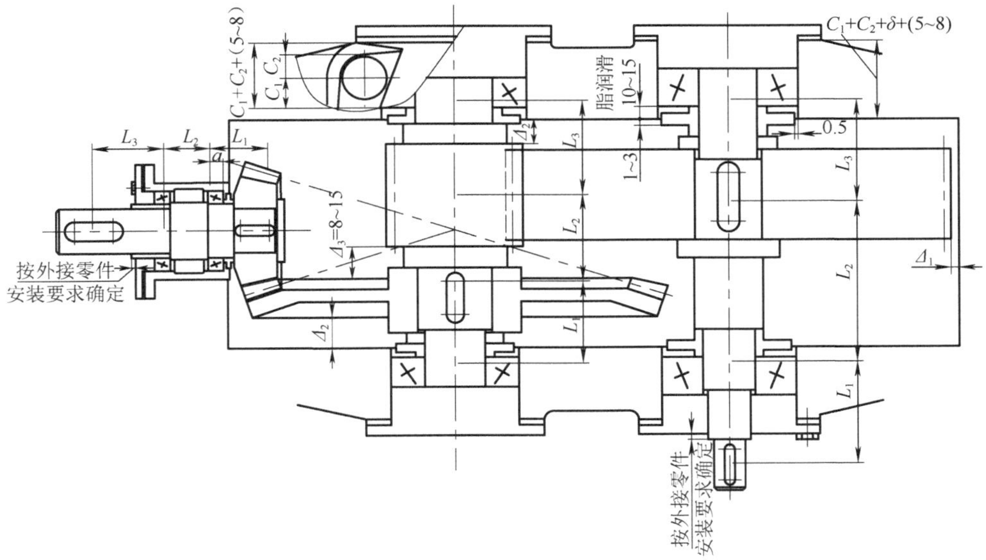

图 5-29　圆锥-圆柱齿轮减速器装配草图

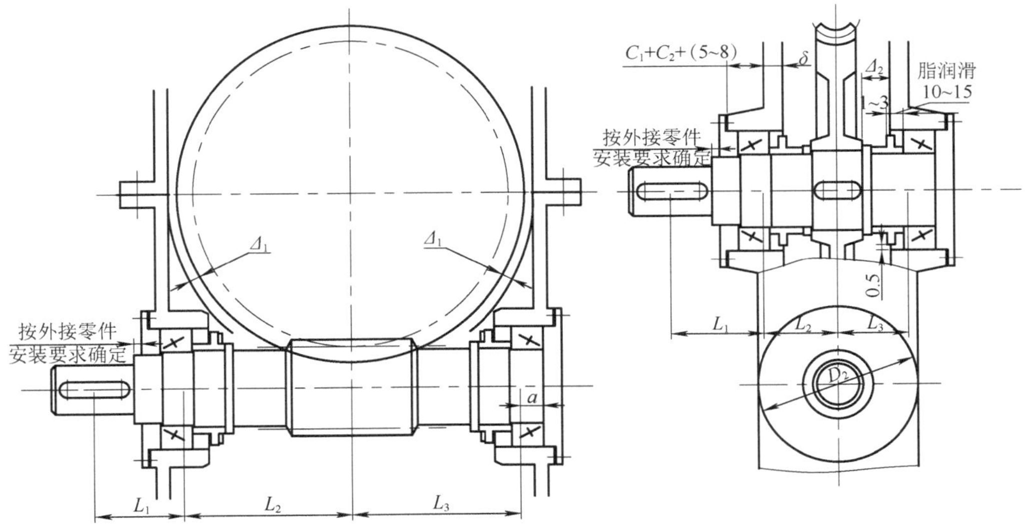

图 5-30　一级蜗杆减速器装配草图

5.4.2　轴承型号的选择

滚动轴承类型的选择，与轴承承受载荷的大小、方向、性质及轴的转速有关。普通圆柱齿轮减速器常选用深沟球轴承、角接触球轴承或圆锥滚子轴承。当载荷平稳或轴向力相对径向力较小时，常选深沟球轴承；当轴向力较大、载荷不平稳或载荷较大时，可选用角接触球轴承或圆锥滚子轴承。

轴承的内径是在轴的径向尺寸设计中确定的。一根轴上的两个支点宜采用同一型号的轴承，这样，轴承座孔可一次镗出，以保证加工精度。选择轴承型号时可先选 02 系列(轻窄系列)，再根据寿命计算结果进行必要的调整。

5.4.3　轴、轴承、键的校核计算

1. 确定轴上力作用点及支点跨距

当采用角接触轴承时，轴承支点取在距轴承端面距离为 a 处，如图 5-31 所示，a 值可由轴承标准中查出。传动件的力作用点可取在轮缘宽度的中部。带轮、齿轮和轴承位置确定之后，即可从装配图上确定轴上受力点和支点的位置，如图 5-28 所示。根据轴、键、轴承的尺寸，便可进行轴、键、轴承的校核计算。

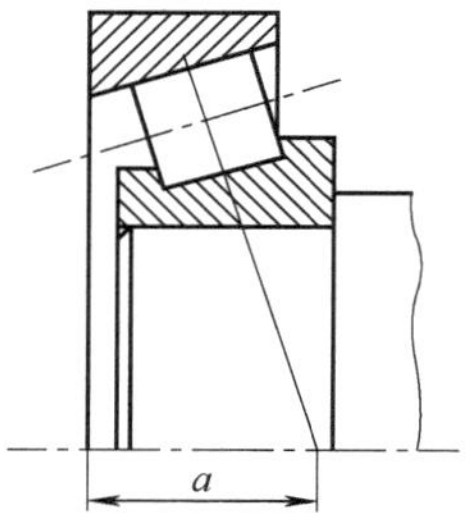

图 5-31　角接触轴承支点位置

2. 轴的强度校核计算

对一般机器的轴，只需用当量弯矩法校核轴的强度。对于较重要的轴，必须全面考虑影响轴强度的应力集中等各种因素，用安全系数法校核轴各危险断面的疲劳强度。

如果校核不通过，则需对轴的一些参数，如轴径、圆角半径等做适当修改。如果强度裕度较大，不必马上改变轴的结构参数，待轴承寿命以及键连接强度校核之后，再综合考虑是否修改或如何修改的问题。实际上，许多机械零件的尺寸是由结构确定的，并不完全确定于强度。

轴承的寿命计算

3. 轴承寿命校核计算

轴承计算寿命若低于减速器使用期限，可取减速器检修期作为轴承预期工作寿命。验算结果若不能够满足要求(寿命太长或太短)，可以改用其他尺寸系列的轴承，必要时可改变轴承类型或轴承内径。

4. 键连接强度校核计算

若经校核强度不够，当相差较小时，可适当增加键长。当相差较大时，可采用双键，其承载能力按单键的 1.5 倍计算。

5.4.4　传动零件的结构设计

1. 齿轮结构

齿轮结构通常与其几何尺寸、材料及制造工艺有关，一般多采用锻造或铸造毛坯。由于锻造后的钢材力学性能好，当齿根圆直径与该处轴直径差值过小时，为避免由于键槽处轮毂过于薄弱而发生失效，应将齿轮与轴加工成一体。当齿顶圆直径较大时，可采用实心或辐板式结构齿轮。辐板式结构又分为模锻和自由锻两种，前者用于批量生产。辐板式结构重量轻，节省材料。齿顶圆直径 $d_a \leqslant 400 \sim 500\text{mm}$ 时，通常采用锻造毛坯。当受锻造设备限制或齿顶圆直径 $d_a > 500\text{mm}$ 时，常采用铸造齿轮，设计时要考虑铸造工艺性，如断面变化的要求，以降低应力集中或铸造缺陷。

2. 蜗杆蜗轮结构

蜗杆常与轴制成一体，称为蜗杆轴，见图 5-32。仅在 $d_f / d \geqslant 1.7$ 时才将蜗杆齿圈与轴分开制造。图 5-32(a)为车制蜗杆的结构，轴径 $d = d_f - (2 \sim 4)\text{mm}$；图 5-32(b)为铣制蜗杆的结构，轴径 d 可大于 d_f，故蜗杆轴的刚度较大。

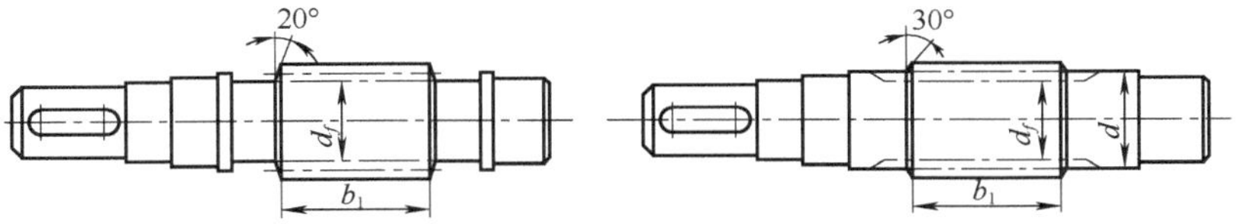

(a) 车制蜗杆　　(b) 铣制蜗杆

图 5-32　蜗杆轴

常用的蜗轮结构有整体式(表 5-5 中蜗轮图(e))和组合式。整体式适用于铸铁蜗轮和直径小于 100mm 的青铜蜗轮。当蜗轮直径较大时，为节约有色金属，可采用轮箍式(表 5-5 中蜗轮图(a))、螺栓连接式(表 5-5 中蜗轮图(c))和镶铸式(表 5-5 中蜗轮图(d))等组合结构。其中，轮箍式是将青铜轮缘压装在钢制或铸铁轮毂上，再进行齿圈加工，为了防止轮缘松动，应在配合面圆周上加台肩和紧定螺钉，螺钉为 4～6 个。螺栓连接式在大直径蜗轮上应用较多，轮缘与轮芯配装后，用铰制孔螺栓连接，这种形式装拆方便，磨损后易更换齿圈。镶铸式适用于大批量生产，将青铜轮缘镶铸在铸铁轮芯上，并在轮芯上预制出榫槽，以防轮缘在工作时滑动。

3. 结构设计参数选择

在设计齿轮或蜗轮结构时，通常先按其直径选择适宜的结构形式，然后再根据推荐的经验公式计算相应的结构尺寸，见表 5-5。

表 5-5　齿轮、蜗轮结构

齿坯	工件	结构尺寸
锻造齿轮	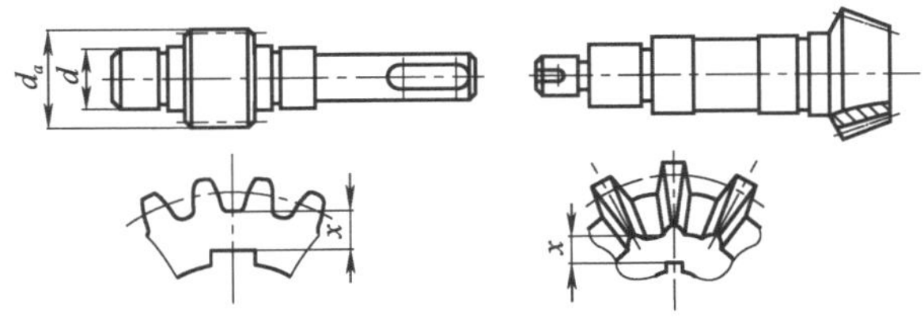	圆柱齿轮： 当 $d_a < 2d$ 或 $x \leqslant 2.5m_t$ 时，应将齿轮做成齿轮轴 锥齿轮： 当 $x \leqslant 1.6m$（m 为大端模数）时，应将齿轮做成齿轮轴
	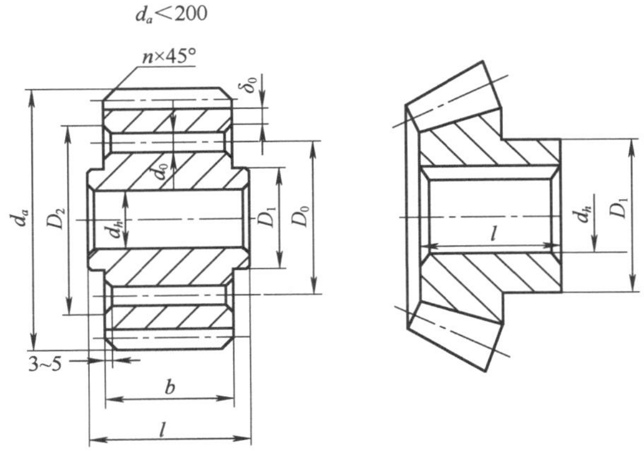	$D_1 = 1.6d_h$ $l = (1.2 \sim 1.5)d_h$，$l \geqslant b$ $\delta_0 = 2.5m_n$，但不小于 10mm $n = 0.5m_n$ $D_0 = 0.5(D_1 + D_2)$ $d_0 = 10 \sim 29$mm，当 d_0 较小时不钻孔

续表

齿坯	工件	结构尺寸
锻造齿轮	模锻　$d_a<500$　自由锻 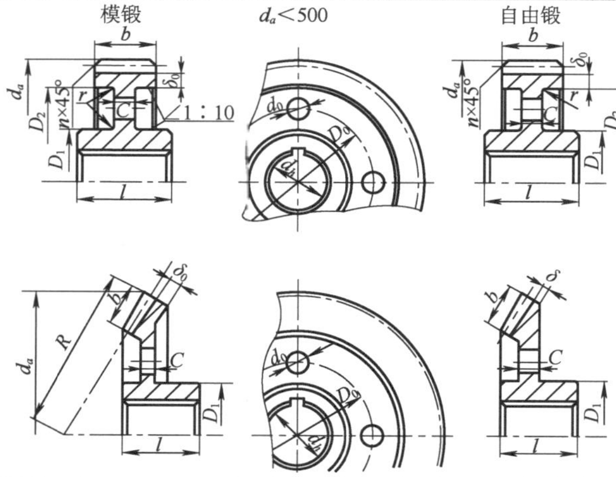	$D_1=1.6d_h$ $l=(1.2\sim1.5)d_h$，$l\geqslant b$ $\delta_0=(2.5\sim4)m_n$，但不小于 10mm $n=0.5m_n$ $r\approx0.5C$ 圆柱齿轮： $D_0=0.5(D_1+D_2)$ $d_0=15\sim25$mm $C=\begin{cases}(0.2\sim0.3)b，模锻\\0.3b，自由锻\end{cases}$ 锥齿轮： $\delta=(3\sim4)m$，但不小于 10mm $C=(0.1\sim0.7)R$ D_0、d_0 按结构确定
铸造齿轮	$d_a>500$ 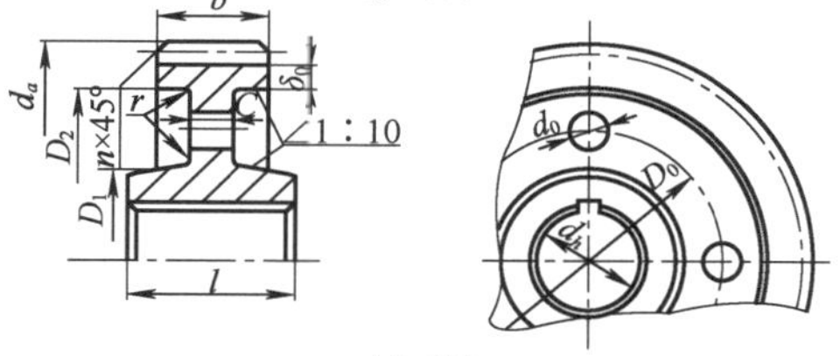 $d_a>600$ 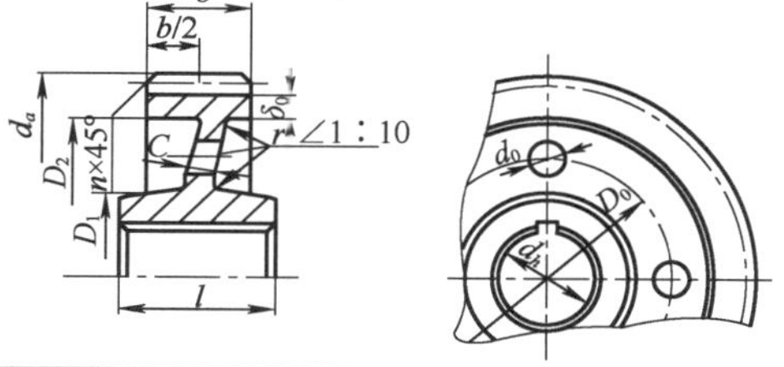	$D_1=1.6d_h$（铸钢） $D_1=1.8d_h$（铸铁） $l=(1.2\sim1.5)d_h$，$l\geqslant b$ $\delta_0=(2.5\sim4)m_n$，但不小于 10mm $n=0.5m_n$ $r\approx0.5C$ $D_0=0.5(D_1+D_2)$ $d_0=0.25(D_2-D_1)$ $C=0.2b$，但不小于 10mm
	$d_a=400\sim1000$ 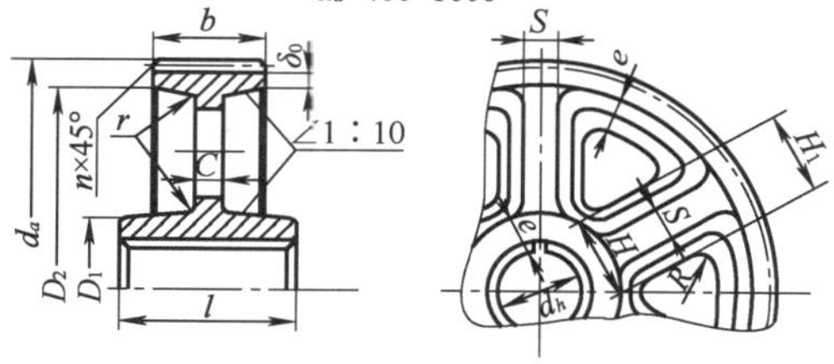 $d_a>300$ 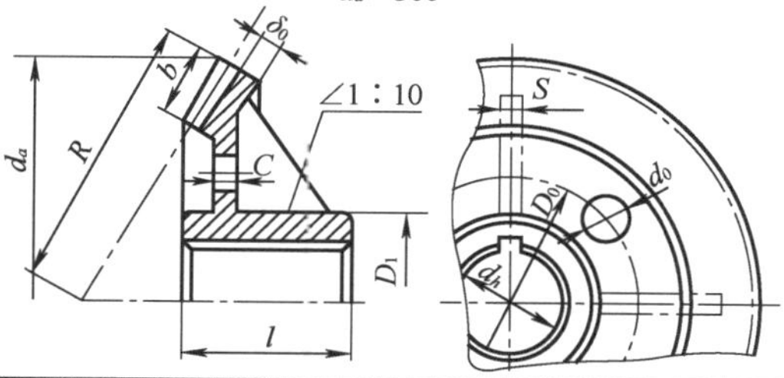	$D_1=1.6d_h$（铸钢） $D_1=1.8d_h$（铸铁） $l=(1.2\sim1.5)d_h$ $\delta_0=(2.5\sim4)m_n$，但不小于 8mm 圆柱齿轮： $n=0.5m_n$ $r\approx0.5C$，$C=H/5$ $S=H/6$，但不小于 10mm $e=0.8\delta_0$ $H=0.8d_h$ $H_1=0.8H$ 锥齿轮： $C=(0.1\sim0.17)R$，但不小于 10mm $S=0.8C$，但不小于 10mm D_0、d_0 按结构确定

续表

齿坯	工件	结构尺寸
蜗轮	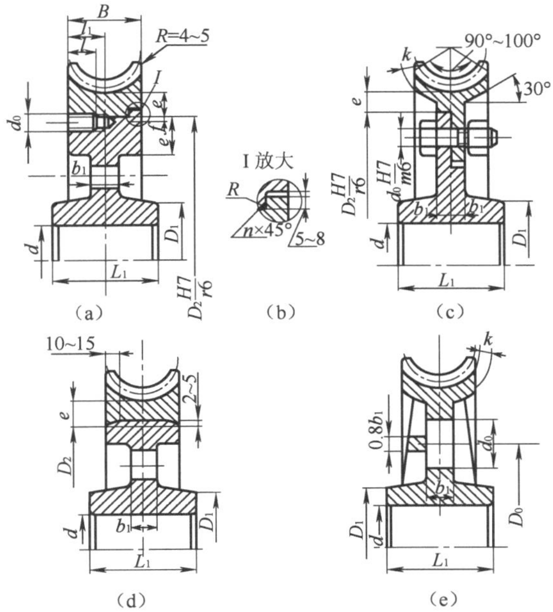 (a) (b) (c) (d) (e)	$k \geqslant 1.7m$ $e = 2m \geqslant 10\text{mm}$ $f = 2 \sim 3\text{mm}$ $d_0 = (1.2 \sim 1.5)m$ $l_1 = l + 0.5d_0$ $b_1 = 1.5m \geqslant 10\text{mm}$ $D_1 = (1.5 \sim 2)d$ $L_1 = (1.2 \sim 1.8)d$ d_0 为按螺栓组强度计算确定 $D_0 \approx \frac{1}{2}(D_1 + D_2)$ $n > R$

5.5　传动装置装配草图的完成

5.5.1　箱体及轴承盖的结构

1. 箱体

减速器箱体是用来支持和固定轴系部件的重要零件。箱体应有足够的强度和刚度，可靠的润滑与密封及良好的工艺性。

箱体多用灰铸铁制造。在重型减速器中，为提高箱体强度，可用铸钢铸造。单件生产的减速器为了简化工艺、降低成本，可采用钢板焊接箱体。

为了便于轴系部件的安装和拆卸，箱体多做成剖分式，由箱座和箱盖组成，剖分面多取轴的中心线所在平面，箱座和箱盖采用普通螺栓连接，圆锥销定位。剖分式铸造箱体的设计要点如下。

(1) 为保证减速器箱体的支承刚度，箱体轴承座处应有足够的厚度，并且设置加强肋。箱体的加强肋有外肋和内肋两种结构形式。内肋结构刚度大，箱体外表面光滑、美观，但会阻碍润滑油的流动，制造工艺也比较复杂，故多采用外肋结构或凸壁式箱体结构，见图 5-33。

(2) 为了提高轴承座孔的连接刚度，轴承座孔两侧连接螺栓应尽量靠近轴承，但应避免与箱体上固定轴承盖的螺纹孔及箱体剖分面上油沟发生干涉。通常取两连接螺栓中心距 S 与轴承盖外径相近 D_2，凸台的高度 h 由连接螺栓的扳手空间 C_1、C_2 确定，见图 5-34。由于减速器上各轴承盖的外径不等，为便于加工，各凸台高度应设计一致，以最大轴承盖直径 D_2 所确定的高度为准。

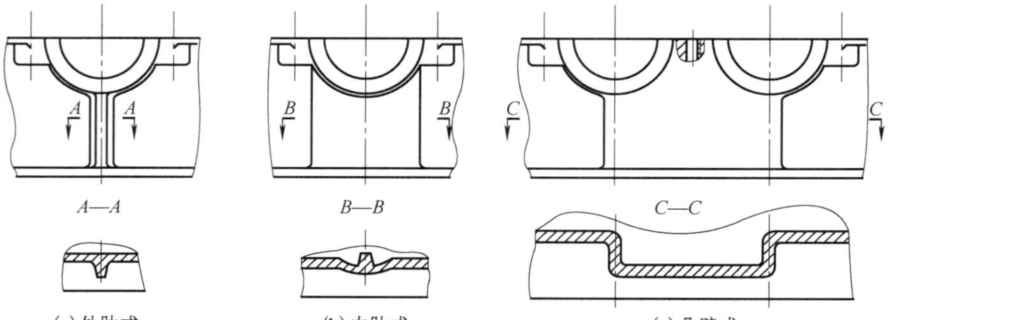

图 5-33　箱体加强肋结构

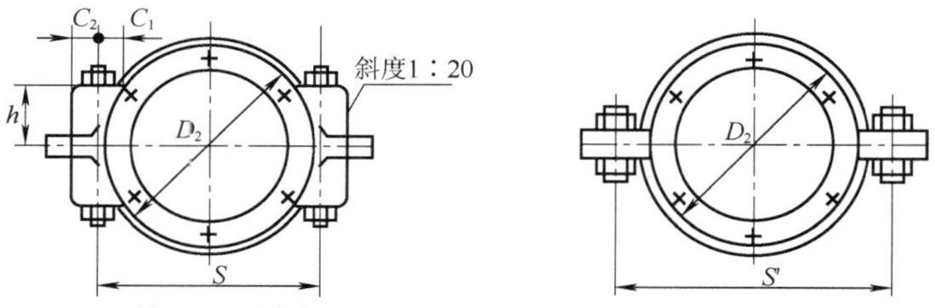

图 5-34　凸台结构

凸台的尺寸由作图确定，画凸台结构时应按投影关系，在三个视图同时进行，如图 5-35 所示。当凸台位于箱壁内侧时，见图 5-35(a)；当凸台位置突出箱壁外侧时，见图 5-35(b)。

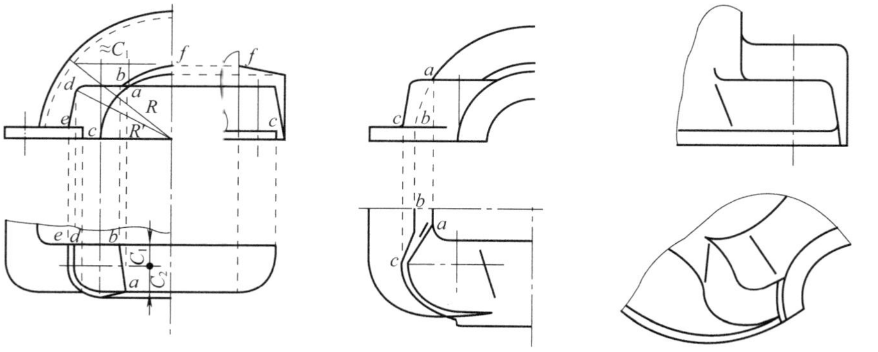

图 5-35　凸台画法

(3) 箱盖与箱座连接凸缘应有一定的厚度，以保证箱盖与箱座的连接刚度。箱体剖分面应加工平整，要有足够的宽度。螺栓间距应不大于 100～150mm，以保证箱体的密封性。

(4) 箱座底面凸缘的宽度 B 应超过箱座内壁，以利于支撑，见图 5-36。壁厚尽量均匀，并尽量减少加工面。

(5) 箱体的中心高由浸油深度确定，传动零件采用浸油润滑时，浸油深度的推荐值见表 5-3。为避免传动零件转动时将沉积在油池底部的污物搅起，造成齿面磨损，应使大齿轮齿顶距油池底面的距离不小于 30～50mm(图 5-6)。

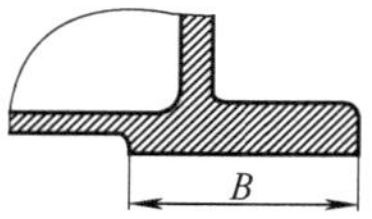

图 5-36　箱体底座凸缘结构

(6) 输油沟设计于箱座的剖分面上，用来输送传动零件飞溅起来的润滑油润滑轴承。飞溅起的油沿箱盖内壁斜面流入输油沟内，经轴承盖上的导油槽流入轴承。输油沟有铸造油沟和机械加工油沟两种结构形式。机械加工油沟容易制造，工艺性好，故用得较多，见图 5-37。

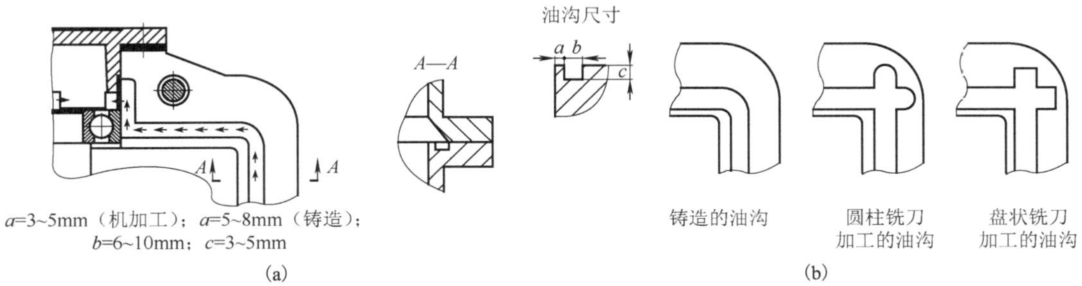

图 5-37　输油沟结构

回油沟是为提高减速器箱体的密封性而设计的，回油沟的尺寸与输油沟相同，并设计有回油槽，其结构见图 5-38。

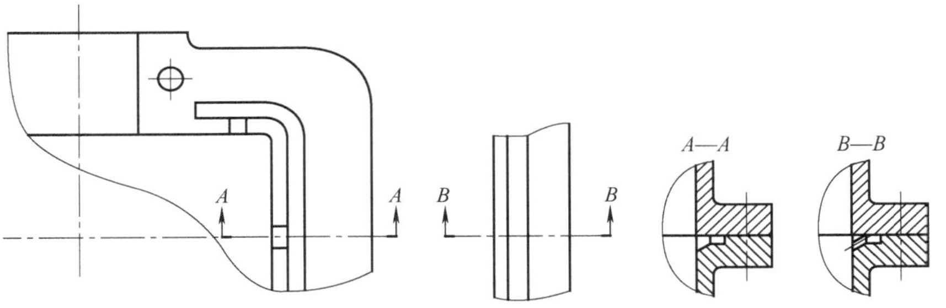

图 5-38　回油沟结构

传动零件(如蜗轮)转速较低时，不能靠飞溅的油满足轴承润滑，而又需要利用箱体内的油润滑时，可在靠近传动零件端面处设置刮油板，将油从轮上刮下，通过输油沟将油引入轴承中，见图 5-39。

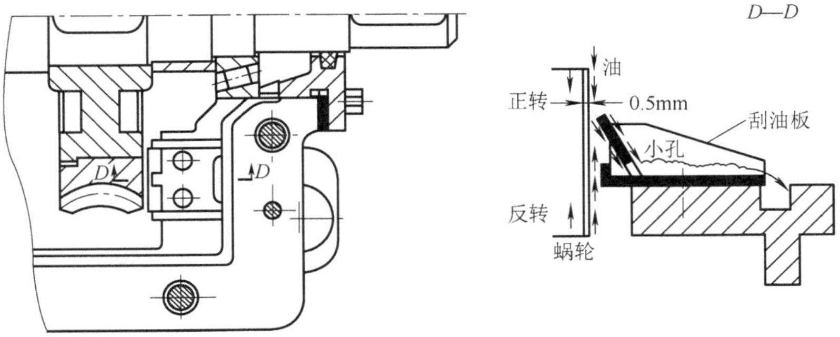

图 5-39　刮油板结构

(7) 要注意箱体结构工艺性。对于铸造箱体，为便于造型、浇铸及减少铸造缺陷和避免金属积聚，设计时应力求形状简单、壁厚均匀、过渡平缓、不应过薄，不宜采用形成锐角的倾斜肋和壁；当铸件表面有多个凸起结构时，应尽量连成一体，以便于木模制造和造型，如

图 5-40 所示。箱体设计应尽量避免出现狭缝，因砂型强度较差，拔模时容易带砂，浇铸时容易被铁水冲坏而形成废品，如图 5-41 所示。

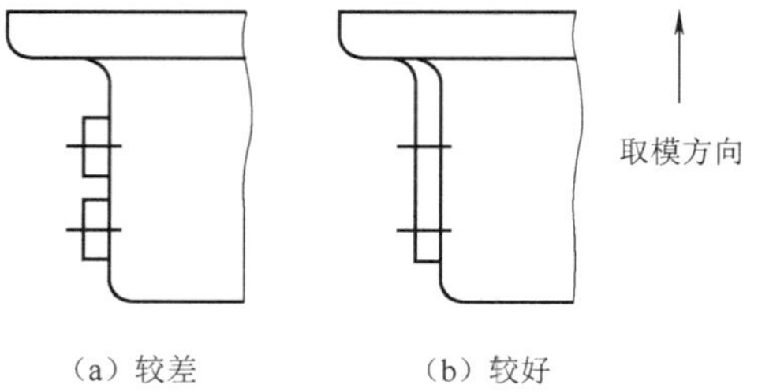

图 5-40　铸件的凸起结构

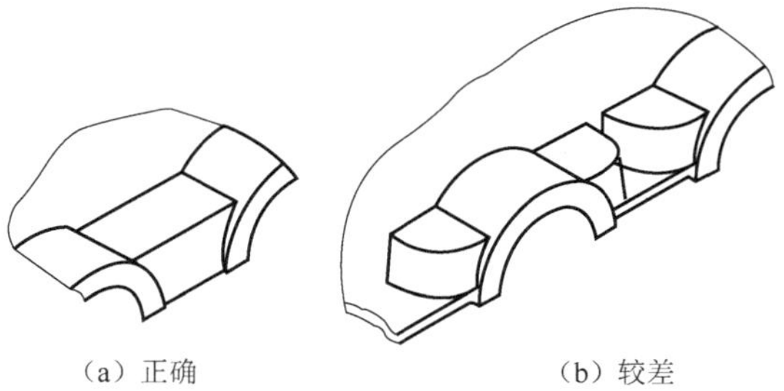

图 5-41　避免狭缝的铸件结构

箱体上加工面与非加工面必须分开，并尽量减少箱体的加工面积。如箱体轴承座端面与轴承盖，窥视孔与视孔盖，螺塞及吊环螺钉的支承面处均应做出凸台或沉头座，铣平或锪平。如图 5-42 所示的为凸台及沉头座的加工方法。

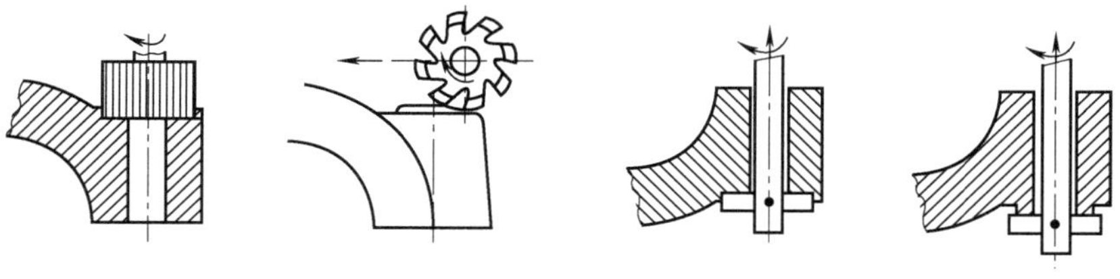

图 5-42　凸台及沉头座的加工方法

(8) 蜗杆减速器的发热量大，其箱体大小应满足散热面积的需要。若不能满足热平衡要求，则应适当增大箱体的尺寸，或增设散热片，如图 5-43 所示。图 5-43(a)结构不易起模，需做活块。图 5-43(b)为改进后的结构。散热片仍不能满足散热要求时可在蜗杆轴端部加装风扇，或在油池中设置冷却水管。

(9) 箱体造型应简洁明快、造型美观。图 5-44 为方形外廓铸造减速器箱体，采用内肋，外部几何形状简单；图 5-45 为焊接箱体，对于大型箱体或单件生产时可降低成本。

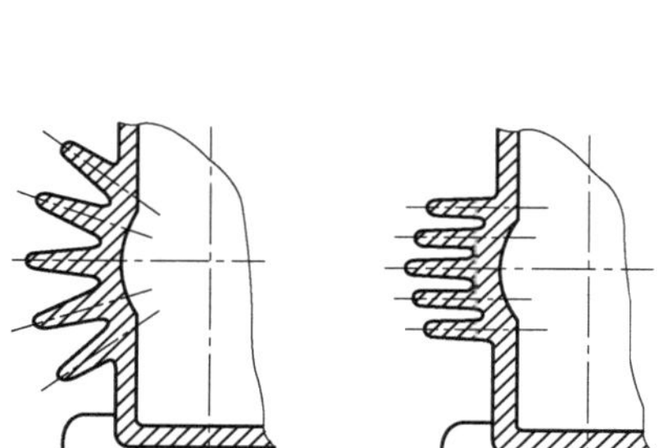

图 5-43　散热片结构

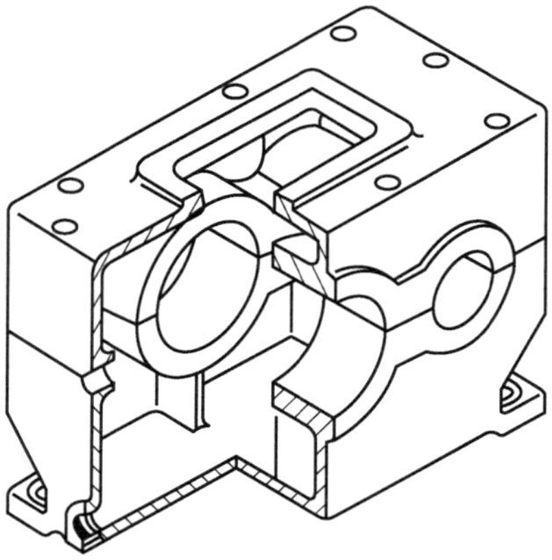

图 5-44　方形外廓铸造减速器的箱体结构

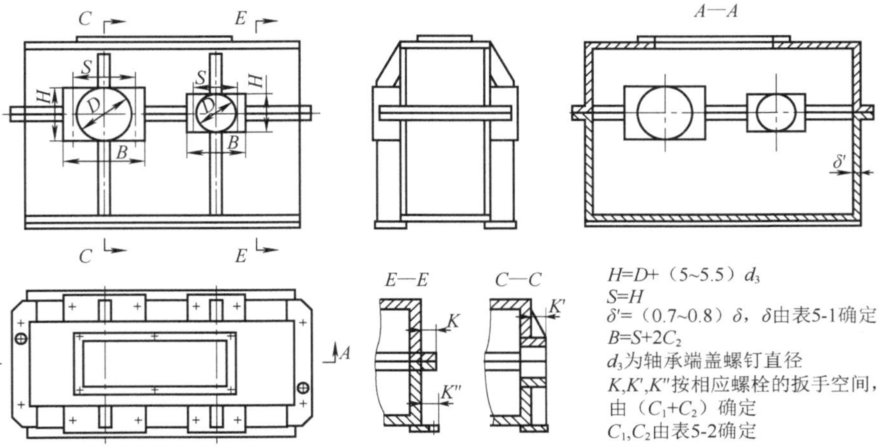

图 5-45　减速器焊接箱体结构

2. 轴承盖

轴承盖用来密封、轴向固定轴承、承受轴向载荷和调整轴承间隙，轴承盖有嵌入式和凸缘式两种。

嵌入式轴承盖轴向结构紧凑，与箱体间无须用螺栓连接，与 O 形密封圈配合使用可提高其密封效果，如图 5-46 所示。但调整轴承间隙时，需打开箱盖增减调整垫片，比较麻烦，如图 5-46(a)、(b)所示；也可采用图 5-46(c)所示的结构，用调整螺钉调整轴承间隙。

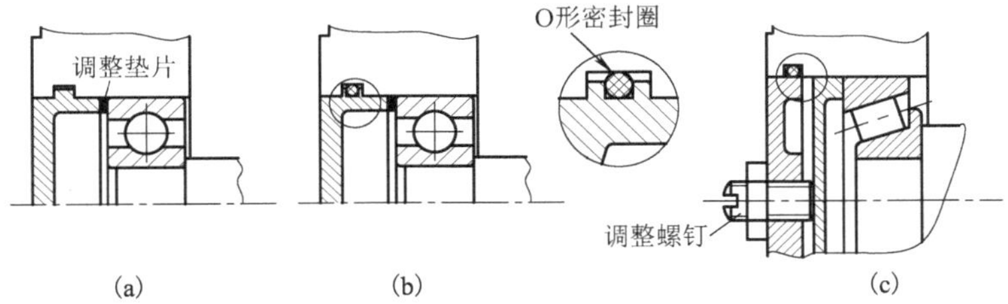

图 5-46　嵌入式轴承盖

凸缘式轴承盖调整轴承间隙比较方便，密封性能好，应用比较多，但调整轴承间隙和装拆箱体时，需先将其与箱体间的连接螺栓拆除，如图 5-47 所示。

轴承盖多用铸铁制造，设计时应使其厚度均匀，如图 5-48 所示。轴承盖长度 L 较大时，在保留足够的配合长度的条件下，可采用图 5-48(b)的结构，以减少加工面。

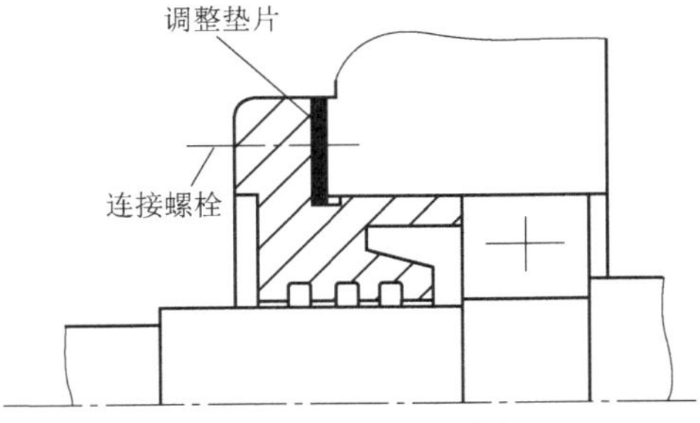

图 5-47　凸缘式轴承盖

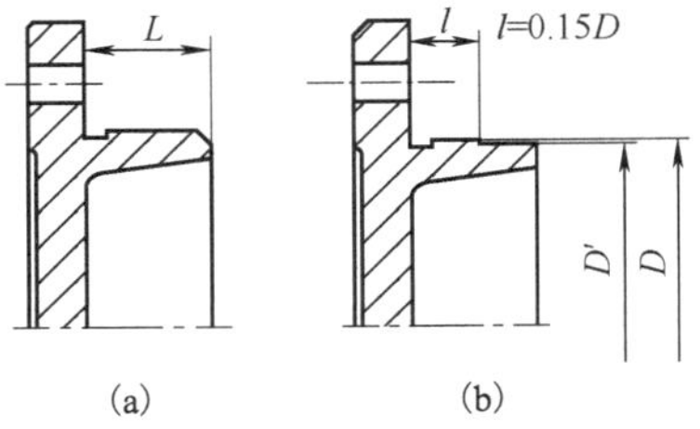

图 5-48　与箱体配合长度

轴承采用箱体内的润滑油润滑时，为将润滑油引入轴承，应在轴承盖上开槽，并将轴承盖的端部直径做小些，保证油路畅通，如图 5-49 所示。轴承盖的结构推荐尺寸参考表 11-20

和表 11-21。

3. 轴承密封

对有轴穿出的轴承盖，在轴承盖孔与轴之间应设置密封件，以防止润滑剂外漏及外界的灰尘、水分渗入，保证轴承的正常工作。常见的密封结构形式有以下几种。

(1)毡圈油封适用于脂润滑及转速不高的油润滑，结构形式如图 5-50 所示，其结构推荐尺寸参考表 11-11。

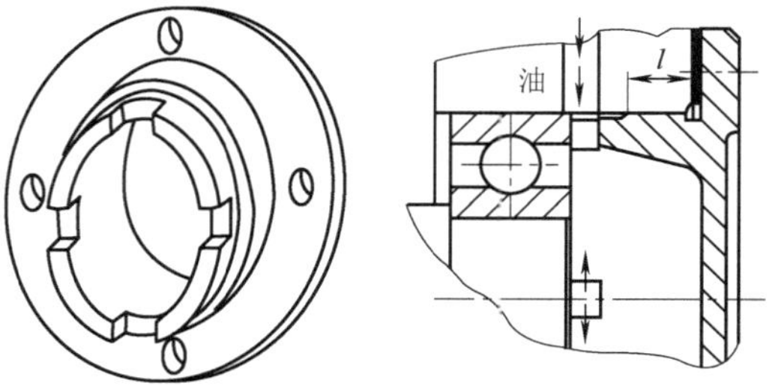

图 5-49　油润滑轴承的轴承盖结构

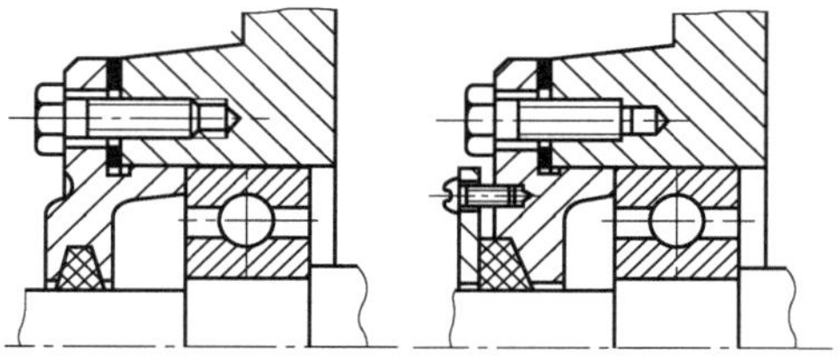

图 5-50　毡圈密封

(2)橡胶油封适用于较高的工作速度，设计时密封唇方向应朝向密封方向。为了封油时，密封唇朝向轴承一侧，如图 5-51(a)所示；为防止外界灰尘、杂质浸入时，应使密封唇背向轴承，如图 5-51(b)所示；双向密封时，可使用两个橡胶油封反向安装，如图 5-51(c)所示。橡胶油封分无内包骨架和有内包骨架两种，安装结构见图 5-51。对无内包骨架油封，需要有轴向固定，如图 5-51(a)、(c)所示。轴颈与橡胶油封接触表面应精车或磨光，为增强耐磨性，最好经表面硬化处理，安装位置背侧应有工艺孔，以供拆卸。

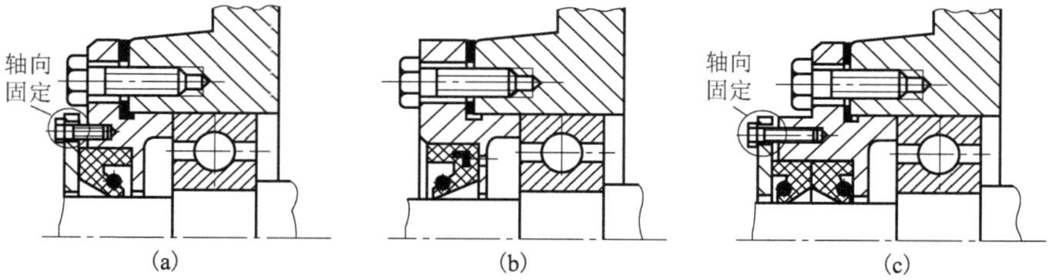

图 5-51　J 形橡胶油封

(3)油沟密封和迷宫密封。油沟密封适用于脂润滑及工作环境清洁的轴承或高速密封，如图 5-52 所示。当使用油沟密封时，应用润滑脂填满油沟间隙，以加强密封效果。图 5-52(b)是开有回油槽的结构，有利于提高密封能力。油沟密封结构简单，摩擦小，但密封不够可靠。迷宫密封效果好，密封可靠，对油润滑及脂润滑都适用，若与接触式密封件配合使用，效果更佳，如图 5-53 所示。

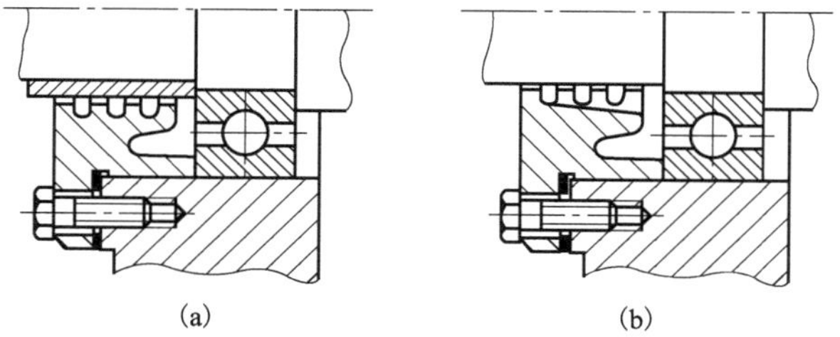

图 5-52　油沟密封

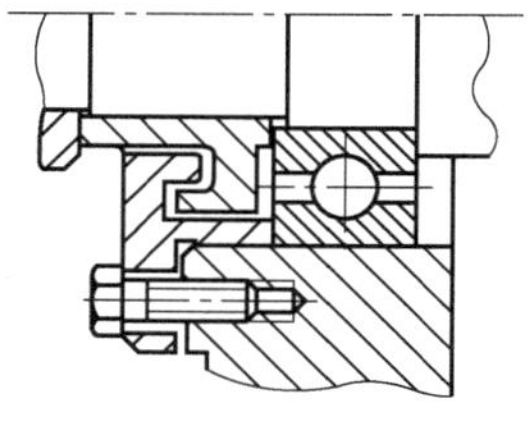

图 5-53　迷宫密封

(4) 轴承与传动件分别用脂和油润滑时，应设置挡油环，将两润滑区域分开，结构尺寸可参考表 11-23。

5.5.2　减速器附件的设计

1. 观察孔和观察孔盖

为了能看到减速器箱体内传动零件的啮合处情况，以便检查齿面接触斑点和齿侧间隙，一般应在减速器上部开观察孔。另外，润滑油也由此注入箱体内。观察孔应设在箱盖顶部能够看到齿轮啮合区的位置，其大小以手能伸入箱体进行检查操作为宜。观察孔处应设计凸台以便于加工。在固定观察孔盖时应加密封垫，如图 5-54 所示。盖板常用钢板或铸铁制成，用 M5～M10 螺钉紧固，其典型结构形式如图 5-55 所示。其尺寸可参阅参考表 11-16，也可自行设计。

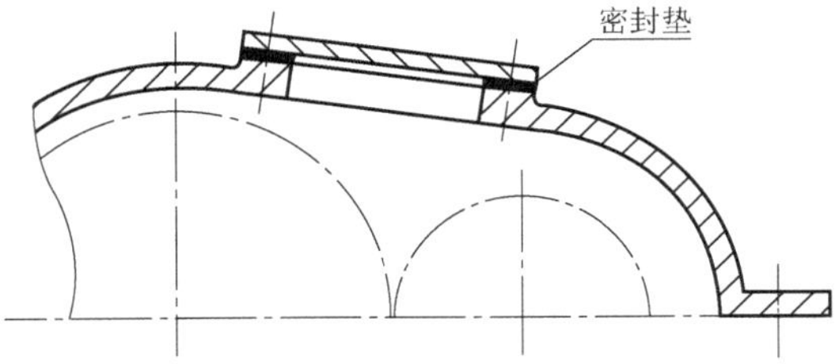

图 5-54　观察孔结构

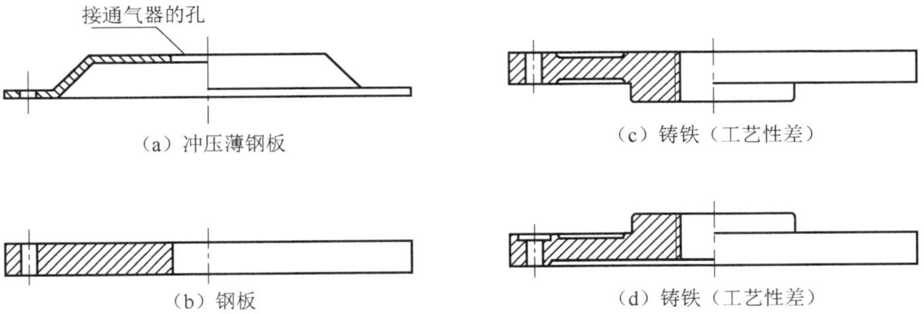

图 5-55　观察孔盖典型结构形式

2. 通气器

由于减速器工作时的摩擦发热会使箱体内温度升高，并使箱体内气压增大，这将会导致润滑油从各处缝隙向外渗漏。因此，为了平衡箱体内外气压，便于箱体内气体的出入，提高箱体缝隙处的密封性能，需安装通气器。

简易的通气器用带孔螺钉制成，为了防止灰尘进入，通气孔不能直通顶端，如图 5-56 所示。这种通气器没有防尘功能，所以一般用于比较清洁的场合。较完善的通气器内部一般做成各种曲路，并有防尘金属网，可以防止吸入空气中的灰尘进入箱体内，如图 5-57 所示。减速器常用通气器的尺寸参考表 11-17～表 11-19。选择通气器类型时应考虑其对环境的适应性，规格尺寸应与减速器大小相适应。

3. 启盖螺钉

在安装减速器时，一般应在机盖与机座接合面上涂上水玻璃或密封胶，以提高密封性，且不易分开。为了便于启盖，可在机盖凸缘上设计 1～2 个启盖螺钉。在启盖时，可先拧动此螺钉顶起机盖，如图 5-58 所示。启盖螺钉上的螺纹长度要大于箱盖连接凸缘的厚度，钉杆端部要做成圆柱形、大倒角或半圆形，以免顶坏螺纹。

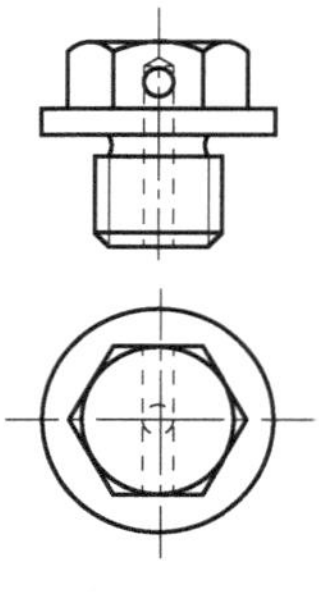

图 5-56　简易的通气器

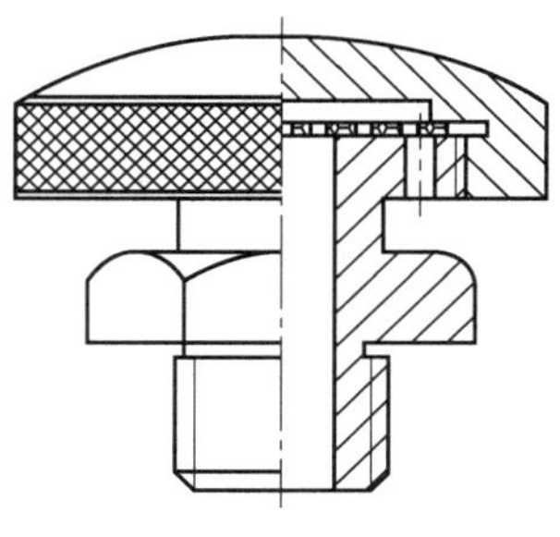

图 5-57　带过滤的通气器

4. 定位销

为了保证剖分式箱体轴承座孔的加工及重复装配精度，在箱体连接凸缘的长度方向的对角位置各安置一个圆锥定位销，如图 5-59 所示。两销相距尽量远些，以提高定位精度。

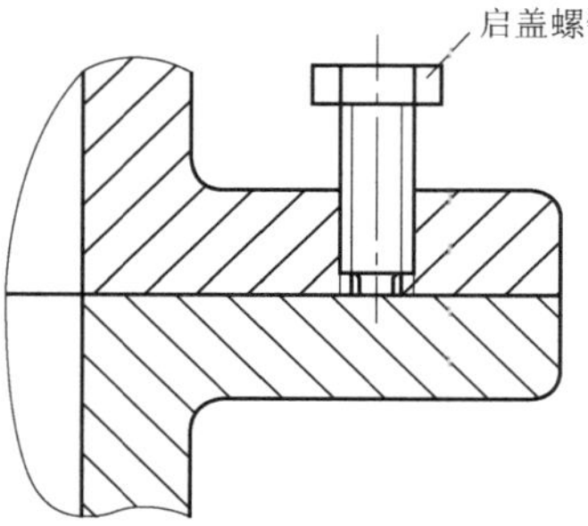

图 5-58　启盖螺钉

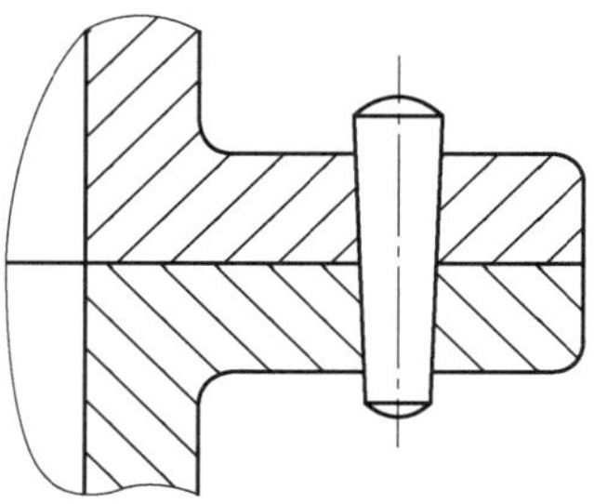

图 5-59　圆锥定位销

5. 放油螺塞

放油孔的位置应在油池最低处，并保证螺孔内径低于箱座底内壁。放油孔用螺塞堵住，安装时应加封油圈以加强密封，如图 5-60 所示。放油螺塞、放油孔等结构尺寸可参考表 11-10。

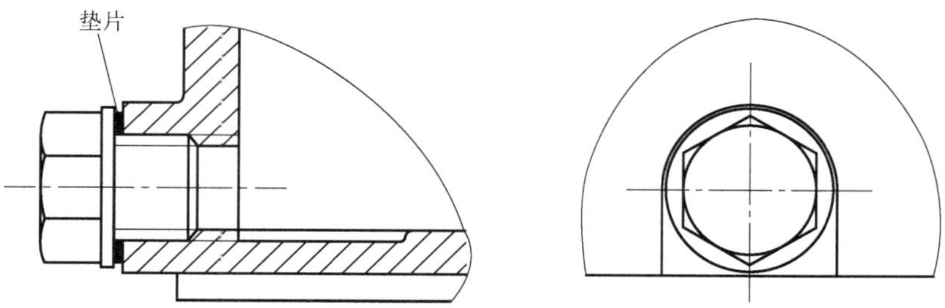

图 5-60　放油螺塞

6. 油标

油标一般放置在便于观测减速器油面之处。常用的油标有油标尺、圆形油标、长形油标、油面指示螺钉等。油标尺的结构简单，在减速器中较常采用，如图 5-61 所示。油标尺上有表示最高及最低油面的刻线。装有隔离套的油标尺(图 5-61(b))，可以减轻油搅动对其的影响。

油标尺安装位置不能太低，以避免油溢出油标尺座孔。箱座油标尺座孔的倾斜位置应便于加工和使用，如图 5-62 所示。杆式油杆尺寸可参考表 11-9。其他油标结构尺寸可参考表 11-6～表 11-8。

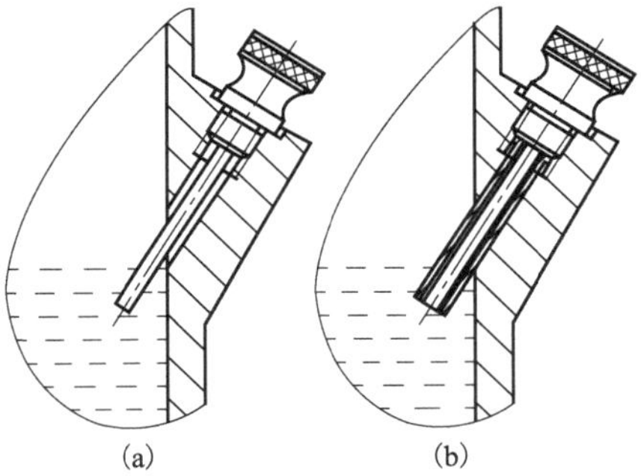

图 5-61　油标尺

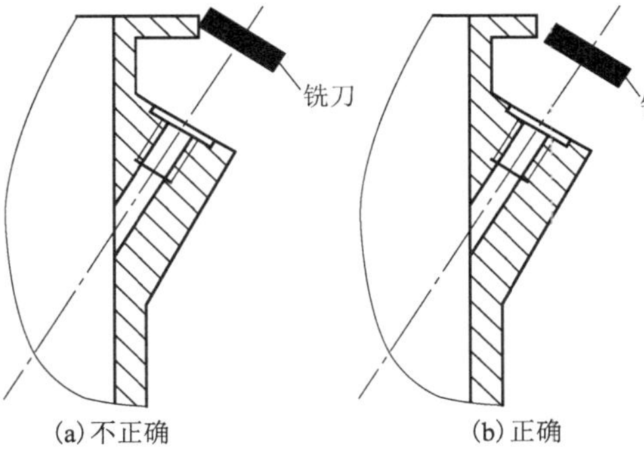

图 5-62　油标尺结构设计

7. 起吊装置

为了拆卸和搬运方便，应在箱盖上装有吊环螺钉或铸出吊钩、吊环，并在箱座上铸出吊钩。吊环螺钉(图 5-63)主要用于拆卸箱盖，也允许用来吊运轻型减速器。吊环螺钉为标准件，可按起吊重量从表 10-36 中选取。由于吊环螺钉的使用，增加了箱盖加工的工序，为了便于加工，常采用在箱盖上直接铸出吊钩和吊环，如图 5-64 所示，其结构尺寸可参考表 11-24。为了起吊或搬运较重的减速器，应在箱座两端铸出吊钩，一端可铸出一个或两个吊钩，如图 5-65 所示，其结构尺寸可参考表 11-24。

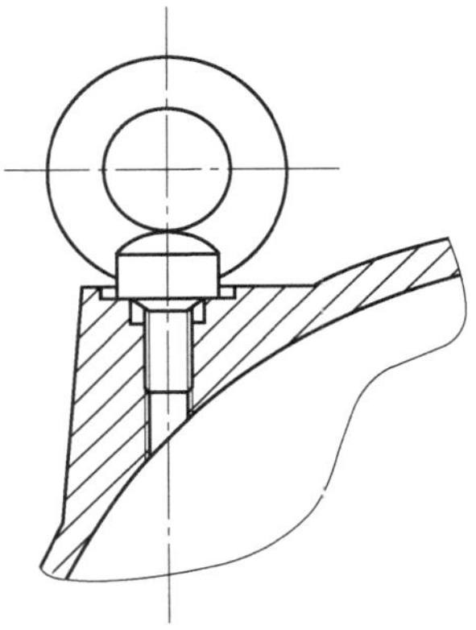

图 5-63　吊环螺钉

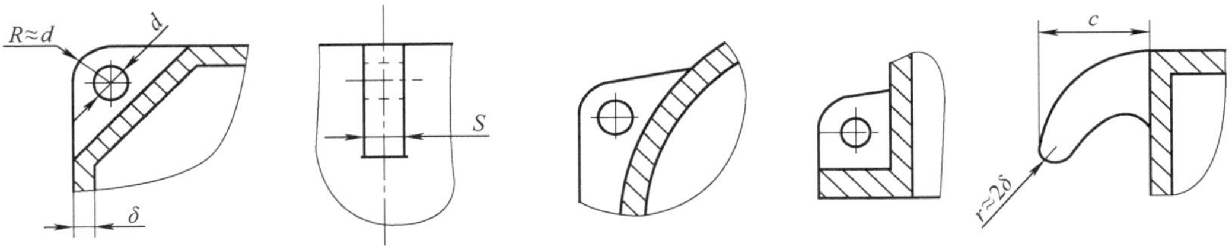

图 5-64　铸出的吊钩和吊环结构形式

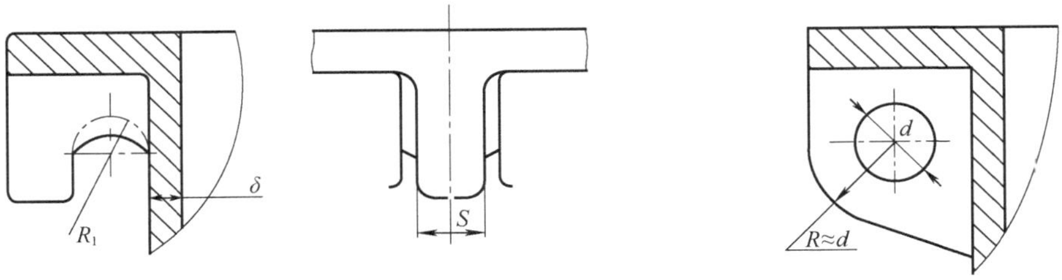

图 5-65　箱座上铸出的吊钩结构形式

5.5.3　其他常用零部件设计

联轴器、连杆、凸轮等零件经常用于机械装置上作为连接、传动或执行构件，其选择与设计中有以下问题应予注意。

1. 联轴器

联轴器可分为弹性联轴器和刚性联轴器两类。弹性联轴器对装配要求相对较低，其弹性元件可起到一定的缓冲减振作用。刚性联轴器相当于将两轴刚性连接，对安装要求较高。标准联轴器与轴配合的孔分为长圆柱形轴孔(Y 形)、带沉孔短圆柱形轴孔(J 形)、无沉孔短圆柱形轴孔(J_1 形)和带沉孔圆锥形轴孔(Z 形)，如图 5-66 所示。孔内加工键槽，柱孔采用 A 形平键，锥孔采用 C 形平键，如图 5-67 所示。

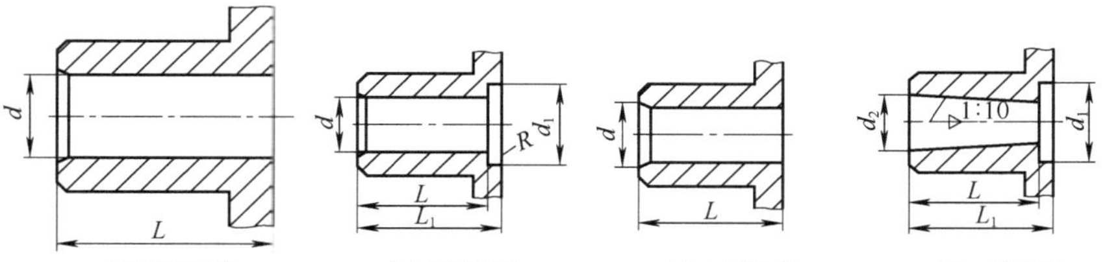

(a) Y 形轴孔　(b) J 形轴孔　(c) J_1 形轴孔　(d) Z 形轴孔

图 5-66　联轴器孔类型结构

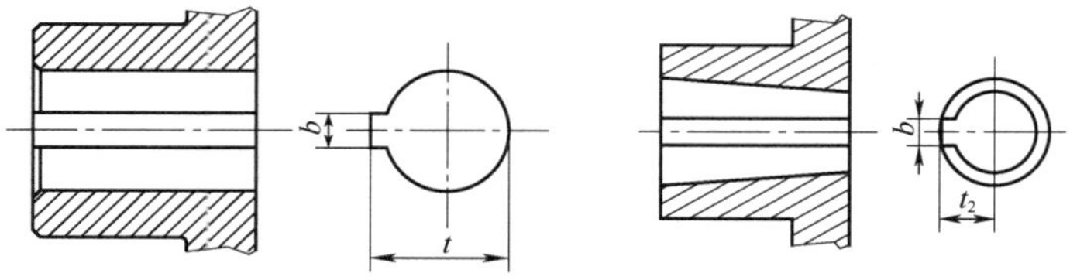

图 5-67　联轴器孔键槽类型

联轴器可以按标准选用，也可根据需要在锥孔允许范围内自行确定轴孔直径及其加工要求。联轴器与轴间的键连接，应进行校核。

2. 连杆

连杆常设计成杆状，短杆有时设计成盘状偏心轮或曲轴形状。由于存在加工及装配误差，故连杆长度常需在装配过程中予以调整，这时可将连杆端头接近铰链的部分，设计为长度可调的结构，如图 5-68 所示。

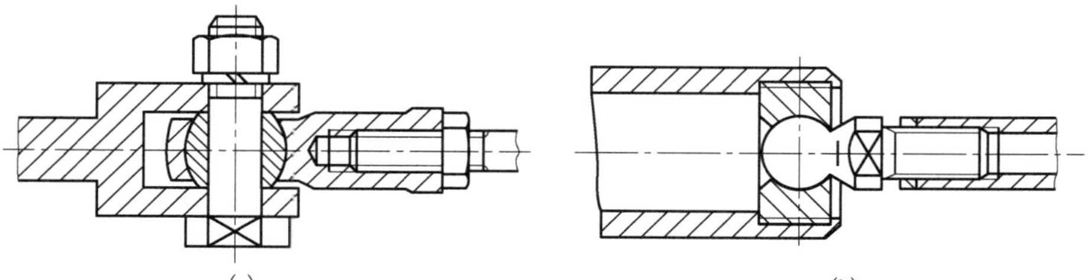

(a)　(b)

图 5-68　连杆端头长度调节结构

连杆铰链可设计为滑动铰链，如图 5-69(a)所示。其结构简单，但摩擦较大，效率低，磨损后会使间隙加大，引起冲击和运动误差。为提高铰链处的工作性能，可使用关节轴承，如图 5-69(b)、(c)、(d)所示。其中，图 5-69(b)为专用杆头结构。通过关节轴承实现连杆与销的连接，滑动轴承设有专门的供油腔，使之具有摩擦小，且能在连杆与销轴间有一定角度偏差的条件下正常工作。图 5-69(c)为利用圆柱滚子或滚针轴承实现连杆与销连接的结构，其运转灵活，结构简单，但铰链处局部径向尺寸较大，设计中也可用深沟球轴承替代圆柱滚子轴承。图 5-69(d)为将连杆销头设计为球铰的结构，运转灵活，安装方便。图 5-69(c)轴承部分和图 5-69(d)球铰部分设有润滑腔，使用中可按设计要求添加润滑脂，以使其润滑状态始终保持良好。

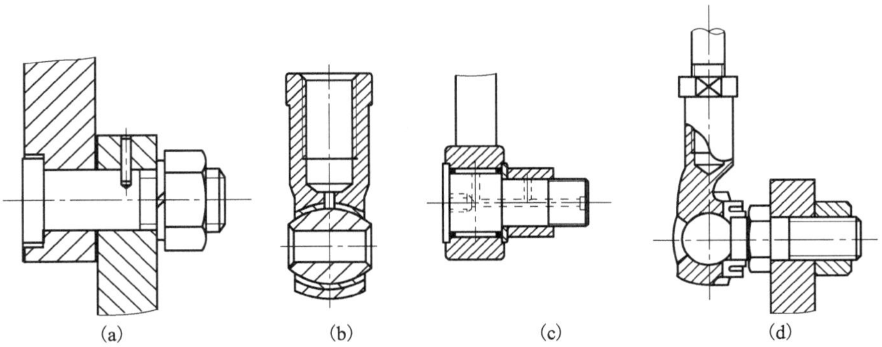

图 5-69　连杆端头结构

此外，在连杆结构设计时，除应进行强度和刚度计算外，还要避免杆件与其他构件间发生运动干涉。

3. 凸轮

凸轮的轮廓曲线应根据从动件的运动规律设计，它对加工质量要求较高，因此，除需根据从动件的接触和受力情况，合理选择材料和热处理工艺外，还应注意凸轮安装位置及其轮廓线加工，尤其是工作段。由于凸轮轮廓线为非标准曲线，加工时一般需按图样标注加工，图 5-70 为一凸轮轮廓线的图样标注示例。

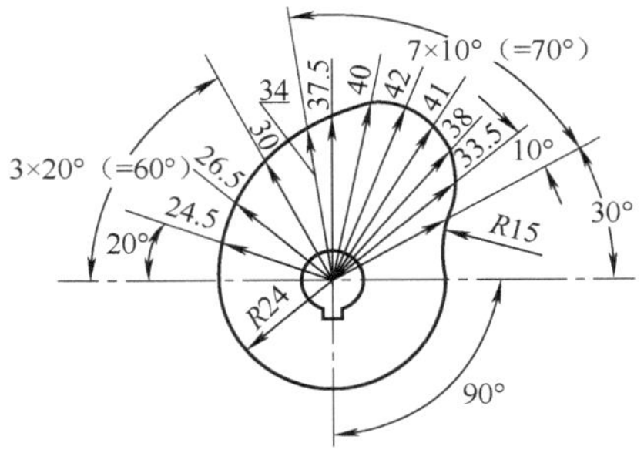

图 5-70　凸轮轮廓线示例

设计滚子推杆凸轮机构时应注意，当凸轮廓线确定后，滚子半径应小于凸轮廓线上最小曲率半径，否则将出现推杆运动失真；推程压力角一般限制在 30°（移动推杆）和 45°（摆动推杆），压力角过大时将使效率降低、磨损加大；但压力角较小时，则凸轮几何尺寸较大；高速凸轮廓线应尽量避免冲击，这样可以减少机械振动、噪声等；凸轮和滚子表面要有足够的接触强度和耐磨性能，凸轮材料常选 45、40Cr 钢表面淬火处理。

5.5.4　检查装配草图与修改完善

完成减速器装配草图后，应认真检查各部分的结构设计是否合理，审查视图表达是否完整，投影关系是否合理。发现问题，应在草图上予以修正。

结构设计方面应重点检查的地方如下。

(1) 齿轮结构：配对齿轮啮合部位；齿轮轴的条件；辐板式齿轮结构尺寸及生产批量的关系。

(2) 轴的结构尺寸、轴上零件的固定和定位：轴的各段直径和长度是否合理；轴上各零件是否固定(轴向固定，周向固定)和定位。

(3) 轴承组合结构设计是否合理：轴承的类型和摆放；轴承端盖的结构；密封的结构；挡油板的结构和位置；整个组合装置的固定形式。

(4) 机体各部分结构与尺寸是否合理：轴承旁凸台的高度及 c_1、c_2 是否足够；三视图投影关系是否正确；中心高是否合适；各部分凸缘厚度和宽度是否正确；螺栓、定位销、启盖螺钉、吊耳和吊钩布置是否合理；结构的工艺性是否优良。

(5) 附件设计是否合理：窥视孔凸台位置与尺寸大小，窥视孔盖的结构；吊环螺钉、吊耳和吊钩的结构；油面指示器的位置和结构；放油孔凸台的位置；定位销的尺寸和布局；通气器的结构选择是否合理等。

图 5-71 是减速器装配草图设计中常见的错误及改正示例。

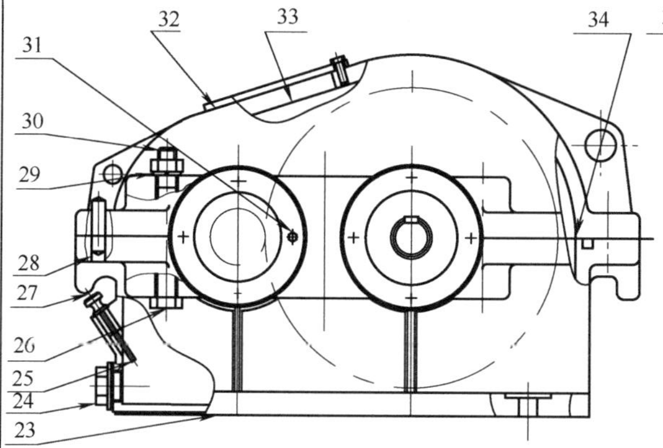

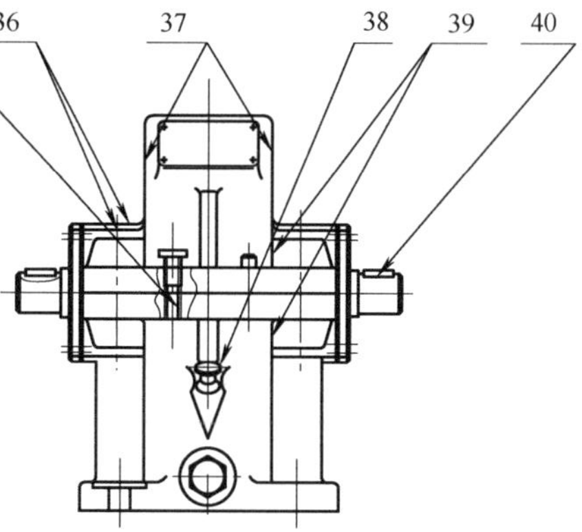

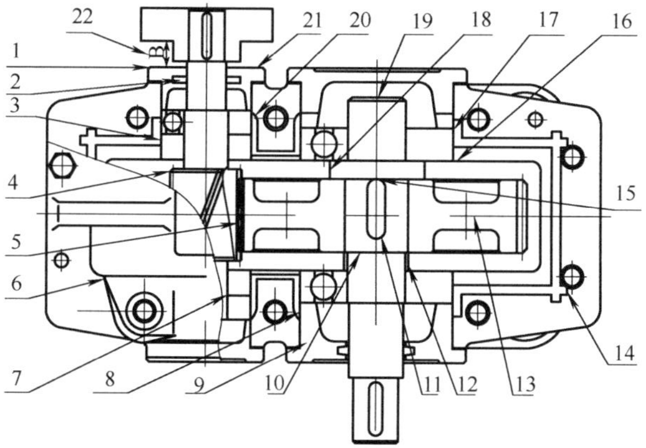

错误摘列

1. 轴承盖（静止件）与轴（回转件）之间应有间隙。
2. 毡圈及槽的结构尺寸应按规定绘制。
3. 输油沟的油路不通，达不到润滑轴承的目的。
4. 高速轴的齿轮顶圆直径小于轴承孔，最好设挡油环。
5. 轮齿啮合的画法不合规定，应使主动轮画成实线，从动轮画成虚线。
6. 凸台的俯视图投影关系不对。
7. 两轴承与高速轴未作轴向固定。
8. 轴承端盖无通油缺口，输油沟中的油难以进入轴承室润滑。
9. 轴承盖一部分太厚，厚度不均，铸造工艺性差。
10. 轴肩未缩进齿轮轮毂，套筒不能压紧齿轮。
11. 轴的键槽离装入端过远，装配时轴上的键不易对准轮毂的键槽。
12. 套筒的止推面过小，难以压紧齿轮。
13. 齿轮辐板未开孔。
14. 凸缘联接螺栓的尺寸C_1,C_2绘制时错误，使扳手空间不足且易漏油。
15. 键槽离轴的过渡圆角太近，加剧应力集中。
16. 轴承内侧面应缩进轴承座少许，以防安装或调整时轴承露出内壁。
17. 轴承端盖的外圈应小一点，以减少配合长度和便于油流进缺口。
18. 轴肩过高，轴承内侧不能用拆卸器拆卸。
19. 轴端伸出过长。
20. 两轴承应尽可能靠近，以提高轴的刚性和强度。
21. 轴承盖外端面（螺钉头支撑面）的加工面积过大。
22. 距离B过小，弹性套柱销难于装拆。
23. 箱座与底基接触的加工面过大。
24. 油塞的位置太高，油污排放不尽。
25. 游标尺过短，不能测量最低油面。
26. 凸台与螺钉头的接触处应沉坑。
27. 油标尺与左吊耳相对位置设置错误，无法装拆，插座孔也无法加工。
28. 销钉未露头，难于拆卸。
29. 弹簧垫圈的开口斜向画错，凸台与其接触处应有沉坑。
30. 螺栓长度大于箱座底部凸缘与凸台间的距离，无法自下向上装入。
31. 轴承盖固定螺钉不应设在箱体结合面上。
32. 箱盖与检查孔盖板接触面应凸起加工面，还应置入密封垫。
33. 观察孔过小且位置不便观察轮齿啮合，缺通气装置。
34. 箱盖结合面未倒模，内壁上的油无法流入输油沟。
35. 起盖螺钉处下凸缘不应开螺孔，图示结构失去起盖作用。
36. 无铸造斜度。
37. 箱体外壁的宽度误画成箱体内壁的宽度。
38. 油标尺插座的投影关系不对。
39. 凸台与箱体连接处侧视图投影关系不对。
40. 此处未局部剖视，看不到键沉入键槽的部分。

图 5-71　减速器装配图常见错误及改正示例

5.6　装配图样设计

5.6.1　装配图样的设计要求

装配图是用来表达产品中各零件之间装配关系的图样，是技术人员了解该机械装置总布局、性能、工作状态、安装要求、制造工艺的媒介。同时，它也是指导制造施工的关键性技术文件，在装配、调试过程中，工程技术人员和施工人员将依据装配图所规定的装配关系、技术要求进行工艺准备和现场施工。

在设计过程中，一般先进行装配图设计，再根据装配图绘制零件图。零件加工完成后，根据装配图进行装配和检验；产品的使用和维护，也都根据装配图及相关技术文件进行。所以，装配图在整个产品的设计、制造、装配和使用过程中起着重要作用。

装配图是在装配草图的基础上设计的，在完善装配图时要综合考虑装配草图中各零件的材料、强度、刚度、加工、装拆、调整和润滑等要求，修改其中不尽合理之处，提高整体设计质量。

完善装配图的主要内容包括：完整表达其装配特征、结构和位置；标注尺寸和配合代号；对图样中无法表达或不易表达的技术细节以技术要求、技术特性表的方式，用文字表达；对零件进行编号，并列于明细表中，填写标题栏。

5.6.2　装配图的绘制

绘制装配图前应根据装配草图确定图形比例和图纸幅画，综合考虑装配图的各项设计内容，合理布局图画，图纸幅画按国家标准规定选择确定。

减速器装配图可用两个或三个视图表达，必要时加设局部视图、辅助剖面或剖视图，主要装配关系应尽量集中表达在基本视图上。例如，对于展开式齿轮减速器，常把俯视图作为基本视图，对于蜗杆减速器则一般选择主视图为基本视图。装配图上一般不用虚线表示零件结构形状，不可见而又必须表达的内部结构，可采用局部剖视等方法表达。在完整、准确地表达设计对象的结构、尺寸和各零件间相互关系的前提下，装配图视图应简明扼要。

图样绘制时应注意，同一零件在各视图中的剖面线方向一致；相邻的不同零件，其剖面线方向或间距应不同；对于较薄的零件剖面(一般小于 2mm)，可以涂黑表达；肋板和轴类零件，如轴、螺栓、垫片、销等，在图中一般不绘剖面线。装配图上某些结构可以采用国家标准中规定的简化画法，例如，螺栓、螺母、滚动轴承等。对于相同类型、尺寸、规格的螺栓连接可以只画一个，其余用中心线表示。装配图的绘制过程如下。

(1) 绘制装配图底图；

(2) 对装配图中某些不合理的结构或尺寸进行修改；

(3) 按照国家机械制图标准完成装配图的绘制(加深轮廓实线、绘剖面线及局部细节设计)；

(4) 标注必要的尺寸和配合关系；

(5) 编写零部件的序号、明细表及标题栏；

(6) 编制该机械的技术特性表；

(7) 编注技术要求说明。

5.6.3 装配图的尺寸标注

标注尺寸时，应使尺寸线布置整齐、清晰，尺寸应尽量标注在视图外面，主要尺寸尽量集中标注在主要视图上，相关尺寸尽可能集中标注在相关结构表达清晰的视图上。在装配图中应着重标注以下几类尺寸。

(1)特性尺寸：表达所设计机械装置主要性能和规格的尺寸，例如，减速器传动零件中心距及其偏差。

(2)配合尺寸：表达机器或装配单元内部零件之间装配关系的尺寸，包括主要零件间配合处的几何尺寸、配合性质和精度等级，例如，减速器中轴与传动零件、轴承的配合尺寸，轴承与轴承座孔的配合尺寸与精度等级等。

配合与精度的选择对于减速器的工作性能、加工工艺及制造成本影响很大，应根据国家标准和设计资料认真选择确定。减速器主要零件荐用配合列于表 5-6，可供设计参考。

表 5-6　减速器主要零件荐用配合和装拆方法

配合零件	荐用配合	装拆方法
一般齿轮、蜗轮、带轮、联轴器与轴的配合	$\frac{H7}{r6}$	用压力机(中等压力配合)
大中型减速器的低速级齿轮(蜗轮与轴的配合)；轮缘与轮芯的配合	$\frac{H7}{r6}$，$\frac{H7}{s6}$	用压力机或温差法(中等压力配合，小过盈配合)
要求对中良好和很少装拆的齿轮、蜗轮、联轴器与轴的配合	$\frac{H7}{n6}$	用压力机(较紧的过渡配合)
小锥齿轮和较常装拆的齿轮、联轴器与轴的配合	$\frac{H7}{m6}$，$\frac{H7}{k6}$	手锤打入(过渡配合)
滚动轴承内圈与轴的配合	见表 10-55，表 10-57	用压力机(过盈配合)
滚动轴承外圈与箱体孔的配合	见表 10-56、表 10-57	木槌或徒手装拆
轴套、挡油环、封油环、溅油轮等与轴的配合	$\frac{D11}{k6}$，$\frac{F9}{k6}$，$\frac{F9}{m6}$，$\frac{F8}{h7}$，$\frac{F8}{h8}$	
轴承套杯与箱体孔的配合	$\frac{H7}{h6}$，$\frac{H7}{js6}$	
轴承盖与箱体孔(或套杯孔)的配合	$\frac{H7}{h8}$，$\frac{H7}{f9}$	
嵌入式轴承盖的凸缘与箱体孔槽之间的配合	$\frac{H11}{h11}$	

(3)安装尺寸：表达机器上或装配单元外部安装的其他零部件的配合尺寸，如轴与联轴器连接处的轴头长度与配合尺寸；表达其安装位置的尺寸，如箱体底面尺寸；地脚螺栓间距、直径，地脚螺栓与输入输出轴之间的几何尺寸；轴外伸端面与减速器某基准面间的跨度；减速器中心高等。

(4)外形尺寸：表达机器总长、总宽和总高的尺寸。该尺寸可供包装运输和车间布置时参考。

5.6.4　标题栏和明细表

1. 标题栏

技术图样的标题栏应布置在图纸右下角，其格式、线型及内容应按国家标准规定完成，允许企业根据实际需要增减标题栏中的内容。综合训练教学中简化的标题栏，其尺寸可见表 10-1。

2. 明细表

明细表是装配图中所有零件的详细目录，填写明细表的过程也是对各零、部、组件的名称、品种、数量、材料进行审查的过程。明细表布置在标题栏的上方，明细表中每一零件编号占一行，由下而上顺序填写，零件较多时，允许紧靠标题栏左边自下而上续表，必要时可另页单独编制。其中，标准件必须按照相应国家标准的规定标记，完整地写出零件名称、材料牌号、主要尺寸及标准代号。明细表应按国家标准设置，也可按规定简化，简化明细表格式示例见表 10-1。

5.6.5　装配图中的技术特性和技术要求

1. 技术特性

机械装置的技术性能指标常用简表的形式表达于装配图中，如减速器的技术特性表，所列项目包括减速器的传递功率、传动效率、输入转速和传动零件的设计参数等，参考格式见表 5-7。

表 5-7　减速器的技术特性表

输入功率 p/kW	输入转速 n/(r/min)	效率 η	总传动比 i	传动特性							
				第一级				第二级			
				m_n	z_2/z_1	β	精度等级	m_n	z_2/z_1	β	精度等级

2. 技术要求

装配图的技术要求是用文字表述图面上无法表达或表达不清的关于装配、检验、润滑、使用及维护等内容和要求。技术要求的执行是保证减速器正常工作的重要条件，技术要求的制定一般要考虑以下几个方面。

1) 装配前要求

减速器装配前，必须按图样检验各零部件，确认合格后，用煤油或其他方法清洗，必要时零件的非配合表面可做防蚀处理，箱体内不允许有任何杂物，箱体内表面涂防浸蚀涂料。根据零件的设计要求和工作情况，可对零件的装配工艺做出具体规定。

2) 装配中对安装和调整的要求

(1) 滚动轴承的安装和调整。为保证滚动轴承的正常工作，在安装时应留有一定的轴向游隙。对于可调间隙轴承(如角接触球轴承和圆锥滚子轴承)的轴向游隙值可按标准选取。对于不可调间隙的轴承(如深沟球轴承)，可在轴承盖与轴承外圈端面间留出间隙$\varDelta$=0.25～0.4mm。

(2) 传动侧隙和接触状况检验。为保证传动精度，齿轮、蜗杆、蜗轮等安装后，传动侧隙和齿面接触斑点要满足相应的国家标准。传动侧隙可用塞尺或将铅丝放入相互啮合的两齿面间，然后测量塞尺或铅丝变形后厚度的方法检查。接触斑点是在轮齿工作表面着色，将其转动若干周后，观察分析着色接触区的位置、接触面大小来检验接触状况。

当传动侧隙或接触斑点不符合要求时，应对齿面进行刮研、跑合或调整传动件的啮合位置。锥齿轮减速器可调整锥齿轮传动中两轮位置，使其锥顶重合。蜗杆减速器可调整蜗轮轴的轴向位置，使蜗杆轴线与蜗轮主平面重合。

(3) 润滑要求。润滑对减速器的传动性能影响较大，良好的润滑具有减少摩擦、降低磨损、冷却散热、清洁运动副表面，以及减振、防蚀等功用。在技术要求中应规定润滑剂的牌号、用量、加注方法和更换期等。对于高速、重载、频繁起动等工况，温升较大，不易形成油膜，应选用黏度高、油性和极压性好的油品。例如，重型齿轮传动可选用黏度高、油性好的齿轮油；高速、轻载传动可选黏度较低的润滑油；开式齿轮传动可选耐蚀、抗氧化及减摩性好的开式齿轮油。

当传动件与轴承采用同一种润滑剂时，应优先满足传动件的要求，适当兼顾轴承润滑的要求。对多级传动，可按高速级和低速级对润滑剂黏度要求的平均值来选择润滑剂。减速器换油时间取决于油中杂质的多少和被氧化与被污染的过程，一般为半年左右。

箱体内油量主要是根据传动、散热要求和油池基本高度等因素计算确定。轴承部位若用脂润滑，其填入量一般小于轴承腔空间的 2/3；轴承转速较高时，如 n>1500r/min，一般用脂量不超过轴承空腔体积 1/3～1/2。

减速器的润滑剂应在跑合后立即更换，使用期间应定期检查、更换；轴承用脂润滑时应定期加脂；润滑油润滑时应按期检查，发现润滑油不足时及时添加。

(4) 密封要求。为防止润滑剂流失和外部杂质侵入箱体，减速器剖分面、各接触面和密封处均不允许漏油。在不允许加密封垫片的密封界面，如箱盖箱体间剖分面等处，装配时可涂密封胶或水玻璃。螺塞等处的密封件应选用耐油材料。

3) 试验要求

机器在交付用户前，应根据产品设计要求和规范进行空载和负载试验。试验时，应规定最大温升或温升曲线、运动平稳性以及其他检查项目。例如，规定机器安装完毕后，正反空载运转各一小时，要求运转期间无异常噪声，或噪声低于 XXdB；各密封处不得有油液渗出，温升不得超过 XX℃；各部件试验前后无明显变化；各连接处无松动；负载运转的负荷和时间等。

4) 外观、包装、运输和储藏要求

机器出厂前，应按照用户要求或相关标准做外部处理。如箱体外表面涂防护漆等，外伸轴端做防蚀处理后涂脂包装。运输外包装应注明放置要求，如勿倒置、防水、防潮等。需做现场长期或短期储藏时，应对放置环境提出要求等。

第 6 章　零件图样设计

6.1　零件图的设计要求及要点

1. 零件图的设计要求

零件图是制造、检验和制订零件工艺规程的依据。零件图由装配图拆绘设计而成，零件图既要反映设计意图，又要考虑加工装配的可能性和合理性。一张完整的零件图要求能全面、正确、清晰地表达零件结构，同时还必须具有制造和检验所需的全部尺寸和技术要求。

在综合训练中，绘制零件图主要是培养学生掌握零件图的设计内容、要求和绘制方法，提高工艺设计能力和技能。根据教学要求，由教师指定绘制 2～3 个典型零件的工作图。

2. 零件图的设计要点

(1) 视图选择和布置。每个零件应该单独绘制在一个标准图幅内，尽量采用 1∶1 的比例。根据零件表达需要，采用一个或多个视图，配以适当的断面图、剖视图和局部视图等。

零件图应能完全、正确、清楚地表明零件的结构形状和相对位置，并应与装配图相一致。视图数量要适当，表达方法要合理，细部结构要表达清楚，必要时可以采用局部放大或缩小视图或文字说明。

(2) 尺寸标注。零件图上的尺寸与公差是加工与检验的依据。图上标注尺寸，必须做到正确、完整、清晰和合理，配合尺寸要标注出准确尺寸及其极限偏差。按标准加工的尺寸(如中心孔等)，可按国家标准规定格式标注。

零件图上的几何公差，是评定零件加工质量的重要指标，应按设计要求由标准查取，并标注在零件工作图上。

零件的所有加工和非加工面表面都要注明表面粗糙度。当较多表面具有同一粗糙度时，可在图幅右上角集中标注，并加注“其余”字样。

(3) 技术要求。零件在制造过程或检验时所必须保证的设计要求和条件，不便用图形或符号表示时，应在零件图技术要求中列出，其内容根据不同的零件的加工方法和要求确定。一些在零件图中多次出现，且具有相同几何特征的局部结构尺寸(如倒角、圆角半径等)，也可在技术要求中列出。

(4) 标题栏。标题栏按国家标准格式设置在图纸的右下角，主要内容有零件的名称、图号、数量、材料、比例以及设计者姓名等。综合训练要求用简化的零件图标题栏，具体见表 10-1。

6.2　轴类零件图样

1. 视图选择

一般轴类零件只需绘制主视图即可基本表达清楚，视图上表达不清的键槽和孔等，可用断面或剖视图辅助表达。对轴的细部结构，如螺纹退刀槽、砂轮越程槽、中心孔等处，必要时可画出局部放大图。

2. 尺寸标注

轴类零件几何尺寸主要有：各轴段的直径和长度尺寸，键槽尺寸和位置，其他细部结构尺寸(如退刀槽、砂轮越程槽、倒角、圆角)等。

标注径向尺寸时，凡有配合要求处，应标注尺寸及偏差值。

标注轴向尺寸时，应根据设计及工艺要求确定尺寸基准，合理标注，不允许出现封闭尺寸链。长度尺寸精度要求较高的轴段应直接标注，取加工误差不影响装配要求的轴段作为封闭环，其长度尺寸不标注。

轴类零件一般只需要一个视图。在键槽及孔处，可增加必要的断面图。为了清楚起见，必要时可对螺纹退刀槽、砂轮越程槽等，绘制局部放大图。

图 6-1 所示为轴类零件尺寸标注的示例，其主要基准面选择在轴肩 I-I 处，它是大齿轮的轴向定位面，同时也影响其他零件在轴上的装配位置，只要正确地定出轴肩 I-I 的位置，各零件在轴上的位置就能得到保证。尺寸 L_2、L_3、L_4、L_5 及 L_7 等都以轴肩 I-I 作为基准一次注出，加工时一次测量，可减少加工误差。ϕ_1 左轴承段处和 ϕ_6 密封段处的轴段长度，误差大小不影响装配精度及使用，故取为封闭环不注尺寸，使加工误差累计在该轴段上，避免出现封闭的尺寸链。

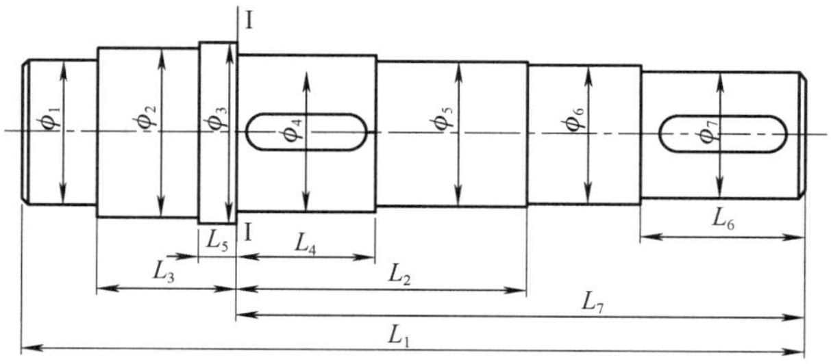

图 6-1　轴的尺寸标注

轴的所有表面都需要加工，其表面粗糙度可按表 6-1 选取，在满足设计要求的前提下，应选取较大值。轴与标准件配合时，其表面粗糙度应按标准或选配零件安装要求确定。当安装密封件处的轴径表面相对滑动速度大于 5m/s 时，表面粗糙度可取 0.2～0.8μm。

表 6-1　轴的表面粗糙度 *Ra* 荐用值　(μm)

加工表面	表面粗糙度 *Ra*	
与传动件及联轴器等轮毂相配合的表面	1.6～3.2	
与传动件及联轴器相配合的轴肩端面	3.2～6.3	
与滚动轴承配合轴径表面和轴肩端面	1.6～3.2	
平键键槽	3.2(工作表面)，6.3(非工作表面)	
安装密封件处的轴径表面	接触式	非接触式
	0.4～1.6	1.6～3.2

轴零件图上的几何公差标注，可参见表 6-2，表中列出了轴的几何公差推荐项目和精度等级。具体几何公差值，见表 10-72～表 10-75。

表 6-2　轴类零件几何公差推荐项目

内容	项目	符号	精度等级	对工作性能影响
形状公差	与传动零件相配合圆柱面的圆度	○	7～8	影响传动零件与轴配合的松紧及对中性
	与传动零件相配合圆柱面的圆柱度	⌭		
	与轴承相配合圆柱面的圆柱度		5～6	影响轴承与轴配合松紧及对中性
位置公差	传动零件的定位端面相对轴线的端面圆跳动	↗	6～8	影响传动零件和轴承的定位
	轴承的定位端面相对轴线的端面圆跳动		5～6	
	与传动零件相配合的圆柱面相对于轴线的径向圆跳动		6～8	影响传动零件的运转同轴度
	与轴承相配合的圆柱面相对于轴线的径向圆跳动		5～6	影响轴和轴承的运转同轴度
	键槽中心面对轴线的对称度	⌯	7～9	影响键受载的均匀性及装拆的难易

3. 技术要求

轴类零件的技术要求主要包括以下方面。

(1) 材料的力学性能和化学成分的要求，允许的代用材料等。

(2) 热处理方法和要求，如热处理后的硬度范围，渗碳 / 渗氮要求及淬火深度等。

(3) 未注明的圆角、倒角的说明。

(4) 其他加工要求，如对某些关键尺寸，加工状态要求的特殊说明。

6.3　齿轮类零件图样

1. 视图选择

齿轮、蜗轮等盘类零件的图样一般选取 1 或 2 个视图，主视图轴线水平布置，并作剖视表达内部结构，侧视图可只绘制主视图表达不清的键槽与孔。

对组合式蜗轮结构，需分别绘制蜗轮组件图和齿圈、轮毂的零件图。齿轮轴与蜗杆轴的视图与轴类零件图相似。为表达齿形的有关特征及参数，必要时应绘局部断面图。

2. 尺寸标注

齿轮类零件与安装轴配合的孔、齿顶圆和齿轮轮毂端面是加工、检验和装配的基准，尺寸精度要求高，应标注尺寸及其极限偏差、几何公差。分度圆直径虽不能直接测量，但作为基本设计尺寸，应予标注。

蜗轮组件中，轮缘与轮毂的配合；锥齿轮中，锥距及锥角等保证装配和啮合的重要尺寸，都应按相关标准标注。

齿轮类零件的表面粗糙度见表 6-3，几何公差推荐项目见表 6-4。

表 6-3　齿轮类零件的表面粗糙度 *Ra* 荐用值　　(μm)

<table>
<tr><td colspan="2">加工表面</td><td colspan="4">表面粗糙度 Ra</td></tr>
<tr><td colspan="2">传动精度等级</td><td>6</td><td>7</td><td>8</td><td>9</td></tr>
<tr><td rowspan="3">轮齿工作面</td><td>圆柱齿轮</td><td>0.8～0.4</td><td>1.6～0.8</td><td>3.2～1.6</td><td>6.3～3.2</td></tr>
<tr><td>锥齿轮</td><td>0.8～0.4</td><td>0.8</td><td>1.6</td><td>3.2</td></tr>
<tr><td>蜗杆、蜗轮</td><td>0.4</td><td>0.8</td><td>1.6</td><td>3.2</td></tr>
<tr><td rowspan="3">顶圆</td><td>圆柱齿轮</td><td>3.2</td><td>3.2</td><td>6.3～3.2</td><td>6.3～3.2</td></tr>
<tr><td>锥齿轮</td><td>3.2</td><td>3.2</td><td>6.3～3.2</td><td>6.3～3.2</td></tr>
<tr><td>蜗杆、蜗轮</td><td>3.2</td><td>3.2</td><td>6.3～3.2</td><td>6.3～3.2</td></tr>
<tr><td rowspan="2">轴/孔</td><td>圆柱齿轮</td><td>1.6～0.8</td><td>1.6～0.8</td><td>3.2～1.6</td><td>3.2～1.6</td></tr>
<tr><td>锥齿轮</td><td>1.6～0.8</td><td>1.6～0.8</td><td>3.2～1.6</td><td>3.2～1.6</td></tr>
<tr><td colspan="2">与轴肩配合面</td><td colspan="4">3.2～1.6</td></tr>
<tr><td colspan="2">齿圈与轮芯配合表面</td><td colspan="4">3.2～1.6</td></tr>
<tr><td colspan="2">平键键槽</td><td colspan="4">3.2～1.6(工作面)，6.3(非工作面)</td></tr>
</table>

表 6-4　齿轮的几何公差推荐项目及其与工作性能的关系

<table>
<tr><td>内容</td><td>项目</td><td>符号</td><td>精度等级</td><td>对工作性能的影响</td></tr>
<tr><td>形状公差</td><td>与轴配合孔的圆柱度</td><td>⌭</td><td>7～8</td><td>影响传动零件与轴配合的松紧及对中性</td></tr>
<tr><td rowspan="6">位置公差</td><td>圆柱齿轮以顶圆为工艺基准时，顶圆的径向圆跳动</td><td rowspan="5">↗</td><td rowspan="5">按齿轮、蜗杆、蜗轮和锥齿轮的精度等级确定</td><td rowspan="5">影响齿厚的测量精度，并在切齿时产生相应的齿圈径向跳动误差，使零件加工中心位置与设计位置不一致，引起分齿不均，同时会引起齿向误差影响齿面载荷分布及齿轮副间隙的均匀性</td></tr>
<tr><td>锥齿轮顶锥的径向圆跳动</td></tr>
<tr><td>蜗轮顶圆的径向圆跳动</td></tr>
<tr><td>蜗杆顶圆的径向圆跳动</td></tr>
<tr><td>基准端面对轴线的端面圆跳动</td></tr>
<tr><td>键槽对孔轴线的对称度</td><td>⌯</td><td>8～9</td><td>影响键与键槽受载的均匀性及其装拆时的松紧</td></tr>
</table>

3. 啮合特性表

齿轮类零件的主要参数和误差检验项目，应在齿轮(蜗轮)啮合特性表中列出。啮合特性表一般布置在图幅的右上角。齿轮(蜗轮)的精度等级和相应的误差检验项目的极限偏差或公差取值见表 10-78 和表 10-79。啮合特性表的格式参见第 11 章的传动零件图例。

4. 技术要求

(1) 对毛坯的要求，如铸件不允许有缺陷，锻件毛坯不允许有氧化皮及毛刺等。

(2) 对材料的化学成分和力学性能要求，允许使用的代用材料。

(3) 零件整体或表面处理的要求，如热处理方法、热处理后的硬度、渗碳/渗氮要求及淬火深度等。

(4) 未注倒角、圆角半径的说明。

(5) 其他特殊要求，如修形及对大型或高速齿轮进行平衡试验等。

6.4　箱体类零件图样

1. 视图选择

箱体类零件的结构比较复杂，一般需用 3 个视图表达，且常需增加一些局部视图、剖视图和局部放大图。主视图的选择可与箱体实际放置位置一致。

2. 尺寸标注

1) 箱体尺寸标注

(1) 选好基准，最好使设计、加工和装配基准统一，以便于加工和检验。如箱盖或箱座的高度方向尺寸最好以剖分面(加工基准面)为基准；箱体的宽度方向尺寸应以宽度的对称中心线作为基准，见图 6-2；箱体的长度方向尺寸可取轴承孔中心线作为基准，见图 6-3。标注时要避免出现封闭尺寸链。

(2) 可将箱体尺寸分为定位尺寸和形状尺寸。定位尺寸是确定箱体各部位相对于基准的位置尺寸，如孔的中心线、曲线定位位置及其他有关部位或局部结构与基准间的距离。形状尺寸是箱体各部分形状结构大小的尺寸，应直接标出，如箱体长宽高和壁厚、各种孔径及其深度、圆角半径、槽的宽度和深度、螺纹尺寸、观察孔、油尺孔、放油孔等。

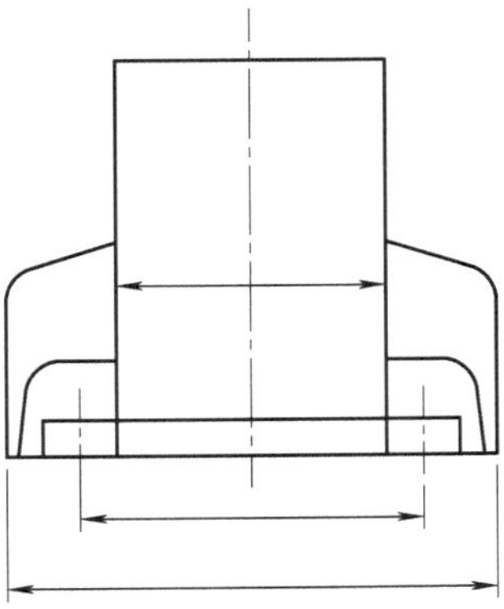

图 6-2　箱盖宽度方向尺寸的标注示例

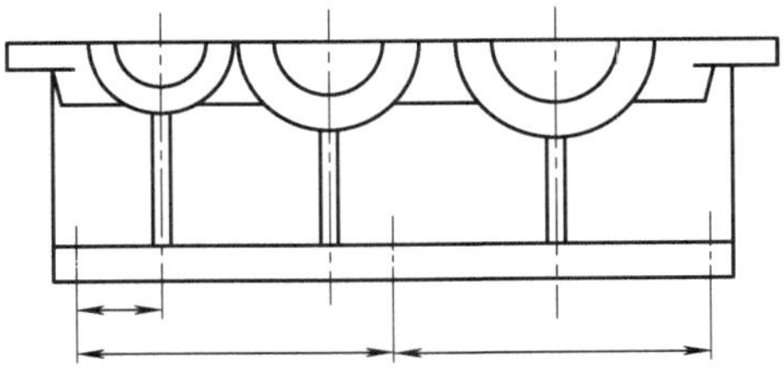

图 6-3　箱体长度方向尺寸的标注示例

(3) 对影响机器工作性能的尺寸要直接标出，以保证加工准确性，如箱体孔的中心距及其偏差等。

(4) 铸造箱体上所有圆角、倒角、起模斜度等均需在图中标注清楚或在技术要求中说明。

2)表面粗糙度

箱体上与其他零件接触的表面应予加工，并与非加工表面区分开。箱体表面的粗糙度 *Ra* 推荐值见表 6-5。

表 6-5　箱体的表面粗糙度 *Ra* 推荐值　　(μm)

表面位置	表面粗糙度推荐值
箱体剖分面	3.2～1.6
与滚动轴承(/P0 级)配合的轴承座孔 *D*	0.8(*D* 小于 80mm)，3.2(*D* 大于 80mm)
轴承座外端面	6.3～3.2
螺栓孔沉头座	12.5
与轴承盖及其套杯配合的孔	3.2
机加工油沟及观察孔上表面	12.5
箱体底面	12.5～6.3
圆锥销孔	3.2～1.6

3)几何公差

箱体的几何公差主要与轴系安装精度及减速器工作性能有关，推荐项目见表 6-6。

表 6-6　箱体几何公差的推荐项目

内容	推荐项目	符号	精度等级	对工作性能的影响
形状公差	轴承座孔的圆柱度	⌭	7	影响箱体与轴承的配合性能及对中性
	剖分面的平面度	▱	7～8	
位置公差	轴承座孔轴线对端面的垂直度	⊥	7	影响轴承固定及轴向受载的均匀性
	轴承座孔轴线间的平行度	//	6	影响传动件的传动平稳性及载荷分布的均匀性
	锥齿轮减速器和蜗杆减速器的轴承孔轴线间的垂直度	⊥	7	
	两轴承座孔轴线的同轴度	◎	7	影响减速器的装配和传动零件的载荷分布均匀性

3. 技术要求

箱体零件图的技术要求主要包括以下方面。

(1)铸件清理和时效处理等。

(2)箱盖与箱座间轴承孔，需先用螺栓连接，并装入定位销后再镗孔；剖分面上的定位销孔加工，应将箱盖和箱座固定后配钻、配铰。

(3)铸造斜度及圆角半径等。

(4)箱体内表面涂漆或防侵蚀涂料和消除内应力的处理等。

箱体零件图例见第 11 章。

第 7 章　编写设计计算说明书和准备答辩

7.1　编写设计计算说明书

设计计算说明书作为产品设计的重要技术文件之一，是图样设计的基础和理论依据，也是进行设计审核的依据。因此，编写设计计算说明书是设计工作的重要环节之一。

1．设计计算说明书的内容

设计计算说明书完整地反映了设计过程中主要的设计思路和过程步骤，设计计算的结果，设计计算中的主要公式及其简单计算，各种乘数和公式使用的参考依据，以及设计者需要说明分析的设计内容和特色。

设计计算说明书主要包括以下内容。

(1) 前言。前言主要是对设计背景、设计目的和意义进行总体描述，让读者对说明书有一个总的了解。

(2) 目录。目录应列出说明书中的各项内容标题及页次，包括设计任务书和附录。

(3) 正文。说明书正文主要为设计依据和过程，主要包括以下内容。

① 设计任务书。一般应附设计目标、使用条件和主要设计参数。

② 机械装置方案设计。根据给定机械的工作要求，确定机械的工作原理，拟定工艺动作和执行构件的运动形式，绘制工作循环图；选择原动机的类型，并进行传动机构和执行机构的选型与组合，设计该机械的几种运动方案，对各种运动方案进行分析、比较和选择，完成其总体方案设计。

③ 机械装置总体设计及分析。选择原动机参数，完成该机械传动装置的运动和动力参数计算；对选定的运动方案中的各执行机构进行运动分析与综合，确定其运动参数，并绘制机构运动简图；进行机械动力性能分析与综合，确定调速飞轮；完成零部件运动学、动力学分析和设计。

④ 机械传动装置设计及计算。进行主要传动零部件的工作能力设计计算；传动装置中各轴系零部件的结构设计；完成轴的强度校核计算、轴承的寿命计算及键等校核计算。

⑤ 减速器箱体及附件等的设计，减速器的润滑及密封等。

⑥ 现代设计的应用。零部件三维造型的主要过程；计算机辅助设计计算的框图、步骤和过程。

⑦ 其他需要说明的内容，包括运输、安装和使用维护要求，本设计的优缺点和改进建议等。

(4) 参考资料。将设计过程中所用到的参考书、手册、样本等资料，按序号、作者、书名、出版单位和出版时间顺序列出。

(5) 附录。在设计过程中使用的非通用设计资料、图表、计算程序、零部件三维造型、运动和动力分析图等。

2. 设计计算说明书的要求和注意事项

设计计算说明书要求计算正确、论述清楚、文字精练、插图简明、书写工整。同时应注意下列事项。

(1) 设计计算说明书应按内容顺序列出标题，做到层次清楚，重点突出。

(2) 计算过程应列出计算公式，代入有关数据，写出计算结果，标明单位，并写出根据计算结果所得出的结论或说明。

(3) 引用的计算公式或数据要注明来源，主要参数、尺寸、规格和计算结果，可在右侧计算结果栏中列出。

(4) 为清楚地说明计算内容，说明书中应附有必要的简图(如总体设计方案简图、轴和轴系的受力图、轴的结构简图、弯矩图和转矩图等)。

(5) 设计计算说明书要用钢笔或用计算机按规定格式书写于 16 开专用纸上，按目录编标页码，然后装订成册。

(6) 说明书封面格式可参考图 7-1，说明书的内容书写格式可参考表 7-1。

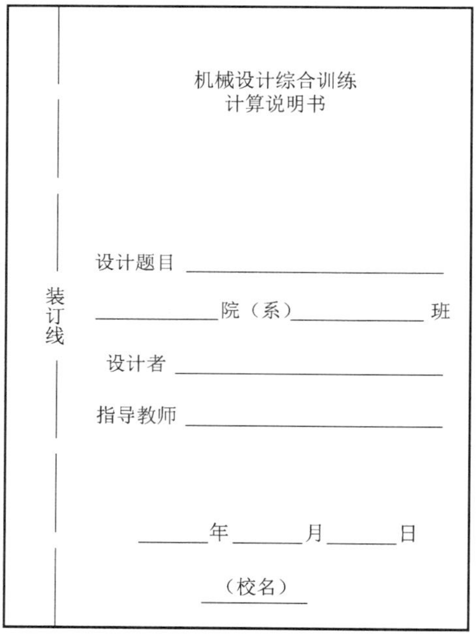

图 7-1　说明书封面格式

表 7-1　设计说明书书写格式示例

项目-内容	设计计算依据和过程	计算结果
一、总体方案设计 … 二、… … 五、高速级齿轮传动设计 1. 选择材料和精度 (1) 选择材料	小齿轮：40Cr，淬火，42HRC	

续表

项目-内容	设计计算依据和过程	计算结果
(2) 热处理	大齿轮：45 钢，淬火，38HRC	
(3) 精度选择	…	
2．计算许用应力		
(1) 极限应力		
(2) …	$\sigma_{F\lim} = \cdots$	
(3) …		
(4) 许用应力	$[\sigma_F] = \cdots$	
…		
3．按齿根弯曲疲劳强度设计		
(1) 强度公式		
(2) 参数选择计算	$m_n \geqslant \cdots$	
载荷系数	$K = \cdots$；	
	其中：$K_A = \cdots$　　$K_V = \cdots$	
圆周速度估算	$v = \cdots$	
齿数选择	$z_1 = 23$，　$z_2 = 86$	
初选 β	$\beta = 10^\circ$	
…	…	
(3) 按齿根弯曲疲劳强度计算模数	$m_n \geqslant \cdots = 2.38$mm	按标准取： $m_n = 2.5\cdots$
(4) 模数标准化		
4．按齿面接触疲劳强度校核		
(1) 强度公式	$\sigma_H = \cdots \leqslant [\sigma_H]$	
载荷…		
…	…	
(2) …		
(3) …		
(4) 中心距圆整	$a = (d_1 + d_2)/2 = (58.3870 + 218.3167)/2$ $= 138.352$ (mm)	圆整： $a = 140$mm
5．主要参数和几何尺寸计算		$\beta = 13°17'28''$
(1) 主要参数	$\beta = \arccos[m_n(z_1 + z_2)/2a] = \cdots 13.291177^\circ$ 法面模数 螺旋角 齿数：小齿轮 　　　大齿轮	$m_n = 2.5$ mm $z_1 = 23$ $z_2 = 86$
(2) 几何尺寸	分度圆直径 齿顶圆直径 齿宽	…
…	轮毂宽 …	
九、轴的计算		
1．高速轴的计算		
2．中间轴的计算 (1) 轴结构	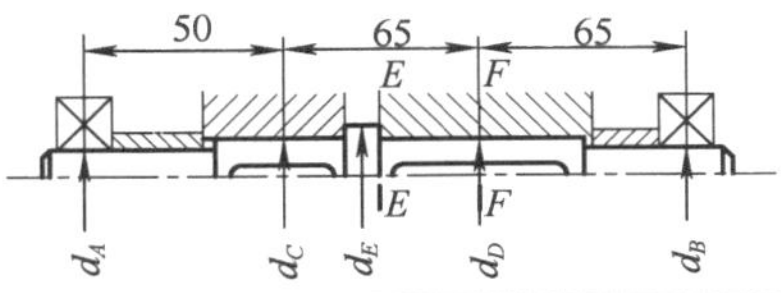	

续表

项目-内容	设计计算依据和过程	计算结果
(2)受力分析	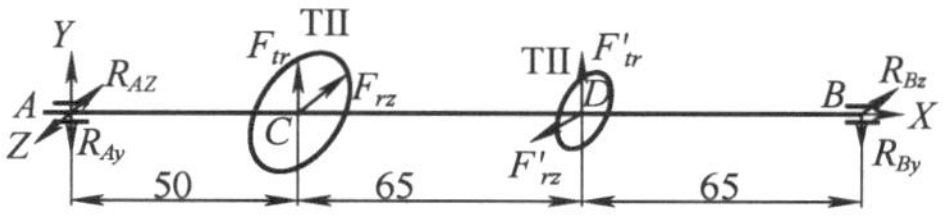	
(3)轴的弯矩图	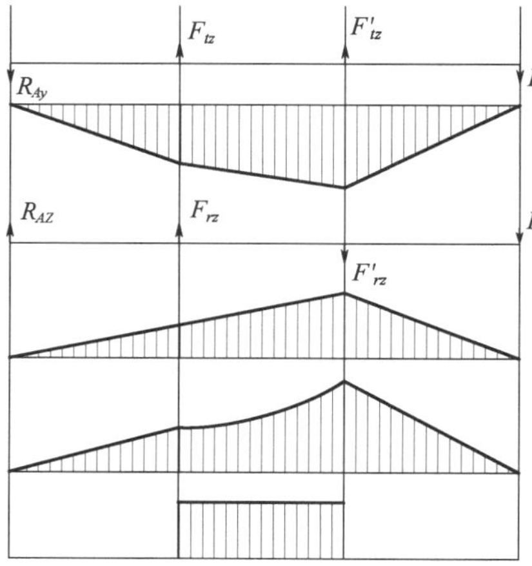	

7.2　准备答辩

1. 设计资料整理

设计任务完成后，应将装订好的设计计算说明书和折叠好的图样一并装入袋中，准备答辩。叠图要求可按图纸装订格式进行折叠，也可按简易保存格式如图 7-2 所示进行折叠。

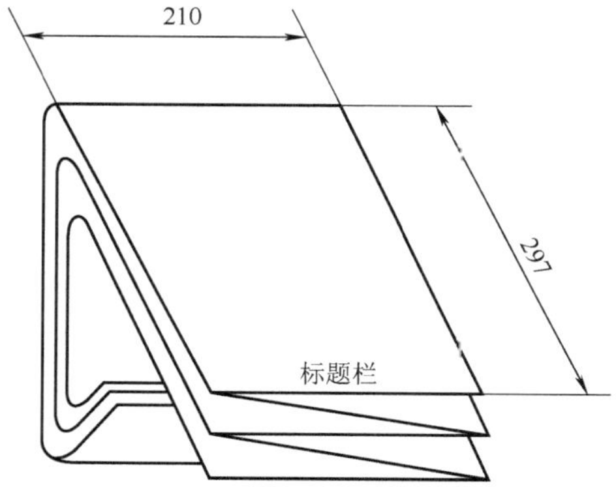

图 7-2　叠图示例

2. 准备答辩

答辩是机械设计综合训练教学过程的最后环节，准备答辩的过程也是系统地回顾、总结和再学习的过程。总结时应注意对以下内容深入剖析：总体方案的确定、受力分析、材料选择、工作能力计算、主要参数及尺寸确定、结构设计、设计资料和标准的运用、工艺性和使用维护性等。全面分析所设计机械装置的优缺点，提出今后在设计中应注意的问题，并设想出改进方案。通过综合训练掌握机械设计的方法和步骤，培养发现和分析、解决工程实际问题的能力。

在做出系统总结的基础上，通过答辩，找出设计计算和图样中存在的问题和不足，把还不甚明了或尚未考虑全面的问题分析理解清楚，深化设计成果，使准备答辩的过程，成为机械设计综合训练中的一个继续学习和提高的过程。

设计答辩时，教师根据设计图样、设计计算说明书和答辩中回答问题的情况，并考虑学生在设计过程中的表现，综合评定成绩。

7.3　复习思考题

(1) 机械系统的主要组成是什么，其总体设计包括哪些内容？

(2) 机械设计综合训练的目的是什么，它包括哪些任务？

(3) 机械设计综合训练的要求是什么，应注意哪些问题？

(4) 机械设计应遵循的基本原则有哪些？

(5) 常用的现代设计方法有哪些？如何理解创新设计？

(6) 机械装置总体设计的原则是什么？简述其过程。

(7) 实现本设计任务的可选机械装置有哪些，各有什么优缺点？

(8) 你所选择的设计方案有哪些特点？

(9) 传动装置总体设计方案有哪些，各种传动形式有哪些特点？适用范围如何？

(10) 选择传动装置的形式应考虑哪些因素，如何合理安排传动机构的顺序？

(11) 原动机的类型有哪些，选择时如何考虑？

(12) 实现设计任务可选用的机构有哪些，各有何优缺点？

(13) 你设计的执行机构有何特点？

(14) 在进行连杆、凸轮、行星轮系、槽轮、铰链等构件及其连接设计时，应注意哪些问题？

(15) 带传动、齿轮传动、链传动和蜗杆传动等应如何布置？为什么？

(16) 你所设计的传动装置有哪些优缺点？

(17) 工业生产中哪种类型的原动机用得最多？它有何特点？

(18) 如何根据工作机所需功率确定所选电动机的额定功率？工作机所需电动机的功率与电动机的额定功率关系如何？

(19) 电动机转速的高低对设计方案有何影响？

(20) 机械装置的总效率如何计算？确定总效率时要注意哪些问题？

(21) 分配传动比的原则有哪些？传动比的分配对总体方案有何影响？工作机计算转速与实际转速间的误差应如何处理？

(22) 传动装置中各相邻轴间的功率、转速、转矩关系如何？

(23) 传动装置中同一轴的输入功率与输出功率是否相同？设计传动零件或轴时采用哪个功率？

(24) 设计传动装置计算各轴的功率、转速、转矩时，电动机轴的输出功率是以电动机额定功率 P_{ed} 还是以设备工作机所需电动机功率 P_d 为计算功率，为什么？

(25) 在传动装置设计中，为什么一般先设计传动零件？

(26) 执行机构设计的主要要求及流程。

(27) 执行机构形式设计的原则及其选择型和构型时应考虑什么因素？

(28) 执行机构构件结构设计时要注意哪些问题？

(29) 连杆机构的结构设计应注意哪些问题？

(30) 执行机构的协调设计指什么，如何进行评价？

(31) 杆件间的铰链结构形式有哪些？设计时要注意哪些问题？

(32) 凸轮材料如何选择？廓线如何加工？热处理工艺如何确定？

(33) 执行机构的运动和动力分析指什么，如何进行？

(34) 带传动的设计内容主要有哪些？如何判断带传动的设计结果是否合理？

(35) 带传动的合理根数是多少，设计时如果不符合如何调整？

(36) 引起带传动弹性滑动和打滑的原因是什么？对传动有什么影响？二者的性质有何不同？

(37) 与齿轮传动及链传动比较，带传动有哪些优缺点？

(38) 为什么普通 V 带的楔角为 40°，而其带轮的轮槽角却为 34°、36° 或 38°？什么情况下用较小的轮槽角？

(39) 引起带传动弹性滑动和打滑的原因是什么？对传动有什么影响？二者的性质有何不同？

(40) 带传动的主要失效形式和计算准则是什么？

(41) 带传动为什么要限制最大中心距、最大传动比和最小带轮直径？

(42) 带速为什么不宜过高或过低？

(43) 链传动设计所需的已知条件有哪些？主要设计内容是什么？如何检查设计结果是否合理？

(44) 在闭式齿轮传动的设计参数和几何尺寸中，哪些应取标准值？哪些应该圆整？哪些必须精确计算？

(45) 开式齿轮传动的设计与闭式齿轮传动有何不同？

(46) 齿轮的材料、加工工艺的选择和齿轮尺寸之间有何关系？什么情况下齿轮应与轴制成一体？

(47) 齿轮传动的主要失效形式有哪些？主要在哪种使用情况下发生？开式、闭式齿轮传动的主要损伤形式有什么不同？

(48) 造成轮齿折断的原因有哪些？如何提高齿根弯曲疲劳强度？疲劳裂纹首先发生在轮齿的哪一侧？为什么？

(49) 齿轮为什么会发生齿面点蚀与剥落？点蚀首先发生在什么部位？早期点蚀与破坏性点蚀各在什么情况下发生？防止点蚀有哪些措施？

(50) 齿轮传动的设计计算准则有哪些？它们分别是针对什么损伤形式？目前有哪几种强度计算方法较成熟？如何选用它们进行设计计算或校核计算？

(51) 对齿轮材料的基本要求是什么？常用材料有哪些？它们采用哪些热处理方法？能达到的硬度范围是多少？它们各适用于什么场合下的齿轮传动？

(52) 斜齿圆柱齿轮的法向力作用在什么平面内？它的分力与直齿圆柱齿轮有何不同？各分力方向如何判别？

(53) 齿轮强度计算为什么要用计算载荷？载荷系数 K 包括哪几部分？要考虑哪些因素对

载荷的影响？

(54)提高接触疲劳强度有哪些措施？若接触疲劳强度不够时，首先应改变齿轮的哪个几何参数？若齿轮的径向尺寸或轴向尺寸受限制，齿轮的哪个几何参数选大些，哪个参数选小些为好？

(55)齿形系数 Y_{Fa} 的物理意义是什么？它取决于齿轮与加工齿轮刀具的哪些参数？对斜齿圆柱齿轮按什么来查 Y_{Fa} 的值？为什么 Y_{Fa} 的值与模数无关？

(56)齿轮齿数的选择对传动质量有何影响？它影响强度计算中哪几个系数？闭式传动软齿面与硬齿面齿轮及开式传动齿数选择有何不同？

(57)在齿轮强度设计公式中，为什么要引入齿宽系数？选择齿宽系数时，要考虑哪些问题？它的取值大小对齿轮几何尺寸产生什么影响？

(58)圆柱齿轮传动的中心距应如何圆整？圆整后，应如何调整 m、z 和 β 等参数？

(59)锥齿轮传动的锥距 R 能否圆整？为什么？

(60)蜗杆传动设计所需的已知条件、主要设计内容有哪些？如何检查设计结果是否合理？

(61)在传动装置设计中，影响带传动、闭式齿轮传动、开式齿轮传动、链传动、锥齿轮传动、蜗杆传动承载能力的主要因素是什么？

(62)设计时为何通常先进行装配草图设计？传动装置或减速器装配草图设计包括哪些内容？绘制装配草图前应做哪些准备工作？

(63)如何在设计中选用标准产品(如联轴器、气缸和液压缸等)？

(64)轴的强度计算方法有哪些？如何确定轴的支点位置和传动零件上力的作用点？

(65)轴的外伸长度如何确定？如何确定各轴段的直径和长度？

(66)如何保证轴上零件的周向固定及轴向固定？

(67)对轴进行强度校核时，如何选取危险剖面？

(68)轴按受载情况可以分为哪三类？试分析自行车的前轴、中轴、后轴的受载情况，说明它们各属哪类轴。

(69)试比较用优质碳素钢和合金钢作为轴的材料，各有什么优、缺点？

(70)轴上为什么要有过渡圆角、倒角、中心孔、砂轮越程槽和螺纹退刀槽？

(71)作轴向固定的圆螺母，轴端挡板的螺钉是如何实现防松的？

(72)在估算轴传递转矩的最小直径公式 $d \geqslant C\sqrt[3]{\dfrac{P}{n}}$ 中，系数 C 与什么有关？当材料已确定时，C 应如何选取？计算出的 d 值应经如何处理才能定出最细段直径？此轴径应放在轴的哪一部分？

(73)计算当量弯矩公式 $M_e = \sqrt{M^2 + (\alpha T)^2}$ 中系数 α 的含义是什么？如何取值？

(74)影响轴的疲劳强度因素有哪些？如果轴的疲劳强度不够，可采取哪些措施来使其满足要求？举例说明轴的刚度不足对机器的运转有哪些影响？

(75)如何选择滚动轴承的类型？轴承在轴承座中的位置应如何确定？何时在设计中使用轴承套杯，其作用是什么？

(76)为什么现代机械设备上多采用滚动轴承？

(77) 试说明滚动轴承主要的失效形式，产生这些失效的原因。设计和使用维护时应注意些什么问题？

(78) 试述滚动轴承基本额定动载荷与当量动载荷的区别。当量动载荷超过基本额定动载荷时，该轴承是否可用？基本额定动载荷与基本额定静载荷有何不同？

(79) 常用滚动轴承的固定形式有哪三种？各用于什么场合？试分析其轴上轴向外载荷的传递路线。

(80) 滚动轴承组合结构设计时，其内、外圈的固定方式有哪些？试举例予以说明。

(81) 滚动轴承内圈与轴，外圈与座孔的配合分别采用什么基准制，它们与普通圆柱体的标准公差配合有何区别？在装配图中应如何标注？

(82) 在设计同一轴的两个支承时，为什么通常采用两个相同型号的轴承？如果必须采取两个不同型号的轴承，应采取什么措施？

(83) 为什么对滚动轴承要进行预紧，常见的预紧方法有哪些？

(84) 滚动轴承润滑与密封的目的是什么？润滑与密封的方式有哪些，如何进行选择？

(85) 角接触轴承的布置方式有哪些？润滑条件如何保证？

(86) 滚动轴承的寿命不能满足要求时，应如何解决？

(87) 键在轴上的位置如何确定？键连接设计中应注意哪些问题？

(88) 键连接如何工作，单键不能满足设计要求时应如何解决？

(89) 轴承盖有哪几种类型？各有何特点？

(90) 锻造齿轮与铸造齿轮在结构上有何区别？

(91) 在设计中，保证箱体刚度可采取哪些措施？你是如何设计的？

(92) 设计轴承座旁的连接螺栓凸台时应考虑哪些问题？

(93) 输油沟和回油沟如何加工？设计时应注意哪些问题？

(94) 在设计中，传动零件的浸油深度、油池深度应如何确定？

(95) 在铸造箱体设计时，如何考虑铸造工艺性和机械加工工艺性？

(96) 为保证减速器正常工作，需要设置哪些附件？

(97) 减速器中哪些部位需要密封，如何保证？

(98) 装配图的作用是什么，应标注哪几类尺寸，为什么？

(99) 如何选择减速器主要零件的配合，传动零件与轴、滚动轴承与轴和轴承座孔的配合和精度等级应如何选择？

(100) 装配图上的技术要求主要包括哪些内容？

(101) 滚动轴承在安装时为什么要留有轴向游隙？该游隙应如何调整？

(102) 为何要检查传动件的齿面接触斑点？它与传动精度的关系如何？传动件的侧隙如何测量？

(103) 减速器中哪些零件需要润滑，润滑剂和润滑方式如何选择，结构上如何实现？

(104) 在减速器剖分面处为什么不允许使用垫片？如何防止漏油？

(105) 明细表的作用是什么？应填写哪些内容？

(106) 零件图的作用和设计内容有哪些？

(107) 标注尺寸时如何选择基准？

(108) 轴的表面粗糙度和形位公差对轴的加工精度和装配质量有何影响？

(109) 如何选择齿轮类零件的误差检验项目，与齿轮精度的关系如何？

(110) 标注箱体零件的尺寸应注意哪些问题？

(111) 箱体孔的中心距及其极限偏差如何标注？

(112) 箱体各项形位公差对减速器工作性能的影响有哪些？

第二部分　机械设计现代设计方法训练

第 8 章　常用机构的计算机辅助设计

8.1　机械设计软件开发需要解决的主要问题

1. 确定程序的功能要求及适用范围

计算机辅助设计(CAD)应用软件应该具有以下特点。

(1)能够切实可行地解决具体的工程问题，给出设计结果。

(2)符合工程的标准、规范和通用惯例。

(3)具有良好的人机交互界面，使用简便。

(4)运行可靠、维护简便及具有良好的再开发性。

(5)具有较好的设备及数据存储的无关性。

程序的目的、功能要求及适用范围的不同，对程序的结构和复杂程度有很大影响。以轴的强度计算为例，按扭转强度条件估算与按弯扭合成强度条件进行校核，其设计计算程序的复杂程度显然是不一样的。

2. 软件开发平台的选择

选择开发平台与具体的目的和任务有关。就开发语言本身而言 C++功能最强大，适合开发操作系统软件及一些综合性能很强的应用软件，但学习难度较大。VB 的功能不如 VC++强大，但在计算功能方面比较优秀，也易学易用。因此特别适用于中小型的应用软件开发。

3. 功能模块的划分及数据传递

要完成一个应用系统，首先要经过需求分析。对系统的功能做一个规划，考虑应用系统要包括哪些功能，这些功能之间有什么关系，然后再将各个功能划分成程序模块来开发。这样做的好处是：在软件开发阶段便于多人并行工作，同时参与开发，并且保证某一模块的错误不会扩展到其他模块或者整个系统；在软件集成与测试阶段便于调试和排错；在软件使用阶段易于维护和作为功能扩展与升级。一个 CAD 软件需要包括数据输入与输出、计算、查表、数据组织及绘图等多项功能模块。在软件规划阶段应整理好各个模块之间的关系，确定各模块之间需要传递哪些数据及定义数据的传递接口。这样负责某一模块的开发人员就可以不必了解其他模块内部的组织与结构而完成自己的模块。

4. 数表和线图的程序及数据检索

编程之前需对程序设计中用到的数表和线图进行预先处理。例如，图线能否用方程式表示？要输入及检索某表格的数据，是采用一维数组还是二维数组？是否需要差值？是用线性插值还是非线性插值等。若数据不多可直接编入程序，若要求检索大量的数据，则需要考虑采用文件形式读取数据及数据库的应用问题。

5. 可视化图形界面设计及确定已知条件的输入和设计结果的输出形式

可视化图形界面可提供多种数据输入和输出形式。可采用单一的窗体模块，也可为多重的窗体模块，采取哪种形式将取决于需要和可能，即窗体可视化图形界面设计的问题。一般来说，越简单越好。

6. 确定机械设计的设计准则、设计依据和方法

同一机械设计课题可能有多种设计准则、设计依据和方法。对于开发出的应用软件，不仅要求功能强、通用性好、操作简单实用，还要考虑设计开发简便，有较低廉的成本。

7. COM 和 ActiveX 自动化

COM(Component Object Model，即部件对象模式)提供了一种比较低层次的对象绑定机制。ActiveX 部件是一段可重复使用的编程代码和数据，它由 ActiveX 自动化技术创建的一个或多个对象组成。有了这种技术，应用程序就可以利用现有的部件，组成复合文档和实现部件编程。

8. 程序运行的安全保障

应为软件运行提供良好的运行环境，避免软件之间的冲突。

9. 应用程序设计的一般步骤

(1) 建立数学模型。将设计课题数学化、公式化。一般情况下，编程前已经具备，但需要考虑是否符合编程要求。

(2) 数表和线图程序化。

(3) 列出手算步骤。应列出各手算步骤之间的顺序和逻辑关系。

(4) 设计程序框图。

(5) 编制源程序。

(6) 调试并修改程序。

8.2　数表的程序化

8.2.1　查表检索法

数据存储的三种基本方式：①把数据直接编在解题的程序中。②建立数据文件。③建立数据库。

1. 二维数表的存取

表 8-1 为齿轮传动工况系数 K_A 表，该表代码如下。

```
void main()
  { double ka;
     int i, j;
double kk[3][3]={ { 1.0, 1.25, 1.75}, { 1.25, 1.5, 2.0}, { 1.5, 1.75, 2.25} };
cout<<" i--原动机工况:"<<"\n";
cout<<" 0--工作平稳, 1--轻度冲击, 2--中等冲击"<<"\n";
cout<<" j--工作机工况:"<<"\n";
cout<<" 0--载荷平稳, 1--中等冲击, 2--严重冲击"<<"\n";
```

```
cout << " i  j = ";
cin >> i >> j;
ka = kk[i][j];
cout << " ka= " << ka << " \n ";
}
```

表 8-1　齿轮传动工况系数 K_A

工作机 原动机			代码 j		
			0	1	2
			工作平稳	中等冲击	较大冲击
代码 i	0	工作平稳	1	1.25	1.75
	1	轻度冲击	1.25	1.5	2
	2	中等冲击	1.5	1.75	≥2.25

2. 区间检索

表 8-2 为平键尺寸，该表代码如下。

```
void main()
  { int i,d;
    int dd[12]={6,8,10,12,17,22,30,38,44,50,58};
    int b[11]={2,3,4,5,6,8,10,12,14,16,18};
    int h[11]={2,3,4,5,6,7,8,8,9,10,11};
    cout<<" d= ";
    cin>>d;
    for(i=0;i<=10;i++)
   { if (d<=dd[i+1]) break; }
      cout<<" d="<<d<<", b="<<b[i]<<", h="<<h[i]<<"\n";
  }
```

表 8-2　平键尺寸

序号(代码 i)	公称轴径 d	键的公称尺寸 $b \times h$
1	$6 < d \leqslant 8$	2×2
2	$8 < d \leqslant 10$	3×3
3	$10 < d \leqslant 12$	4×4
4	$12 < d \leqslant 17$	5×5
5	$17 < d \leqslant 22$	6×6
6	$22 < d \leqslant 30$	8×7
7	$30 < d \leqslant 38$	10×8
8	$38 < d \leqslant 44$	12×8
9	$44 < d \leqslant 50$	14×9
10	$50 < d \leqslant 58$	16×10
11	$58 < d \leqslant 65$	18×11

3. 数表的插值处理

为改善计算精度，一维数表的抛物线插值采用多点插值法。工程上常用的是一元三点抛物线插值（拉格朗日 Lagrange 三点插值）方法。它是利用所选定的三个结点上的信息，由公式计算插值函数值。

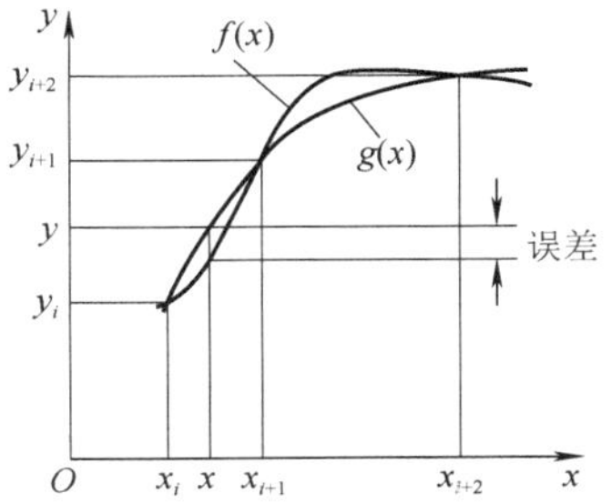

图 8-1　一维数表的抛物线插值

如图 8-1 所示，在 $f(x)$ 上取三点，过三点作抛物线 $g(x)$，以 $g(x)$ 替代 $f(x)$，可以获得比线性插值精度高的结果。

设已知插值点 x，则抛物线插值公式为

$$y = y_i\,(x-x_{i+1})\,(x-x_{i+2})\;/\;(x_i-x_{i+1})\,(x_i-x_{i+2}) + y_{i+1}\,(x-x_i)\,(x-x_{i+2})\;/\;(x_{i+1}-x_i)\,(x_{i+1}-x_{i+2}) + y_{i+2}\,(x-x_i)\,(x-x_{i+1})\;/\;(x_{i+2}-x_i)\,(x_{i+2}-x_{i+1})$$

插值结点的选择如下。

(1) 当 $x \leqslant x_2$ 时 $(x_1 \leqslant x \leqslant x_2)$，取 $i=1$，抛物线通过最初三个结点：P_1、P_2、P_3（靠近表头）。

(2) 当 $x \geqslant x_{n-1}$ 时 $(x_{n-1} \leqslant x \leqslant x_n)$，取 $i=n-2$，抛物线通过最后三个结点：P_{n-2}、P_{n-1}、P_n（靠近表尾）。

(3) 当 x 靠近 x_{i+1}，即 $|x-x_i| > |x-x_{i+1}|$，则补选 x_{i+2} 为结点，取 $h_i=i$。

(4) 当 x 靠近 x_i，即 $|x-x_i| \leqslant |x-x_{i+1}|$，则补选 x_{i-1} 为结点，取 $h_i=i-1$。

表 8-3 为蜗轮齿形系数 Y_F 表，该表代码如下。

```
void main()
 { int i, z, hi;
   double x1, x2, x3, u, v, w, yf ;
   int x[17] = { 0, 20, 24, 26, 28, 30, 32, 35, 37, 40, 45, 50,
              60, 80, 100,150,300};
   double
 y[17]={0,1.98,1.88,1.85,1.80,1.76,1.71,1.64,1.61,1.55,1.48,1.45,1.40,1.34,
1.30,1.27,1.24};
   cout<<" z= ";
   cin>>z;
 for (i=1; i<=14; i++)
   { if (z-x[i+1]<=0) {hi=i; break;}
     else hi=14; }
 if ( hi>1 && (z - x[hi]) < (x[hi +1] - z))  hi = hi - 1;
   x1=x[hi]; x2=x[hi+1]; x3=x[hi+2];
   u = (z - x2)*(z - x3) / ((x1 - x2)*(x1 - x3));
   v = (z - x1)*(z - x3) / ((x2 - x1)*(x2 - x3));
   w = (z - x1)*(z - x2) / ((x3 - x1)*(x3 - x2));
   yf =u*y[hi] + v*y[hi +1] + w*y[hi +2];
  cout<<" z="<<z<<", yf="<<yf<<"\n";
 }
```

表 8-3　蜗轮齿形系数 Y_F

Z_v	20	24	26	28	30	32	35	37
Y_F	1.98	1.88	1.85	1.80	1.76	1.71	1.64	1.61
Z_v	40	45	50	60	80	100	150	300
Y_F	1.55	1.48	1.45	1.40	1.34	1.30	1.27	1.24

8.2.2 数表解析法

1)最小二乘法的基本原理

最小二乘法的基本原理是要求各个结点偏差的平方和为最小。采用最小二乘法，就是将表格或线图中 n 组数据($x_i,y_i,i=1,2,3,\cdots,n$)之间的对应函数关系，用一个 m 次(一般常用 m=2 或 3，$m<n$)的多项式来近似表达。

2)最小二乘法的多项式拟合

根据最小二乘法原理知，求出$\varphi(a_1,a_2,a_3,\cdots,a_{m+1})$为极小时的 $a_1,a_2,a_3,\cdots,a_{m+1}$ 值，并将这些系数代入公式，就得到偏差平方和为最小的多项式拟合公式。

3)程序及实例

表 8-4 为弧齿锥齿轮几何系数 j 表，该表代码如下。

```
#include "iostream.h"
#include "stdio.h"
#include "math.h"
#include "最小二乘法程序.h"
void main()
{ x[1]=16;x[2]=20;x[3]=24;x[4]=28;x[5]=32;x[6]= 36;x[7]= 40; x[8]= 45, x[9]= 50;
y[1]=0.171;y[2]=0.186;y[3]=0.2005;y[4]=0.214;y[5]=0.226;y[6]=0.234;y[7]=
0.245;y[8]=0.2625;y[9]=0.28;
 cout<<" 请输入拟合幂次 m= ";
 cin>>m;
 cout<<" 请输入数据组数 n= ";
 cin>>n;
 linear();
 for(j=1;j<=n;j++)
 { y[j]=0;
   for(i=1;i<=kk;i++)
{y[j]=y[j]+a[i][jj]*pow(x[j],(i-1));}
  }
  cout<<"多项式系数: "<<"\n";
  for(i=0;i<=kk-1;i++)
  { cout<<"a"<<i<<"="<<a[i+1][jj]<<"\n";}
  cout<<"拟合计算值: "<<"\n";
  for(j=1;j<=n;j++)
  { cout<<"y("<<j<<")="<<y[j]<<"\n";}
 }
```

表 8-4　弧齿锥齿轮几何系数 j

Z_1	16	20	24	28	32	36	40	45	50
j	0.171	0.186	0.201	0.214	0.226	0.234	0.245	0.263	0.280

本程序中的拟合曲线次数 $m = 2$，拟合曲线结点数 $n = 9$，运行结果为：$a_0= 0.118629$，$a_1= 0.003489$，$a_2= -0.000006$。相应的几何系数的解析公式为

$$j = 0.118629 + 0.003489Z_1 - 0.000006{Z_1}^2$$

若拟合曲线次数 $m = 3$，其他数据不变，运行结果为：$a_0 = 0.063518$，$a_1= 0.009311$，$a_2= -0.000195$，$a_3= 0.000002$。相应的几何系数的解析公式为

$$j = 0.063518 + 0.009311Z_1 - 0.000195{Z_1}^2 + 0.000002{Z_1}^3$$

8.2.3　其他数表的处理

机械设计工程中，经常需要将一些设计计算结果圆整到标准值或规定值，如齿轮传动中的模数 m、V 带的基准长度 L_d 等均有规定的标准；或要求按照一定的精度圆整计算结果，如齿轮分度圆直径常取小数点后三位(单位为 mm)，零件的外形及结构尺寸尽可能圆整为整数，齿轮螺旋角精确到秒。

1. 标准值的圆整

表 8-5 为圆柱齿轮标准模数系列，其圆整程序如下。

表 8-5　圆柱齿轮标准模数系列

标准模数	1, 1.25, 1.5, 1.75, 2, 2.25, 2.5, 2.75, 3, 3.5, 4, 4.5, 5, 5.5, 6, 7, 8, 9, 10, 12, 14, 16, 18, 20, 22, 25, 28, 32, 36, 40, 45, 50

```
void main()
{ int i;
  double mm,mn;
  double m[25]={1,1.25,1.5,1.75,2,2.25,2.5,2.75,3, 3.5,4,4.5,5,5.5,6,7,8,
9,10,12,14,16,18,20,22};
  cout<<" mm=";
  cin>>mm;
  for(i=1;i<=24;i++)
   { if(mm<=m[i]) break;}
     mn=m[i];
     cout<<"mm="<<mm<<", mn="<<mn<<"\n";
 }
```

2. 数字的圆整

(1) 舍去小数部分。

① 圆整为不超过计算值的最大整数，可直接用 floor(x)函数进行圆整。

② 向增大方向圆整为整数，可用 floor(x)+1 圆整。

③ 向增大方向圆整为 0 或 5 结尾的数，可这样实现：

```
if (x/5 != floor(x/5))    x=5*floor(x/5)+5;
```

④ 对小数部分四舍五入并圆整，可用 floor(x+0.5) 实现。

(2) 在小数点后的某一位上圆整。

① 将小数点后的第 n 位舍去。采用 floor(x * pow (10，n−1)) / pow(10，n−1)。

② 将小数点后的第 n 位四舍五入。采用 floor(x * pow(10，n−1)+0.5) / pow(10，n−1)。

3. 角制转换

计算机在进行三角函数计算时，要求以弧度来表示角度，而设计资料中大都以度作为单位。因此在程序设计中，计算时应将度化为弧度，输出时又应将弧度化为度。此时，首先设置一个常数 PI，令 PI=3.1415926。

(1) 度化弧度。当角度以小数表示时，则将角度乘以 PI/180，如 sin17.6°应写成 sin(17.6*PI/180)；当角度以度、分、秒表示时，则先将角度转换成以度为单位的小数表示，再乘以 PI/180，如 sin18°22'45"应写成 sin ((18 + 22 / 60 + 45 / 3600) * PI / 180)。

(2) 弧度化度。将弧度化成度、分、秒，可由下列程序实现。

```
d = floor(x*180/PI)
m = floor((x*180/PI-d)*60)
s = floor((x*180/PI-d)*60-m)*60
```

其中，x 为弧度；d、m、s 分别表示度、分、秒。

(3) 反三角函数的转换。当程序语言只能求反正切函数 atan(x)，而不能求反正弦函数 asin(x) 或反余弦函数 acos(x) 时，可采用如下程序予以转换：

```
asin(x) = atan ( x / sqrt (1-x*x) )
acos(x) = atan ( sqrt (1-x*x) / x )
```

4. 恒等比较

由于计算机有舍入误差的影响，在进行实型变量之间的比较时，程序中应避免直接采用 $x=y$ 这样的恒等式来作为转向语句的判断条件，而应改写为 abs$(x-y)\leqslant e$ 来作为判断条件，e 是一个误差控制数，例如，取 $e=10^{-6}$。

8.3 线图的程序化

线图是函数关系的一种常用表示方法，它的特点是直观形象，能看出函数的变化规律。因此在设计资料中，有些参数间的函数关系是用线图来表示的，包括直线、折线和各种曲线图。其中直线和折线常用在对数坐标中，在一般坐标中大多是曲线。线图本身不能用来直接解题，在解题时，参与解题的是根据线图查得的一些相应的数据。因此，在机械设计工程中，必须把线图变换成相应的数据形式，存储在 CAD 系统中，供解题时检索和调用。

线图的程序化主要包含两部分基本内容，一是将线图变换成相应的数表；二是按照前述的方法，进行数表的程序化处理。

1. 直线线图的处理方法

线图中最简单的是直线，它可以通过取直线上任意两点的坐标值来求其斜率，并写出其直线方程式。

其处理方法如下。

先从线图中分别找出各种精度等级直线的两已知点 (x_1, y_1)、(x_2, y_2)，求出该直线的斜率：

$$(y_2 - y_1)/(x_2 - x_1) = k(i)$$

由齿轮的精度等级 i、圆周速度 V 和小齿轮的齿数 Z_1 可写出求动载系数 K_v(图 8-2)的计算式：

$$K_v = k(i) * V * Z_1/100+1$$

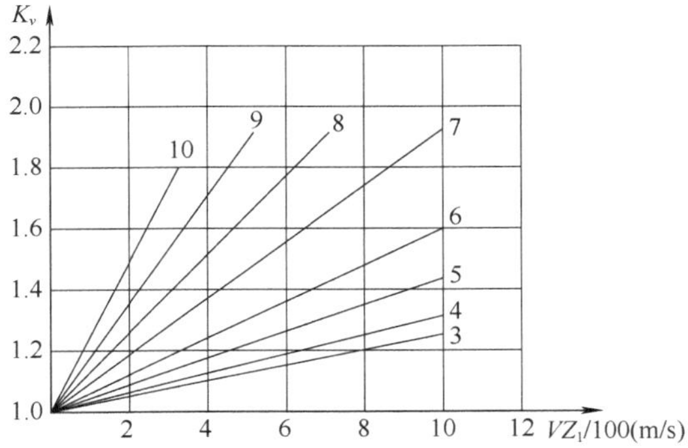

图 8-2　齿轮传动动载系数 K_v 值

2. 曲线线图的处理方法

1) 一般曲线线图的处理

(1) 转化成数表的形式。从给定的曲线图上读取离散的若干节点的坐标值，制成数表，然后使用前述的数表程序化的方法。该方法适合于当用近似式达不到所要求的精度或难以建立近似式时，其优点是较忠实地恢复原图。

(2) 采用拟合方法建立表达式。这种方法是在允许的误差范围内，为给定的线图建立与之对应的近似式，用近似式来拟合曲线，然后编制计算程序。近似式的建立方法很多，最简单常用的方法是最小二乘法。

2) 对数线图的处理

在机械设计中除了常见的直角坐标线图外，还常会碰到对数坐标线图，例如，V 带传动、链传动设计中，根据传递功率和主动轮转速选择 V 带和链条型号的选型图。对数坐标上直线的处理方法与一般直角坐标线图不同，必须进行对数运算。图 8-3 中直线的数学模型可表达为

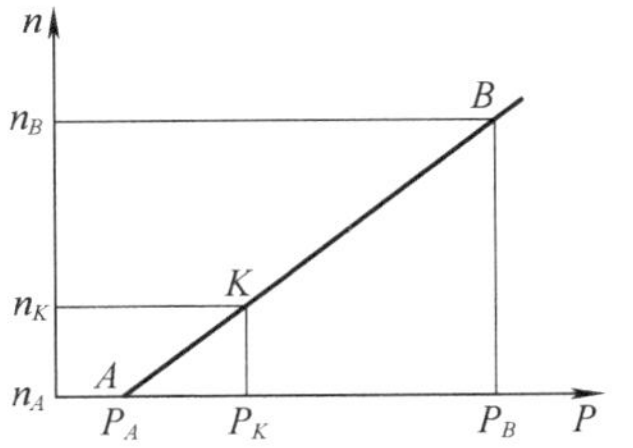

图 8-3　对数坐标上的数学模型

$$\frac{\lg P_B - \lg P_A}{\lg n_B - \lg n_A} = \frac{\lg P_K - \lg P_A}{\lg n_K - \lg n_A}$$

由此得到对数坐标的直线方程为

$$\lg n_K = \lg n_A + \frac{(\lg P_K - \lg P_A)(\lg n_B - \lg n_A)}{\lg P_B - \lg P_A} = C$$

即

$$n_K = 10^C$$

8.4　带传动的计算机辅助设计实例

1. 已知条件

(1) 传动的用途和工作情况条件。

(2) 每天工作时数。

(3) 传递的名义功率 P。

(4) 主动轮转速 n_1、传动比 i 等。

2. 设计内容

计算功率 P_{ca}，V 带型号，带长 L_d，根数 z，带轮直径 d_1、d_2，实际中心距 a 及其变化范围，验算带速 v，计算初拉力 F_0 及压轴力 Q 等。

3. V 带传动的设计计算程序框图

(1) 设计计算思路框图如图 8-4 所示。

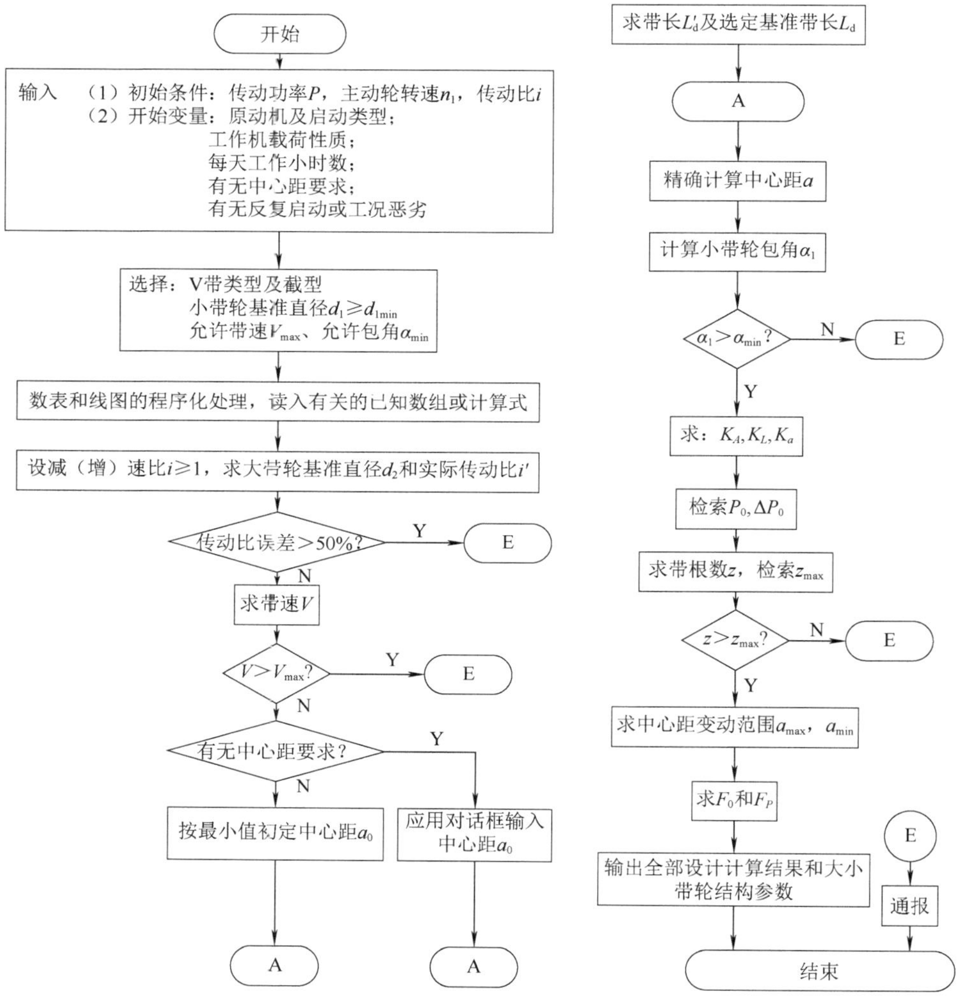

图 8-4　V 带传动设计计算思路框图

(2)框图变量名如表 8-6 所示。

表 8-6　框图变量名

变量	单位	名称	变量	单位	名称
P	kW	传递的功率	L_{d0}	mm	所需基准长度
n_1	r/min	小带轮转速	P_{ca}	kW	计算功率
n_2	r/min	大带轮转速	b_j	Rad	小带轮包角
A_0	mm	初定中心距	K_j	—	包角系数
d_1	mm	小带轮的基准直径	K_L	—	带长修正系数
d_2	mm	大带轮的基准直径	v	r/min	带速
i	—	传动比	Z	根	带的根数
K_A	—	工况系数	F_0	N	单根带预紧力
L_d	mm	带的基准长度	F_r	N	压轴力

4. 小带轮三维图数学建模

1)绘图程序的设计思路

生成小带轮三维实体模型图的设计思路框图如图 8-5 所示。

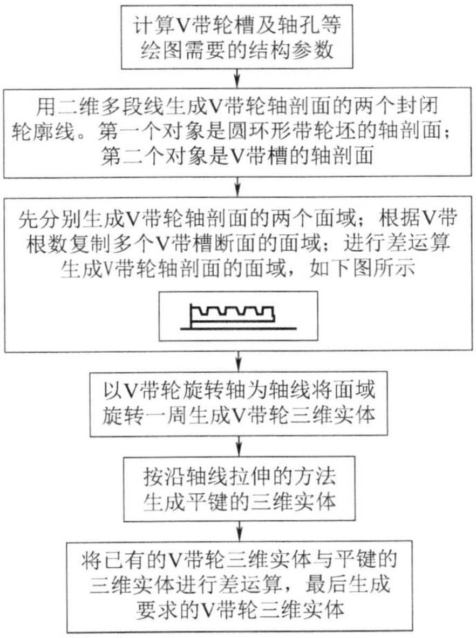

图 8-5　小带轮三维实体模型图的设计思路框图

2)V 带轮的绘图参数

(1)V 带类型、型号、基准直径。

(2)通过设计计算得到的有：V 带根数，带轮外径，带轮宽，带槽结构尺寸。

(3)设计前应该输入的有：轴孔直径及其长度，键槽宽及其深度。

(4)其他的参数可以不输入。

5. 图表处理

1)单根普通 V 带的基本额定功率 P_0 的计算公式

$$P_0 = (C_1 v^{-0.09} - C_2 / D - C_3 v^2)v \qquad (\text{kW}) \tag{8-1}$$

式中，系数C_1、C_2、C_3的数值是根据教材中 V 带的基本额定功率表拟合得到的，具体数值列于表 8-7 中。

表 8-7　普通 V 带传动设计有关部分数据

型号	m	C_1	C_2	$C_3\times10^4$	C_4	C_5	$K_b\times10^{-3}$	L_{1d0}	$D_{1\min}$
Y	0.04	0.03	0.10	0.133	479.2	1.034	0.12	450	20
Z	0.06	0.063	0.09	0.108	106.48	1.083	0.39	800	50
A	0.10	0.449	19.62	0.758	28.89	1.171	1.03	1700	75
B	0.17	0.794	50.60	1.31	7.895	1.211	2.65	2240	125
C	0.30	1.480	143.2	2.34	2.281	1.233	7.50	3750	200
D	0.60	3.150	507.3	4.77	0.768	1.257	26.6	6300	355
E	0.87	4.570	951.3	7.06	—	—	49.8	7100	500

注：①表中 m 值为普通 V 带每米长的质量，单位为 kg/m；

②表中的数据均与带的型号有关。编程时可将该表数据制成一个二维数组或数据文件。

2）传动比 $i\neq1$ 的额定功率增量 ΔP_0 的计算公式

$$\Delta P_0 = K_b n_1\left(1-\frac{1}{K_i}\right)\qquad \text{(kW)} \tag{8-2}$$

式中，传动比修正系数的拟合公式为

$$K_i = i\left(\frac{2}{1+i^{5.3}}\right)^{1/5.3} \tag{8-3}$$

弯曲影响系数K_b的数值列入表 8-7 中。

3）角修正系数 K_α 的拟合公式

$$K_\alpha = 1.25(1-5^{-\alpha/\pi}) \tag{8-4}$$

4）带长修正系数 K_L

$$K_L = 1+0.5(\lg L_d - \lg L_{d0}) \tag{8-5}$$

式中，L_d中是 V 带基准长度，mm；L_{d0}是K_L为 1 时的带长，其值列入表 8-7 中。

5）普通 V 带选型图中各分界线的拟合公式

$$n_1 = C_4 P_{ca}^{C_5}\qquad \text{(r / min)} \tag{8-6}$$

式中，n_1为小带轮转速；系数C_4、C_5的数值列入表 8-7 中，$P_{ca}=K_A P$，符号均与教材相同。

8.5　齿轮传动的计算机辅助设计实例

1．设计要求

1）已知条件及设计选项

(1) 传动功率 P(kW)。

(2) 主动轮转速 n_1(r/min)。

(3) 传动比 i。

(4) 预期使用寿命 t_h(h)。

(5) 原动机类型、工作机载荷特性及载荷类型。

(6) 齿轮传动装置的其他设计要求。

2）设计内容

计算主、从动轮的模数 m（法面模数 m_n、端面模数 m_t）；螺旋角 β；齿数 z_1、z_2；齿宽 b_1、b_2；分度圆直径 d_1、d_2；齿顶圆直径 d_{a1}、d_{a2}；齿根顶直径 d_{f1}、d_{f2}；中心距 a 等。

2. 齿轮传动的设计计算程序框图

齿轮传动的设计计算程序框图如图 8-6 所示。

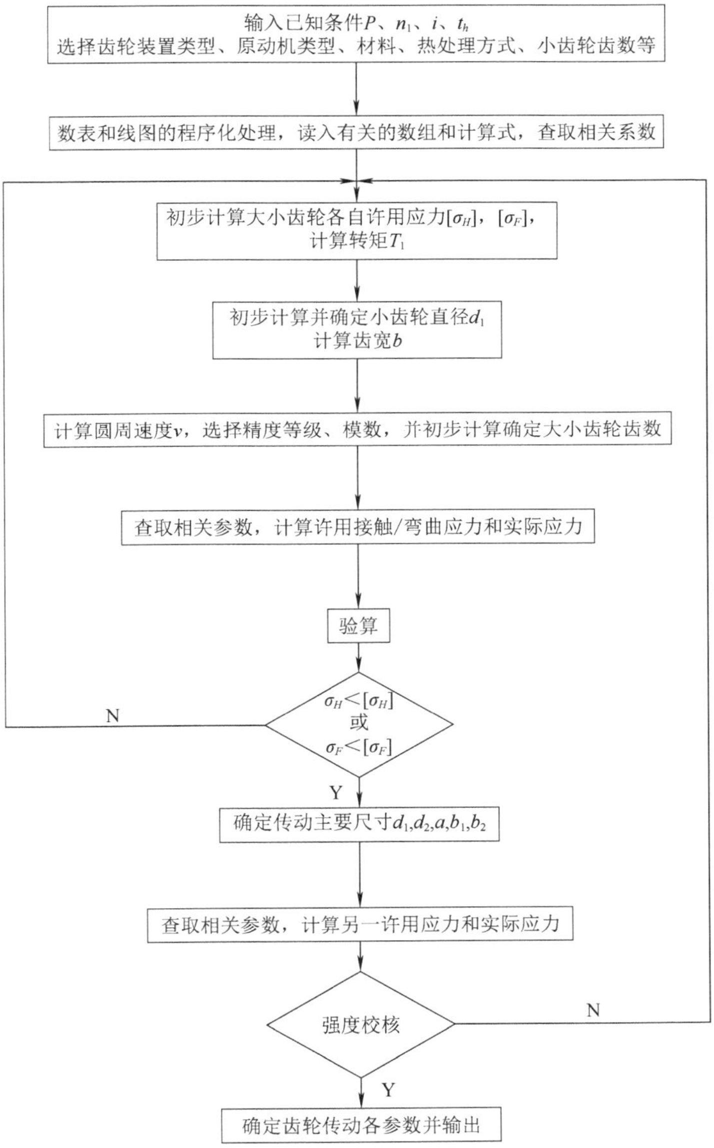

图 8-6　程序流程图

3. 图表、线图的程序化处理采用的方法

（1）标准模数 m，按条件语句结合一维数组处理。

（2）使用系数 K_A，按条件语句或二维数组处理。

（3）动载系数 K_V，按计算式处理。

(4) 齿间载荷分配系数 $K_{H\alpha}$，按条件语句结合二维数组处理。

(5) 齿间载荷分配系数 $K_{F\alpha}$，按条件语句结合二维数组处理。

(6) 齿向载荷分布系数 $K_{H\beta}$，按条件语句结合简化公式处理。

(7) 齿向载荷分布系数 $K_{F\beta}$，按计算式处理。

(8) 齿形系数 Y_{Fa}，按二维数组结合线性插值处理。

(9) 应力校正系数 Y_{Sa}，按二维数组结合线性插值处理。

(10) 弹性系数 Z_E，按条件语句或二维数组处理。

(11) 寿命系数 Z_N，按简化公式处理。

(12) 寿命系数 Y_N，按简化公式处理。

(13) 接触疲劳极限 $\sigma_{H\lim}$，按条件语句结合在直角坐标系中建立直线公式处理。

(14) 弯曲疲劳极限 $\sigma_{F\lim}$，按条件语句结合在直角坐标系中建立直线公式处理。

(15) 应力循环次数 N_L 和指数 m，按条件语句结合简化公式处理。

(16) 尺寸系数 Y_X，按条件语句结合简化公式处理。

4. 设计界面

1) 设计参数计算界面(图 8-7)

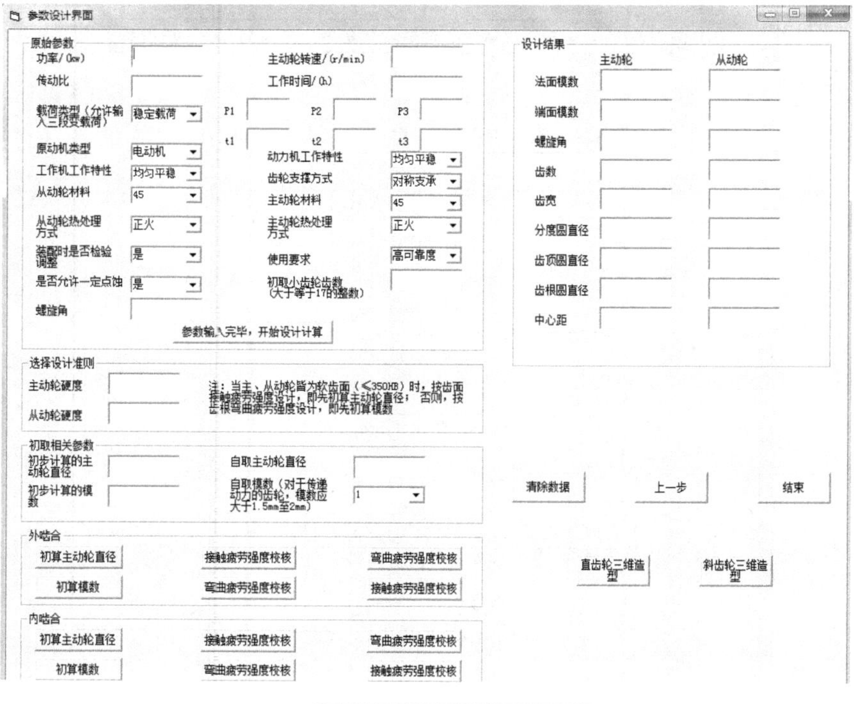

图 8-7　齿轮参数计算界面

该模块主要实现以下几大块内容。

(1) 输入已知参数并选择相关设计条件和要求。

(2) 根据输出的齿面硬度选择设计准则，若为闭式软齿面则先初算主动轮直径，否则先初算模数。

(3) 根据题目要求确定齿轮的啮合方式。

(4) 单击初算主动轮直径按钮，根据计算输出的数值自取主动轮直径；单击接触疲劳强度校核按钮，若强度不够系统会提示您重新选择主动轮直径并重新校核，直至接触疲劳强度满足；单击弯曲疲劳强度校核按钮，若弯曲疲劳强度满足则在设计结果栏输出齿轮的主要几何参数，若强度不够系统会提示您重新选择主动轮直径并重复之前的接触疲劳强度校核，直至弯曲疲劳强度满足。

(5) 如果计算结果不满意，可以直接单击清除数据按钮，然后重新输入参数，重新设计计算。

2) 控件明细表

由于要设计的窗体控件较多，为了窗口建立和程序编辑，以及方便地读程序，先做一个控件明细表，为后续的任务做准备，如表 8-8 所示。

表 8-8　齿轮传动设计窗体部分控件明细表

序号	控件类型	控件名称	控件标签	备注
1	分组框	Frame1	原始参数	
2	分组框	Frame2	选择设计准则	
3	分组框	Frame3	初取相关参数	
4	分组框	Frame4	外啮合	
5	分组框	Frame5	内啮合	
6	标签	Label1	传动功率 P(kW)	
7	标签	Label2	主动轮转速	
⋮	⋮	⋮	⋮	
83	文本框	Text1		输入传动功率
84	文本框	Text2		输入主动轮转速
⋮	⋮	⋮		⋮
143	组合框	Combo1		原动机类型
144	组合框	Combo2		动力机工作特性
⋮	⋮	⋮		⋮
162	命令按钮	Command1	初算主动轮直径	
163	命令按钮	Command2	接触疲劳强度校样	
164	命令按钮	Command3	弯曲疲劳强度校样	
165	命令按钮	Command4	直齿轮三维造型	
166	命令按钮	Command5	斜齿轮三维造型	
167	命令按钮	Command6	结束	
168	命令按钮	Command7	上一步	
169	命令按钮	Command8	清除数据	
⋮	⋮	⋮	⋮	

表 8-8 中，组合框包含若干选项，代码如下。

```
Private Sub Form_Load()
'设置组合框程序
Combo1.AddItem "电动机"
Combo1.AddItem "内燃机"
Combo1.AddItem "气压缸"
Combo1.AddItem "液压缸"
Combo1.Text = Combo1.List(0)
```

```
Combo2.AddItem "均匀平稳"
Combo2.AddItem "轻微冲击"
Combo2.AddItem "中等冲击"
Combo2.AddItem "严重冲击"
Combo2.Text = Combo2.List(0)
Combo3.AddItem "均匀平稳"
Combo3.AddItem "轻微冲击"
Combo3.AddItem "中等冲击"
Combo3.AddItem "严重冲击"
Combo3.Text = Combo3.List(0)
Combo4.AddItem "对称支承"
Combo4.AddItem "非对称支承"
Combo4.AddItem "悬臂支承"
Combo4.Text = Combo4.List(0)
⋮
'设置文本框程序
Text1.Locked = False
Text2.Locked = False
Text3.Locked = False
Text4.Locked = False
Text19.Locked = False
Text22.Locked = False
```

第 9 章　常用零部件的三维建模和有限元分析

9.1　三维建模和有限元分析入门

随着软件工程技术的发展，在各种成熟的三维 CAD/CAM/CAE 商业软件的推动下，三维建模与仿真技术从根本上改变了机械产品的设计理念，把工程设计人员从传统的二维设计空间带到了三维空间，实现了机械设计领域的革新。

9.1.1　三维建模种类

根据三维建模在计算机上的实现技术不同，三维建模可以分为线框建模、曲面建模、实体建模等类型，如图 9-1 所示。其中实体建模在完成几何建模的基础上，又衍生出一些建模类型，如特征建模、参数化建模和变量化建模等。

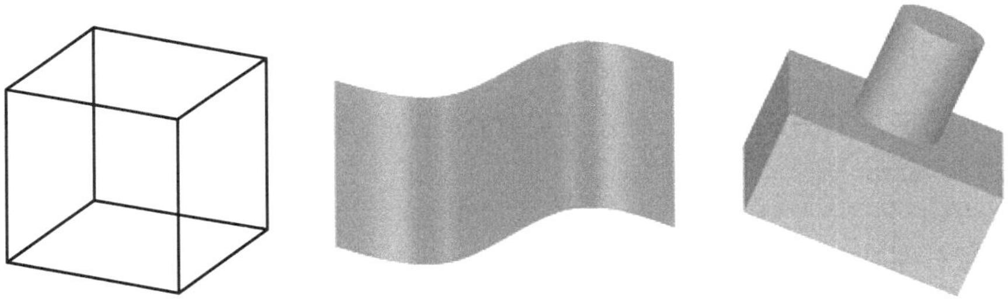

（a）线框建模　　（b）曲面建模　　（c）实体建模

图 9-1　三维建模种类

1. 特征建模

特征建模从实体建模技术发展而来，是根据产品的特征进行建模的技术。特征的概念在很长一段时间都没有非常明确的定义。一般认为，特征是指描述产品的信息集合，主要包括产品的形状特征、精度特征、技术特征、材料特征等，兼有形状和功能两种属性。例如，“孔”和“圆台”的形状都是圆柱形，建模时加入“孔”将减去目标体的材料，加入“圆台”则在目标体上增加材料，它们都不仅仅包含形状信息，因而属于特征。

线框模型、曲面模型和实体模型都只能描述产品的几何形状信息，难以在模型中表达特征及公差、精度、表面粗糙度和材料热处理等工艺信息，也不能表达设计意图。要进行后续的计算机辅助分析与加工，必须借助另外的工具。而特征模型不仅可以提供产品的几何信息，而且还可以提供产品的各种功能性信息，使得 CA×各应用系统可以直接从特征模型中抽取所需的信息。

特征建模技术使得产品的设计工作在更高的层次上进行，设计人员的操作对象不再是原始的线条和体素，而是产品的功能要素。例如，“孔”特征不仅描述了孔的大小、定位等几何信息，还包含了与父几何体之间安放表面、去除材料等信息。特征的引用直接体现了设计意图，使得建立的产品模型更容易理解，便于组织生产，为开发新一代、基于统一产品信息模型的 CAD/CAM/CAPP 集成系统创造了条件。

2. 参数化建模

参数化设计(Parametric Design)和变量化设计(Variational Design)是基于约束的设计方法的两种主要形式。其共同点在于：它们都能处理设计人员通过交互方式添加到零件模型中的约束关系，并具有在约束参数变动时自动更新图形的能力，使得设计人员不用自己考虑如何更新几何模型以符合设计上要求的约束关系。

目前，参数化建模能处理的几何约束类型基本上是组成产品形体的几何实体公称尺寸关系和尺寸之间的工程关系，因此，参数化建模技术又称尺寸驱动几何技术。

3. 变量化建模

与此相关的技术还有变量化设计技术(Variational Design)，它为设计对象的修改提供更大的自由度，允许存在尺寸欠约束，即建模之初可以不用每个结构尺寸、几何约束都十分明确。这种方式更加接近人们的设计思维习惯。因为设计新产品时，人们脑海中首先考虑的是产品形状、结构和功能，具体尺寸在设计深入展开时才会逐步细化，因此变量化设计过程相对参数化设计过程较宽松。

变量驱动进一步扩展了尺寸驱动技术，使设计对象的修改更加自由，为 CAD 技术带来新的革命。目前流行的 CAD/CAM 软件 CATIA、UG、PRO/E 都采用变量化建模。

9.1.2　常用 CAD/CAM/CAE 软件简介

目前，广泛应用的三维建模软件主要有 CATIA、UG NX、Pro/Engineer、SolidWorks、SolidEdge 及 Inventor 等。

1. CATIA

CATIA 软件是法国达索系统公司的 CAD/CAM/CAE 一体化软件，居世界 CAD/CAM/CAE 领域的领导地位，因其强大的曲面设计功能在飞机、汽车、轮船等行业享有很高的声誉。

CATIA V6 版本基于微机平台，曲面设计能力强大，功能丰富，可对产品开发过程中的概念设计、详细设计、工程分析、成品定义和制造乃至成品在整个生命周期中的使用和维护等各个方面进行仿真，并能够实现工程人员间的电子通信。

CATIA 包括机械设计、工业造型设计、分析仿真、厂矿设计、产品总成、加工制造、设计与系统工程等功能模块，可以供用户选择购买。如，创成式工程绘图系统 GDR、交互式工程绘图系统 ID1、装配设计 ASD、零件设计 PDG、线架和曲面造型 WSF 等，这些模块可组合成不同的软件包，如机械设计包 P1、混合设计包 P2 和机械工程包 P3 等。其中 P3 软件包的功能最强，适合航空、航天、汽车整车厂等用户，通常一般企业选 P2 软件包即可。

CATIA 源于航空航天业，但其强大的功能得到各行业的认可，如在欧洲汽车业，CATIA 已成为事实上的标准。目前，CATIA 广泛应用于航空航天、汽车制造、造船、机械制造、电子/电器、消费品行业，几乎涵盖了所有的制造业产品。

2. UG NX

UG 是 Unigraphics 的简称，起源于美国麦道航空公司，目前属于德国西门子公司。UG 不仅具有强大的实体造型、曲面造型、虚拟装配和产生工程图等设计功能，而且，在设计过程中可进行有限元分析、机构运动分析、动力学分析和仿真模拟，同时，可用建立的三维模型直接生成数控代码用于产品的加工，其后处理程序支持多种类型数控机床。

UG 系统主要应用于汽车、国防、机电装备等大型制造企业。

3. Pro/Engineer

Pro/Engineer(简称 Pro/E)是美国 Parametric Technology Crop(PTC)公司的产品，Pro/E 以其参数化、基于特征、全相关等概念闻名于 CAD 界，操作较简单，功能丰富。

Pro/E 基本功能包括三维实体建模和曲面建模、钣金设计、装配设计、基本曲面设计、焊接设计、二维工程图绘制、机构设计、标准模型检查及渲染造型等，并提供大量的工业标准及直接转换接口，可进行零件设计、产品装配、数控加工、钣金件设计、铸造件设计、模具设计、机构分析、有限元分析和产品数据管理、应力分析、逆向工程设计等。

Pro/E 广泛应用于汽车、机械及模具、消费品、高科技电子等领域。

4. SolidWorks

SolidWorks 与 SolidEdge 软件属于同等档次的软件，原属于 SolidWorks 公司，1997 年被达索公司收购。SolidWorks 软件是基于 Windows 的微机版特征造型软件，能完成造型、装配、制图等功能，其用户界面友好，易学易用，价格适中，适合中小型工业企业选购。

9.1.3 有限元分析

有限元法是一种离散化的数值解法，对于结构力学特性的分析而言，其理论基础是能量原理。

1. 有限元分析软件可分为三类

(1) 通用有限元分析软件。这类软件自成体系，侧重点有所不同，但解决工程问题的领域比较宽，适应性和通用性强。比较有代表性的有 ABAQUS、ADINA、ANSYS、MARC 和 NASTRAN 等。

(2) 专用有限元分析软件。主要特点是在某一专门领域内，开发了专门的功能，强调专用性。比较有代表性的有 ADAMS、DADS、MSC/FATIGUE 等。

(3) 嵌套在 CAD/CAM 系统中的有限元分析模块。这类分析模块与设计软件集成为一体，有限元分析在工程师所熟悉的设计环境中进行，功能没有专用或通用有限元分析软件那么强大全面，但它们可以解决一般工程问题。比较有代表性的有 I-DEAS、PRO/ENGINEER 和 UNIGRAPHICS 等 CAD/CAM 系统中的有限元分析模块。

2. 有限元分析软件进行结构分析的基本步骤

(1) 预处理阶段。分析对象的有限元网格剖分与数据生成。主要包括以下几方面：建立求解域并将之离散化成有限元，即将问题分解成节点和单元；假设代表单元物理行为的形函数，即假设代表单元解的近似连续函数；对单元建立方程；将单元组合成总体的问题，构造总体刚度矩阵；应用边界条件、初值条件和负荷。

(2) 求解阶段。求解线性和非线性的微分方程组，得到节点的值。

(3) 后处理阶段。根据工程和产品模型与设计要求，对有限元分析结果进行用户所要求的加工和检查，并以图形方式将结果提供给用户，辅助用户判定计算结果与设计方案的合理性。具体包括：有限元分析结果的数据平滑，各种物理量的加工和检查，如结构变形图、应力分布图和结构动力振型图等；针对工程和产品设计的要求与工程规范对结果进行校核，根据计算结果进行设计优化与模型修改，还包括计算结果的文档整理等。

9.2　轴类零件的三维建模

轴零件一般是回转型零件，如图 9-2 所示(标注中公差及粗糙度略)。利用这一特点，当绘制轴的三维零件时，通常是先绘出一半轮廓，然后将其绕轴线旋转，最后再进行其他处理，如倒角、绘制键槽等。

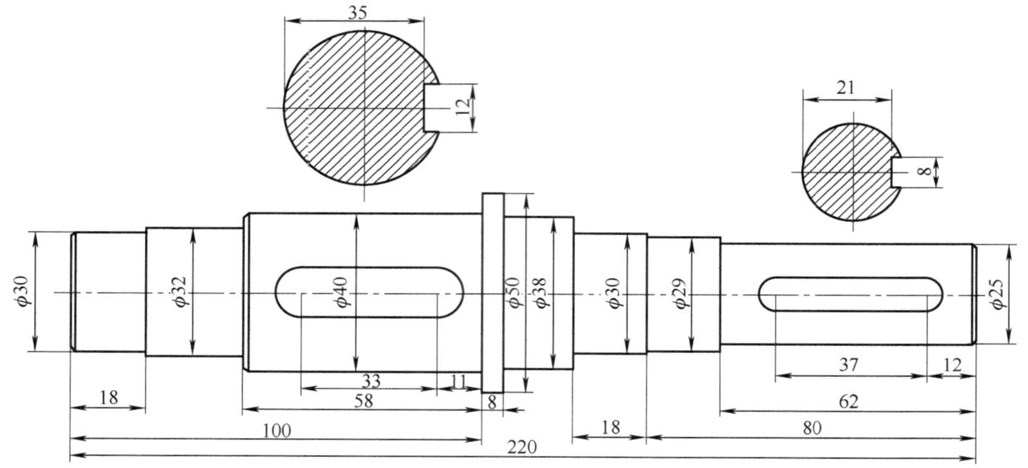

图 9-2　轴零件图

本节将以 SolidWorks 为基础，讲解绘制轴零件的具体步骤。

(1) 单击草图绘制，并选择前视基准面作为草图平面。

(2) 选择“直线”命令，大致绘制出草图轮廓，绘制轮廓时需尽量避免线段间的自动约束。接着选择“智能尺寸”命令，根据图 9-2 的尺寸信息，分别对各条线段的长度进行定义。最终绘制出一个封闭的草图，如图 9-3 所示。

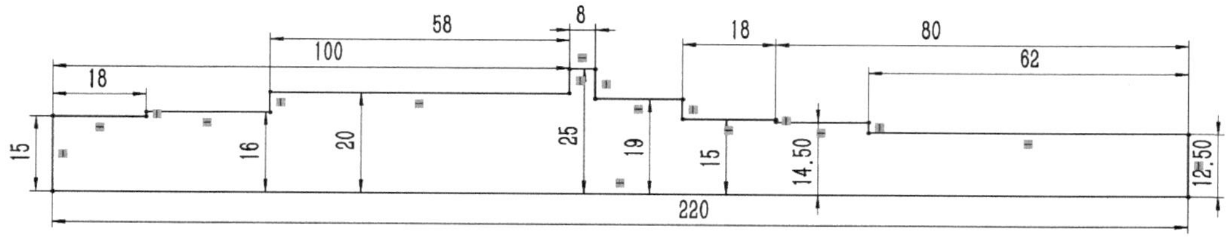

图 9-3　多段线

(3) 旋转实体，选择“特征”→“旋转凸台/基体”命令，将图形绕中心线旋转 360°。然后选择“倒角”命令，设置倒角距离 2，角度 45°，对图形修倒角，最终效果如图 9-4 所示。

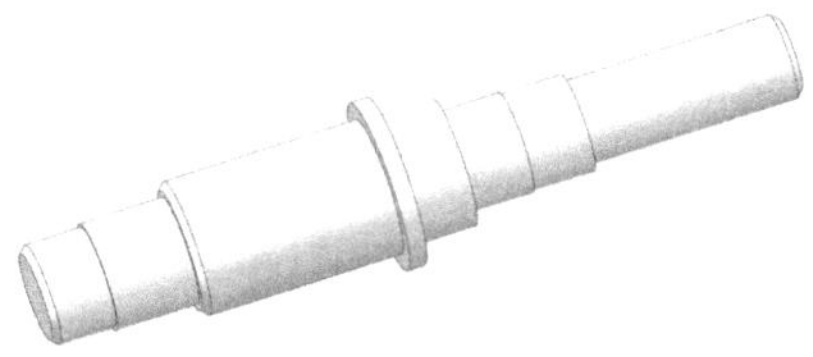

图 9-4　倒角后实体

(4) 绘制宽度为 12 的键槽，创建基准面，选择“参考几何体”→“基准面”命令，“第一参考”选取“前视基准面”，“偏移距离”设置为 15。然后在创建的基准面上绘制键槽草图，如图 9-5 所示。

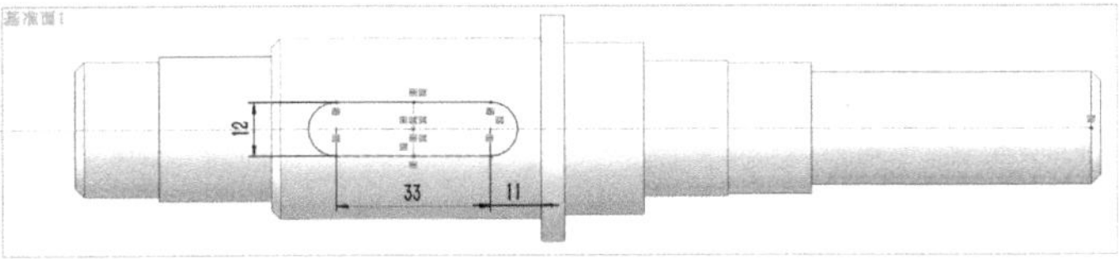

图 9-5　键槽草图

(5) 选择“拉伸切除”→“切除深度”命令，此处为键槽深度，需根据相关标准确定数值；点击“确定”后对键槽进行切除，切除后效果如图 9-6 所示。

(6) 同理绘制宽度为 8 的键槽，隐藏基准面，最终实体如图 9-7 所示。

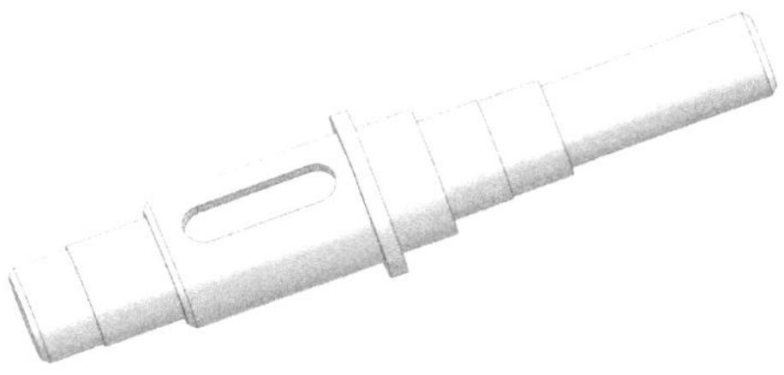

图 9-6　拉伸切除键槽

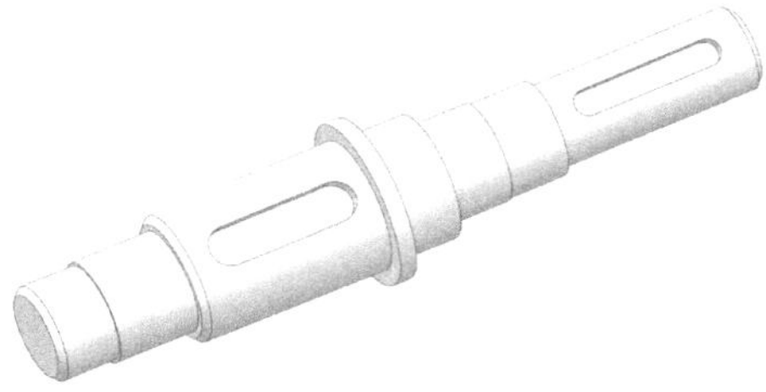

图 9-7　轴三维模型

9.3　齿轮零件的三维建模

SolidWorks 配备有 Toolbox 工具箱，借助 Toolbox 工具箱可以快速实现任意标准件的生成。下面以绘制腹板式圆柱直齿轮为例，介绍腹板式圆柱齿轮的主要建模步骤。

(1) 选择“设计库”→“Toolbox”→“GB”→“齿轮”命令，找到“正齿轮”并右击，选择“生成零件”命令，设置属性：模数为 5，齿数为 20，毂样式为类型 A。生成正齿轮如图 9-8 所示。

(2) 对齿面进行拉伸切除，得到腹板和轮毂的三维实体，如图 9-9 所示。

图 9-8　正齿轮

图 9-9　腹板和轮毂实体

(3) 对腹板进行拉伸切除，得到齿轮腹板孔，如图 9-10 所示。

(4) 对齿轮孔进行拉伸切除，得到键槽，从而完成腹板式圆柱直齿轮的绘制，如图 9-11 所示。

图 9-10　腹板孔

图 9-11　最终模型

9.4　箱体零件的三维建模

箱体类零件结构复杂，其三维建模过程相比轴和齿轮也复杂得多。建模时首先把箱体拆分成基本的体素，确定好相互之间的定位关系。本节以减速器的箱盖为例，介绍其建模的主要步骤。

(1) 选择“草图绘制”命令，单击“前视基准面”，绘制箱盖的主体轮廓。

(2) 完成草图绘制，选择“拉伸”命令，并单击“对称拉伸”，结果如图9-12所示。

(3) 以侧面为草图面，绘制箱盖侧面草图，同样选择“拉伸”命令，完成前侧面的绘制。然后选择“镜像”命令，以前视基准面为镜面，镜像得到后侧面，从而完成箱盖主轮廓的绘制，结果如图9-13所示。

图 9-12　箱盖轮廓拉伸

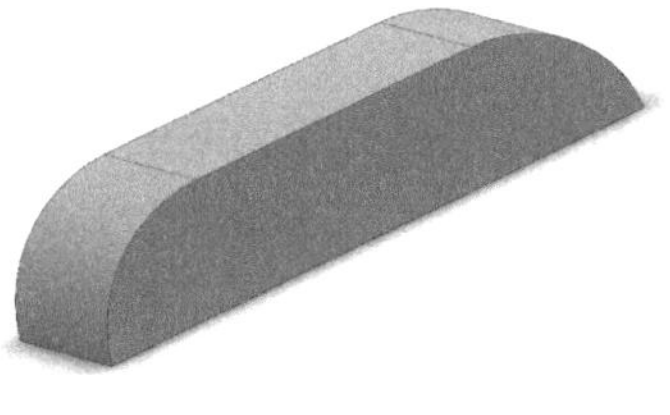

图 9-13　箱盖主轮廓

(4) 选择箱盖主轮廓的底面为草图面，绘制凸缘草图，完成草图后选择“拉伸”命令，绘制箱盖凸缘，结果如图 9-14 所示。

(5) 变换草图面，以凸缘上表面为草图面，绘制一侧平台的草图，并拉伸得到一侧平台，另一侧平台同样使用镜像获取，结果如图 9-15 所示。

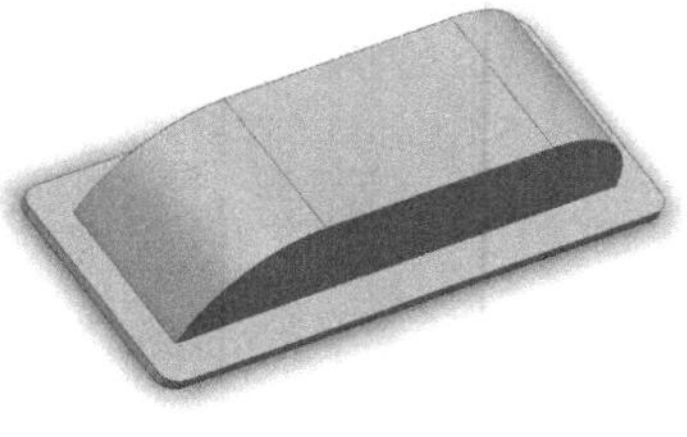

图 9-14　箱盖凸缘

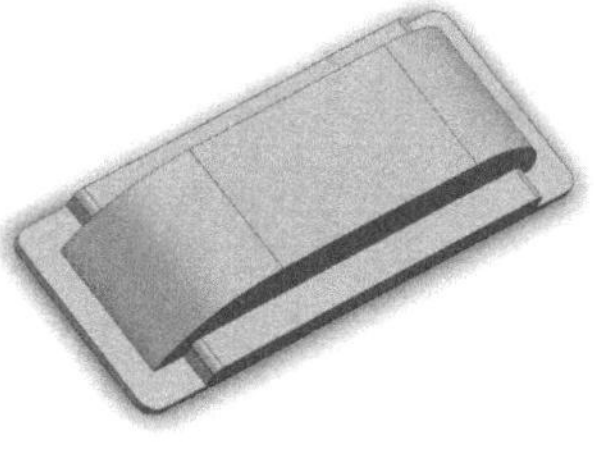

图 9-15　箱盖平台

(6) 绘制轴承座孔，以平台侧面为草图面，分别绘制三个孔的草图，然后选择“拉伸切除”命令。需要注意的是：拉伸切除时可调大拉伸切除的深度，直至另一侧孔也被切出，如图9-16所示。接着以箱盖侧面为草图面，绘制三个轴承座的草图，选择“拉伸”命令，完成一侧轴承座的绘制；然后选择“镜像”命令，从而完成另一侧轴承座的绘制。最终轴承座孔如图9-17所示。

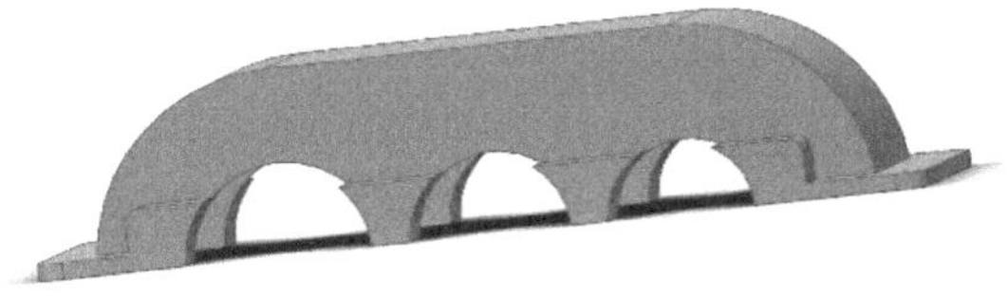

图 9-16　拉伸切除孔

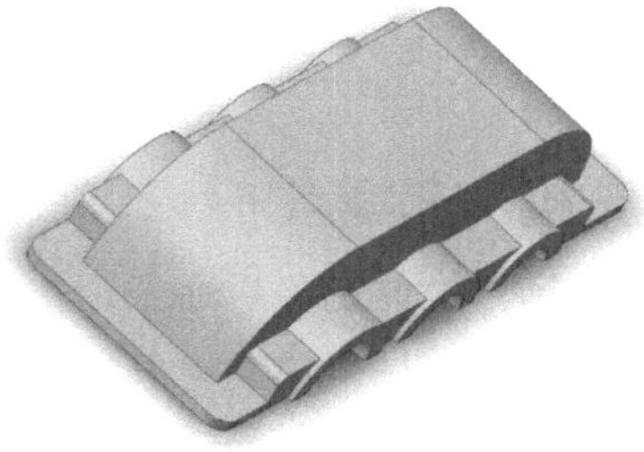

图 9-17　轴承座孔

(7) 变换草图面，重新选择“前视基准面”为草图平面，绘制吊环螺钉安装凸台耳草图，并选择“对称拉伸”命令，从而得到两侧吊耳。然后以吊耳上平面为草图平面，绘制圆孔，选择“拉伸切除”命令，得到螺纹孔的上平面，如图9-18所示。

(8) 绘制吊环螺钉螺纹孔，选择“异型孔向导”命令，在孔规格中可以设置螺纹孔大小、盲孔深度和螺纹线深度；接着单击“位置”→“3D 草图”命令，界面提示设定螺纹孔位置，步骤 (7) 中已绘制出螺纹孔的上平面，因此很容易追踪到螺纹孔的圆心，单击该圆心，完成吊环螺钉纹孔的绘制，结果如图 9-19 所示。

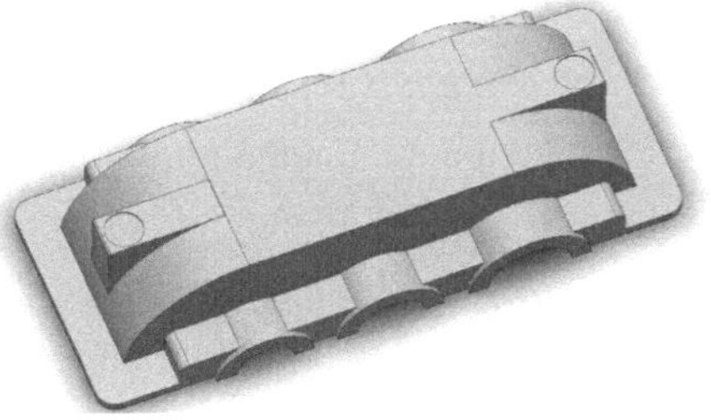

图 9-18　吊环螺钉安装凸台绘制

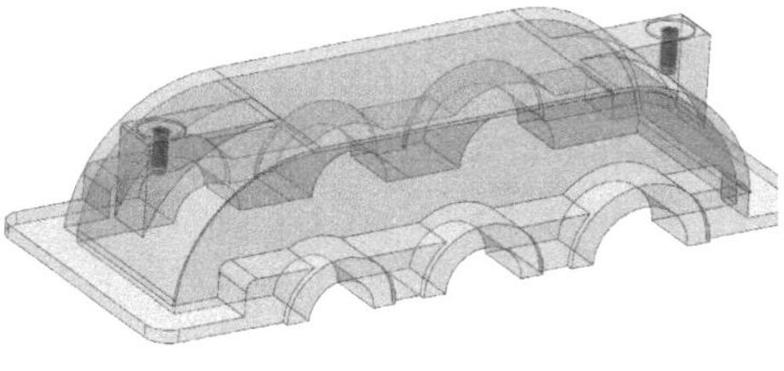

图 9-19　吊环螺钉螺纹孔的绘制

(9) 变换草图面，以箱盖上平面为草图面，绘制窥视孔的草图，选择“拉伸切除”命令，完成窥视孔的绘制，如图9-20所示。

(10) 继续以箱盖上平面为草图面，绘制方形连接凸台的草图，选择“拉伸”命令，完成方形连接凸台的绘制，如图9-21所示。

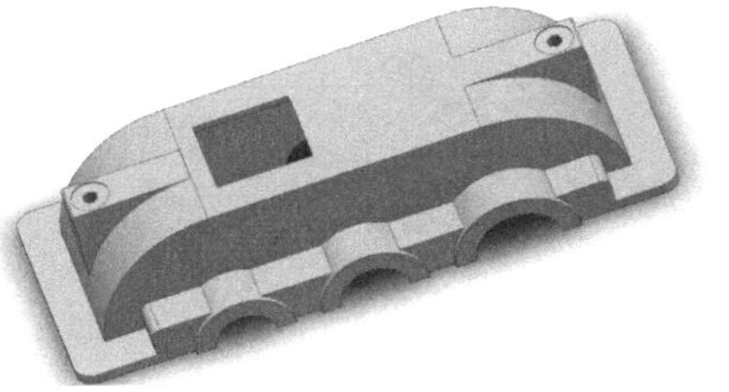

图 9-20　窥视孔的绘制

图 9-21　方形连接凸台的绘制

(11)在方形连接凸台上打出四个螺纹孔，如图 9-22 所示。

(12)同理绘制圆形连接凸台，并打出螺纹孔，如图 9-23 所示。

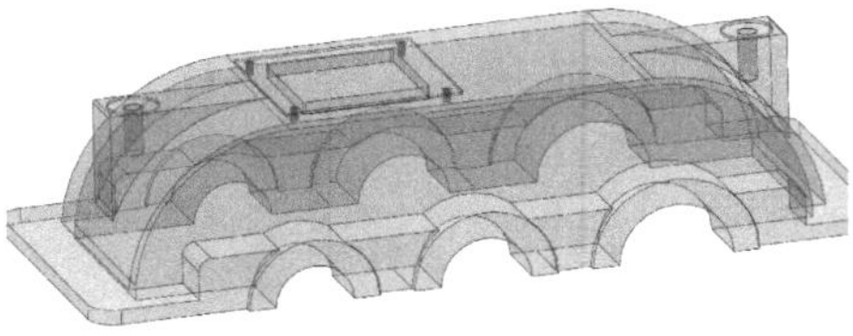

图 9-22　方形连接凸台螺纹孔的绘制

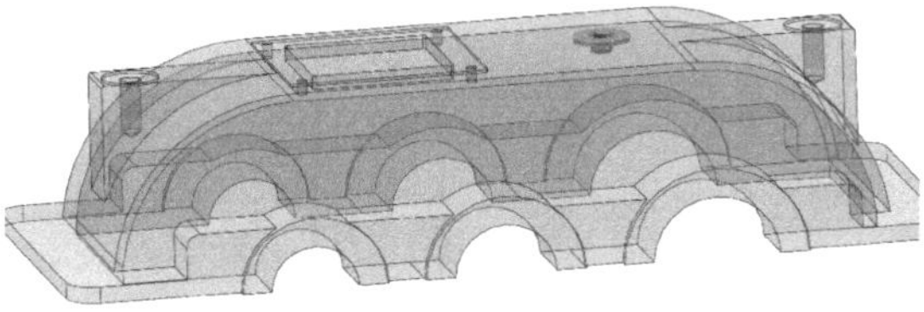

图 9-23　圆形连接凸台及螺纹孔的绘制

(13)选择“拉伸切除”命令，修去两侧凸台的棱角，如图 9-24 所示。

(14)选择“拉伸”命令，先绘制一侧的三个肋板，接着选择“镜像”命令，以“前视基准面”为镜面，镜像生成另一侧的三个肋板，如图 9-25 所示。

图 9-24　修去凸台棱角

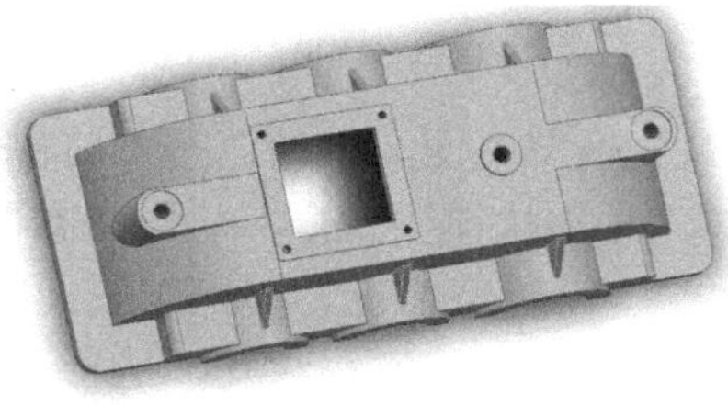

图 9-25　肋板的绘制

(15)选择“圆角”命令，对轴承座，肋板和平台分别进行倒圆角，如图 9-26 所示。

(16)结合“镜像”命令，打出轴承座旁边的螺栓孔，以及凸缘两端的螺栓孔，如图9-27 所示。

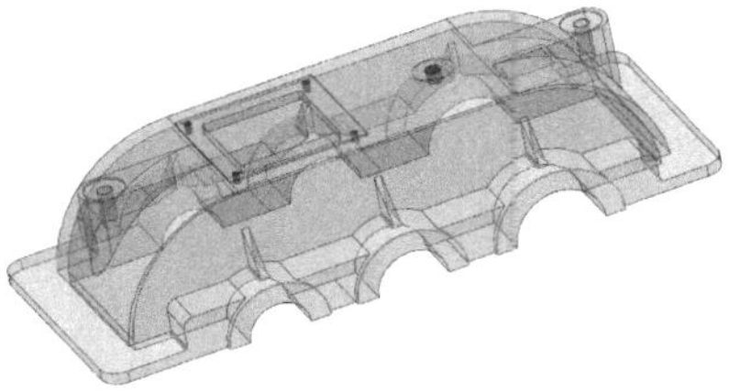

图 9-26　倒圆角

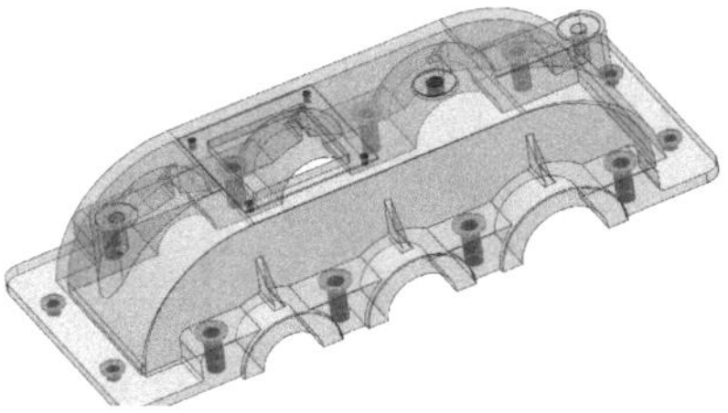

图 9-27　轴承座及凸缘螺栓孔的绘制

(17)继续结合“镜像”命令，打出轴承座的螺纹孔，如图 9-28 所示。

(18)在凸缘螺栓孔旁打出螺纹孔，得出最终模型，如图 9-29 所示。

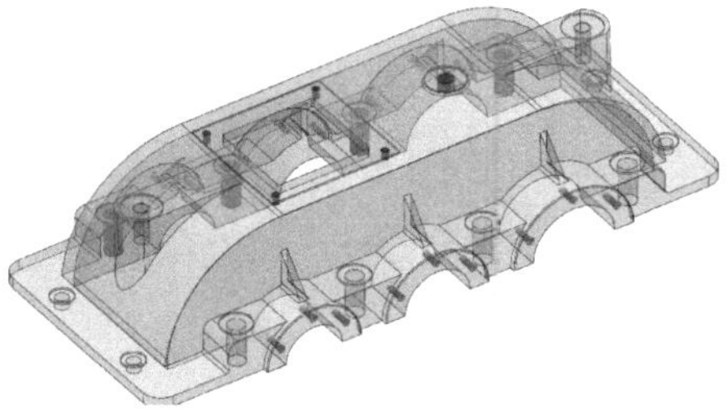

图 9-28　轴承座螺纹孔的绘制

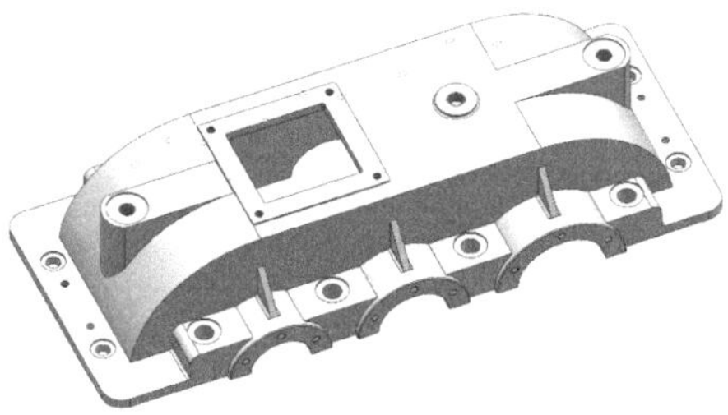

图 9-29　箱盖模型

9.5　常用零件的有限元分析

SolidWorks 软件自带 Simulation 插件，该插件可以实现零件的简单有限元分析，其中包括静应力分析、热力学分析、疲劳分析等，做到了设计仿真一体化。本节以二级减速器的下箱体为例，介绍其在 SolidWorks/ Simulation 中的静应力分析过程。

(1) 选择“工具”→“插件”→“SolidWorks Simulation”命令，起动 Simulation 插件。

(2) 选择“Simulation”→“算例顾问”→“新算例”命令，新建算例；然后选择有限元分析类型“静应力分析”，并命名算例，如图 9-30 所示。

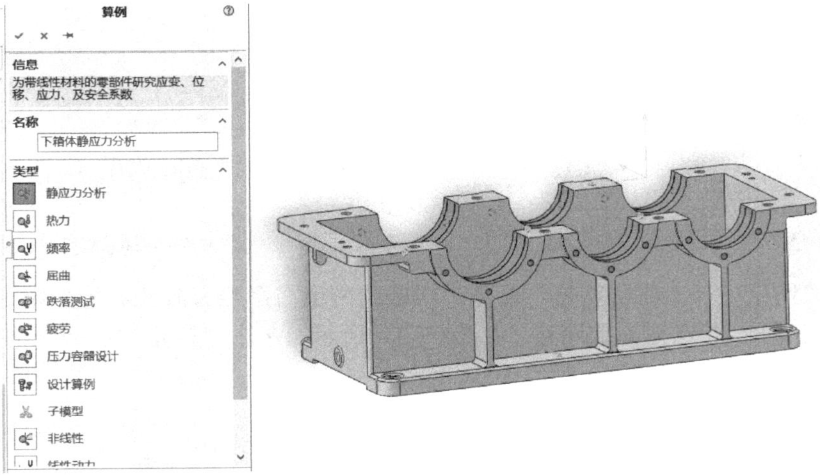

图 9-30　新建静应力分析算例

(3) 选择“下箱体(零件名)”→“应用/编辑材料”→“灰铸铁”命令，下箱体的材料选用灰铸铁。材料属性如图 9-31 所示。

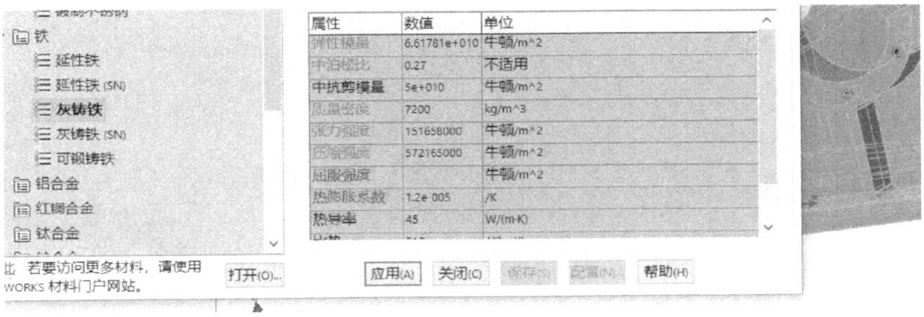

图 9-31　材料定义

(4) 选择“夹具”→“固定几何体”命令，此时选定固定下箱体下表面和用地脚螺栓连接处，设定这些面为固定平面，限制其转动和移动，如图 9-32 所示。

(5) 选择“外部载荷”→“轴承载荷”命令。欲定义轴承载荷需注意：

① 在图形区域中选择一组圆柱面或壳体圆形边线，将载荷加在真正受力的那部分面上。

② 在图形区域中或在 FeatureManager 设计树中选择一个坐标系，所选坐标系的 Z 轴应与所选圆柱面的轴重合。

③ 在轴承载荷下，执行如下操作：将单位设定为同一个单位系统；单击 X 方向或 Y 方向并在距离框中输入值。

④ 为轴承载荷在正弦分布和抛物线分布之间进行选择。结果如图 9-33 所示。

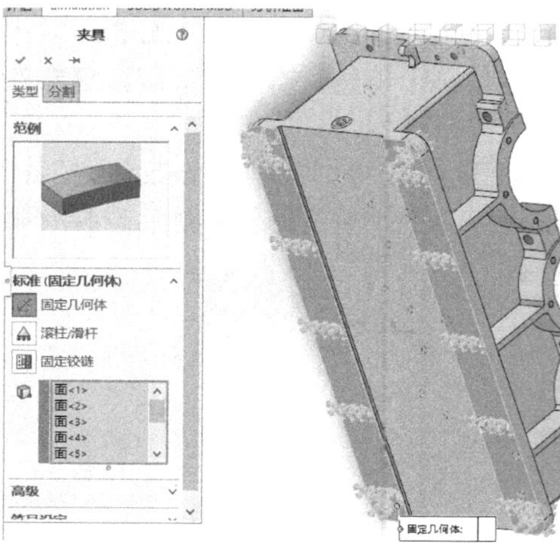

图 9-32　固定几何体设置

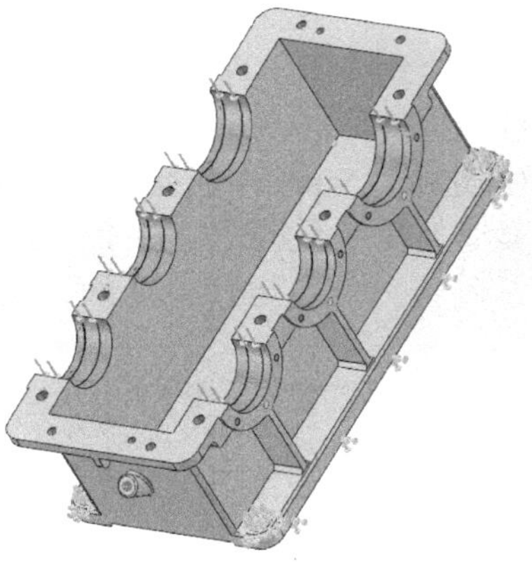

图 9-33　轴承载荷设置结果

(6)选择“网格”→“生成网格”命令，网格的密度将影响有限元分析的精确度，此处将网格密度调制良好，并选用标准网格，如图 9-34 所示。单击“确定”生成网格，如图 9-35 所示。

图 9-34　设置网格密度

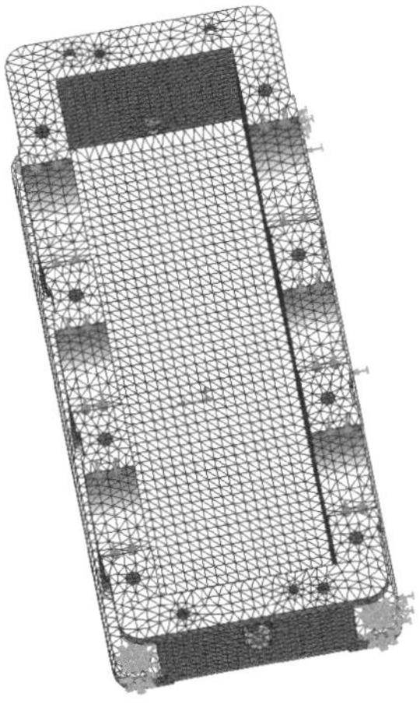

图 9-35　网格生成

(7)点击“运行此算例”命令，起动有限元分析。

(8)分析结束后，选择“结果”→“应力”→“显示”命令，查看应力云图，如图9-36 所示。

(9)选择“结果”→“位移”→“显示”命令，查看位移云图，如图 9-37 所示。

(10)选择“结果”→“应变”→“显示”命令，查看应变云图，如图 9-38 所示。

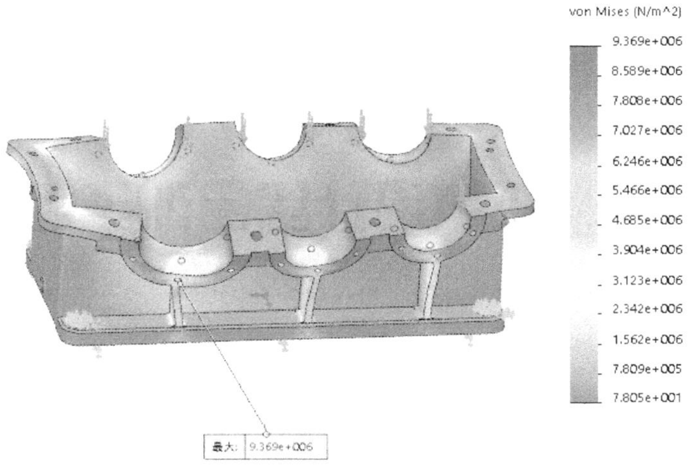

图 9-36　应力云图

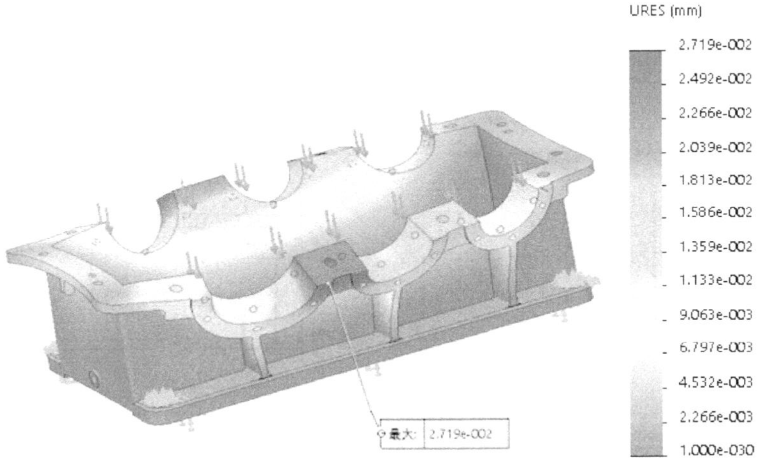

图 9-37　位移云图

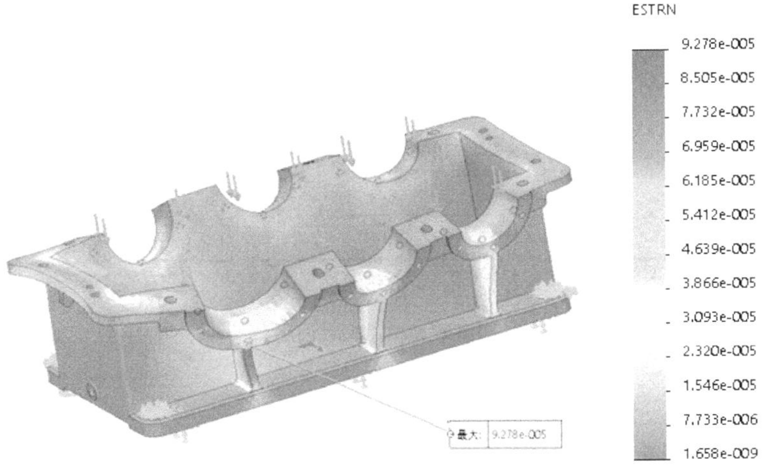

图 9-38　应变云图

第三部分　机械设计综合训练参考资料

第 10 章　机械设计常用标准和规范

10.1　常用数据和一般标准

表 10-1　图纸幅面、图样比例

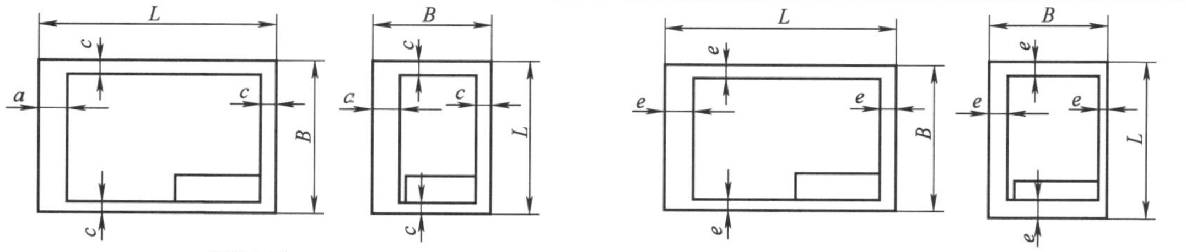

留装订边　　　　不留装订边

<table>
<tr><th colspan="7">图纸幅面(GB/T 14689—2008 摘录)/mm</th></tr>
<tr><th colspan="5">基本幅面(第一选择)</th><th colspan="2">加长幅面(第二选择)</th></tr>
<tr><th>幅面代号</th><th>$B\times L$</th><th>a</th><th>c</th><th>e</th><th>幅面代号</th><th>$B\times L$</th></tr>
<tr><td>A0</td><td>841×1189</td><td rowspan="5">25</td><td rowspan="3">10</td><td rowspan="2">20</td><td>A3×3</td><td>420×891</td></tr>
<tr><td>A1</td><td>594×841</td><td>A3×4</td><td>420×1189</td></tr>
<tr><td>A2</td><td>420×594</td><td rowspan="3">10</td><td>A4×3</td><td>297×630</td></tr>
<tr><td>A3</td><td>297×420</td><td rowspan="2">5</td><td>A4×4</td><td>297×841</td></tr>
<tr><td>A4</td><td>210×297</td><td>A4×5</td><td>297×1051</td></tr>
</table>

<table>
<tr><th colspan="3">图样比例(GB/T 14690—1993)</th></tr>
<tr><th>原值比例</th><th>缩小比例</th><th>放大比例</th></tr>
<tr><td rowspan="2">1∶1</td><td>1∶2　1∶2×10^n
1∶5　1∶5×10^n
1∶10　1∶10×10^n</td><td>5∶1　5×10^n∶1
2∶1　2×10^n∶1
1×10^n∶1</td></tr>
<tr><td>必要时允许选取
1∶1.5　1∶1.5×10^n
1∶2.5　1∶2.5×10^n
1∶3　1∶3×10^n
1∶4　1∶4×10^n
1∶6　1∶6×10^n</td><td>必要时允许选取
4∶1　4×10^n∶1
2.5∶1　2.5×10^n∶1
(n—正整数)</td></tr>
</table>

注：加长幅面的图框尺寸，按所选用的基本幅面大一号图框尺寸确定。

明细表格式(本课程用)

…	…	…	…	…	…	
02	滚动轴承7210C	2		GB/T 292—94		7
01	箱　　座	1	HT200			7
序号	名　　称	数量	材 料	标　　准	备 注	10
10	45	10	20	40	(25)	

150

装配图或零件图标题栏格式(本课程用)

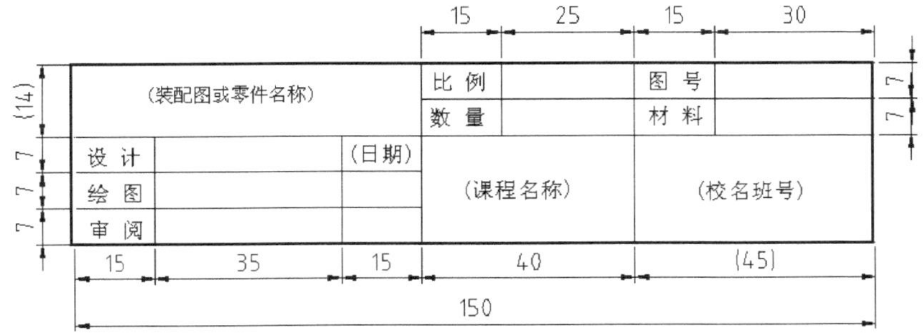

注：主框线型为粗实线(*b*)；分格线为细实线(*b*/4)。

表 10-2　标准尺寸(直径、长度、高度等)(GB/T 2822—2005 摘录)　(mm)

R			*Ra*			*R*			*Ra*			*R*			*Ra*		
*R*10	*R*20	*R*40	*Ra*10	*Ra*20	*Ra*40	*R*10	*R*20	*R*40	*Ra*10	*Ra*20	*Ra*40	*R*10	*R*20	*R*40	*Ra*10	*Ra*20	*Ra*40
2.50	2.50		2.5	2.5		40.0	40.0	40.0	40	40	40		280	280		280	280
	2.80			2.8				42.5			42			300			300
3.15	3.15		3.0	3.0			45.0	45.0		45	45	315	315	315	320	320	320
	3.55			3.5				47.5			48			335			340
4.00	4.00		4.0	4.0		50.0	50.0	50.0	50	50	50		355	355		360	360
	4.50			4.5				53.0			53			375			380
5.00	5.00		5.0	5.0			56.0	56.0		56	56	400	400	400	400	400	400
	5.60			5.5				60.0			60			425			420
6.30	6.30		6.0	6.0		63.0	63.0	63.0	63	63	63		450	450		450	450
	7.10			7.0				67.0			67			475			480
8.00	8.00		8.0	8.0			71.0	71.0		71	71	500	500	500	500	500	500
	9.00			9.0				75.0			75			530			530
10.0	10.0		10.0	10.0		80.0	80.0	80.0	80	80	80		560	560		560	560
	11.2			11				85.0			85			600			600
12.5	12.5	12.5	12	12	12		90.0	90.0		90	90	630	630	630	630	630	630
		13.2			13			95.0			95			670			670
	14.0	14.0		14	14	100	100	100	100	100	100		710	710		710	710
		15.0			15			106			105			750			750
16.0	16.0	16.0	16	16	16		112	112		110	110	800	800	800	800	800	800
		17.0			17			118			120			850			850
	18.0	18.0		18	18	125	125	125	125	125	125		900	900		900	900
		19.0			19			132			130			950			950
20.0	20.0	20.0	20	20	20		140	140		140	140	1000	1000	1000	1000	1000	1000
		21.2			21			150			150			1060			
	22.4	22.4		22	22	160	160	160	160	160	160		1120	1120			
		23.6			24			170			170			1180			
25.0	25.0	25.0	25	25	25		180	180		180	180	1250	1250	1250			
		26.5			26			190			190			1320			
	28.0	28.0		28	28	200	200	200	200	200	200		1400	1400			
		30.0			30			212			210			1500			
31.5	31.5	31.5	32	32	32		224	224		220	220	1600	1600	1600			
		33.5			34			236			240			1700			
	35.5	35.5		36	36	250	250	250	250	250	250		1800	1800			
		37.5			38			265			260			1900			

注：① 选择系列及单个尺寸时，应首先在优先系数 *R* 系列中选用标准尺寸。选用顺序为：*R*10、*R*20、*R*40。如果必须将数值圆整，可在相应的 *Ra* 系列中选用标准尺寸。

② 本标准适用于有互换性或系列化要求的主要尺寸(如安装、连接尺寸、有公差要求的配合尺寸等)。

表 10-3　中心孔(GB/T 145—2001 摘录)

(mm)

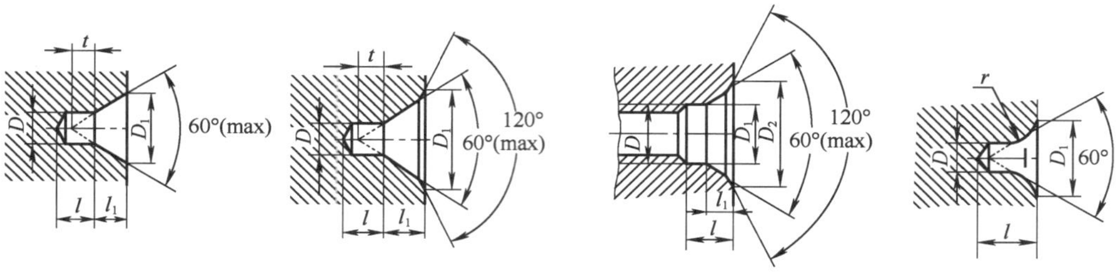

A 型　　B 型　　C 型　　R 型

D	D_1		l_1(参考)		t(参考)	l_{min}	R		D	D_1	D_2	l	l_1(参考)
							max	min					
A、B、R型	A、R 型	B 型	A 型	B 型	A、B 型	R 型			C 型				
1.60	3.35	5.00	1.52	1.99	1.4	3.5	5.00	4.00					
2.00	4.25	6.30	1.95	2.54	1.8	4.4	6.30	5.00					
2.50	5.30	8.00	2.42	3.20	2.2	5.5	8.00	6.30					
3.15	6.70	10.00	3.07	4.03	2.8	7.0	10.00	8.00	M3	3.2	5.8	2.6	1.8
4.00	8.50	12.50	3.90	5.05	3.5	8.9	12.50	10.00	M4	4.3	7.4	3.2	2.1
(5.00)	10.60	16.00	4.85	6.41	4.4	11.2	16.00	12.50	M5	5.3	8.8	4.0	2.4
6.30	13.20	18.00	5.98	7.36	5.5	14.0	20.00	16.00	M6	6.4	10.5	5.0	2.8
(8.00)	17.00	22.40	7.79	9.36	7.0	17.9	25.00	20.00	M8	8.4	13.2	6.0	3.3
10.00	21.20	28.00	9.7	11.66	8.7	22.5	31.50	25.00	M10	10.5	16.3	7.5	3.8
									M12	13.0	19.8	9.5	4.4

注：① 括号内尺寸尽量不采用；

② A、B 型中尺寸 l_1 取决于中心钻的长度，即使中心孔重磨后再使用，此值不应小于 t 值。

表 10-4　中心孔表示方法(GB/T 4459.5—1999 摘录)

标注示例	解释	标注示例	解释
	要求作出 B 型中心孔 $D = 3.15$mm，$D_1 = 10$mm 在完工的零件上要求保留中心孔		用 A 型中心孔 $D = 4$mm，$D_1 = 8.5$mm 在完工的零件上不允许保留中心孔
	用 A 型中心孔 $D = 4$mm，$D_1 = 8.5$mm 在完工的零件上是否保留中心孔都可以	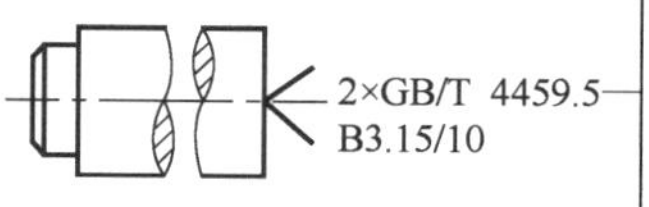	同一轴的两端中心孔相同，可只在其一端标注，但应注出数量

表 10-5　砂轮越程槽（GB/T 6403.5—2008 摘录）　　(mm)

回转面及端面砂轮越程槽的形式及尺寸

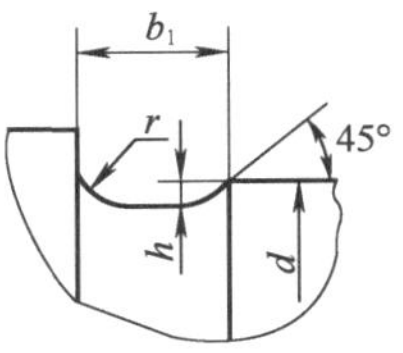

磨外圆

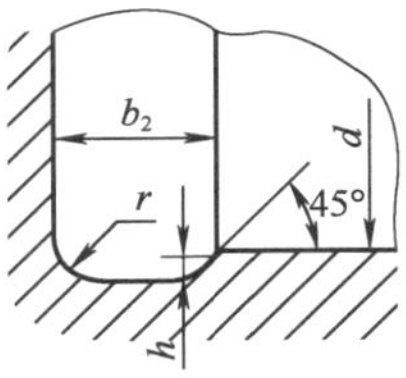

磨内圆

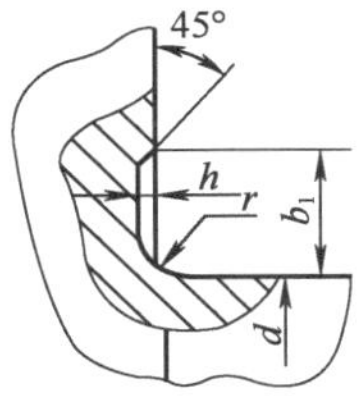

磨外端面

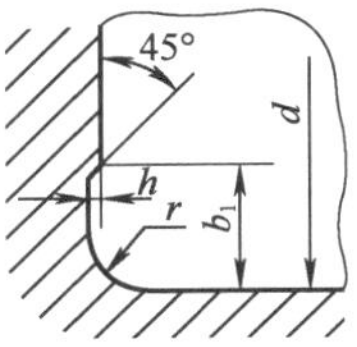

磨内端面

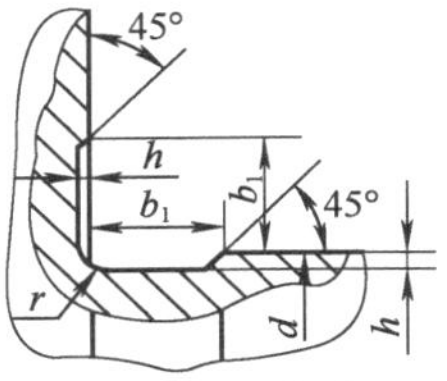

磨外圆及端面

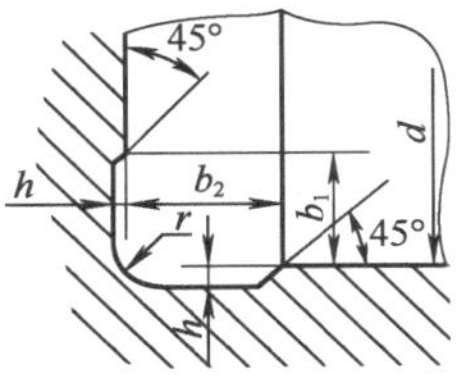

磨内圆及端面

b_1	b_2	h	r	d
0.6	2.0	0.1	0.2	～10
1.0	3.0	0.2	0.5	
1.6				
2.0	4.0	0.3	0.8	＞10～50
3.0		0.4	1.0	
4.0	5.0			＞50～100
5.0		0.6	1.6	
8.0	8.0	0.8	2.0	＞100
10	10	1.2	3.0	

平面砂轮及 V 形砂轮越程槽

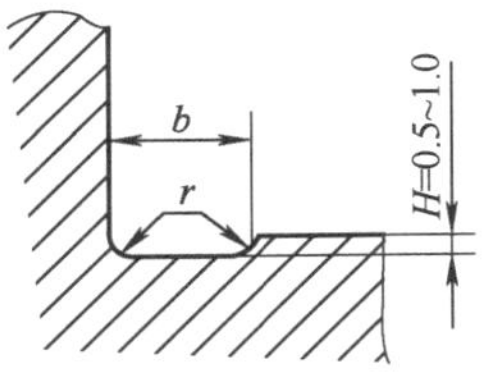

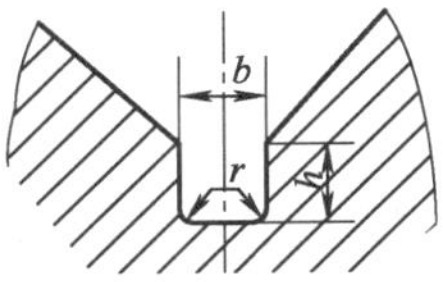

b	2	3	4	5
r	0.5	1.0	1.2	1.6
h	1.6	2.0	2.5	3.0

燕尾导轨砂轮越程槽

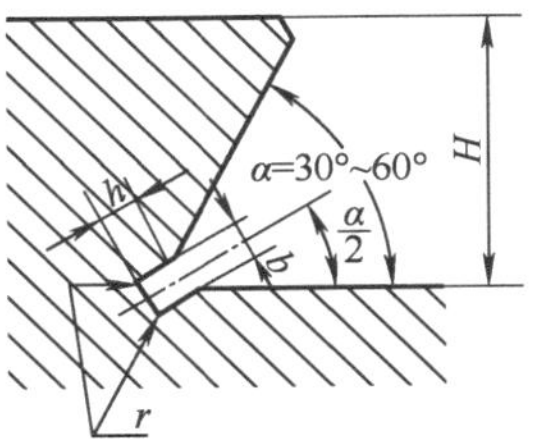

H	≤5	6	8	10	12	16	20	25	32	40	50	63	80
b	1	2		3			4			5			6
h													
r	0.5			1.0			1.6						2.0

矩形导轨砂轮越程槽

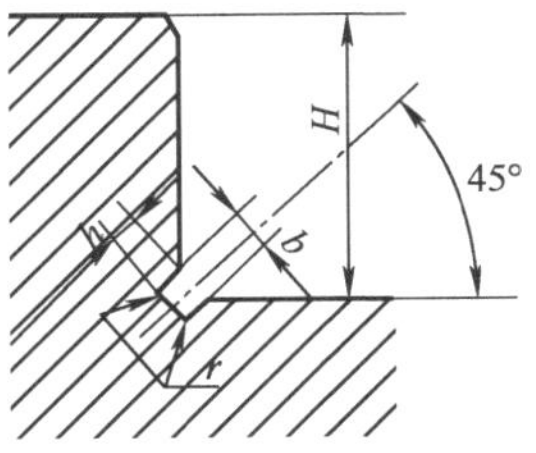

H	8	10	12	16	20	25	32	40	50	63	80	100
b	2				3				5		8	
h	1.6				2.0				3.0		5.0	
r	0.5				1.0				1.6		2.0	

表 10-6　零件倒圆与倒角(GB/T 6403.4—2008 摘录)

(mm)

倒圆、倒角形式	倒圆、倒角(45°)的四种装配形式

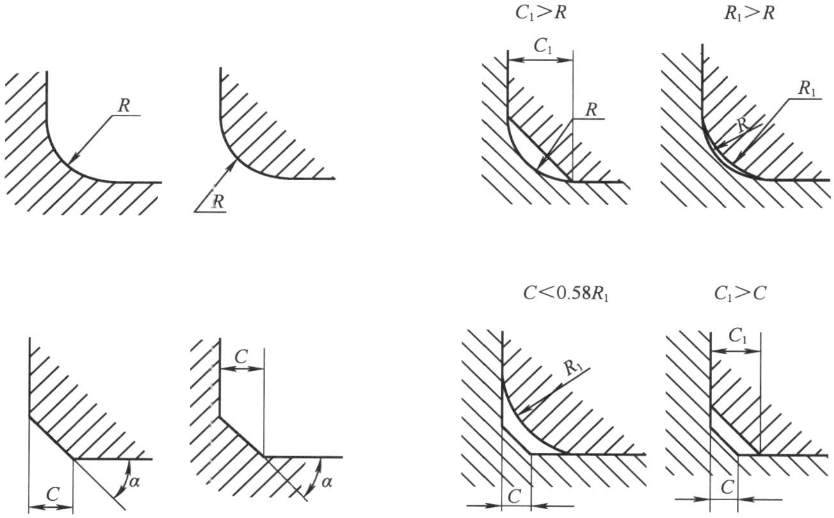

倒圆、倒角尺寸

R 或 C													
R 或 C	0.1	0.2	0.3	0.4	0.5	0.6	0.8	1.0	1.2	1.6	2.0	2.5	3.0
	4.0	5.0	6.0	8.0	10	12	16	20	25	32	40	50	—

与直径 ϕ 相应的倒角 C、倒圆 R 的推荐值

ϕ	~3	>3~6	>6~10	>10~18	>18~30	>30~50	>50~80	>80~120	>120~180	>180~250	>250~320	>320~400	>400~500	>500~630	>630~800	>800~1000
C 或 R	0.2	0.4	0.6	0.8	1.0	1.6	2.0	2.5	3.0	4.0	5.0	6.0	8.0	10	12	16

内角倒角，外角倒圆时 C_{max} 与 R_1 的关系

R_1	0.1	0.2	0.3	0.4	0.5	0.6	0.8	1.0	1.2	1.6	2.0	2.5	3.0	4.0	5.0	6.0	8.0	10	12	16	20	25
C_{max} ($C>0.58R_1$)	—	0.1		0.2		0.3	0.4	0.5	0.6	0.8	1.0	1.2	1.6	2.0	2.5	3.0	4.0	5.0	6.0	8.0	10	12

注：α 一般采用 45°，也可采用 30° 或 60°。

表 10-7　圆形零件自由表面过渡圆角(参考)

(mm)

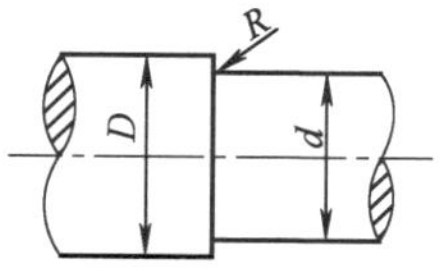

$D-d$	2	5	8	10	15	20	25	30	35	40
R	1	2	3	4	5	8	10	12	12	16
$D-d$	50	55	65	70	90	100	130	140	170	180
R	16	20	20	25	25	30	30	40	40	50

注：尺寸($D-d$)是表中数值的中间值时，则按较小尺寸来选取 R。例如，$D-d$ =98mm，则按 90mm 取 R =25mm。

表 10-8　铸件最小壁厚

铸造方法	铸件尺寸	铸钢	灰铸铁	球墨铸铁	铜合金	备　注
砂型	≤200×200	8	5~6	6	3~5	箱体及支架零件肋厚度，可根据其质量及外形尺寸一般在 6~10mm 选取
	>200×200~500×500	10~12	6~10	12	6~8	
	>500×500	15~20	15~20	—	—	

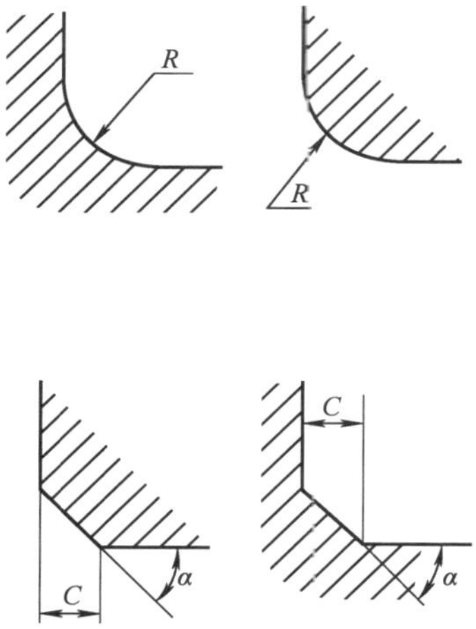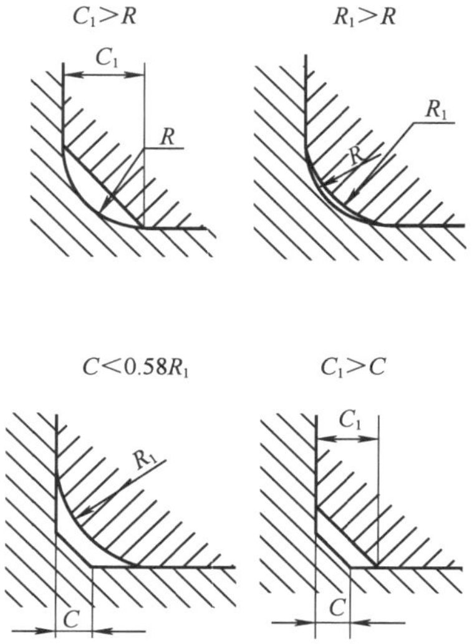

表 10-9　铸造斜度（JB/ZQ 4257—2006 摘录）

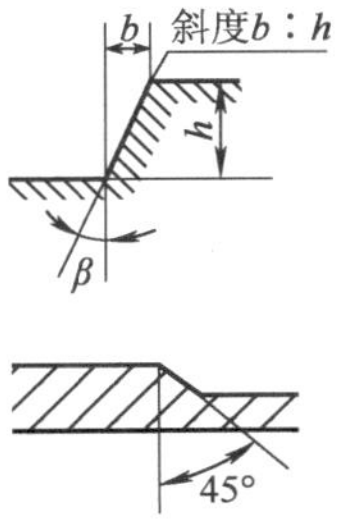

斜度 $b:h$	角度 β	使用范围
1：5	11°30′	$h<25$ mm 时钢和铁的铸件
1：10 1：20	5°30′ 3°	$h=25$～500mm 时钢和铁的铸件
1：50	1°	$h>500$mm 时钢和铁的铸件
1：100	30′	有色金属铸件

表 10-10　铸造过渡斜度（JB/ZQ 4254—2006 摘录）　　（mm）

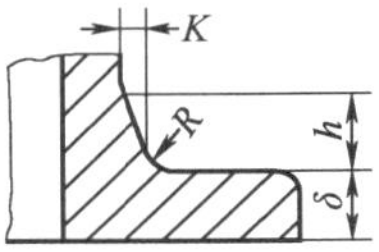

适用于减速器、连接管、气缸及其他各种连接法兰等铸件的过渡部分

铸件和铸钢件的壁厚 δ	K	h	R
10～15	3	15	5
>15～20	4	20	5
>20～25	5	25	5
>25～30	6	30	8
>30～35	7	35	8
>35～40	8	40	10
>40～45	9	45	10
>45～50	10	50	10
>50～55	11	55	10
>55～60	12	60	15

表 10-11　铸造内圆角（JB/ZQ 4255—2006 摘录）

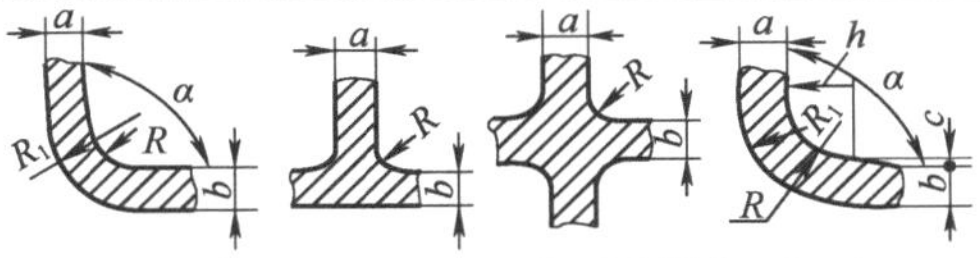

$a\approx b$时$R_1=R+a$　　　$b<0.8a$时$R_1=R+b+c$

$\frac{a+b}{2}$ /mm	R /mm										
	内圆角 α										
	≤50°		51°～75°		76°～105°		106°～135°		136°～165°		>165°
	钢	铁	钢	铁	钢	铁	钢	铁	钢	铁	钢
≤8	4	4	4	4	6	4	8	6	16	10	20
9～12	4	4	4	4	6	6	10	8	16	12	25
13～16	4	4	6	4	8	6	12	10	20	16	30
17～20	6	4	8	6	10	8	16	12	25	20	40
21～27	6	6	10	8	12	10	20	16	30	25	50
28～35	8	6	12	10	16	12	25	20	40	30	60

c 和 h /mm					
b/a		<0.4	>0.4～0.65	>0.65～0.8	>0.8
$c\approx$		0.7($a-b$)	0.8($a-b$)	$a-b$	—
$h\approx$	钢	$8c$			
	铁	$9c$			

表 10-12　铸造外圆角(JB/ZQ 4256—2006 摘录)

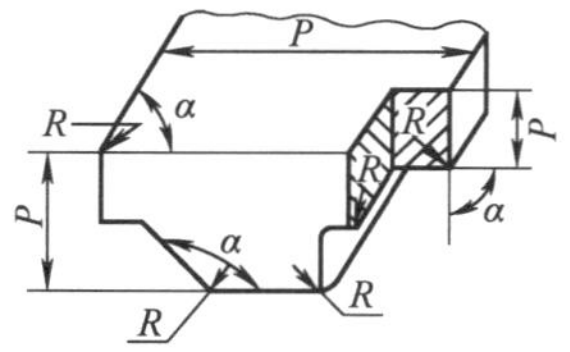

表面最小边尺寸 P /mm	R /mm					
	外圆角 α					
	<50°	51°～75°	76°～105°	106°～135°	136°～165°	>165°
≤25	2	2	2	4	6	8
>25～60	2	4	4	6	10	16
>60～160	4	4	6	8	16	25
>160～250	4	6	8	12	20	30
>250～400	6	8	10	16	25	40
>400～600	6	8	12	20	30	50

10.2　常 用 材 料

10.2.1　黑色金属材料

表 10-13　钢的常用热处理方法及应用

名称	说明	应用
退火(焖火)	退火是将钢件(或钢坯)加热到适当温度，保温一段时间，然后再缓慢地冷却下来(一般随炉冷)	用来消除铸、锻、焊零件的内应力，降低硬度，以易于切削加工，细化金属晶粒，改善组织，增加韧度
正火(正常化)	正火是将钢件加热到相变点以上 30～50℃，保温一段时间，然后在空气中冷却，冷却速度比退火快	用来处理低碳和中碳结构钢材及渗碳零件，使其组织细化，增加强度及韧度，减小内应力，改善切削性能
淬火	淬火是将钢件加热到相变点以上某一温度，保温一段时间，然后放入水、盐水或油中(个别材料在空气中)急剧冷却，使其得到高硬度	用来提高钢的硬度和强度极限。但淬火时会引起内应力使钢变脆，所以淬火后必须回火
回火	回火是将淬硬的钢件加热到相变点以下某一温度，保温一段时间，然后在空气中或油中冷却下来	用来消除淬火后的脆性和内应力，提高钢的塑性和冲击韧度
调质	淬火后高温回火	用来使钢获得高的韧度和足够的强度，很多重要零件是经过调质处理的
表面淬火	仅对零件表层进行淬火。使零件表层有高的硬度和耐磨性，而心部保持原有的强度和韧度	常用来处理轮齿的表面
时效	将钢加热≤120～130℃，长时间保温后，随炉或取出在空气中冷却	用来消除或减小淬火后的微观应力，防止变形和开裂，稳定工件形状及尺寸以及消除机械加工的残余应力
渗碳	使表面增碳，渗碳层深度 0.4～6mm 或>6mm。硬度为 56～65HRC	增加钢件的耐磨性能、表面硬度、抗拉强度及疲劳极限，适用于低碳和中碳（w_c < 0.40%）结构钢的中小型零件和大型的重负荷、受冲击、耐磨的零件

续表

名称	说明	应用
碳氮共渗	使表面增加碳与氮，扩散层深度较浅，为 0.02～3.0mm；硬度高，在共渗层为 0.02～0.04mm 时具有 66～70HRC	增加结构钢、工具钢制件的耐磨性、表面硬度和疲劳极限，提高刀具切削性能和使用寿命，适用于要求硬度高、耐磨的中、小型及薄片的零件和刀具等
渗氮	表面增氮，氮化层为 0.025～0.8 mm，而渗氮时间需 40～50 小时，硬度很高(1200HV)，耐磨、抗蚀性能高	增加钢件的耐磨性能、表面硬度、疲劳极限及抗蚀能力，适用于结构钢和铸铁件，如气缸套、气门座、机床主轴、丝杠等耐磨零件，以及在潮湿碱水和燃烧气体介质的环境中工作的零件，如水泵轴、排气阀等零件

表 10-14　灰铸铁(GB/T 9439—2023 摘录)

牌号	铸件壁厚/mm		最小抗拉强度 R_m 单铸件试棒/MPa	铸件本体预期抗拉强度 R_m/MPa	应用举例
	大于	至			
HT100	5	40	100		盖、外罩、油盘、手轮、手把、支架等
HT150	5	10	150	150	端盖、汽轮泵体、轴承座、阀壳、管子及管路附件、手轮、一般机床底座、床身及其他复杂零件、滑座、工作台等
	10	20		135	
	20	40		115	
HT200	5	10	200	200	气缸、齿轮、底架、箱体、飞轮、齿条、衬条、一般机床铸有导轨的床身及中等压力(8MPa 以下)液压缸、液压泵和阀的壳体等
	10	20		180	
	20	40		155	
HT250	5	10	250	250	阀壳、液压缸、气缸、联轴器、箱体、齿轮、齿轮箱外壳、飞轮、衬筒、凸轮、轴承座等
	10	20		225	
	20	40		195	
HT300	10	20	300	270	齿轮、凸轮、车床卡盘、剪床、压力机的机身、导板、转塔自动车床及其他重负荷机床铸有导轨的床身、高压液压缸、液压泵和滑阀的壳体等
	20	40		235	
HT350	10	20	350	315	
	20	40		275	

表 10-15　球墨铸铁(GB/T 1348—2019 摘录)

牌号	抗拉强度 R_m	屈服强度 $R_{p0.2}$	伸长率 A	布氏硬度	用途
	MPa		%	HBW	
	最小值				
QT400—18	400	250	18	120～175	减速器箱体、管路、阀体、阀盖、压缩机气缸、拨叉、离合器壳等
QT400—15	400	250	15	120～180	
QT450—10	450	310	10	160～210	液压泵齿轮、阀门体、车辆轴瓦、凸轮、犁铧、减速器箱体、轴承座等
QT500—7	500	320	7	170～230	
QT600—3	600	370	3	190～270	曲轴、凸轮轴、齿轮轴、机床主轴、缸体、缸套、连杆、矿车轮农机零件等
QT700—2	700	420	2	225～305	
QT800—2	800	480	2	245～335	
QT900—2	900	600	2	280～360	曲轴、凸轮轴、连杆、履带式拖拉机链轨板等

注：表中牌号系由单铸试块测定的性能。

表 10-16　一般工程用铸造碳钢(GB/T 11352—2009 摘录)

牌号	抗拉强度 R_m	屈服强度 $R_{eH}(R_{p0.2})$	断后伸长率 A	根据合同选择：断面收缩率 Z	根据合同选择：冲击吸收功 A_{KV}	硬度：正火回火 /HBW	硬度：表面淬火 /HRC	应用举例
	MPa		%		J			
	最小值							
ZG200—400	400	200	25	40	30	—	—	各种形状的机件，如机座、变速箱壳等
ZG230—450	450	230	22	32	25	≥131	—	铸造平坦的零件，如机座、机盖、箱体、铁砧台，工作温度在450℃以下的管路附件等。焊接性良好
ZG270—500	500	270	18	25	22	≥143	40～45	各种形状的机件，如飞轮、机架、蒸汽锤、桩锤、联轴器、水压机工作缸、横梁等。焊接性尚可
ZG310—570	570	310	15	21	15	≥153	40～50	各种形状的机件，如联轴器、气缸、齿轮、齿轮圈及重负荷机架等
ZG340—640	640	340	10	18	10	169～229	45～55	起重运输机的齿轮、联轴器及重要的机件等

注：①各牌号铸钢的性能，适用于厚度为 100mm 以下的铸件，当厚度超过 100mm 时，仅表中规定的 $R_{p0.2}$ 屈服强度可供设计使用；

②表中力学性能的试验环境温度为(20±10)℃；

③表中硬度值非 GB/T 11352—2009 内容，仅供参考。

表 10-17　普通碳素结构钢(GB/T 700—2006 摘录)

牌号	等级	力学性能：屈服强度 R_{eH}/MPa，钢材厚度(直径)/mm ≤16	>16～40	>40～60	>60～100	>100～150	>150～200	抗拉强度 σ_b /MPa	断后伸长率 A(%)，钢材厚度(直径)/mm ≤40	>40～60	>60～100	>100～150	>150～200	冲击试验：温度 /℃	V 形冲击吸收功(纵向) A_{kv}/J	应用举例
		不小于							不小于						不小于	
Q195	—	(195)	(185)	—	—	—	—	315～390	33	—	—	—	—	—	—	塑性好，常用其轧制薄板、拉制线材、制钉和焊接钢管
Q215	A	215	205	195	185	175	165	335～410	31	30	29	27	26	—	—	金属结构件、拉杆、套圈、铆钉、螺栓、短轴、心轴、凸轮(载荷不大的)、垫圈、渗碳零件及焊接件
	B													20	27	

续表

牌号	等级	力学性能												冲击试验		应用举例
		屈服强度 R_{eH}/MPa						抗拉强度 σ_b /MPa	断后伸长率 A(%)					温度 /℃	V 形冲击吸收功(纵向) A_{kv} / J	
		钢材厚度(直径)/mm							钢材厚度(直径)/mm							
		≤16	>16~40	>40~60	>60~100	>100~150	>150~200		≤40	>40~60	>60~100	>100~150	>150~200			
		不小于							不小于						不小于	
Q235	A	235	225	215	205	195	185	375~460	26	25	24	22	21	—	—	金属结构构件，心部强度要求不高的渗碳或碳氮共渗零件、吊钩、拉杆、套圈、气缸、齿轮、螺栓、连杆、轮轴、楔、盖及焊接件
	B													20	27	
	C													0		
	D													-20		
Q275	A	275	265	255	245	235	225	410~540	22	21	20	18	17	—	—	轴、轴销、刹车、螺母、螺栓、垫圈、连杆、齿轮以及其他强度较高的零件，焊接性尚可
	B													20	27	
	C															
	D													-20		

注：括号内的数值仅供参考。表中 ABCD 为四种质量等级。

表 10-18　优质碳素结构钢(GB/T 699—2015 摘录)

牌号	推荐热处理/℃			试样毛坯尺寸/mm	力学性能					钢材交货状态硬度/HBW		应用举例
					抗拉强度 R_m	屈服强度 R_{eL}	断后伸长率 A	断面收缩率 Z	冲击功 A_{KV}	不大于		
					MPa		%		J			
	正火	淬火	回火		不小于					未热处理	退火钢	
08F	930	—	—	25	295	175	35	60	—	131	—	用于需塑性好的零件，如管子、垫片、垫圈；心部强度要求不高的渗碳和渗氮共渗零件，如套筒、短轴、挡块、支架、靠模、离合 00 盘
10	930	—	—	25	335	205	31	55	—	137	—	用于制造拉杆、卡头、钢管垫片、垫圈、铆钉。这种钢无回火脆性，焊接性好，用来制造焊接零件
15	920	—	—	25	375	225	27	55	—	143	—	用于受力不大、韧性要求较高的零件、渗碳零件、紧固件、冲模锻件及不需要热处理的低负荷零件，如螺栓、螺钉、拉条、法兰盘及化工储器、蒸汽锅炉
20	910	—	—	25	410	245	25	55	—	156	—	用于不经受很大应力而要求很大韧性的机械零件，如杠杆、轴套、螺钉、起重钩等。也用于制造压力<6MPa、温度<450℃、在非腐蚀介质中使用的零件，如管子、导管等。还可用于表面硬度高而心部要求不大的渗碳与氢化零件

续表

牌号	推荐热处理/℃			试样毛坯尺寸/mm	力学性能					钢材交货状态硬度/HBW 不大于		应用举例
					抗拉强度 R_m	屈服强度 R_{eL}	断后伸长率 A	断面收缩率 Z	冲击功 A_{KV}			
					MPa		%		J			
	正火	淬火	回火		不小于					未热处理	退火钢	
25	900	870	600	25	450	275	23	50	71	170	—	用于制造焊接设备，以及锻造、热冲压和机械加工的不经受高应力的零件，如轴、辊子、连接器、垫圈、螺栓、螺钉及螺母
35	870	850	600	25	530	315	20	45	55	197	—	用于制造曲轴、转轴、轴销、杠杆、连杆、横梁、链轮、圆盘、套筒钩环、垫圈、螺钉、螺母。这种钢多在正火和调质状态下使用，一般不进行焊接
40	860	840	600	25	570	335	19	45	47	217	187	用于制造辊子、轴、曲柄销、活塞杆、圆盘
45	850	840	600	25	600	355	16	40	39	229	197	用于制造齿轮、齿条、链轮、轴键、销、蒸汽透平机的叶轮、压缩机及泵的零件、轧辊等。可代替渗碳钢做齿轮、轴、活塞销等，但要经高频或火焰表面淬火
50	830	830	600	25	630	375	14	40	31	241	207	用于制造齿轮、拉杆、轧辊、轴、圆盘
55	820	820	600	25	645	380	13	35	—	255	217	用于制造齿轮、连杆、轮缘、扁弹簧及轧辊等
60	810	—	—	25	675	400	12	35	—	255	229	用于制造轧辊、轴、轮箍、弹簧、弹簧垫圈、离合器、凸轮、钢绳等
20Mn	910	—	—	25	450	275	24	50	—	197	—	用于制造凸轮轴、齿轮、联轴器、铰链、拖杆等
30Mn	880	860	600	25	540	315	20	45	63	217	187	用于制造螺栓、螺母、螺钉杠杆及刹车踏板等
40Mn	860	840	600	25	590	355	17	45	47	229	207	用于制造承受疲劳负荷的零件，如轴、万向联轴器曲轴、连杆及在高应力下工作的螺栓、螺母等
50Mn	830	830	600	25	645	390	13	40	31	255	217	用于制造耐磨性要求很高，在高负荷作用下的热处理零件，如齿轮、齿轮轴、摩擦盘、凸轮和截面在 80mm 以下的心轴等
60Mn	810	—	—	25	690	410	11	35	—	269	229	适于制造弹簧、弹簧垫圈、弹簧环和片以及冷拔钢丝(≤7mm)和发条

注：表中所列正火推荐保温时间不少于 30min，空冷；淬火推荐保温时间不少于 30min，水冷；回火推荐保温时间不少于 1h。

表 10-19　合金结构钢(GB/T 3077—2015 摘录)

钢号	热处理				试样毛坯尺寸/mm	力学性能					钢材退火或高温回火供应状态的布氏硬度/HBW(不大于)	特性及应用举例
	淬火		回火			抗拉强度 R_m	屈服强度 R_{eL}	断后伸长率 δ_s	断面收缩率 ψ	冲击吸收功 A_K		
	温度/℃	冷却剂	温度/℃	冷却剂		MPa		%		J		
						≥						
20Mn2	850 880	水、油 水、油	200 440	水、空 水、空	15	785	590	10	40	47	187	截面小时与 20Cr 相当，用于渗碳小齿轮、小轴、钢套、链板等，渗碳淬火后硬度 56～62HRC
35Mn2	840	水	500	水	25	835	685	12	45	55	207	对于截面较小的零件可代替 40Cr，可做直径≤15mm 的重要用途的冷镦螺栓及小轴等，表面淬火后硬度 40～50HRC
45Mn2	840	油	550	水、油	25	885	735	10	45	47	217	用于制造在较高应力与磨损条件下的零件。在直径≤60mm 时，与 40Cr 相当。可做万向联轴器、齿轮、齿轮轴、蜗杆、曲轴、连杆、花键轴和摩擦盘等，表面淬火后硬度 45～55HRC
35SiMn	900	水	570	水、油	25	885	735	15	45	47	229	除了要求低温(-20℃以下)及冲击韧性很高的情况，可全面代替 40Cr 做调质钢，亦可部分代替 40CrNi，可做中小型轴类、齿轮等零件以及在 430℃以下工作的重要紧固件，表面淬火后硬度 45～55HRC
42SiMn	880	水	590	水	25	885	735	15	40	47	229	与 35SiMn 钢同。可代替 40Cr、35CrMo 钢做大齿圈。适于做表面淬火件，表面淬火后硬度 45～55HRC
20MnV	880	水、油	200	水、空	15	785	590	10	40	55	187	相当于 20CrNi 的渗碳钢，渗碳淬火后硬度 56～62HRC
20SiMnVB	900	油	200	水、空	15	1175	980	10	45	55	207	可代替 20CrMnTi 做高级渗碳齿轮等零件，渗碳淬火后硬度 56～62HRC
40MnB	850	油	500	水、油	25	980	785	10	45	47	207	可代替 40Cr 做重要调质件，如齿轮、轴、连杆、螺栓等
37SiMn2-MoV	870	水、油	650	水、空	25	980	835	12	50	63	269	可代替 34CrNiMo 等做高强度重负荷轴、曲轴、齿轮、蜗杆等零件，表面淬火后硬度 50～55HRC

续表

钢号	热处理				试样毛坯尺寸/mm	力学性能					钢材退火或高温回火供应状态的布氏硬度/HBW(不大于)	特性及应用举例
	淬火		回火			抗拉强度 R_m	屈服强度 R_{eL}	断后伸长率 δ_s	断面收缩率 ψ	冲击吸收功 A_K		
	温度/℃	冷却剂	温度/℃	冷却剂		MPa		%		J		
						≥						
20CrMnTi	第一次 880 第二次 870	油	200	水、空	15	1080	850	10	45	55	217	强度、韧性均高，是铬镍钢的代用品。用于承受高速、中等或重负荷以及冲击磨损等的重要零件，如渗碳齿轮、凸轮等，渗碳淬火后硬度 56～62HRC
20CrMnMo	850	油	200	水、空	15	1180	885	10	45	55	217	用于要求表面硬度高、耐磨、心部有较高强度、韧性的零件，如传动齿轮和曲轴等，渗碳淬火后硬度 56～62HRC
38CrMoA1	940	水、油	640	水、油	30	980	835	14	50	71	229	用于要求高耐磨性、高疲劳强度和相当高的强度且热处理变形最小的零件，如镗杆、主轴、蜗杆、齿轮、套筒、套环等，渗氮后表面硬度 1100HV
20Cr	第一次 880 第二次 780～820	水、油	200	水、空	15	835	540	10	40	47	179	用于要求心部强度较高，承受磨损、尺寸较大的渗碳零件，如齿轮、齿轮轴、蜗杆、凸轮、活塞销等；也用于速度较大受中等冲击的调质零件，渗碳淬火后硬度 56～62HRC
40Cr	850	油	520	水、油	25	980	785	9	45	47	207	用于承受交变负荷、中等速度、强烈磨损而无很大冲击的重要零件，如重要的齿轮、轴、曲轴、连杆、螺栓、螺母等零件，并用于直径大于 400mm 要求低温冲击韧性的轴与齿轮等，表面淬火后硬度 48～55HRC
20CrNi	850	水、油	460	水、油	25	785	590	10	50	63	197	用于制造承受较高载荷的渗碳零件，如齿轮、轴、花键轴、活塞销等
40CrNi	820	油	500	水、油	25	980	785	10	45	55	241	用于制造要求强度高、韧性强的零件，如齿轮、轴、链条、连杆等
40CrNiMoAl	850	油	600	水、油	25	980	835	12	55	78	269	用于特大截面的重要调质件，如机床主轴、传动轴、转子轴等

10.2.2　有色金属材料

表 10-20　铸造铜合金、铸造铝合金和铸造轴承合金

合金牌号	合金名称（或代号）	铸造方法	合金状态	力学性能（不低于） 抗拉强度 R_m /MPa	屈服强度 $R_{p0.2}$ /MPa	断后伸长率 A /%	布氏硬度 HBW	应用举例
铸造铜合金（GB/T 1176—2013 摘录）								
ZCuSn5Pb5Zn5	5-5-5 锡青铜	S、J Li、La	—	200 250	90 100	13	590* 635*	较高负荷、中速下工作的耐磨耐蚀件，如轴瓦、衬套、缸套及蜗轮等
ZCuSn10P1	10-1 锡青铜	S J Li La	—	220 310 330 360	130 170 170 170	3 2 4 6	785* 885* 885* 885*	高负荷（20MPa 以下）和高滑动速度（8m/s）下工作的耐磨件，如连杆、衬套、轴瓦、蜗轮等
ZCuSn10Pb5	10-5 锡青铜	S J	—	195 245	—	10	685	耐蚀、耐酸件及破碎机衬套、轴瓦等
ZCuPb17Sn4Zn4	17-4-4 锡青铜	S J	—	150 175	—	5 7	540 590	一般耐磨件、轴承等
ZCuAl10Fe3	10-3 铝青铜	S J Li、La	—	490 540 540	180 200 200	13 15 15	980* 1080* 1080*	要求强度高、耐磨、耐蚀的零件，如轴套、螺母、蜗轮、齿轮等
ZCuAl10Fe3Mn2	10-3-2 铝青铜	S J	—	490 540	—	15 20	1080 1175	
ZCuZn38	38 黄铜	S J	—	295	—	30	590 685	一般结构件和耐蚀件，如法兰、阀座、螺母等
ZCuZn40Pb2	40-2 铅黄铜	S J	—	220 280	— 120	15 20	785* 885*	一般用途的耐磨、耐腐件，如轴套、齿轮等
ZCuZn38Mn2Pb2	38-2-2 锰黄铜	S J	—	245 345	—	10 18	685 785	一般用途的结构件，如套筒、衬套、轴瓦、滑块等
ZCuZn16Si4	16-4 硅黄铜	S J	—	345 390	—	15 20	885 980	接触海水工作的管配件以及水泵、叶轮等
铸造铝合金（GB/T 1173—2013 摘录）								
ZAlSi12	ZL102 铝硅合金	SB、JB、RB、KB	F T2	145 135	—	4	50	气缸活塞以及高温工作的承受冲击载荷的复杂薄壁零件
		J	F T2	155 145		2 3		
ZAlSi9Mg	ZL104 铝硅合金	S、J、R、K J SB、RB、KB J、JB	F T1 T6 T6	145 195 225 235	—	2 1.5 2 2	50 65 70 70	形状复杂的高温静载荷或冲击作用的大型零件，如扇风机叶片、水冷气缸头
ZAlMg5Si1	ZL303 铝镁合金	S、J、R、K	F	145	—	1	55	高耐腐蚀性或在高温度下工作的零件
ZAlZn11Si7	ZLA01 铝锌合金	S、R、KJ	T1	195 245	—	2 1.5	80 90	铸造性能较好，可不热处理，用于形状复杂的大型薄壁零件，耐蚀性差

续表

合金牌号	合金名称(或代号)	铸造方法	合金状态	力学性能(不低于)				应用举例
				抗拉强度 R_m	屈服强度 $R_{p0.2}$	断后伸长率 A	布氏硬度 HBW	
				MPa		%		
铸造轴承合金(GB/T 1174—2022 摘录)								
ZSnSb12Pb10Cu4 ZSnSb11Cu6 ZSnSb8Cu4	锡基 轴承 合金	J J J	—	—	—	—	29 27 24	汽轮机、压缩机、机车、发电机、球磨机、轧机减速器、发动机等各种机器的滑动轴承衬
ZPbSb16Sn16Cu2 ZPbSb15Sn10 ZPbSb15Sn5	铅基 轴承 合金	J J J	—	—	—	—	30 24 20	—

注：① 铸造方法代号：S——砂型铸造；J——金属型铸造；Li——离心铸造；La——连续铸造；R——熔模铸造；K——壳型铸造；B——变质处理；

② 合金状态代号：F——铸态；T1——人工时效；T2——退火；T6——固熔处理加人工完全时效；

③ 铸造铜合金的布氏硬度试验力的单位为 N,有*者为参考值。

10.3　连　　接

10.3.1　螺纹和螺纹连接

表 10-21　普通螺纹基本尺寸(GB/T 196—2003 摘录)

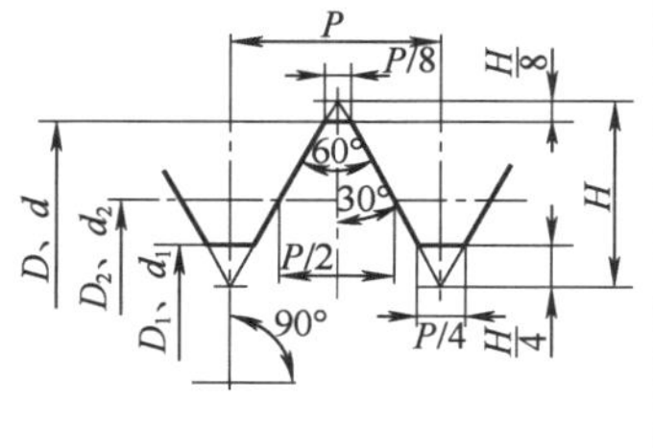

$H = 0.866P$

$d_2 = d - 0.6495P$

$d_1 = d - 1.0825P$

D、d —内、外螺纹大径

D_2、d_2 —内、外螺纹中径

D_1、d_1 —内、外螺纹小径

P —螺距

标记示例：

M20—6H(公称直径 20mm 粗牙右旋内螺纹，中径和大径的公差带均为 6H)

M20—6g(公称直径 20mm 粗牙右旋外螺纹，中径和大径的公差带为 6g)

M20—6H/6g(上述规格的螺纹副)

M20×2 左-5g6g-S(公称直径 20mm、螺距 2mm 的细牙左旋外螺纹，中径、大径的公差带分别为 58、6g，短旋合长度)

公称直径 D、d 第一系列	公称直径 D、d 第二系列	螺距 P	中径 D_2、d_2	小径 D_1、d_1
3		**0.5**	**2.675**	**2.459**
		0.35	2.773	2.621
	3.5	**(0.6)**	**3.110**	**2.850**
		0.35	3.273	3.121
4		**0.7**	**3.545**	**3.242**
		0.5	3.675	3.459
	4.5	**(0.75)**	**4.013**	**3.688**
		0.5	4.175	3.959
5		**0.8**	**4.480**	**4.134**
		0.5	4.675	4.459

公称直径 D、d 第一系列	公称直径 D、d 第二系列	螺距 P	中径 D_2、d_2	小径 D_1、d_1
6		**1**	**5.350**	**4.917**
		0.75	5.513	5.188
8		**1.25**	**7.188**	**6.647**
		1	7.350	6.917
		0.75	7.513	7.188
10		**1.5**	**9.026**	**8.376**
		1.25	9.188	8.647
		1	9.350	8.917
		0.75	9.513	9.188
12		**1.75**	**10.863**	**10.106**
		1.5	11.026	10.376

公称直径 D、d 第一系列	公称直径 D、d 第二系列	螺距 P	中径 D_2、d_2	小径 D_1、d_1
12		1.25	11.188	10.647
		1	11.350	10.917
	14	**2**	**12.701**	**11.835**
		1.5	13.026	12.376
		(1.25)	13.188	12.647
		1	13.350	12.917
16		**2**	**14.701**	**13.835**
		1.5	15.026	14.376
		1	15.350	14.917
	18	**2.5**	**16.376**	**15.294**
		2	16.701	15.835

续表

公称直径 D、d 第一系列	公称直径 D、d 第二系列	螺距 P	中径 D_2、d_2	小径 D_1、d_1
	18	**1.5**	**17.026**	**16.376**
		1	17.350	16.917
20		**2.5**	**18.376**	**17.294**
		2	18.701	17.835
		1.5	19.026	18.376
		1	19.350	18.917
	22	**2.5**	**20.376**	**19.294**
		2	20.701	19.835
		1.5	21.026	20.376
		1	21.350	20.917
24		**3**	**22.051**	**20.752**
		2	22.701	21.835
		1.5	23.026	22.376
		1	23.350	22.917
	27	**3**	**25.051**	**23.752**
		2	25.701	24.835
		1.5	26.026	25.376
		1	26.350	25.917
30		**3.5**	**27.727**	**26.211**
		(3)	28.051	26.752
		2	28.701	27.853
		1.5	29.026	28.376
		1	29.350	28.917

公称直径 D、d 第一系列	公称直径 D、d 第二系列	螺距 P	中径 D_2、d_2	小径 D_1、d_1
	33	**3.5**	**30.727**	**29.211**
		(3)	31.051	29.752
		2	31.701	30.835
		1.5	32.026	31.376
36		**4**	**33.402**	**31.670**
		3	34.051	32.752
		2	34.701	33.835
		1.5	35.026	34.376
	39	**4**	**36.402**	**34.670**
		3	37.051	35.572
		2	**37.701**	**36.835**
		1.5	38.026	37.376
42		**4.5**	**39.077**	**37.129**
		(4)	39.402	37.670
		3	40.051	38.752
		2	40.701	39.835
		1.5	41.026	40.376
	45	**4.5**	**42.077**	**40.129**
		(4)	42.402	40.670
		3	43.051	41.752
		2	43.701	42.835
		1.5	44.026	43.376

公称直径 D、d 第一系列	公称直径 D、d 第二系列	螺距 P	中径 D_2、d_2	小径 D_1、d_1
48		**5**	**44.752**	**42.587**
		(4)	45.402	43.670
		3	46.051	44.752
		2	46.701	45.835
		1.5	47.026	46.376
	52	**5**	**48.752**	**46.587**
		(4)	49.402	47.670
		3	50.051	48.752
		2	50.701	49.835
		1.5	51.026	50.376
56		**5.5**	**52.428**	**50.046**
		4	53.402	51.670
		3	54.051	52.752
		2	54.701	53.835
		1.5	55.026	54.376
	60	**(5.5)**	**56.428**	**54.046**
		4	57.402	55.670
		3	58.051	56.752
		2	58.701	57.835
		1.5	59.026	58.376
64		**6**	**60.103**	**57.505**
		4	61.402	59.670
		3	62.051	60.752
		2	62.701	61.835
		1.5	63.026	62.376

注：① “螺距 P”栏中第一个数值(黑体字)为粗牙螺距，其余为细牙螺距；
② 优先选用第一系列，其次第二系列，第三系列(表中未列出)尽可能不用；
③ 括号内尺寸尽可能不用。

表 10-22　梯形螺纹设计牙型尺寸(GB/T 5796.1—2022 摘录)　(mm)

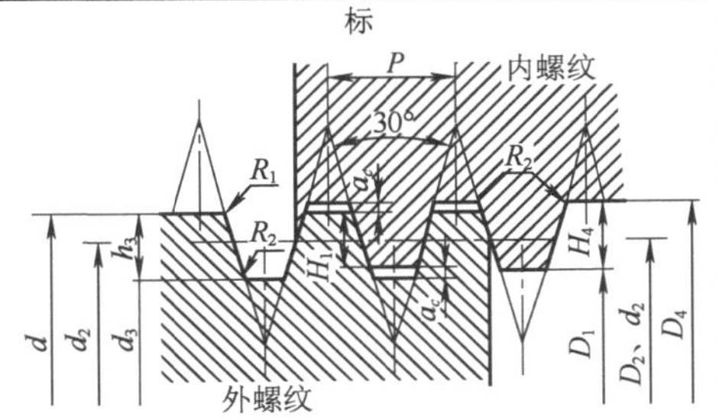

标记示例：

Tr40×7—7H　(梯形内螺纹，公称直径 d=40mm、螺距 P= 7mm、精度等级 7H)

Tr40×14(P7)LH—7e　(多线左旋梯形外螺纹，公称直径 d= 40mm、导程=14mm、螺距 P=7mm、精度等级 7e)

Tr40×7—7H/7e　(梯形螺旋副，公称直径 d=40mm、螺距 P=7mm、内螺纹精度等级 7H、外螺纹精度等级 7e)

P	a_c	$H_4=h_3$	$R_{1\max}$	$R_{2\max}$
1.5	0.15	0.9	0.075	0.15
2	0.25	1.25	0.125	0.25
3		1.75		
4		2.25		
5		2.75		
6	0.5	3.5	0.25	0.5
7		4		
8		4.5		

螺距 P	a_c	$H_4=h_3$	$R_{1\max}$	$R_{2\max}$
9	0.5	5	0.25	0.5
10		5.5		
12		6.5		
14	1	8	0.5	1
16		9		
18		10		
20		11		
22		12		

螺距 P	a_c	$H_4=h_3$	$R_{1\max}$	$R_{2\max}$
24	1	13	0.5	1
28		15		
32		17		
36		19		
40		21		
44		23		

表 10-23　梯形螺纹基本尺寸(GB/T 5796.3—2022 摘录)

螺距 P	外螺纹小径 d_3	内、外螺纹中径 D_2、d_2	内螺纹大径 D_4	内螺纹小径 D_1	螺距 P	外螺纹小径 d_3	内、外螺纹中径 D_2、d_2	内螺纹大径 D_4	内螺纹小径 D_1
1.5	$d-1.8$	$d-0.75$	$d+0.3$	$d-1.5$	8	$d-9$	$d-4$	$d+1$	$d-8$
2	$d-2.5$	$d-1$	$d+0.5$	$d-2$	9	$d-10$	$d-4.5$	$d+1$	$d-9$
3	$d-3.5$	$d-1.5$	$d+0.5$	$d-3$	10	$d-11$	$d-5$	$d+1$	$d-10$
4	$d-4.5$	$d-2$	$d+0.5$	$d-4$	12	$d-13$	$d-6$	$d+1$	$d-12$
5	$d-5.5$	$d-2.5$	$d+0.5$	$d-5$	14	$d-16$	$d-7$	$d+2$	$d-14$
6	$d-7$	$d-3$	$d+1$	$d-6$	16	$d-18$	$d-8$	$d+2$	$d-16$
7	$d-8$	$d-3.5$	$d+1$	$d-7$	18	$d-20$	$d-9$	$d+2$	$d-18$

注：① d 为公称直径(即外螺纹大径)；
　　② 表中所列的数值是按下式计算的：$d_3 = d - 2h_3$；D_2、$d_2 = d - 0.5P$；$D_4 = d + 2a_c$；$D_1 = d - P$。

表 10-24　螺栓和螺钉通孔及沉孔尺寸　　(mm)

螺纹规格	螺栓和螺钉通孔直径 d_h (GB/T 5277—1985)			沉头螺钉及半沉头螺钉的沉孔 (GB/T 152.2—2014)				内六角圆柱头螺钉的圆柱头沉孔 (GB/T 152.3—1988)				六角头螺栓和六角螺母的沉孔 (GB/T 152.4—1988)			
	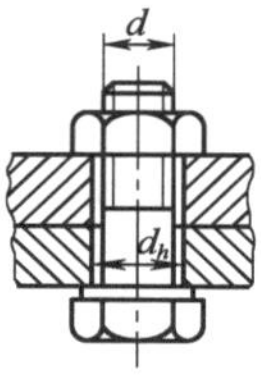			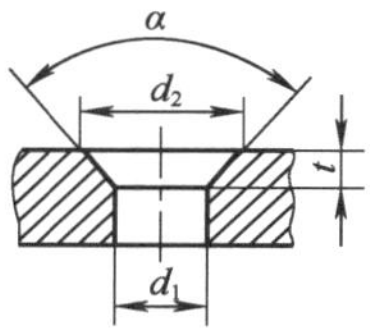				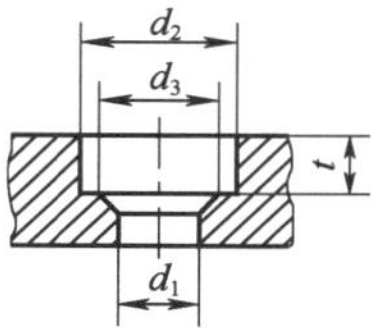				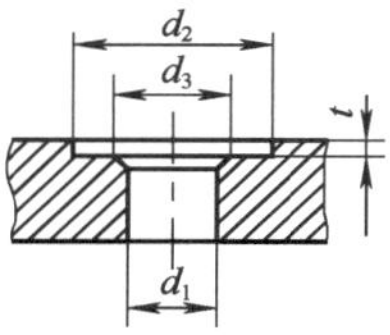			
d	d_h 精装配	d_h 中等装配	d_h 粗装配	d_2	$t\approx$	d_1	α	d_2	t	d_3	d_1	d_2	d_3	d_1	t
M3	3.2	3.4	3.6	6.4	1.55	3.4		6.0	3.4		3.4	9		3.4	
M4	4.3	4.5	4.8	9.6	2.55	4.5		8.0	4.6		4.5	10		4.5	
M5	5.3	5.5	5.8	10.6	2.58	5.5		10.0	5.7		5.5	11		5.5	
M6	6.4	6.6	7	12.8	3.13	6.6		11.0	6.8	—	6.6	13	—	6.6	
M8	8.4	9	10	17.6	4.28	9		15.0	9.0		9.0	18		9.0	
M10	10.5	11	12	20.3	4.65	11		18.0	11.0		11.0	22		11.0	
M12	13	13.5	14.5	24.4	6.0	13.5		20.0	13.0	16	13.5	26	16	13.5	
M14	15	15.5	16.5	28.4	7.0	15.5	$90^{\circ}{}^{+1^{\circ}}_{-1^{\circ}}$	24.0	15.0	18	14.5	30	18	13.5	只要能制出与通孔轴线垂直的圆平面即可
M16	17	18.5	18.5	32.4	8.0	17.5		26.0	17.5	20	17.5	33	20	17.5	
M18	19	20	21	—	—	—		—	—	—	—	36	22	20.0	
M20	21	22	24	40.4	10.0	22		33.0	21.5	24	22.0	40	24	22.0	
M22	23	24	26					—	—	—	—	43	26	24	
M24	25	26	28					40.0	25.5	28	26.0	48	28	26	
M27	28	30	32	—	—	—		—	—	—	—	53	33	30	
M30	31	33	35					48.0	32.0	36	33.0	61	36	33	
M36	37	39	42					57.0	38.0	42	39.0	42	42	39	

表 10-25　普通粗牙螺纹的余留长度、钻孔余留深度(JB/ZQ 4247—2006 摘录)　(mm)

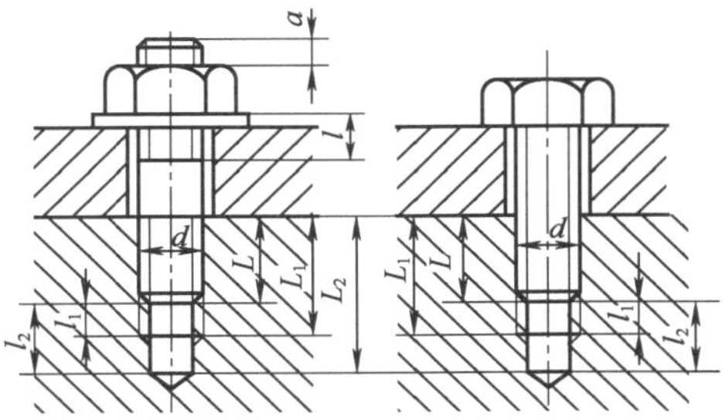

拧入深度 L 参见表 10-26 或由设计者决定：
钻孔深度 $L_2 = L + l_2$；
螺孔深度 $L_2 = L + l_2$

螺纹直径 d	余留长度			末端长度 a
	内螺纹	外螺纹	钻孔	
	l_1	l	l_2	
5	1.5	2.5	6	2～3
6 8	2 2.5	3.5 4	7 10	2.5～4
10 12	3 3.5	4.5 5.5	10 13	3.5～5
14、16 18、20、22	4 5	6 7	14 17	4.5～6.5
24、27 30	6 7	8 9	20 23	5.5～8
36 42	8 9	10 11	26 30	7～11
48 56	10 11	13 16	33 36	10～15

表 10-26　粗牙螺栓、螺钉的拧入深度和螺纹孔尺寸(参考)　(mm)

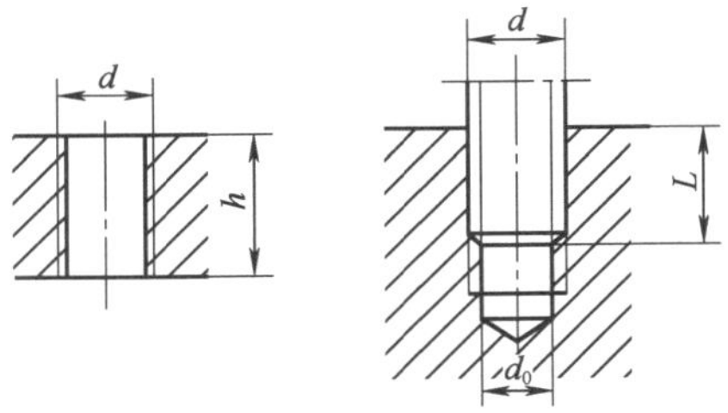

d	d_0	用于钢或青铜		用于铸铁		用于铝	
		L	L	L	L	L	L
6	5	8	6	12	10	15	12
8	6.8	10	8	15	12	20	16
10	8.5	12	10	18	15	24	20
12	10.2	15	12	22	18	28	24
16	14	20	16	28	24	36	32
20	17.5	25	20	35	30	45	40
24	21	30	24	42	35	55	48
30	26.5	36	30	50	45	70	60
36	32	45	36	65	55	80	72
42	37.5	50	42	75	65	95	85

注：h 为内螺纹通孔长度；L 为双头螺栓或螺钉拧入深度；d_0 为螺纹攻丝前钻孔直径。

表 10-27　扳手空间(JB/ZQ 4005—2006 摘录)　　(mm)

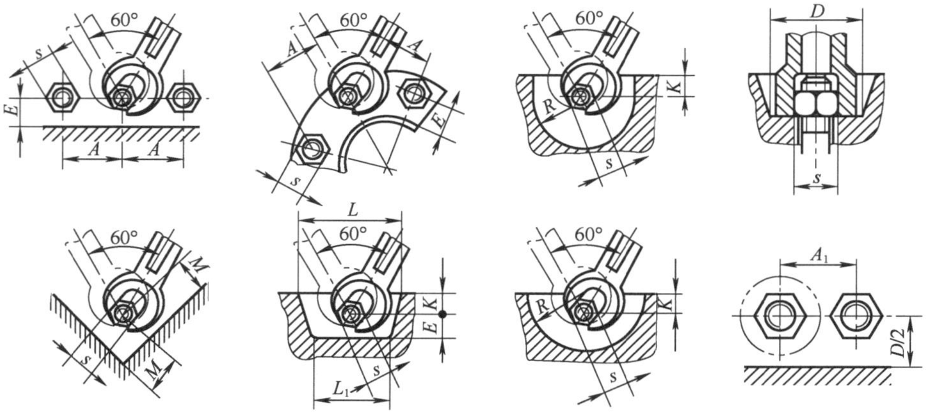

螺纹直径 d	s	A	A_1	E = K	M	L	L_1	R	D
3	5.5	18	12	5	11	30	24	15	14
4	7	20	16	6	12	34	28	16	16
5	8	22	16	7	13	36	30	18	20
6	10	26	18	8	15	46	38	20	24
8	13	32	24	11	18	55	44	25	38
10	16	38	28	13	22	62	50	30	30
12	18	42	—	14	24	70	55	32	—
14	21	48	36	15	26	80	65	36	40
16	24	55	38	16	30	85	70	42	45
18	27	62	45	19	32	95	75	46	52
20	30	68	48	20	35	105	85	50	56
22	34	76	55	24	40	120	95	58	60
24	36	80	58	24	42	125	100	60	70
27	41	90	65	26	46	135	110	65	76
30	46	100	72	30	50	155	125	75	82
33	50	108	76	32	55	165	130	80	88
36	55	118	85	36	60	180	145	88	95
39	60	125	90	38	65	190	155	92	100
42	65	135	96	42	70	205	165	100	106
45	70	145	105	45	75	220	175	105	112
49	75	160	115	48	80	235	185	115	126
52	80	170	120	48	84	245	195	125	132
56	85	180	126	52	90	260	205	130	138
60	90	185	134	58	95	275	215	135	145
64	95	195	140	58	100	285	225	140	152
68	100	205	145	65	105	300	235	150	158

表 10-28　六角头螺栓 A 和 B 级（GB/T 5782—2016 摘录）
六角头螺栓-全螺纹 A 和 B 级（GB/T 5783—2016 摘录）

（mm）

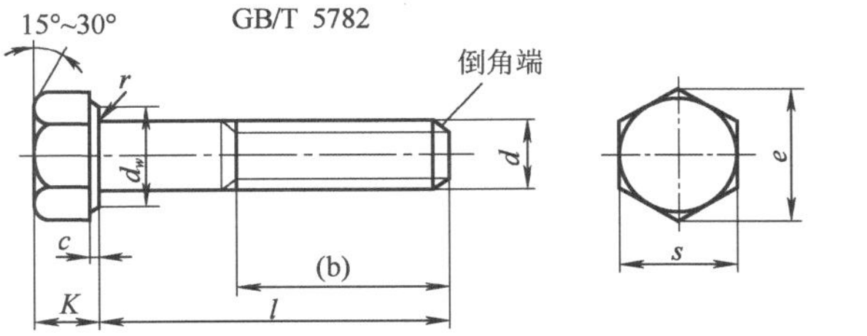

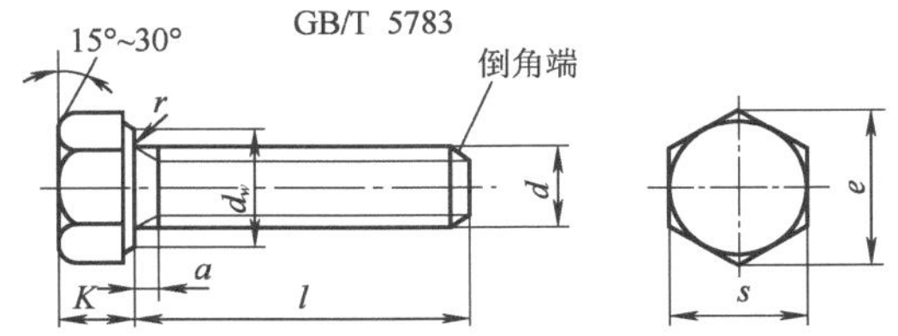

标记示例：
螺纹规格 d =M12、公称长度 l =80mm、性能等级为 8.8 级、表面不处理、A 级的六角头螺栓的标记为
螺栓 GB/T 5782　M12×80

标记示例：
螺纹规格 d =M12、公称长度 l =80mm、性能等级为 8.8 级、表面不处理、全螺纹、A 级的六角头螺栓的标记为
螺栓 GB/T 5783　M12×80

螺纹规格 d			M3	M4	M5	M6	M8	M10	M12	(M14)	M16	(M18)	M20	(M22)	M24	(M27)	M30	M36
b 参考	l ≤125		12	14	16	18	22	26	30	34	38	42	46	50	54	60	66	—
	125< l ≤200		18	20	22	24	28	32	36	40	44	48	52	56	60	66	72	84
	l >200		31	33	35	37	41	45	49	53	57	61	65	69	73	79	85	97
a	max		1.5	2.1	2.4	3	4.1	4.5	5.3	6	6	7.5	7.5	7.5	9	9	10.5	12
c	max		0.4	0.4	0.5	0.5	0.6	0.6	0.6	0.6	0.8	0.8	0.8	0.8	0.8	0.8	0.8	0.8
	min		0.15	0.15	0.15	0.15	0.15	0.15	0.15	0.15	0.2	0.2	0.2	0.2	0.2	0.2	0.2	0.2
d_w	min	A	4.57	5.88	6.88	8.88	11.63	14.63	16.63	19.64	22.49	25.34	28.19	31.71	33.61	—	—	—
		B	4.45	5.74	6.74	8.74	11.47	14.47	16.47	19.15	22.00	24.85	27.70	31.35	33.25	38.00	42.75	51.11
e	min	A	6.01	7.66	8.70	11.05	14.38	17.77	20.03	23.36	26.75	30.14	33.53	37.72	39.98	—	—	—
		B	5.88	7.50	8.63	10.89	14.20	17.59	19.85	22.78	26.17	29.56	32.95	37.29	39.55	45.20	50.85	60.79
K	公称		2	2.8	3.5	4	5.3	6.4	7.5	8.8	10	11.5	12.5	14	15	17	18.7	22.5
r	min		0.1	0.2	0.2	0.25	0.4	0.4	0.6	0.6	0.6	0.6	0.8	0.8	0.8	1	1	1
s	公称		5.5	7	8	10	13	16	18	21	24	27	30	34	36	41	46	55
l 范围			20~30	25~40	25~50	30~60	35~80	40~100	45~120	50~140	55~160	60~180	65~200	70~220	80~240	90~260	90~300	110~360
l 范围（全螺纹）			6~30	8~40	10~50	12~60	16~80	20~100	25~120	30~140	30~150	35~150	40~150	45~150	50~150	55~200	60~200	70~200
l 系列			6，8，10，12，16，20~70（5 进位），80~160（10 进位），180~360（20 进位）															

技术条件	材料	力学性能等级	螺纹公差	公差产品等级	表面处理
	钢	M3≤d≤M39:5.6, 8.8,10.9; M3≤d≤M16:9.8; D<M3 和 d>M39: 按协议	6g	A 级用于 d ≤24 和 l ≤ 10d 或 l ≤150；B 级用于 d >24 和 l > 10d 或 l >150	氧化或镀锌钝化

注：① A、B 为产品等级，A 级最精确、C 级最不精确。C 级产品详见 GB/T 5780—2016、GB/T 5781—2016；
② l 系列中，M14 中的 55、65、M18 和 M20 中的 65，全螺纹中的 55、65 等规格尽量不采用；
③ 括号内为第二系列螺纹直径规格，尽量不采用。

表 10-29　六角头铰制孔用螺栓 A 和 B 级(GB/T 27—2013 摘录)　(mm)

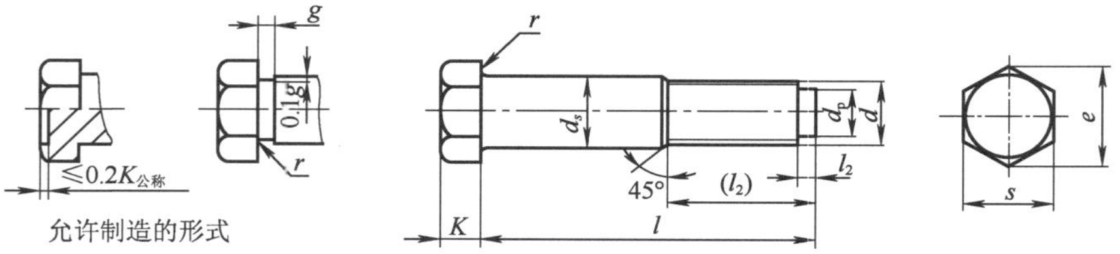

标记示例：

螺纹规格 d =M12、d_s 尺寸按本表规定、公称长度 l =80mm、力学性能等级为 8.8 级、表面氧化处理、A 级的六角头铰制孔用螺栓的标记为

螺栓 GB/T 27　M12×80

当 d_s 按 m6 制造时应标记为

螺栓 GB/T 27　M12×m6×80

螺纹规格 d		M6	M8	M10	M12	(M14)	M16	(M18)	M20	(M22)	M24	(M27)	M30	M36
d_s (h9)	max	7	9	11	13	15	17	19	21	23	25	28	32	38
s	max	10	13	16	18	21	24	27	30	34	36	41	46	55
K	公称	4	5	6	7	8	9	10	11	12	13	15	17	20
r	min	0.25	0.4	0.4	0.6	0.6	0.6	0.6	0.8	0.8	0.8	1	1	1
d_p		4	5.5	7	8.5	10	12	13	15	17	18	21	23	28
l_2		1.5		2		3			4			5		6
e_{min}	A	11.05	14.38	17.77	20.03	23.35	26.75	30.14	33.53	37.72	39.98	—	—	—
	B	10.89	14.20	17.59	19.85	22.78	26.17	29.56	32.95	37.29	39.55	45.2	50.85	60.79
g		2.5				3.5					5			
l_0		12	15	18	22	25	28	30	32	35	38	42	50	55
l 范围		25～65	25～80	30～120	35～180	40～180	45～200	50～200	55～200	60～200	65～200	75～200	80～230	90～300
l 系列		25，(28)，30，(32)，35，(38)，40，45，50，(55)，60，(65)，70，(75)，80，85，90，(95)，100～260(10 进位)，280，300												

注：① 技术条件见表 10-28；
② 尽可能不采用括号内的规格；
③ 根据使用要求，螺杆上无螺纹部分杆径(d_s)允许按 m6、u8 制造。

表 10-30　双头螺柱 $b_m=d$（GB/T 897—1988 摘录）、$b_m=1.25d$（GB/T 898—1988 摘录）、$b_m=1.5d$（GB/T 899—1988 摘录）　　(mm)

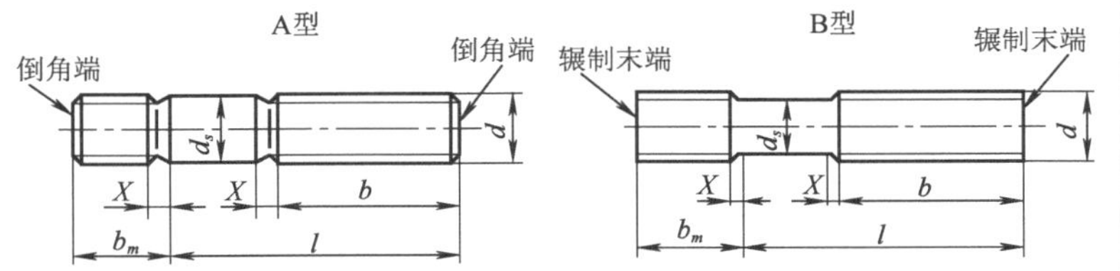

末端按 GB/T 2—1985 规定
$d_{s\max}=d$(A型)
$d_s\approx$螺纹中径(B型)
$X_{\max}=1.5P$

标记示例：

两端均为粗牙普通螺纹，d =10mm、l=50mm、性能等级为 4.8 级、不经表面处理、B 型、$b_m=1.25d$ 的双头螺柱的标记为

螺柱　GB/T 898　M10×50

旋入机体一端为粗牙普通螺纹，旋螺母一端为螺距 P =1mm 的细牙普通螺纹，d =10mm、l=50mm、性能等级为 4.8 级、不经表面处理、A 型、$b_m=1.25d$ 的双头螺柱的标记为

螺柱 GB/T 898　A M10-M10×1×50

旋入机体一端为过渡配合螺纹的第一种配合，旋螺母一端为粗牙普通螺纹，d =10mm、l=50mm、性能等级为 8.8 级、镀锌钝化、B 型、$b_m=1.25d$ 的双头螺柱的标记为

螺柱 GB/T 898　G M10-M10×50-8.8-Zn·D

螺纹规格 d		M5	M6	M8	M10	M12	(M14)	M16
b_m（公称）	$b_m=d$	5	6	8	10	12	14	16
	$b_m=1.25d$	6	8	10	12	15	18	20
	$b_m=1.5d$	8	10	12	15	18	21	24
$\frac{l(公称)}{b}$		$\frac{16\sim22}{10}$	$\frac{20\sim22}{10}$	$\frac{20\sim22}{12}$	$\frac{15\sim28}{14}$	$\frac{25\sim30}{16}$	$\frac{30\sim35}{18}$	$\frac{30\sim38}{20}$
		$\frac{25\sim50}{16}$	$\frac{25\sim30}{14}$	$\frac{25\sim30}{16}$	$\frac{30\sim38}{16}$	$\frac{32\sim40}{20}$	$\frac{38\sim45}{25}$	$\frac{40\sim55}{30}$
		—	$\frac{32\sim75}{18}$	$\frac{32\sim90}{22}$	$\frac{40\sim120}{26}$	$\frac{45\sim120}{30}$	$\frac{50\sim120}{34}$	$\frac{60\sim200}{38}$
		—	—	—	$\frac{130}{32}$	$\frac{130\sim180}{36}$	$\frac{130\sim180}{40}$	$\frac{130\sim200}{44}$
螺纹规格 d		(M18)	M20	(M22)	M24	(M27)	M30	M36
b_m（公称）	$b_m=d$	18	20	22	24	27	30	36
	$b_m=1.25d$	22	25	28	30	35	38	45
	$b_m=1.5d$	27	30	33	36	40	45	54
$\frac{l(公称)}{b}$		$\frac{35\sim40}{22}$	$\frac{35\sim40}{25}$	$\frac{40\sim45}{30}$	$\frac{40\sim45}{30}$	$\frac{50\sim60}{35}$	$\frac{60\sim65}{40}$	$\frac{65\sim75}{45}$
		$\frac{45\sim60}{35}$	$\frac{45\sim65}{35}$	$\frac{50\sim70}{40}$	$\frac{55\sim75}{45}$	$\frac{65\sim85}{50}$	$\frac{70\sim90}{50}$	$\frac{80\sim110}{60}$
		$\frac{65\sim120}{42}$	$\frac{70\sim120}{46}$	$\frac{75\sim120}{50}$	$\frac{80\sim120}{54}$	$\frac{90\sim120}{60}$	$\frac{95\sim120}{66}$	$\frac{120}{78}$
		$\frac{130\sim200}{48}$	$\frac{130\sim200}{48}$	$\frac{130\sim200}{56}$	$\frac{130\sim200}{60}$	$\frac{130\sim200}{66}$	$\frac{130\sim200}{72}$	$\frac{130\sim200}{84}$
公称长度 l 的系列		16、(18)、20、(22)、25、(28)、30、(32)、35、(38)、40 、45、50、(55)、60、(65)、70、(75)、80、(85)、90、(95)、100～260(10 进位)、280、300						

注：① 尽可能不采用括号内的规格。GB/T 897 中的 M24、M30 为括号内的规格；

② GB/T 898 为商品紧固件品种，应优先选用；

③ 当 $(b-b_m)\leqslant 5$mm 时，旋螺母一端应制成倒圆端。

表 10-31　地脚螺栓(GB/T 799—2020 摘录)

(mm)

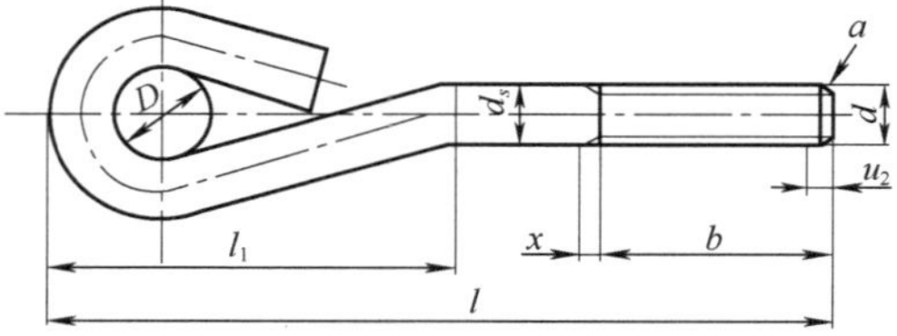

标记示例：

d = 20mm、l = 400mm、性能等级为 3.6 级、不经表面处理的地脚螺栓的标记为

螺栓 GB/T 799—2020　M20×400

螺纹规格 d		M8	M10	M12	M16	M20	M24	M30	M36	M42	M48
b	max	31	36	40	50	58	68	80	94	106	120
X	max	3.2	3.8	4.3	5	6.3	7.5	9	10	11	12.5
D		10	15	20	20	30	30	45	60	60	760
l_1		46	65	82	93	127	139	192	244	261	302
l 范围		80～200	100～250	120～300	160～500	200～800	250～1200	300～2000	400～2500	500～2500	600～3000
技术条件		材料	力学性能等级			螺纹公差		产品等级		表面处理	
		钢	$d<39$，3.6 级 $d>39$，按协议			8g		C		1.不处理；2.氧化；3.镀锌	

表 10-32　内六角圆柱头螺钉(GB/T 70.1—2008 摘录)

(mm)

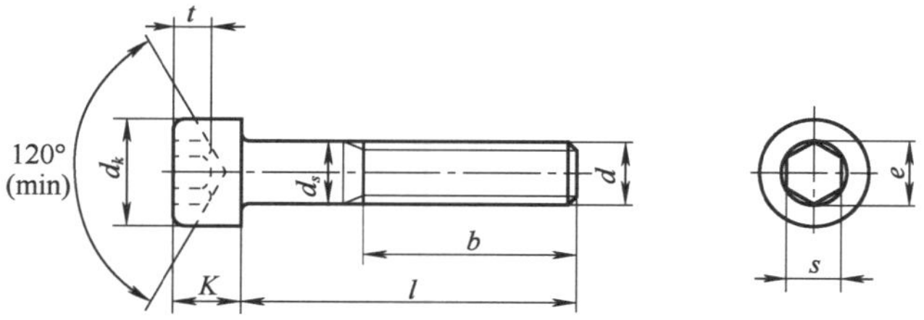

标记示例：

螺纹规格 d =M5、公称长度 l =20mm、性能等级为 8.8 级、表面氧化的内六角圆柱头螺钉的标记为

螺钉 GB/T 70.1　M5×20

螺纹规格 d	M5	M6	M8	M10	M12	M16	M20	M24	M30	M36
b（参考）	22	24	28	32	36	44	52	60	72	84
$d_{k(\max)}$	8.5	10	13	16	18	24	30	36	45	54
e(min)	4.58	5.72	6.86	9.15	11.43	16	19.44	21.73	25.15	30.85
K(max)	5	6	8	10	12	16	20	24	30	36
s（公称）	4	5	6	8	10	14	17	19	22	27
t(min)	2.5	3	4	5	6	8	10	12	15.5	19
l 范围(公称)	8～50	10～60	12～80	16～100	20～120	25～160	30～200	40～200	45～200	55～200
制成全螺纹时 $l\leqslant$	25	30	35	40	45	55	65	80	90	110
l 系列(公称)	8，10，12，(14)，16，20～50(5 进位)，(55)，60，(65)，70～160(10 进位)，180，200									
技术条件	材料	力学性能等级			螺纹公差		产品等级		表面处理	
	钢	8.8，　12.9			12.9 级为 5g 或 6g 其他等级为 6g		A		氧化或镀锌钝化	

注：括号内规格尽可能不采用。

表 10-33　十字槽盘头螺钉（GB/T 818—2016 摘录）、十字槽沉头螺钉（GB/T 819.1—2016 摘录）　（mm）

十字槽盘头螺钉

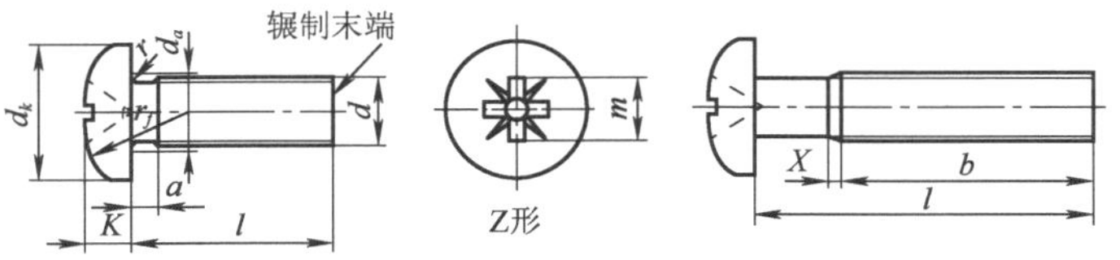

十字槽沉头螺钉

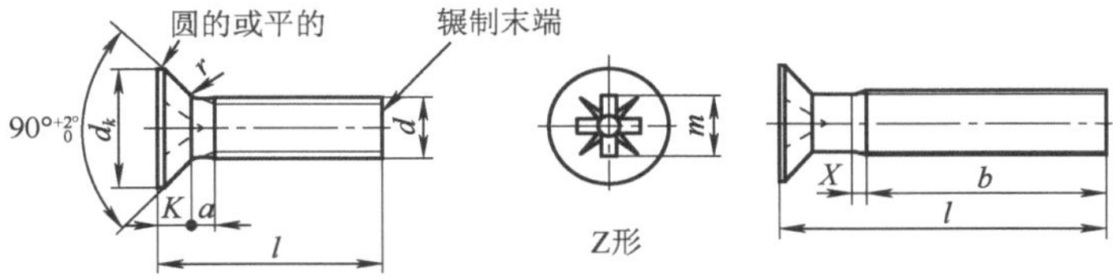

无螺纹部分杆径≈中径
或=螺纹大径

标记示例：

螺纹规格 d =M5、公称长度 l =20mm、性能等级为 4.8 级、不经表面处理的十字槽盘头螺钉（或十字槽沉头螺钉）的标记为

螺钉 GB/T 818　M5×20（或 GB/T 819.1　M5×20）

螺纹规格 d			M1.6	H2	M2.5	M3	M4	M5	M6	M8	M10
a		max	0.7	0.8	0.9	1	1.4	1.6	2	2.5	3
b		min	25	25	25	25	38	38	38	38	38
X		max	0.9	1	1.1	1.25	1.75	2	2.5	3.2	3.8
十字槽盘头螺钉	d_a	max	2.1	2.6	3.1	3.6	4.7	5.7	6.8	9.2	11.2
	d_k	max	3.2	4	5	5.6	8	9.5	12	16	20
	K	max	1.3	1.6	2.1	2.4	3.1	3.7	4.6	6	7.5
	r	min	0.1	0.1	0.1	0.1	0.2	0.2	0.25	0.4	0.4
	r_1	≈	2.5	3.2	4	5	6.5	8	10	13	16
	l	参考	1.7	1.9	2.6	2.9	4.4	4.6	6.8	8.8	10
	l 商品规格范围		3～16	3～20	3～25	4～30	5～40	6～45	8～60	10～60	12～60
十字槽沉头螺钉	d_k	max	3	4.4	5.5	6.3	9.4	10.4	12.6	17.3	20
	K	max	1	1.2	1.5	1.65	2.7	2.7	3.3	4.65	5
	r	max	0.4	0.5	0.6	0.8	1	1.3	1.5	2	2.5
	m	参考	1.8	2	3	3.2	4.6	5.1	6.8	9	10
	l 商品规格范围		3～16	3～20	3～25	4～30	5～40	6～45	8～60	10～60	12～60
公称长度 l 的系列			3，4，5，6，8，10，12，(14)，16，20～60（5 进位）								

技术条件	材料	力学性能等级	螺纹公差	产品等级	表面处理
	钢	4.8	6g	A	不经处理

注：① 公称长度 l 中的（14）、（55）等规格尽可能不采用；

② 对十字槽盘头螺钉，d ≤M3、l ≤25mm 或 d >M4，l ≤40mm 时，制出全螺纹（$b=l-a$）；
对十字槽沉头螺钉，d ≤M3、l ≤30mm 或 d >M4，l ≤45mm 时，制出全螺纹 [$b=l-(K+a)$]。

表 10-34　开槽盘头螺钉(GB/T 67—2016 摘录)、开槽沉头螺钉(GB/T 68—2016 摘录)　(mm)

开槽盘头螺钉

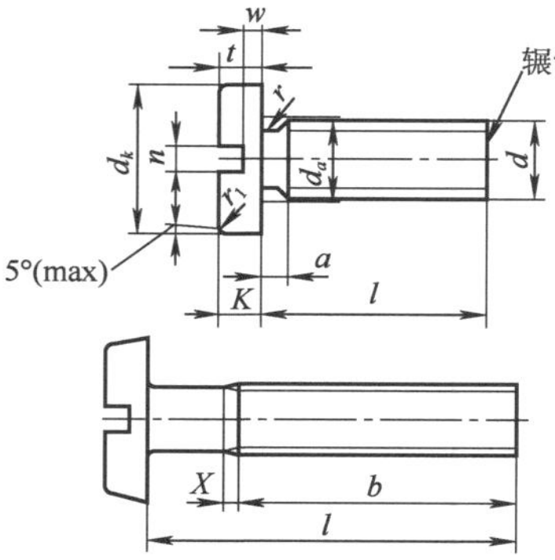

开槽沉头螺钉

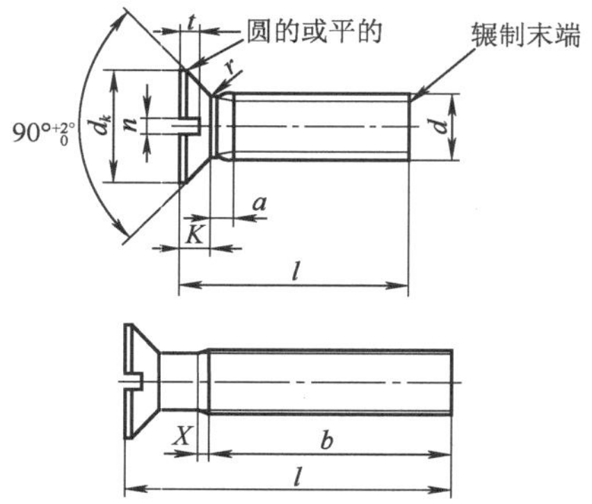

无螺纹部分杆径≈中径或=螺纹大径

标记示例：

螺纹规格 d =M5、公称长度 l =20mm、性能等级为 4.8 级、不经表面处理的开槽盘头螺钉(或开槽沉头螺钉)的标记为

螺钉 GB/T 67　M5×20(或 GB/T 68　M5×20)

螺纹规格 d			M1.6	M2	M2.5	M3	(M3.5)	M4	M5	M6	M8	M10
螺距 P			0.35	0.4	0.45	0.5	0.6	0.7	0.8	1	1.25	1.5
a		max	0.7	0.8	0.9	1	1.2	1.4	1.6	2	2.5	3
b		min	25	25	25	25	38	38	38	38	38	38
n		公称	0.4	0.5	0.6	0.8	1	1.2	1.2	1.6	2	2.5
		最大值	0.6	0.7	0.8	1	1.2	1.51	1.51	1.91	2.31	2.81
		最小值	0.46	0.56	0.66	0.86	1.06	1.26	1.26	1.66	2.06	2.56
X		max	0.9	1	1.1	1.25	1.5	1.75	2	2.5	3.2	3.8
开槽盘头螺钉	d_a	max	2	2.6	3.1	3.6	4.1	4.7	5.7	6.8	9.2	11.2
	d_k	公称=max	3.2	4	5	5.6	7	8	9.5	12	16	20
		min	2.9	3.7	4.7	5.3	6.64	7.64	9.14	11.57	15.57	19.48
	K	公称=max	1	1.3	1.5	1.8	2.1	2.4	3	3.6	4.8	6
		min	0.86	1.16	1.36	1.66	1.96	2.26	2.88	3.3	4.5	5.7
	r	min	0.1	0.1	0.1	0.1	0.1	0.2	0.2	0.25	0.4	0.4
	r_1	参考	0.5	0.6	0.8	0.9	1	1.2	1.5	1.8	2.4	3
	t	min	0.35	0.5	0.6	0.7	0.8	1	1.2	1.4	1.9	2.4
	w	min	0.3	0.4	0.5	0.7	0.8	1	1.2	1.4	1.0	2.4
	l 商品规格范围		2～16	2.5～20	3～25	4～30	5～35	5～40	6～50	8～60	10～80	12～80
开槽沉头螺钉	d_k	理论值 max	3.6	4.4	5.5	6.3	8.2	9.4	10.4	12.6	17.3	20
		实际值 公称=max	3.0	3.8	4.7	5.5	7.3	8.4	9.3	11.3	15.8	18.3
		实际值 min	2.7	3.5	4.4	5.2	6.94	8.04	8.94	10.87	15.37	17.78
	K	max	1	1.2	1.5	1.65	2.35	2.7	2.7	3.3	4.65	5
	r	max	0.4	0.5	0.6	0.8	0.9	1	1.3	1.5	2	2.5
	t	max	0.50	0.6	0.75	0.85	1.2	1.3	1.4	1.6	2.3	2.6
		min	0.32	0.4	0.5	0.6	0.9	1	1.1	1.2	1.8	2.0
	l 商品规格范围		2.5～16	3～20	4～25	5～30	6～35	6～40	8～50	8～60	10～80	12～80
公称长度 l 的系列			2，2.5，3，4，5，6，8，10，12，(14)，16，20～80(5 进位)									

技术条件	材料	力学性能等级	螺纹公差		产品等级	表面处理
	钢	4.8、5.8	6g		A	不经处理

注：① 尽可能不采用括号内的规格；

② 对十字槽盘头螺钉，d ≤M3、l ≤30mm 或 d >M4，l ≤40mm 时，制出全螺纹($b=l-a$)；

对十字槽沉头螺钉，d ≤M3、l ≤30mm 或 d >M4，l ≤45mm 时，制出全螺纹[$b=l-(K+a)$]。

表 10-35　紧定螺钉（GB/T 71—2018、GB/T 73—2017、GB/T 75—2018 摘录）　(mm)

开槽锥端紧定螺钉（GB/T 71—2018 摘录）　开槽平端紧定螺钉（GB/T 73—2017 摘录）　开槽长圆柱端紧定螺钉（GB/T 75—2018 摘录）

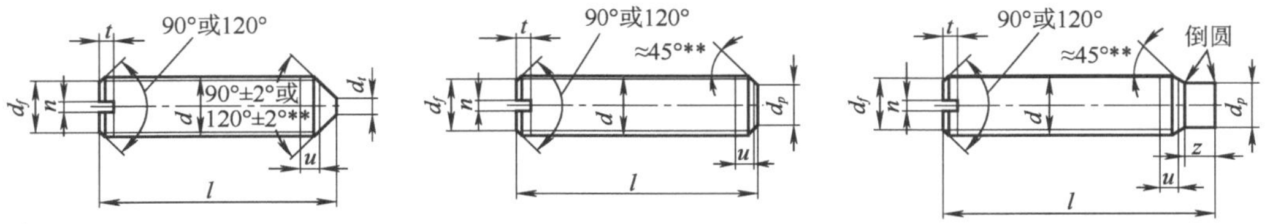

标记示例：

螺纹规格 d =M5、公称长度 l =12mm、性能等级为 14H 级、表面氧化的开槽锥端紧定螺钉（或沉头螺钉）的标记为

螺钉 GB/T71—2018　M5×12

相同规格的另外两种螺钉的标记分别为

螺钉 GB/T73—2017　M5×12　　螺钉 GB/T 75—2018　M5×12

螺纹规格 d	螺距 P	n（公称）	t (max)	d_t (max)	d_p (max)	z (max)	长度 l		制成 120°的短螺钉长度 l		l 系列（公称）
							GB/T71—2018 GB/T75—2018	GB/T73—2017	GB/T73—2017	GB/T75—2018	
M4	0.7	0.6	1.42	0.4	2.5	2.25	6～20	4～20	4	6	4，5，6，8，10，12，16，20，25，30，35，40，45，50，60
M5	0.8	0.8	1.63	0.5	3.5	2.75	8～25	5～25	5	8	
M6	1	1	2	1.5	4	3.25	8～30	6～30	6	8.10	
M8	1.25	1.2	2.5	2	5.5	4.3	10～40	8～40	6	10.12	
M10	1.5	1.6	3	2.5	7	5.3	12～50	10～50	8	12.16	

技术条件	材料	力学性能等级	螺纹公差	公差产品等级	表面处理
	Q235、15、35、45	14H、22H	6g	A	氧化或镀锌钝化

注：**90° 或 120° 和 45° 仅适用于螺纹小径以内的末端部分。

表 10-36　吊环螺钉（GB/T 825—1988 摘录）　(mm)

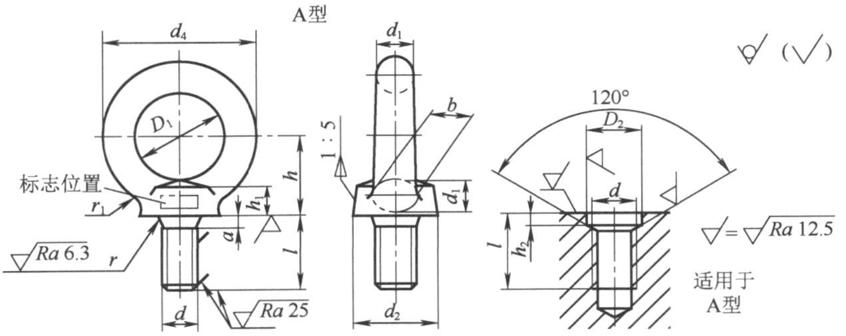

标记示例：

螺纹规格 M20、材料为 20 钢、经正火处理、不经表面处理的 A 型吊环螺钉的标记为

螺钉 GB/T 825　M20

d (D)	M8	M10	M12	M16	M20	M24	M30	M36
d_1 (max)	9.1	11.1	13.1	15.2	17.4	21.4	25.7	30
D_1（公称）	20	24	28	34	40	48	56	67
d_2 (max)	21.1	25.1	29.1	35.2	41.4	49.4	57.7	69
h_1 (max)	7	9	11	13	15.1	19.1	23.2	27.4

续表

h		18	22	26	31	36	44	53	63
d_4（参考）		36	44	52	62	72	88	104	123
r_1		4	4	6	6	8	12	15	18
r（min）		1	1	1	1	1	2	2	3
l（公称）		16	20	22	28	35	40	45	55
a（max）		2.5	3	3.5	4	5	6	7	8
b		10	12	14	16	19	24	28	32
D_2（公称 min）		13	15	17	22	28	32	38	45
h_2（公称 min）		2.5	3	3.5	4.5	5	7	8	9.5
最大起吊重量/kg	单螺钉起吊 	0.16	0.25	0.4	0.63	1	1.6	2.5	4
	双螺钉起吊 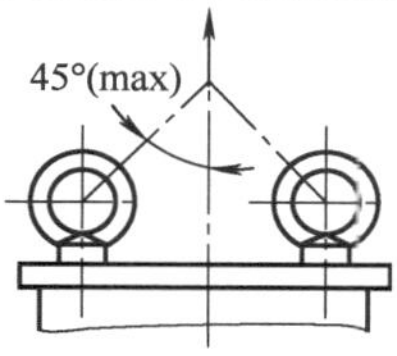	0.08	0.125	0.2	0.32	0.5	0.8	1.25	2

注：① 材料为 20 或 25 钢；
② d 为商品规格。

表 10-37　1 型六角螺母(GB/T 6170—2015 摘录)、六角薄螺母(GB/T 6172.1—2016 摘录)

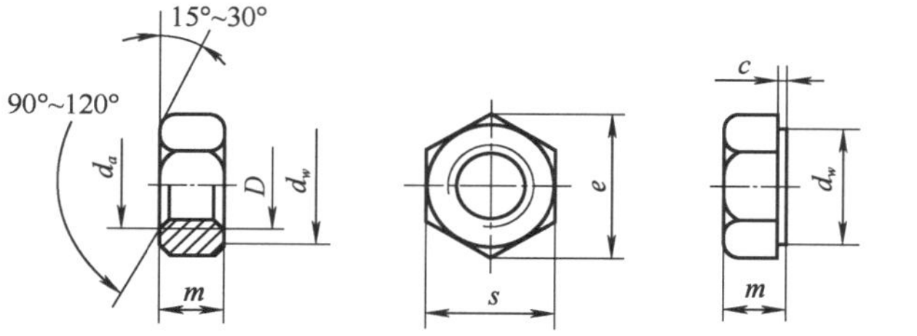

标记示例：

螺纹规格 D =M12、性能等级为 10 级、不经表面处理、A 级的 1 型六角螺母的标记为

螺母 GB/T 6170　M12

螺纹规格 D =M12、性能等级为 04 级、不经表面处理、A 级六角薄螺母的标记为

螺母 GB/T 6172.1　M12

允许制造形式(GB/T 6170)

螺纹规格 D		M3	M4	M5	M6	M8	M10	M12	(M14)	M16	(M18)	M20	(M22)	M24	(M27)
d_a	max	3.45	4.6	5.75	6.75	8.75	10.8	13	15.1	17.30	19.5	21.6	23.7	25.9	29.1
d_w	min	4.6	5.9	6.9	8.9	11.6	14.6	16.6	19.6	22.5	24.9	27.7	31.4	33.3	38
e	min	6.01	7.66	8.79	11.05	14.38	17.77	20.03	23.36	26.75	29.56	32.95	37.29	39.55	45.2
s	max	5.5	7	8	10	13	16	18	21	24	27	30	34	36	41
c	max	0.4	0.4	0.5	0.5	0.6	0.6	0.6	0.6	0.8	0.8	0.8	0.8	0.8	0.8
m (max)	六角螺母	2.4	3.2	4.7	5.2	6.8	8.4	10.8	12.8	14.8	15.8	18	19.4	21.5	23.8
	薄螺母	1.8	2.2	2.7	3.2	4	5	6	7	8	9	10	11	12	13.5

技术条件	材料	力学性能等级	螺纹公差	表面处理	公差产品等级
	钢	六角螺母　6、8、10 薄螺母　04、05	6H	不经处理或镀锌钝化	A 级用于 $D \leqslant$M16；B 级用于 $D >$M16

注：尽可能不采用括号内的规格。

表 10-38　小垫圈、平垫圈　　(mm)

小垫圈—A 级(GB/T 848—2002 摘录)

平垫圈—A 级(GB/T 97.1—2002 摘录)

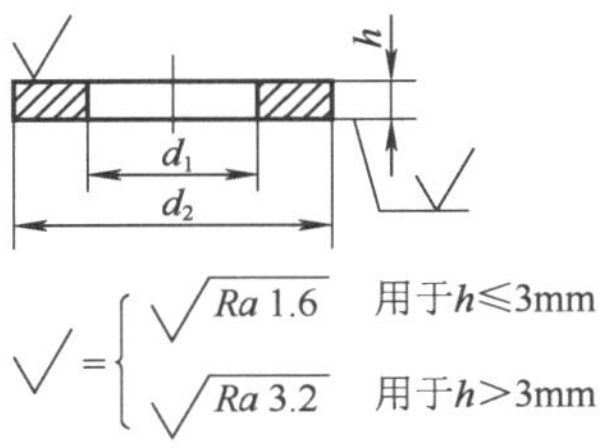

平垫圈—倒角形—A 级

(GB/T 97.2—2002 摘录)

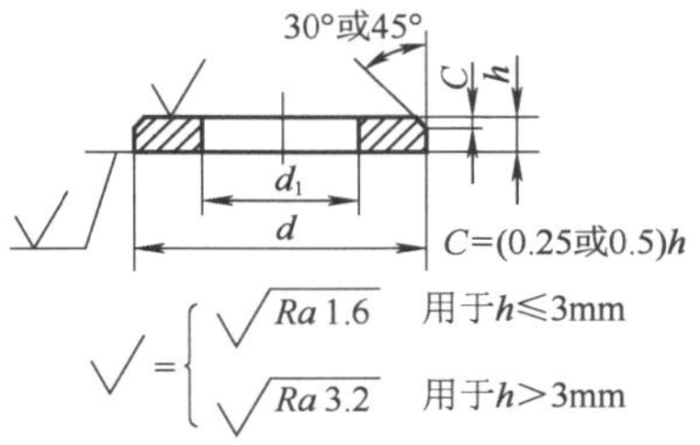

标记示例:

小系列(或标准系列)、公称尺寸 $d = 8$mm 、性能等级为 140HV 级、不经表面处理的小垫圈(或平垫圈，或倒角形平垫圈)的标记为

垫圈 GB/T 848　8～140HV (或 GB/T 97.1　8～140HV，或 GB/T 97.2　8～140HV)

公称尺寸(螺纹规格 d)		1.6	2	2.5	3	4	5	6	8	10	12	14	16	20	24	30	36
d_1	GB/T 848—2002	1.7	2.2	2.7	3.2	4.3	5.3	6.4	8.4	10.5	13	15	17	21	25	31	37
	GB/T 97.1—2002																
	GB/T 97.2—2002	—	—	—	—	—											
d_2	GB/T 848—2002	3.5	4.5	5	6	8	9	11	15	18	20	24	28	34	39	50	60
	GB/T 97.1—2002	4	5	6	7	9	10	12	16	20	24	28	30	37	44	56	66
	GB/T 97.2—2002	—	—	—	—	—											
h	GB/T 848—2002	0.3	0.3	0.5	0.5	0.5	1	1.6	1.6	1.6	2	2.5	2.5	3	4	4	5
	GB/T 97.1—2002					0.8				2	2.5		3				
	GB/T 97.2—2002	—	—	—	—	—											

表 10-39　标准型弹簧垫圈(GB/T 93—1987 摘录)、轻型弹簧垫圈(GB/T 859—1987 摘录)　　(mm)

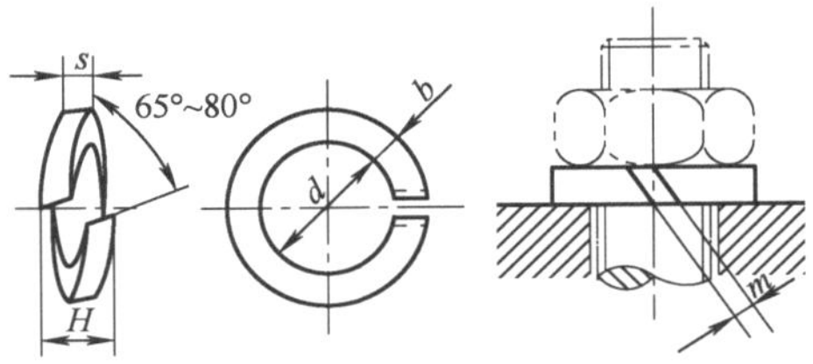

标记示例:

规格为 16、材料 65Mn、表面氧化的标准型(或轻型)弹簧垫圈的标记为

垫圈 GB/T 93　16 (或 GB/T 859　16)

规格(螺纹大径)			3	4	5	6	8	10	12	(14)	16	(18)	20	(22)	24	(27)	30	(33)	36
GB/T 93—1987	$S(b)$	公称	0.8	1.1	1.3	1.6	2.1	2.6	3.1	3.6	4.1	4.5	5.0	5.5	6.0	6.8	7.5	8.5	9
	H	min	1.6	2.2	2.6	3.2	4.2	5.2	6.2	7.2	8.2	9	10	11	n	13.6	15	17	18
		max	2	2.75	3.25	4	5.25	6.5	7.75	9	10.25	11.2	12.5	13.75	15	17	18.75	21.25	22.5
	m	≤	0.4	0.55	0.65	0.8	1.05	1.3	1.55	1.8	2.05	2.25	2.5	2.75	3	3.4	3.75	4.25	4.5

续表

规格(螺纹大径)			3	4	5	6	8	10	12	(14)	16	(18)	20	(22)	24	(27)	30	(33)	36
GB/T 859—1987	S	公称	0.6	0.8	1.1	1.3	1.6	2	2.5	3	3.2	3.6	4	4.5	5	5.5	6	—	—
	b	公称	1	1.2	1.5	2	2.5	3	3.5	4	4.5	5	5.5	6	7	8	9	—	—
	H	min	1.2	1.6	2.2	2.6	3.2	4	5	6	6.4	7.2	8	9	10	11	12	—	—
		max	1.5	2	2.75	3.25	4	5	6.25	7.5	8	9	10	11.25	12.5	13.75	15	—	—
	m	≤	0.3	0.4	0.55	0.65	0.8	1.0	1.25	1.5	1.6	1.8	2.0	2.25	2.5	2.75	3.0	—	—

注：尽可能不采用括号内的规格。

10.3.2　轴系紧固件

表 10-40　轴肩挡圈(GB/T 886—1986 摘录)　　(mm)

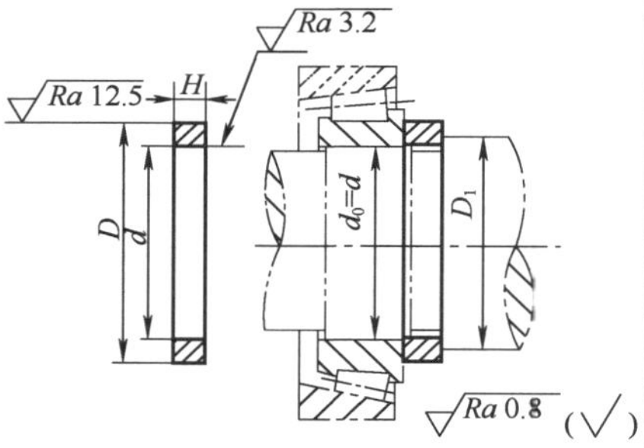

公称直径 d(轴径)	D_1 ≥	(0)2 尺寸系列径向轴承用 D	(0)2 尺寸系列径向轴承用 H	(0)3 尺寸系列径向轴承和(0)2 尺寸系列角接触轴承用 D	(0)3 尺寸系列径向轴承和(0)2 尺寸系列角接触轴承用 H	(0)4 尺寸系列径向轴承和(0)3 尺寸系列角接触轴承用 D	(0)4 尺寸系列径向轴承和(0)3 尺寸系列角接触轴承用 H
20	22	—	—	27	4	30	5
25	27	—	—	32		35	
30	32	36	4	38		40	
35	37	42		45		47	
40	42	47		50		52	
45	47	52		55		58	
50	52	58		60		65	
55	58	65	5	68	5	70	6
60	63	70		72		75	
65	68	75		78		80	
70	73	80		82		85	
75	78	85		88		90	
80	83	90	6	95	6	100	8
85	88	95		100		105	
90	93	100		105		110	
95	98	110		110		115	
100	103	115	8	115	8	120	10

标记示例：

公称直径 d = 40mm 、外径 D = 52mm 、材料为 35 钢、不经热处理及表面处理的轴肩挡圈的标记为

挡圈 GB/T 886—1986　40×52

表 10-41　轴端挡圈

(mm)

螺钉紧固轴端挡圈(GB/T 891—1986 摘录)　　　　螺栓紧固轴端挡圈(GB/T 892—1986 摘录)

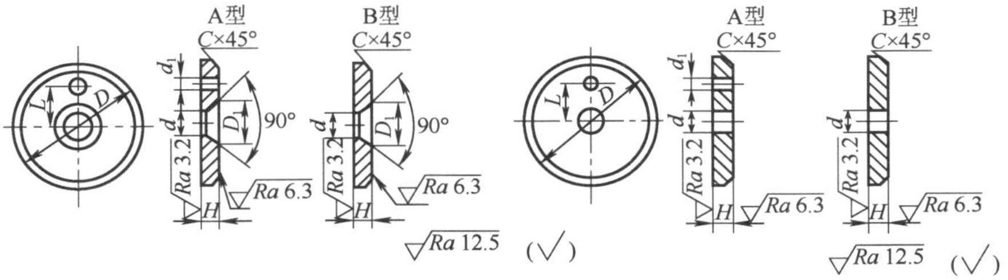

轴端单孔挡圈的固定

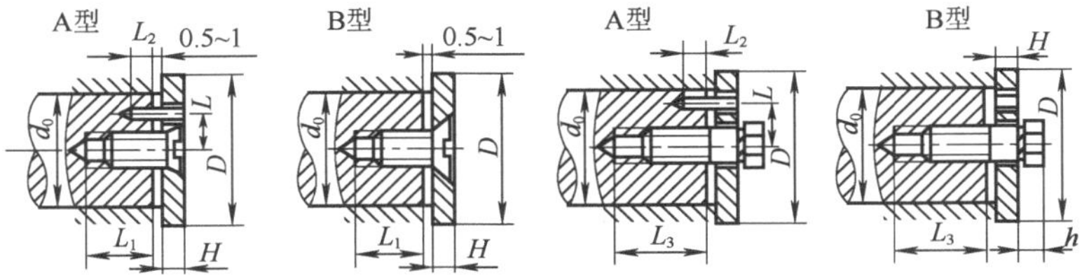

标记示例：

挡圈 GB/T 891—1986　45(公称直径 $D=45$mm 、材料为 Q235-A、不经表面处理的 A 型螺钉紧固轴端挡圈)

挡圈 GB/T 891—1986　B45(公称直径 $D=45$mm 、材料为 Q235-A、不经表面处理的 B 型螺钉紧固轴端挡圈)

轴径 d_0 ≤	公称直径 D	H	L	d	d_1	C	螺钉紧固轴端挡圈			螺栓紧固轴端挡圈			安装尺寸(参考)			
							D_1	螺钉 GB/T 891—1985 (推荐)	圆柱销 GB/T 891—1986 (推荐)	螺栓 GB/T 891—1985 (推荐)	圆柱销 CB/T 891—1985 (推荐)	垫圈 GB/T 891—1985 (推荐)	L_1	L_2	L_3	h
14	20	4	—	5.5	2.1	0.5	11	M5×12	A2×10	M5×16	A2×10	5	14	6	16	4.8
16	22	4	—													
18	25	4	—													
20	28	4	7.5													
22	30	4	7.5													
25	32	5	10	6.6	3.2	1	13	M6×16	A3×12	M6×20	A3×12	6	18	7	20	5.6
28	35	5	10													
30	38	5	10													
32	40	5	12													
35	45	5	12													
40	50	5	12													
45	55	6	16	9	4.2	1.5	17	M8×20	A4×14	M8×25	A4×14	8	22	8	24	7.4
50	60	6	16													
55	65	6	16													
60	70	6	20													
65	75	6	20													
70	80	6	20													
75	90	8	25	13	5.2	2	25	M12×25	A5×16	M12×30	A5×16	12	26	10	28	10.6
85	100	8	25													

注：① 当挡圈装在带螺纹孔轴端时，紧固用螺钉允许加长；

② 材料为 Q235-A，35 钢，45 钢；

③“轴端单孔挡圈的固定”不属 GB/T 891—1986、GB/T 892—1986，仅供参考。

表 10-42　圆螺母(GB/T 812—1988 摘录)　(mm)

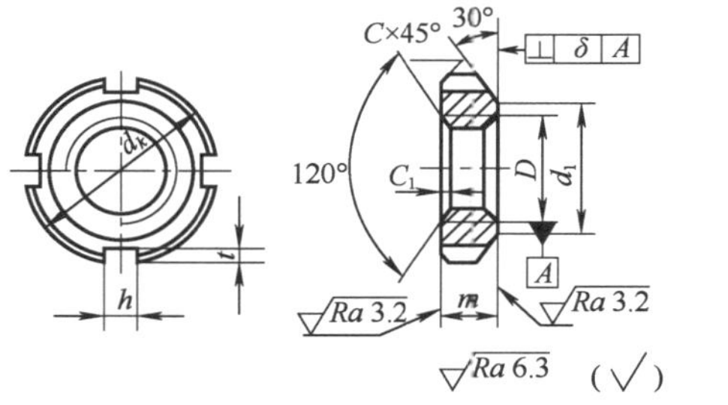

标记示例:

螺纹规格 $D\times P=M18\times1.5$、材料 45 钢、槽或全部热处理后圆端为 35～45HRC、表面氧化的圆螺母的标记为

螺母 GB/T 812　M18×1.5

注: ① 表中带"*"者仅用于滚动轴承锁紧装置;

② 材料: 45 钢

螺纹规格 $D\times P$	d_k	d_1	m	h/min	t/min	C	C_1
M18×1.5	32	24	8	5	2.5	0.5	0.5
M20×1.5	35	27					
M22×1.5	38	30	10			1	
M24×1.5	42	34					
M25×1.5*							
M27×1.5	45	37					
M30×1.5	48	40					
M33×1.5	52	43		6	3		
M35×1.5*							
M36×1.5	55	46					
M39×1.5	58	49					
M40×1.5*						1.5	
M42×1.5	62	53					
M45×1.5	68	59					
M48×1.5	72	61	12	8	3.5		
M50×1.5*							
M52×1.5	78	67					
M55×2*							
M56×2	85	74					1
M60×2	90	79					
M64×2	95	84					
M65×2*							

表 10-43　圆螺母止动垫圈(GB/T 858—1988 摘录)　(mm)

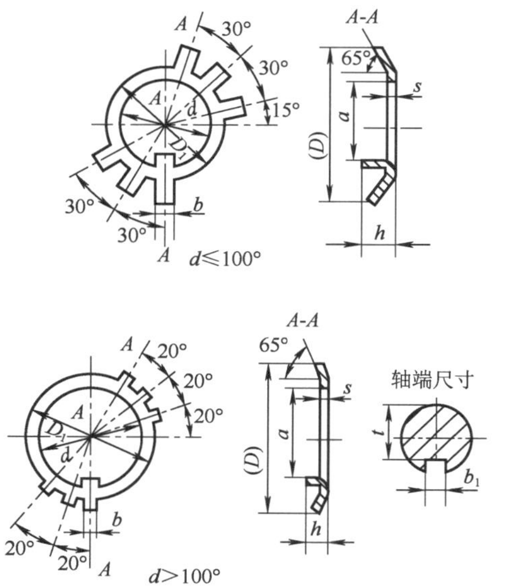

标记示例:

规格为 18、材料 Q235-A、经退火、表面氧化的圆螺母止动垫圈的标记为

垫圈　GB/T 858 18

规格(螺纹大径)	d	D(参考)	D_1	S	h	b	a	轴端 b_1	轴端 t
18	18.5	35	24	1	4	4.8	15	5	14
20	20.5	38	27				17		16
22	22.5	42	30				19		18
24	24.5	45	34				21		20
25*	25.5				5		22		—
27	27.5	48	37				24		23
30	30.5	52	40				27		26
33	33.5	56	43	1.5		5.7	30	6	29
35*	35.5						32		—
36	36.5	60	46				33		32
39	39.5	62	49				36		35
40*	40.5						37		—
42	42.5	66	53				39		38
45	45.5	72	59				42		41
48	48.5	76	61			7.7	45	8	44
50*	50.5						47		—
52	52.5	82	67		6		49		48
55*	56						52		—
56	57	90	74				53		52
60	61	94	79				57		56
64	65	100	84				61		60
65*	66						62		—

注: ① 表中带"*"者仅用于滚动轴承锁紧装置;

② 材料: Q215-A, Q235-A, 10, 15 钢。

表 10-44　孔用弹性挡圈(GB/T 893—2017 摘录 A 型)　　(mm)

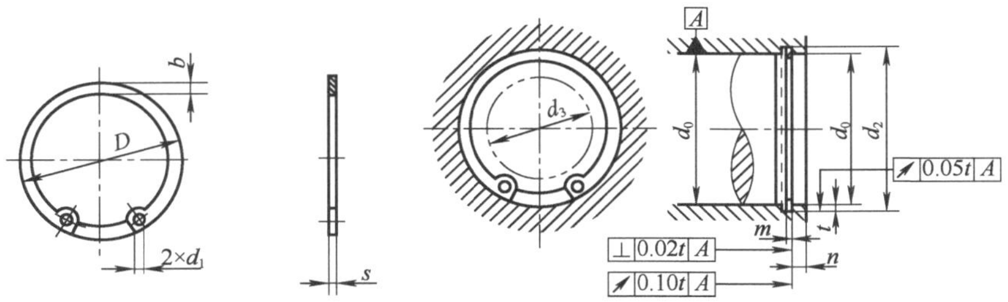

d_3—允许套入的最大孔径

标记示例：

孔径 $d_0=50$mm 、材料 65Mn、热处理硬度 44～51HRC、以表面氧化处理的 A 型孔用弹性挡圈的标记为

挡圈 GB/T 893　50

孔径 d_0	挡圈 D	挡圈 S	挡圈 $b\approx$	沟槽(推荐) d_2 基本尺寸	d_2 极限偏差	m 基本尺寸	m 极限偏差	$n\geqslant$	允许套入轴径 $d_3\leqslant$	孔径 d_0	挡圈 D	挡圈 S	挡圈 $b\approx$	沟槽(推荐) d_2 基本尺寸	d_2 极限偏差	m 基本尺寸	m 极限偏差	$n\geqslant$	允许套入轴径 $d_3\leqslant$
32	34.4	1.2	3.2	33.7	+0.50 −0.25	1.3	+0.14 0	2.6	20.6	75	79.5	2.5	6.6	78	+0.3 0	2.65	+0.14 0	4.5	58.6
34	36.5	1.5	3.3	35.7		1.6			22.6	78	82.5		6.6	81	+0.35 0				60.1
35	37.8		3.4	37				3	23.6	80	85.5		6.8	83.5				5.3	62.1
36	38.8		3.5	38					24.6	82	87.5		7.0	85.5					64.1
37	39.8		3.6	39					25.4	85	90.5	3.0	7.0	88.5		3.15			66.9
38	40.8		3.7	40					26.4	88	93.5		7.2	91.5					69.9
40	43.5	1.7	3.9	42.5	+0.90 −0.39	1.85		3.8	27.8	90	95.5		7.6	63.5	+1.30 −0.554				71.9
42	45.5		4.1	44.5					29.6	92	97.5		7.8	95.5					73.7
45	48.5		4.3	47.5					32	95	100.5		8.1	98.5					76.5
47	50.5		4.4	49.5	+1.30 −0.54				33.5	98	103.5		8.3	101.5					79.0
48	51.5		4.5	50.5					34.5	100	105.5		8.4	103.5					80.6
50	54.2	2	4.6	53		2.15		4.5	36.3	102	108	4.0	8.5	106		3.2	+0.18 0	6	82.0
52	56.2		4.7	55					37.9	105	112		8.7	109					85
55	59.2		5.0	58					40.7	108	115		8.9	112					88
56	60.2		5.1	59					41.7	110	117		9.0	114					88.2
58	62.2		5.2	61					43.5	112	119		9.1	116	+1.50 −0.63				90.0
60	64.2		5.4	63					44.7	115	122		9.3	119					93.0
62	66.2		5.5	65					46.7	120	127		9.7	124					96.9
63	67.2		5.6	66					47.7	125	132		10.0	129					101.9
65	69.2	2.5	5.8	68		2.65			49	130	137		10.2	134					106.9
68	72.5		6.1	71					51.6	135	142		10.5	139					111.5
70	74.5		6.2	73					53.6	140	147		10.7	144					116.5
72	76.5		6.4	75					55.6	145	152		10.9	149					121.0

表 10-45　轴用弹性挡圈(GB/T 894—2017 摘录 A 型)

(mm)

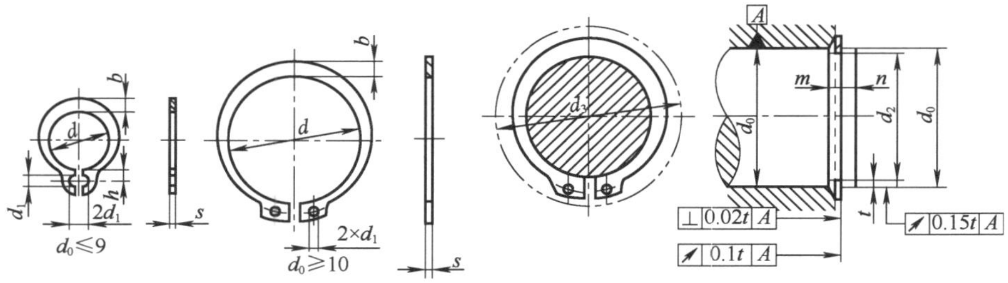

d_3—允许套入的最大轴径

标记示例：

轴径 $d_0=50$mm 、材料 65Mn、热处理硬度 44～51HRC、经表面氧化处理的 A 型轴用弹性挡圈的标记为

挡圈　GB/T 894　50

轴径 d_0	挡圈			沟槽(推荐)					允许套入轴径 d_3 ≤	轴径 d_0	挡圈			沟槽(推荐)					允许套入轴径 d_3 ≤
	d	S	b≈	d_2 基本尺寸	d_2 极限偏差	m 基本尺寸	m 极限偏差	n ≥			D	S	b≈	d_2 基本尺寸	d_2 极限偏差	m 基本尺寸	m 极限偏差	n ≥	
14	12.9	1	2.1	13.4	0 −0.11	1.1	+0.14 0	0.9	21.4	45	41.5	1.75	4.7	42.5	−0.25 0	1.7	+0.14 0	3.8	59.1
15	13.8		2.2	14.3				1.1	22.6	48	44.5		5.0	45.5					62.5
16	14.7		2.2	15.2				1.2	23.8	50	45.8	2.5	5.1	47		2.2		4.5	64.5
17	15.7		2.3	16.2					25.0	52	47.8		5.2	49					66.7
18	16.5	1.2	2.4	17				1.5	26.2	55	50.8		5.4	52	0 −0.30				70.2
19	17.5		2.5	18					27.2	56	51.8		5.5	53					71.6
20	18.5		2.6	19	0 −0.13				28.4	58	53.8		5.6	55					73.6
21	19.5		2.7	20					29.6	60	55.8		5.8	57					75.6
22	20.5		2.8	21					30.8	62	57.8		6.0	59					77.8
24	22.2		3.0	22.9	0 −0.21	1.3		1.7	33.2	63	58.8		6.2	60		2.7			79.0
25	23.2		3.0	23.9					34.2	65	60.8		6.3	62					81.4
26	24.2		3.1	24.9					35.5	68	63.5		6.5	65					84.8
28	25.9	1.5	3.2	26.6				2.1	37.8	70	65.5		6.6	67					87.0
29	26.9		3.4	27.6					39.1	72	67.5		6.8	69					89.2
30	27.9		3.5	28.6					40.5	75	70.5		7.0	72					92.7
32	29.6		3.6	30.3	0 −0.25			2.6	43	78	73.5		7.3	75					96.1
34	31.5		3.8	32.3		1.7			45.4	80	74.5		7.4	76.5				5.3	98.1
35	32.2		3.9	33				3	46.8	82	76.5		7.6	78.5					100.3
36	33.2	1.75	4.0	34					47.8	85	79.5	3.0	7.8	81.5	0 −0.35				103.3
38	35.2		4.2	36					50.2	88	82.5		8.0	84.5					106.5
40	36.5		4.4	37.5				3.8	52.6	90	84.5		8.2	86.5					108.5
42	38.5		4.5	39.5					55.7	95	89.5		8.6	91.5					114.8

表 10-46　平键连接的剖面和键槽尺寸(GB/T 1095—2003 摘录)、普通平键的形式和尺寸(GB/T 1096—2003 摘录)

(mm)

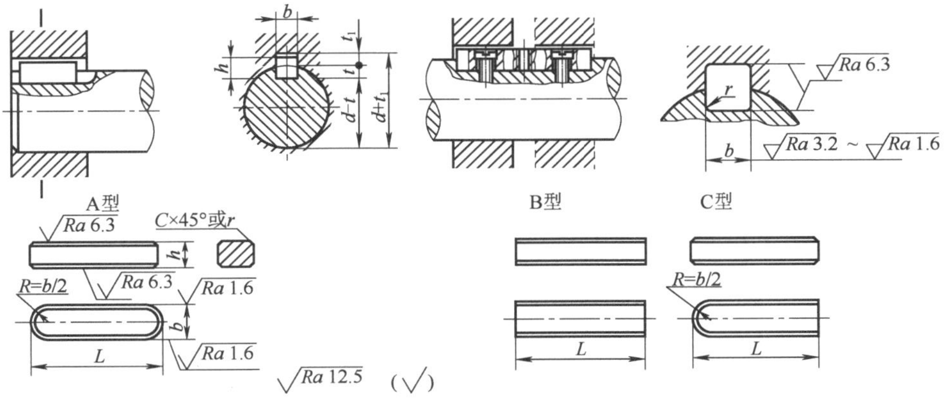

标记示例：

GB/T 1096　键 16×100（普通 A 型平键、$b=16$mm 、$h=10$mm 、$L=100$mm ）

GB/T 1096　键 B 16×100（普通 B 型平键、$b=16$mm 、$h=10$mm 、$L=100$mm ）

GB/T 1096　键 C 16×100（普通 C 型平键、$b=16$mm 、$h=10$mm 、$L=100$mm ）

轴	键	键槽											
		宽度 b						深度				半径 r	
		公称尺寸 b	极限偏差					轴 t		毂 t_1			
公称直径 d	公称尺寸 $b\times h$		较松键连接		一般键连接		较紧键连接						
			轴 H9	毂 D10	轴 N9	毂 Js9	轴和毂 P9	公称尺寸	极限偏差	公称尺寸	极限偏差	最小	最大
自 6～8	2×2	2	+0.025 0	+0.060 +0.020	−0.004 −0.029	0.0125	−0.006 −0.031	1.2	+0.1 0	1.0	+0.1 0	0.08	0.16
>8～10	3×3	3						1.8		1.4			
>10～12	4×4	4	+0.030 0	+0.078 +0.030	0 −0.030	±0.015	−0.012 −0.042	2.5		1.8			
>12～17	5×5	5						3.0		2.3		0.16	0.25
>17～22	6×6	6						3.5		2.8			
>22～30	8×7	8	+0.036 0	+0.098 +0.040	0 −0.036	±0.018	−0.015 −0.051	4.0	+0.2 0	3.3	+0.2 0	0.16	0.25
>30～38	10×8	10						5.0		3.3		0.25	0.40
>38～44	12×8	12	+0.043 0	+0.120 +0.050	0 −0.043	±0.0215	−0.018 −0.061	5.0		3.3			
>44～50	14×9	14						5.5		3.8			
>50～58	16×10	16						6.0		4.3			
>58～65	18×11	18						7.0		4.4			
>65～75	20×12	20	+0.052 0	+0.149 +0.065	0 −0.052	±0.026	−0.022 −0.074	7.5		4.9		0.40	0.60
>75～85	22×14	22						9.0		5.4			
>85～95	25×14	25						9.0		5.4			
>95～110	28×16	28						10.0		6.4			
键的长度系列	6，8，10，12，14，16，18，20，22，25，28，32，36，40，45，50，56，63，70，80，90，100，110，125，140，160，180，200，250，280，320，360，400												

注：① 在工作图中，轴槽深用 t 或 $(d-t)$ 标注，轮毂槽深用 $(d+t_1)$ 标注；

② $(d-t)$ 和 $(d+t_1)$ 两组组合尺寸的极限偏差按相应的 t 和 t_1 极限偏差选取，但 $(d-t)$ 极限偏差值应取负号(−)；

③ 键尺寸的极限偏差 b 为 h9，h 为 h11，L 为 h14；

④ 键材料的抗拉强度应不小于 590 MPa。

表 10-47　矩形花键的尺寸、公差(GB/T 1144—2001 摘录)

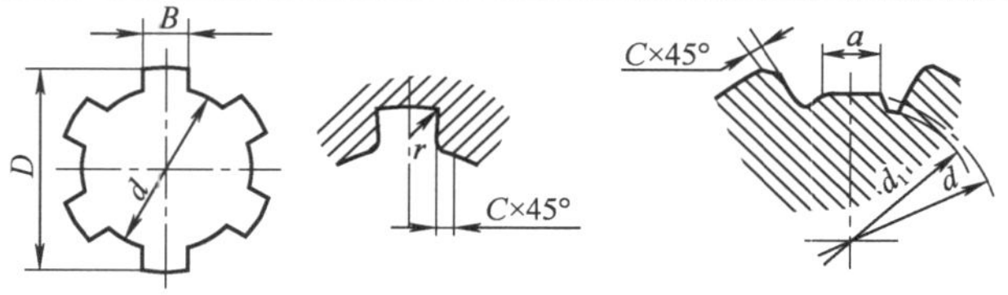

标记示例：花键，n=6、$d=23\frac{H7}{f7}$、$D=26\frac{H10}{a11}$、$B=6\frac{H11}{d10}$ 的标记为

花键规格：$N\times d\times D\times B$

6×23×26×6

花键副：$6\times23\frac{H7}{f7}\times26\frac{H10}{a11}\times6\frac{H11}{d10}$　GB/T 1144—2001

内花键：6×23H7×26H10×6H11　GB/T 1144—2001

外花键：6×23f7×26a11×6d10　GB/T 1144—2001

小径 d	基本尺寸系列和键槽截面尺寸									
	轻系列					中系列				
	规格 $N\times d\times D\times B$	C	r	参考 d_{1min}	参考 a_{min}	规格 $N\times d\times D\times B$	C	r	参考 d_{1min}	参考 a_{min}
18	—	—	—	—	—	6×18×22×5	0.3	0.2	16.6	1.0
21						6×21×25×5			19.5	2.0
23	6×23×26×6	0.2	0.1	22	3.5	6×23×28×6			21.2	1.2
26	6×26×30×6	0.3	0.2	24.5	3.8	6×26×32×6	0.4	0.3	23.6	1.2
28	6×26×32×7			26.0	4.0	6×28×34×7			25.8	1.4
32	8×32×36×6			30.3	2.7	8×32×38×6			29.4	1.0
36	8×36×40×7			34.4	3.5	8×36×42×7			33.4	1.0
42	8×42×46×8			40.5	5.0	8×42×48×8			39.4	2.5
46	8×46×50×8			44.6	5.7	8×46×54×8	0.5	0.4	42.6	1.4
52	8×52×58×10	0.4	0.3	49.6	4.8	8×52×60×10			48.6	2.5
56	8×56×62×10			53.5	6.5	8×56×65×10			52.0	2.5
62	8×62×68×12			59.7	7.3	8×62×72×12	0.6	0.5	57.7	2.4
72	10×72×78×12			69.6	5.4	10×72×82×12			67.7	1.0
82	10×82×88×12			79.3	8.5	10×82×88×12			77.0	2.9
92	10×92×98×14			89.6	9.9	10×92×102×14			87.3	4.5
102	10×102×108×16			99.6	11.3	10×102×112×16			97.7	6.2

内、外花键的尺寸公差带

内花键				外花键			装配形式
d	D	B 拉削后不热处理	B 拉削后热处理	d	D	B	
一般用公差带							
H7	H10	H9	H11	f7	a11	d10	滑动
				g7		f9	紧滑动
				h7		h10	固定

续表

精密传动用公差带						
H5	H10	H7、H9	f5	a11	d8	滑动
			g5		f7	紧滑动
			h5		h8	固定
H6			f6		d8	滑动
			g6		f7	紧滑动
			h6		d8	固定

注：① 精密传动用的内花键，当需要控制键侧配合间隙时，槽宽可选用 H7,一般情况下可选用 H9；
② d 为 H6 和 H7 的内花键，允许与提高一级的外花键配合。

表 10-48　圆柱销(GB/T 119.1—2000 摘录)、圆锥销(GB/T 117—2000 摘录)　(mm)

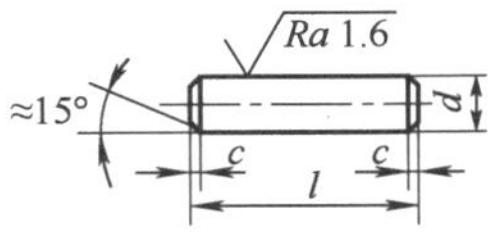

d 的公差为 m6 或 h8

公差 m6：表面粗糙度 Ra≤0.8μm

公差 h8：表面粗糙度 Ra≤1.6μm

A型

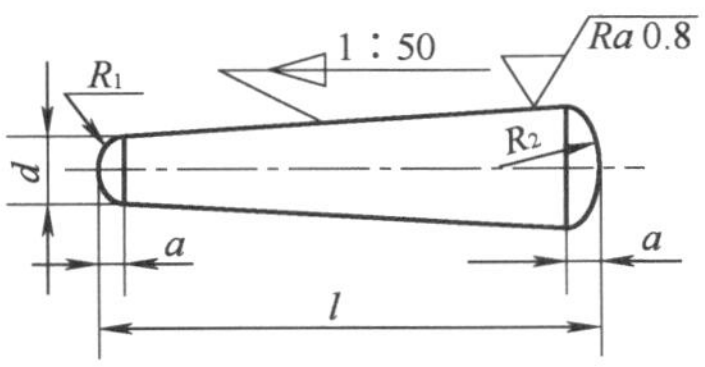

B型

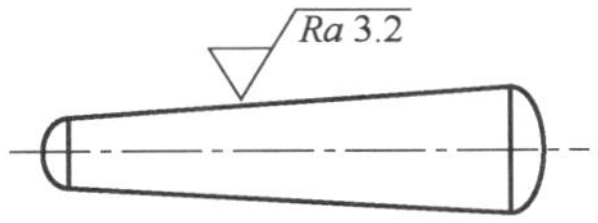

$R_1 \approx d$

$R_2 \approx \frac{a}{2} + d + \frac{0.021^2}{8a}$

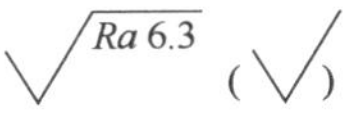

标记示例：

公称直径 d＝6、公差为 m6、公称长度 l=30、材料为钢、不经淬火，不经表面处理的圆柱销的标记为

销　GB/T 119.1　6 m6×30

公称直径 d＝6、长度 l=30、材料为 35 钢、热处理硬度 28～38HRC、表面氧化处理的 A 型圆锥销的标记为

销　GB/T 117　6×30

公称直径 d			3	4	5	6	8	10	12	16	20	25
圆柱销	a≈		0.4	0.5	0.63	0.8	1.0	1.2	1.6	2.0	2.5	3.0
	c≈		0.5	0.63	0.8	1.2	1.6	2.0	2.5	3.0	3.5	4.0
	l(公称)		8～30	8～40	10～50	12～60	14～80	18～95	22～140	26～180	35～200	50～200
圆锥销	d	min	2.96	3.95	4.95	5.95	7.94	9.94	11.93	15.93	19.92	24.92
		max	3	4	5	6	8	10	12	16	20	25
	a≈		0.4	0.5	0.63	0.8	1.0	1.2	1.6	2.0	2.5	3.0
	l(公称)		12～45	14～55	18～60	22～90	22～120	26～160	32～180	40～200	45～200	50～200
l(公称)的系列			4,5,6，8～32(2 进位)，35～100(5 进位)、100～200(20 进位)									

10.4 滚 动 轴 承

10.4.1 常用滚动轴承

表 10-49　深沟球轴承(GB/T 276—2013 摘录)

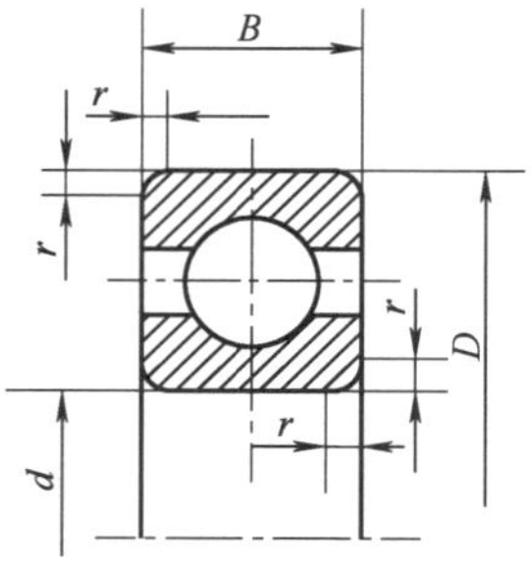

6000 型

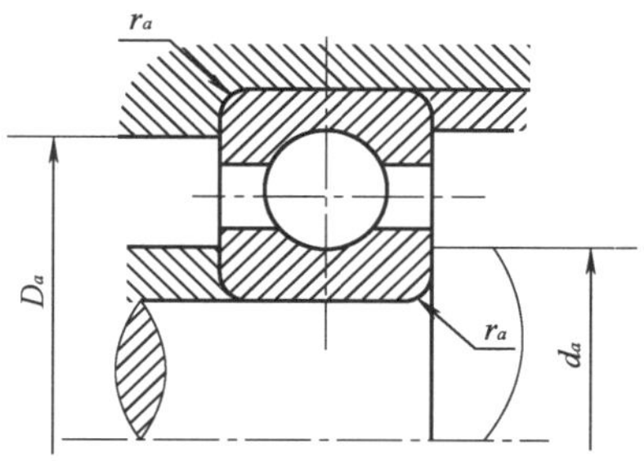

安装尺寸

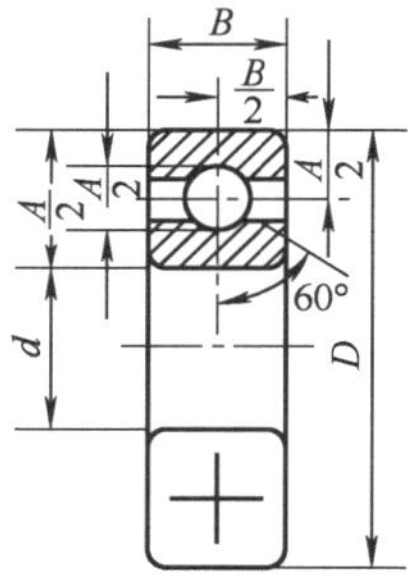

规定画法

标记示例：滚动轴承 6210　GB/T 276—2013

F_a/C_{0r}	e	Y
0.014	0.19	2.30
0.028	0.22	1.99
0.056	0.26	1.71
0.084	0.28	1.55
0.11	0.30	1.45
0.17	0.34	1.31
0.28	0.38	1.15
0.42	0.42	1.04
0.56	0.44	1.00

当 $\dfrac{F_a}{F_r} \leqslant e$，　$P_r = F_r$

当 $\dfrac{F_a}{F_r} > e$，　$P_r = 0.56F_r + YF_a$

$P_{0r} = F_r$

$P_{0r} = 0.6F_r + 0.5F_a$

取上列两式计算结果的较大值

轴承代号	基本尺寸/mm				安装尺寸/mm			基本额定动载荷 C_r	基本额定静载荷 C_{0r}	极限转速/$(\mathrm{r\cdot min^{-1}})$		原轴承代号
	d	D	B	$r_{s\min}$	$d_{a\min}$	$D_{a\max}$	$r_{as\max}$	kN		脂润滑	油润滑	
(0)0 尺寸系列												
6000	10	26	8	0.3	12.4	23.6	0.3	4.58	1.98	20000	28000	100
6001	12	28	8	0.3	14.4	25.6	0.3	5.10	2.38	19000	26000	101
6002	15	32	9	0.3	17.4	29.6	0.3	5.58	2.85	19000	24000	102
6003	17	35	10	0.3	19.4	32.6	0.3	6.00	3.25	17000	21000	103
6004	20	42	12	0.6	25	38	0.6	9.38	5.02	16000	19000	104
6005	25	47	12	0.6	30	43	0.6	10.0	5.85	13000	17000	105
6006	30	55	13	1	36	50	1	13.2	8.30	11000	14000	106
6007	35	62	14	1	41	56	1	16.2	10.5	9500	12000	107
6008	40	68	15	1	46	62	1	17.0	11.8	9000	11000	108
6009	45	75	16	1	51	69	1	21.0	14.8	8000	10000	109

续表

轴承代号	基本尺寸/mm				安装尺寸/mm			基本额定动载荷 C_r	基本额定静载荷 C_{0r}	极限转速/(r·min^{-1})		原轴承代号
	d	D	B	r_{smin}	d_{amin}	D_{amax}	r_{asmax}	kN		脂润滑	油润滑	
6010	50	80	16	1	56	74	1	22.0	16.2	7000	9000	110
6011	55	90	18	1.1	62	83	1	30.2	21.8	7000	8500	111
6012	60	95	18	1.1	67	89	1	31.5	24.2	6300	7500	112
6013	65	100	18	1.1	72	93	1	32.0	24.8	6000	7000	113
6014	70	110	20	1.1	77	103	1	38.5	30.5	5600	6700	114
6015	75	115	20	1.1	82	108	1	40.2	33.2	5300	6300	115
6016	80	125	22	1.1	87	118	1	47.5	39.8	5000	6000	116
6017	85	130	22	1.1	92	123	1	50.8	42.8	4500	5600	117
6018	90	140	24	1.5	99	131	1.5	58.0	49.8	4300	5300	118
6019	95	145	24	1.5	104	136	1.5	57.8	50.0	4000	5000	119
6020	100	150	24	1.5	109	141	1.5	64.5	56.2	3800	4800	120
(0)2 尺寸系列												
6200	10	30	9	0.6	15	25	0.6	5.10	2.38	19000	26000	200
6201	12	32	10	0.6	17	27	0.6	6.82	3.05	18000	24000	201
6202	15	35	11	0.6	20	32	0.6	7.65	3.72	18000	22000	202
6203	17	40	12	0.6	22	36	0.6	9.58	4.78	16000	20000	203
6204	20	47	14	1	26	42	1	12.8	6.65	14000	18000	204
6205	25	52	15	1	31	47	1	14.0	7.88	12000	15000	205
6206	30	62	16	1	36	56	1	19.5	11.5	9500	13000	206
6207	35	72	17	1.1	42	65	1	25.5	15.2	8500	11000	207
6208	40	80	18	1.1	47	73	1	29.5	18.0	8000	10000	208
6209	45	85	19	1.1	52	78	1	31.5	20.5	7000	9000	209
6210	50	90	20	1.1	57	83	1	35.0	23.2	6700	8500	210
6211	55	100	21	1.5	64	91	1.5	43.2	29.2	6000	7500	211
6212	60	110	22	1.5	69	101	1.5	47.8	32.8	5600	7000	212
6213	65	120	23	1.5	74	111	1.5	57.2	40.0	5000	6300	213
6214	70	125	24	1.5	79	116	1.5	60.8	45.0	4800	6000	214
6215	75	130	25	1.5	84	121	1.5	66.0	49.5	4500	5600	215
6216	80	140	26	2	90	130	2	71.5	54.2	4300	5300	216
6217	85	150	28	2	95	140	2	83.2	63.8	4000	5000	217
6218	90	160	30	2	100	150	2	95.8	71.5	3800	4800	218
6219	95	170	32	2.1	107	158	2.1	110	82.8	3600	4500	219
6220	100	180	34	2.1	112	168	2.1	122	92.8	3400	4300	220
(0)3 尺寸系列												
6300	10	35	11	0.6	15	30	0.6	7.65	3.48	18000	24000	300
6301	12	37	12	1	18	31	1	9.72	5.08	17000	22000	301
6302	15	42	13	1	21	37	1	11.5	5.42	16000	20000	302

续表

轴承代号	基本尺寸/mm				安装尺寸/mm			基本额定动载荷 C_r	基本额定静载荷 C_{0r}	极限转速/$(r \cdot min^{-1})$		原轴承代号
	d	D	B	r_{smin}	d_{amin}	D_{amax}	r_{asmax}	kN		脂润滑	油润滑	
6303	17	47	14	1	23	41	1	13.5	6.58	15000	18000	303
6304	20	52	15	1.1	27	45	1	15.8	7.88	13000	16000	304
6305	25	62	17	1.1	32	55	1	22.2	11.5	10000	14000	305
6306	30	72	19	1.1	37	65	1	27.0	15.2	9000	11000	306
6307	35	80	21	1.5	44	71	1.5	33.2	19.2	8000	9500	307
6308	40	90	23	1.5	49	81	1.5	40.8	24.0	7000	8500	308
6309	45	100	25	1.5	54	91	1.5	52.8	31.8	6300	7500	309
6310	50	110	27	2	60	100	2	61.8	38.0	6000	7000	310
6311	55	120	29	2	65	110	2	71.5	44.8	5600	6700	311
6312	60	130	31	2.1	72	118	2.1	81.8	51.8	5000	6000	312
6313	65	140	33	2.1	77	128	2.1	93.8	60.5	4500	5300	313
6314	70	150	35	2.1	82	138	2.1	105	68.0	4300	5000	314
6315	75	160	37	2.1	87	148	2.1	112	76.8	4000	4800	315
6316	80	170	39	2.1	92	158	2.1	122	86.5	3800	4500	316
6317	85	180	41	3	99	166	2.5	132	96.5	3600	4300	317
6318	90	190	43	3	104	176	2.5	145	108	3400	4000	318
6319	95	200	45	3	109	186	2.5	155	122	3200	3800	319
6320	100	215	47	3	114	201	2.5	172	140	2800	3600	320
(0)4 尺寸系列												
6403	17	62	17	1.1	24	55	1	22.5	10.8	11000	15000	403
6404	20	72	19	1.1	27	65	1	31.0	15.2	9500	13000	404
6405	25	80	21	1.5	34	71	1.5	38.2	19.2	8500	11000	405
6406	30	90	23	1.5	39	81	1.5	47.5	24.5	8000	10000	406
6407	35	100	25	1.5	44	91	1.5	56.8	29.5	6700	8500	407
6408	40	110	27	2	50	100	2	65.5	37.5	6300	8000	408
6409	45	120	29	2	55	110	2	77.5	45.5	5600	7000	409
6410	50	130	31	2.1	62	118	2.1	92.2	55.2	5300	6300	410
6411	55	140	33	2.1	67	128	2.1	100	62.5	4800	6000	411
6412	60	150	35	2.1	72	138	2.1	108	70.0	4500	5600	412
6413	65	160	37	2.1	77	148	2.1	118	78.5	4300	5300	413
6414	70	180	42	3	84	166	2.5	140	99.5	3800	4500	414
6415	75	190	45	3	89	176	2.5	155	115	3600	4300	415
6416	80	200	48	3	94	186	2.5	162	125	3400	4000	416
6417	85	210	52	4	103	192	3	175	138	3200	3800	417
6418	90	225	54	4	108	207	3	192	158	2800	3600	418
6420	100	250	58	4	118	232	3	222	195	2400	3200	420

注：①表中 C_r 值适用于轴承为真空脱气轴承钢。如为普通电炉钢，C_r 值降低；如为真空重熔或电渣重熔轴承钢，C_r 值提高；

②$r_{s\min}$ 为 r 的单向最小倒角尺寸；$r_{as\max}$ 为 r_a 的单向最大倒角尺寸。

表 10-50　圆柱滚子轴承（GB/T 283—2021 摘录）

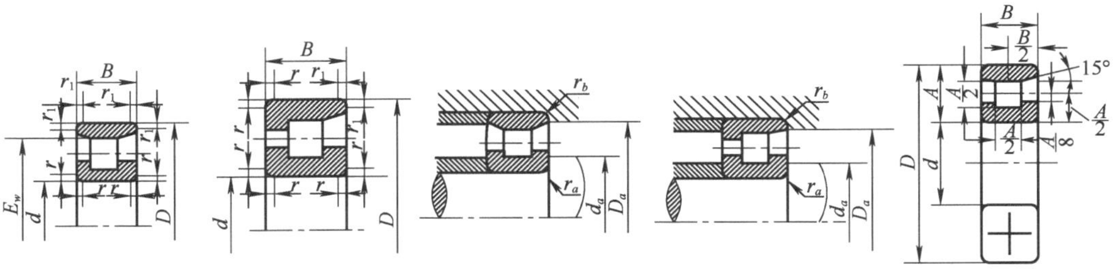

N0000型　　NF0000型　　安装尺寸　　规定画法

标记示例：滚动轴承 N216E　GB/T 283—2021

径向当量动载荷		径向当量静载荷
$P_r=F_r$	对轴向承载的轴承（NF 型 2、3 系列） $P_r=F_r+0.3F_a(0\leqslant F_a/F_r\leqslant 0.12)$ $P_r=0.94F_r+0.8F_a(0.12\leqslant F_a/F_r\leqslant 0.3)$	$P_{0r}=F_r$

轴承代号		尺寸/mm							安装尺寸/mm				基本额定动载荷 C_r/kN		基本额定静载荷 C_{0r}/kN		极限转速/(r·min^{-1}) n_{lim}		原轴承代号	
		d	D	B	r_s min	r_{1s} min	E_w N 型	E_w NF 型	d_a min	D_a min	r_{as} max	r_{bs} max	N 型	NF 型	N 型	NF 型	脂润滑	油润滑		
(0)2 尺寸系列																				
N204E	NF204	20	47	14	1	0.6	41.5	40	25	42	1	0.6	27.0	13.0	24.0	11.0	12000	16000	2204E	12204
N205E	NF205	25	52	15	1	0.6	46.5	45	30	47	1	0.6	28.8	14.8	26.8	12.8	11000	14000	2205E	12205
N206E	NF206	30	62	16	1	0.6	55.5	53.5	36	56	1	0.6	37.8	20.5	35.5	18.2	8500	11000	2206E	12206
N207E	NF207	35	72	17	1.1	0.6	64	61.8	42	64	1	0.6	48.8	29.8	48.0	28.0	7500	9500	2207E	12207
N208E	NF208	40	80	18	1.1	1.1	71.5	70	47	72	1	1	51.5	37.5	53.0	38.2	7000	9000	2208E	12208
N209E	NF209	45	85	19	1.1	1.1	76.5	75	52	77	1	1	58.5	39.8	63.8	41.0	6300	8000	2209E	12209
N210E	NF210	50	90	20	1.1	1.1	81.5	80.4	57	83	1	1	61.2	43.2	69.2	48.5	6000	7500	2210E	12210
N211E	NF211	55	100	21	1.5	1.1	90	88.5	64	91	1.5	1	84	55.2	95.5	60.2	5300	6700	2211E	12211
N212E	NF212	60	110	22	1.5	1.5	100	97	69	100	1.5	1.5	94	65.8	102	73.5	5000	6300	2212E	12212
N213E	NF213	65	120	23	1.5	1.5	108.5	105.5	74	108	1.5	1.5	108	76.8	118	87.5	4500	5600	2213E	12213
N214E	NF214	70	125	24	1.5	1.5	113.5	110.5	79	114	1.5	1.5	118	76.8	135	87.5	4300	5300	2214E	12214
N215E	NF215	75	130	25	1.5	1.5	118.5	118.3	84	120	1.5	1.5	130	93.2	155	110	4000	5000	2215E	12215
N216E	NF216	80	140	26	2	2	127.3	125	90	128	2	2	138	108	165	125	3800	4800	2216E	12216
N217E	NF217	85	150	28	2	2	136.5	133.8	95	137	2	2	165	120	192	145	3600	4500	2217E	12217
N218E	NF218	90	160	30	2	2	145	143	100	146	2	2	180	148	215	178	3400	4300	2218E	12218
N219E	NF219	95	170	32	2.1	2.1	154.5	151.5	107	155	2.1	2.1	218	160	262	190	3200	4000	2219E	12219
N220E	NF220	100	180	34	2.1	2.1	163	160	112	164	2.1	2.1	245	175	302	212	3000	3800	2220E	12220

续表

轴承代号		尺寸/mm							安装尺寸/mm				基本额定动载荷		基本额定静载荷		极限转速/$(r \cdot min^{-1})$		原轴承代号	
		d	D	B	r_s	r_{1s}	E_w		d_a	D_a	r_{as}	r_{bs}	C_r/kN		C_{0r}/kN		n_{lim}			
					min		N 型	NF 型	min		max		N 型	NF 型	N 型	NF 型	脂润滑	油润滑		
(0)3 尺寸系列																				
N304E	NF304	20	52	15	1.1	0.6	45.5	44.5	26.5	47	1	0.6	30.5	18.8	25.5	15.0	11000	15000	2304E	12304
N305E	NF305	25	62	17	1.1	1.1	54	53	31.5	55	1	1	40.2	26.8	35.8	22.5	9000	12000	2305E	12305
N306E	NF306	30	72	19	1.1	1.1	62.5	62	37	64	1	1	51.5	35	48.2	31.5	8000	10000	2306E	12306
N307E	NF307	35	80	21	1.5	1.1	70.2	68.2	44	71	1.5	1	62.0	41.0	63.2	39.2	7000	9000	2307E	12307
N308E	NF308	40	90	23	1.5	1.5	80	77.5	49	80	1.5	1.5	76.8	48.8	77.8	47.5	6300	8000	2308E	12308
N309E	NF309	45	100	25	1.5	1.5	88.5	86.5	54	89	1.5	1.5	93.0	66.8	98.0	66.8	5600	7000	2309E	12309
N310E	NF310E	50	110	27	2	2	97	95	60	98	2	2	105	76.0	112	79.5	5300	6700	2310E	12310
N311E	NF311E	55	120	29	2	2	106.5	104.5	65	107	2	2	135	102	138	105	4800	6000	2311E	12311
N312E	NF312E	60	130	31	2.1	2.1	115	113	72	116	2.1	2.1	148	125	155	128	4500	5600	2312E	12312
N313E	NF313E	65	140	33	2.1		124.5	121.5	77	125	2.1		178	130	188	135	4000	5000	2313E	12313
N314E	NF314E	70	150	35	2.1		133	130	82	134	2.1		205	152	220	162	3800	4800	2314E	12314
N315E	NF315E	75	160	37	2.1		143	139.5	87	143	2.1		238	172	260	188	3600	4500	2315E	12315
N316E	NF316E	80	170	39	2.1		151	147	92	151	2.1		258	185	282	200	3400	4300	2316E	12316
N317E	NF317E	85	180	41	3		160	156	99	160	2.5		295	222	332	242	3200	400	2317E	12317
N318E	NF318E	90	190	43	3		169.5	165	104	169	2.5		312	238	348	265	3000	3800	2318E	12318
N319E	NF319E	95	200	45	3		177.5	173.5	109	178	2.5		330	258	380	288	2800	3600	2319E	12319
N320E	NF320E	100	215	47	3		191.5	185.5	114	190	2.5		382	295	425	340	2600	3200	2320E	12320
(0)4 尺寸系列																				
N406		30	90	23	1.5		73	—	39		1.5		60	—	53.0	—	7000	9000	2406	
N407		35	100	25	1.5		83	—	44		1.5		70.8	—	68.2	—	6000	7500	2407	
N408		40	110	27	2		92	—	50		2		90.5	—	89.8	—	5600	7000	2408	
N409		45	120	29	2		100.5	—	55		2		102	—	100	—	5000	6300	2409	
N410		50	130	31	2.1		110.8	—	62		2.1		120	—	120	—	4800	6000	2410	
N411		55	140	33	2.1		117.2	—	67		2.1		135	—	132	—	4300	5300	2411	
N412		60	150	35	2.1		127	—	72		2.1		162	—	162	—	4000	5000	2412	
N413		65	160	37	2.1		135.3	—	77		2.1		178	—	178	—	3800	4800	2413	

续表

轴承代号	尺寸/mm							安装尺寸/mm				基本额定动载荷		基本额定静载荷		极限转速/$(r\cdot min^{-1})$		原轴承代号
	d	D	B	r_s	r_{1s}	E_w		d_a	D_a	r_{as}	r_{bs}	C_r/kN		C_{0r}/kN		n_{lim}		
				min		N 型	NF 型	min		max		N 型	NF 型	N 型	NF 型	脂润滑	油润滑	
(0)4 尺寸系列																		
N414	70	180	42	3		152	—	84		2.5		225	—	232	—	3400	4300	2414
N415	75	190	45	3		160.5	—	89		2.5		262	—	272	—	3200	4000	2415
N416	80	200	48	3		170	—	94		2.5		298	—	315	—	3000	3800	2416
N417	85	210	52	4		179.5	—	103		3		328	—	345	—	2800	3600	2417
N418	90	225	54	4		191.5	—	108		3		368	—	392	—	2400	3200	2418
N419	95	240	55	4		201.5	—	113		3		396	—	428	—	2200	3000	2419
N420	100	250	58	4		211	—	118		3		438	—	480	—	2000	2800	2420
22 尺寸系列																		
N2204E	20	47	18	1	0.6	41.5	—	25	42	1	0.6	22.2	—	30.0	—	12000	16000	2504E
N2205E	25	52	18	1	0.6	46.5	—	30	47	1	0.6	34.5	—	33.8	—	11000	14000	2505E
N2206E	30	62	20	1	0.6	55.5	—	36	56	1	0.6	47.8	—	48.0	—	8500	11000	2506E
N2207E	35	72	23	1.1	0.6	64	—	42	64	1	0.6	60.2	—	63.0	—	7500	9500	2507E
N2208E	40	80	23	1.1	1.1	71.5	—	47	72	1	1	67.5	—	75.2	—	7000	9000	2508E
N2209E	45	85	23	1.1	1.1	76.5	—	52	77	1	1	71.0	—	82.0	—	6300	8000	2509E
N2210E	50	90	23	1.1	1.1	81.5	—	57	83	1	1	74.2	—	88.8	—	6000	7500	2510E
N22114E	55	100	25	1.5	1.1	90	—	64	91	1.5	1	99.2	—	118	—	5300	6700	2511E
N22212E	60	110	28	1.5	1.5	100	—	69	100	1.5	1.5	128	—	152	—	5000	6300	2512E
N2213E	65	120	31	1.5	1.5	108.5	—	74	108	1.5	1.5	148	—	180	—	4500	5600	2513E
N2214E	70	125	31	1.5	1.5	113.5	—	79	114	1.5	5	155	—	192	—	4300	5300	2514E
N2215E	75	130	31	1.5	1.5	118.5	—	84	120	1.5	1.5	162	—	205	—	4000	5000	2515E
N2216E	80	140	33	2	2	127.3	—	90	128	2	2	188	—	242	—	3800	4800	2516E
N2217E	85	150	36	2	2	136.5	—	95	137	2	2	215	—	272	—	3600	4500	2517E
N2218E	90	160	40	2	2	145	—	100	146	2	2	240	—	312	—	3400	4300	2518E
N2219E	95	170	43	2.1	2.1	154.5	—	107	155	2.1	2.1	288	—	368	—	3200	4000	2519E
N2220E	100	180	46	2.1	2.1	163	—	112	164	2.1	2.1	332	—	440	—	3000	3800	2520E

注：① $r_{s\min}$、$r_{1s\min}$ 分别为 r、r_1 的单向最小倒角尺寸；$r_{as\max}$、$r_{bs\max}$ 分别为 r_{as}、r_{bs} 的单向最大倒角尺寸；

② 后缀带 E 为加强型圆柱滚子轴承，应优先选用。

表 10-51　角接触球轴承(GB/T 292—2023 摘录)

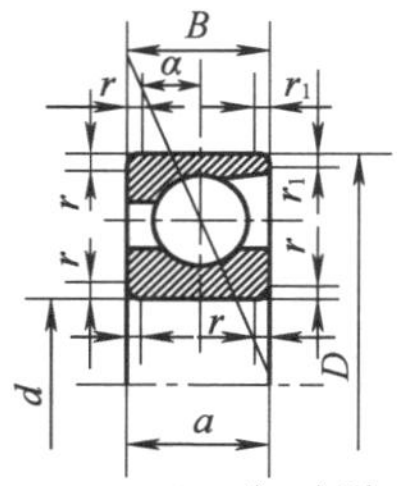

7000C(AC)型

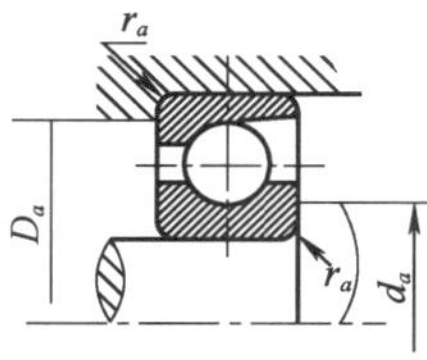

安装尺寸

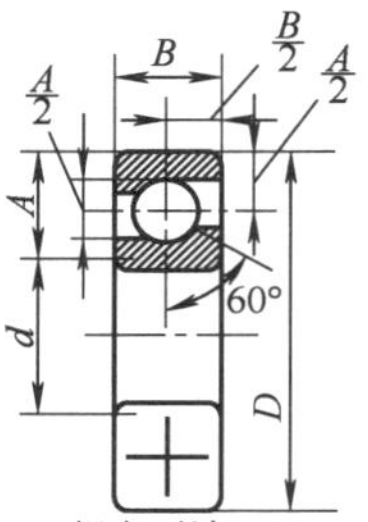

规定画法

标记示例：滚动轴承 7210C　GB/T 292—2023

iF_a/C_{0r}	e	Y	7000C 型	7000AC 型
0.015	0.38	1.47	径向当量动载荷	径向当量动载荷
0.029	0.40	1.40	当 $F_a/F_r \leqslant e$　$P_r=F_r$	当 $F_a/F_r \leqslant 0.68$　$P_r=F_r$
0.058	0.43	1.30	当 $F_a/F_r > e$　$P_r=0.44F_r+YF_a$	当 $F_a/F_r > 0.68$　$P_r=0.41F_r+0.87F_a$
0.087	0.46	1.23		
0.12	0.47	1.19		
0.17	0.50	1.12	径向当量静载荷	径向当量静载荷
0.29	0.55	1.02	当 $P_{0r}=0.5F_r+0.46F_a$	当 $P_{0r}=0.5F_r+0.38F_a$
0.44	0.56	1.00	当 $P_{0r}<F_r$，取 $P_{0r}=F_r$	当 $P_{0r}<F_r$，取 $P_{0r}=F_r$
0.58	0.56	1.00		

轴承代号		基本尺寸/mm					安装尺寸/mm			7000C ($\alpha=15°$)			7000AC ($\alpha=25°$)			极限转速/($r\cdot min^{-1}$)		原轴承代号	
		d	D	B	r_s	r_{1s}	d_a	d_s	r_{as}	a/mm	基本额定		a/mm	基本额定		脂润滑	油润滑		
					min		min	max			动载荷 C_r	静载荷 C_{0r}		动载荷 C_r	静载荷 C_{0r}				
											kN			kN					
(0)0 尺寸系列																			
7000C	7000AC	10	26	8	0.3	0.1	12.4	23.6	0.3	6.4	4.92	2.25	8.2	4.75	2.12	19000	28000	36100	46100
7001C	7001AC	12	28	8	0.3	0.1	14.4	25.6	0.3	6.7	5.42	2.65	8.7	5.20	2.55	18000	26000	36101	46101
7002C	7002AC	15	32	9	0.3	0.1	17.4	29.6	0.3	7.6	6.25	3.42	10	5.95	3.25	17000	24000	36102	46102
7003C	7003AC	17	35	10	0.3	0.1	19.4	32.6	0.3	8.5	6.60	3.85	11.1	6.30	3.68	16000	22000	36103	46103
7004C	7004AC	20	42	12	0.6	0.3	25	37	0.6	10.2	10.5	6.08	13.2	10.0	5.78	14000	19000	36104	46104
7005C	7005AC	25	47	12	0.6	0.3	30	42	0.6	10.8	11.5	7.45	14.4	11.2	7.08	12000	17000	36105	46105
7006C	7006AC	30	55	13	1	0.3	36	49	1	12.2	15.2	10.2	16.4	14.5	9.85	9500	14000	36106	46106
7007C	7007AC	35	62	14	1	0.3	41	56	1	13.5	19.5	14.2	18.3	18.5	13.5	8500	12000	36107	46107
7008C	7008AC	40	68	15	1	0.3	46	62	1	14.7	20.0	15.2	20.1	19.0	14.5	8000	11000	36108	46108
7009C	7009AC	45	75	16	1	0.3	51	69	1	16	25.8	20.5	21.9	25.8	19.5	7500	10000	36109	46109
7010C	7010AC	50	80	16	1	0.3	56	74	1	16.7	26.5	22.0	23.2	25.2	21.0	6700	9000	36110	46110
7011C	7011AC	55	90	18	1.1	0.6	62	83	1	18.7	37.2	30.5	25.9	35.2	29.2	6000	9000	36111	46111
7012C	7012AC	60	95	18	1.1	0.6	67	88	1	19.4	38.2	32.8	27.1	36.2	31.5	5600	7500	36112	46112
7013C	7013AC	65	100	18	1.1	0.6	72	93	1	20.1	40.0	35.5	28.2	38.0	33.8	5300	7000	36113	46113
7014C	7014AC	70	110	20	1.1	0.6	77	103	1	22.1	48.2	43.5	30.9	45.8	41.5	5000	6700	36114	46114
7015C	7015AC	75	115	20	1.1	0.6	82	108	1	22.7	49.5	46.5	32.2	46.8	44.2	4800	6300	36115	46115
7016C	7016AC	80	125	22	1.1	0.6	87	118	1	24.7	58.5	55.8	34.9	55.5	53.2	4500	6000	36116	46116
7017C	7017AC	85	130	22	1.1	0.6	92	123	1	25.4	62.5	60.2	36.1	59.2	57.2	4300	5600	36117	46117
7018C	7018AC	90	140	24	1.5	0.6	99	131	1.5	27.4	71.5	69.8	38.8	67.5	66.5	4000	5300	36118	46118
7019C	7019AC	95	145	24	1.5	0.6	104	136	1.5	28.1	73.5	73.2	40	69.5	69.8	3800	5000	36119	46119
7020C	7020AC	100	150	24	1.5	0.6	109	141	1.5	28.7	79.2	78.5	41.2	75	74.8	3800	5000	36120	46120
(0)2 尺寸系列																			
7200C	7200AC	10	30	9	0.6	0.3	15	25	0.6	7.2	5.82	2.95	9.2	5.58	2.82	18000	26000	36200	46200
7201C	7201AC	12	32	10	0.6	0.3	17	27	0.6	8	7.35	3.52	10.2	7.10	3.35	17000	24000	36201	46201
7202C	7202AC	15	35	11	0.6	0.3	20	30	0.6	8.9	8.68	4.62	11.4	8.35	4.40	16000	22000	36202	46202
7203C	7203AC	17	40	12	0.6	0.3	22	35	0.6	9.9	10.8	5.95	12.8	10.5	5.65	15000	20000	36203	46203
7204C	7204AC	20	47	14	1	0.3	26	41	1	11.5	14.5	8.22	14.9	14.0	7.82	13000	18000	36204	46204

续表

轴承代号		基本尺寸 /mm					安装尺寸 /mm			7000C ($\alpha=15°$)			7000AC ($\alpha=25°$)			极限转速 /$(r\cdot min^{-1})$		原轴承代号	
		d	D	B	r_s	r_{1s}	d_a	d_s	r_{as}	a /mm	基本额定 动载荷 C_r	基本额定 静载荷 C_{0r}	a /mm	基本额定 动载荷 C_r	基本额定 静载荷 C_{0r}	脂润滑	油润滑		
					min		min	max			kN			kN					
7205C	7205AC	25	52	15	1	0.3	31	46	1	12.7	16.5	10.5	16.4	15.8	9.88	11000	16000	36205	46205
7206C	7206AC	30	62	16	1	0.3	36	56	1	14.2	23.0	15.0	18.7	22.0	14.2	9000	13000	36206	46206
7207C	7207AC	35	72	17	1.1	0.3	42	65	1	15.7	30.5	20.0	21	29.0	19.2	8000	11000	36207	46207
7208C	7208AC	40	80	18	1.1	0.6	47	73	1	17	36.8	25.8	23	35.2	24.5	7500	10000	36208	46208
7209C	7209AC	45	85	19	1.1	0.6	52	78	1	18.2	38.5	28.5	24.7	36.8	27.2	6700	9000	36209	46209
7210C	7210AC	50	90	20	1.1	0.6	57	83	1	19.4	42.8	32.0	26.3	40.8	30.5	6300	8500	36210	46210
7211C	7211AC	55	100	21	1.5	0.6	64	91	1.5	20.9	52.8	40.5	28.6	50.5	38.5	5600	7500	36211	46211
7212C	7212AC	60	110	22	1.5	0.6	69	101	1.5	22.4	61.0	48.5	30.8	58.2	46.2	5300	7000	36212	46212
7213C	7213AC	65	120	23	1.5	0.6	74	111	1.5	24.2	69.8	55.2	33.5	66.5	52.5	4800	6300	36213	46213
7214C	7214AC	70	125	24	1.5	0.6	79	116	1.5	25.3	70.2	60.0	35.1	69.2	57.5	4500	6700	36214	46214
7215C	7215AC	75	130	25	1.5	0.6	84	121	1.5	26.4	79.2	65.8	36.6	75.2	63.0	4300	5600	36215	46215
7216C	7216AC	80	140	26	2	1	90	130	2	27.7	89.5	78.2	38.9	85.0	74.5	4000	5300	36216	46216
7217C	7217AC	85	150	28	2	1	95	140	2	29.9	99.8	5.0	41.6	94.8	81.5	3800	5000	36217	46217
7218C	7218AC	90	160	30	2	1	100	150	2	31.7	122	105	44.2	118	100	3600	4800	36218	46218
7219C	7219AC	95	170	32	2.1	1.1	107	158	2.1	33.8	135	115	46.9	128	108	3400	4500	36219	46219
7220C	7220AC	100	180	34	2.1	1.1	112	168	2.1	35.8	148	128	49.7	142	122	3200	4300	36220	46220
(0)3 尺寸系列																			
7301C	7301AC	12	37	12	1	0.3	18	31	1	8.6	8.10	5.22	12	8.08	4.88	19000	12000	36301	46301
7302C	7302AC	15	42	13	1	0.3	21	36	1	9.6	9.38	5.95	13.5	9.08	5.58	15000	20000	36302	46302
7303C	7303AC	17	47	14	1	0.3	23	41	1	10.4	12.8	8.62	14.8	11.5	7.08	14000	19000	36303	46303
7304C	7304AC	20	52	15	1.1	0.6	27	45	1	11.3	14.2	9.68	16.8	13.8	9.10	12000	17000	36304	46304
7305C	7305AC	25	62	17	1.1	0.6	32	55	1	13.1	21.5	15.8	19.1	20.8	14.8	9500	14000	36305	46305
7306C	7306AC	30	72	19	1.1	0.6	37	65	1	15	26.5	19.8	22.2	25.2	18.5	8500	12000	36306	46306
7307C	7307AC	35	80	21	1.5	0.6	44	71	1.5	16.6	34.2	26.8	24.5	32.8	24.8	7500	10000	36307	46307
7308C	7308AC	40	90	23	1.5	0.6	49	81	1.5	18.5	40.2	32.3	27.5	38.5	30.5	6700	9000	36308	46308
7309C	7309AC	45	100	25	1.5	0.6	54	91	1.5	20.2	49.2	39.8	30.2	47.5	37.2	6000	8000	36309	46309
7310C	7310AC	50	110	27	2	1	60	100	2	22	53.5	47.2	33	55.5	44.5	5600	7500	36310	46310
7311C	7311AC	55	120	29	2	1	65	110	2	23.8	70.5	60.5	35.8	67.2	56.8	5000	6700	36311	46311
7312C	7312AC	60	130	31	2.1	1.1	72	118	2.1	25.6	80.5	70.2	38.7	77.8	65.8	4800	6300	36312	46312
7313C	7313AC	65	140	33	2.1	1.1	77	128	2.1	27.4	91.5	80.5	41.5	89.8	75.5	4300	5600	36313	46313
7314C	7314AC	70	150	35	2.1	1.1	82	138	2.1	29.2	102	91.5	44.3	98.5	86.0	4000	5300	36314	46314
7315C	7315AC	75	160	37	2.1	1.1	87	148	2.1	31	112	105	47.2	108	97.0	3800	5000	36315	46315
7316C	7316AC	80	170	39	2.1	1.1	92	15S	2.1	32.8	122	118	50	118	108	3600	4800	36316	46316
7317C	7317AC	85	180	41	3	1.1	99	166	2.5	34.6	132	128	52.8	125	122	3400	4500	36317	46317
7318C	7318AC	90	190	43	3	1.1	104	176	2.5	36.4	142	142	55.6	135	135	3200	4300	36318	46318
7319C	7319AC	95	200	45	3	1.1	109	186	2.5	38.2	152	158	58.5	145	148	3000	4000	36319	46319
7320C	7320AC	100	215	47	3	1.1	114	201	2.5	40.2	162	175	61.9	165	178	2600	3600	36320	46320
(0)4 尺寸系列																			
	7406AC	30	90	22	1.5	0.6	39	81	1				26.1	42.5	32.2	7500	10000		46406
	7407AC	35	100	25	1.5	0.6	44	91	1.5				29	53.8	42.5	6300	8500		46407
	7408AC	40	110	27	2	1	50	100	2				31.8	62.0	49.5	6000	8000		46408
	7409AC	45	120	29	2	1	55	110	2	—	—	—	34.6	66.8	52.8	5300	7000	—	46409
	7410AC	50	130	31	2.1	1.1	62	118	2.1				37.4	76.5	64.2	5000	6700		46410
	7412AC	60	150	35	2.1	1.1	72	138	2.1				43.1	102	90.8	4300	5600		46412
	7414AC	70	180	42	3	1.1	84	166	2.5				51.5	125	125	3600	4800		46414
	7416AC	80	200	48	3	1.1	94	186	2.5				58.1	152	162	3200	4300		46416

注：表中 C_r 值，对(1)0、(0)2 系列为真空脱气轴承钢的负荷能力，对(0)3、(0)4 系列为电炉轴承钢的负荷能力。

表 10-52　圆锥滚子轴承(GB/T 297—2015 摘录)

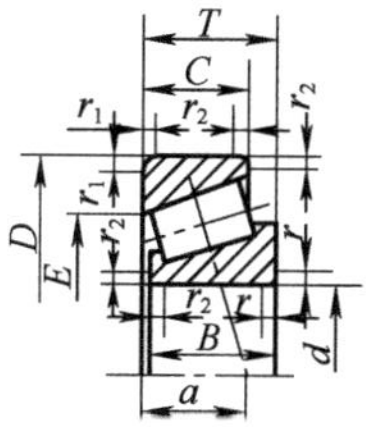

30000 型

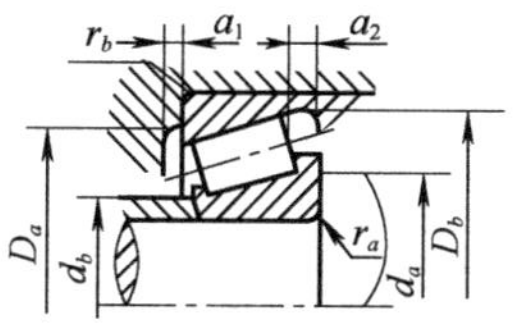

安装尺寸

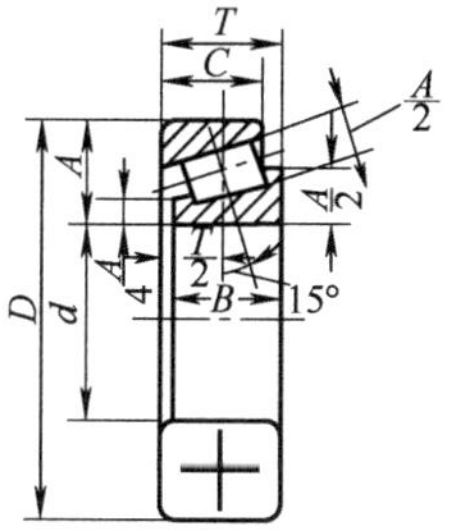

规定画法

径向当量动载荷	当 $\frac{F_a}{F_r} \leqslant e$　$p_r = F_r$ 当 $\frac{F_a}{F_r} > e$　$p_r = 0.4F_r + YF_a$
径向当量静载荷	$P_{or} = F_r$ $P_{or} = 0.5F_r + Y_0F_a$ 取上列两式计算结果的较大值

标记示例：滚动轴承　30310　GB/T 297—2015

轴承代号	尺寸/mm								安装尺寸/mm									计算系数			基本额定		极限转速/(r·min^{-1})		原轴承代号
	d	D	T	B	C	r_s min	r_{1s} min	a ≈	d_b min	d_b max	D_a min	D_a max	D_b min	a_1 min	r_{as} min	r_{as} max	r_{bs} max	e	Y	Y_0	动载荷 C_r	静载荷 C_{0r}	脂润滑	油润滑	
																					kN				
02 尺寸系列																									
30203	17	40	13.25	12	11	1	1	9.9	23	23	34	34	37	2	2.5	1	1	0.35	1.7	1	21.8	21.8	9000	12000	7203E
30204	20	47	15.25	14	12	1	1	11.2	26	27	40	41	43	2	3.5	1	1	0.35	1.7	1	29.5	30.5	8000	10000	7204E
30205	25	52	16.25	15	13	1	1	12.5	31	31	44	46	48	2	3.5	1	1	0.37	1.6	0.9	33.8	37.0	7000	9000	7205E
30206	30	62	17.25	16	14	1	1	13.8	36	37	53	56	58	2	3.5	1	1	0.37	1.6	0.9	45.2	50.5	0000	7500	7206E
30207	35	72	18.25	17	15	1.5	1.5	15.3	42	44	62	65	67	3	3.5	1.5	1.5	0.37	1.6	0.9	56.8	63.5	5300	6700	7207E
30208	40	80	19.75	18	16	1.5	1.5	16.9	47	49	69	73	75	3	4	1.5	1.5	0.37	1.6	0.9	66.0	74.0	5000	6300	7208E
30209	45	85	20.75	19	16	1.5	1.5	18.6	52	53	74	78	80	3	5	1.5	1.5	0.4	1.5	0.8	71.0	83.5	4500	5600	7209E
30210	50	90	21.75	20	17	1.5	1.5	20	57	58	79	83	86	3	5	1.5	1.5	0.42	1.4	0.8	76.8	92.0	4300	5300	7210E
30211	55	100	22.75	21	18	2	1.5	21	64	64	88	91	95	4	5	2	1.5	0.4	1.5	0.8	95.2	115	3800	4800	7211E
30212	60	110	23.75	22	19	2	1.5	22.3	69	69	96	101	103	4	5	2	1.5	0.4	1.5	0.8	108	130	3600	4500	7212E
30213	65	120	24.75	23	20	2	1.5	23.8	74	77	106	111	114	4	5	2	1.5	0.4	1.5	0.8	125	152	3200	4000	7213E
30214	70	125	26.25	24	21	2	1.5	25.8	79	81	110	116	119	4	5.5	2	1.5	0.42	1.4	0.8	138	175	3000	3800	7214E

续表

轴承代号	尺寸/mm								安装尺寸/mm										计算系数			基本额定		极限转速/$(r\cdot min^{-1})$		原轴承代号
	d	D	T	B	C	r_s min	r_{1s} min	a ≈	d_b min	d_b max	D_a min	D_a max	D_b min	a_1 min	r_{as} min	r_{as} max	r_{bs} max	e	Y	Y_0	动载荷 C_r	静载荷 C_{0r}	脂润滑	油润滑	
																					kN				
02 尺寸系列																									
30215	75	130	27.25	25	22	2	1.5	27.4	84	85	115	121	125	4	5.5	2	1.5	0.44	1.4	0.8	145	185	2800	3600	7215E
30216	80	140	28.25	26	22	2.5	2	28.1	90	90	124	130	133	4	6	2.1	2	0.42	1.4	0.8	168	212	2600	3400	7216E
30217	85	150	30.5	28	24	2.5	2	30.3	95	96	132	140	142	5	6.5	2.1	2	0.42	1.4	0.8	185	238	2400	3200	7217E
30218	90	160	32.5	30	26	2.5	2	32.3	100	102	140	150	151	5	6.5	2.1	2	0.42	1.4	0.8	210	270	2200	3000	7218E
30219	95	170	34.5	32	27	3	2.5	34.2	107	108	149	158	160	5	7.5	2.5	2.1	0.42	1.4	0.8	238	308	3000	2800	7219E
30220	100	180	37	34	29	3	2.5	36.4	112	114	157	168	169	5	8	2.5	2.1	0.42	1.4	0.8	268	350	1900	2600	7220E
03 尺寸系列																									
30302	15	42	14.25	13	11	1	1	9.6	21	22	36	36	38	2	3.5	1	1	0.29	2.1	1.2	23.8	21.5	9000	12000	7302E
30303	17	47	15.25	14	12	1	1	10.4	23	25	40	41	43	3	3.5	1	1	0.29	2.1	1.2	29.5	27.2	8500	11000	7303E
30304	20	52	16.25	15	13	1.5	1.5	11.1	27	28	44	45	48	3	3.5	1.5	1.5	0.3	2	1.1	34.5	33.2	7500	9500	7304E
30305	25	62	18.25	17	15	1.5	1.5	13	32	34	54	55	58	3	3.5	1.5	1.5	0.3	2	1.1	49.0	48.0	6300	8000	7305E
30306	30	72	20.75	19	16	1.5	1.5	15.3	37	40	62	65	66	3	5	1.5	1.5	0.31	1.9	1.1	61.8	63.0	5600	7000	7306E
30307	35	80	22.75	21	18	2	1.5	16.8	44	45	70	71	74	3	5	2	1.5	0.31	1.9	1.1	78.8	82.5	5000	6300	7307E
30308	40	90	25.25	23	20	2	1.5	19.5	49	52	77	81	84	3	5.5	2	1.5	0.35	1.7	1	95.2	108	4500	5600	7308E
30309	45	100	27.25	25	22	2	1.5	21.3	54	59	86	91	94	3	5.5	2	1.5	0.35	1.7	1	113	130	4000	5000	7309E
30310	50	110	29.25	27	23	2.5	2	23	60	65	95	100	103	4	6.5	2	2	0.35	1.7	1	135	158	3800	4800	7310E
30311	55	120	31.5	29	25	2.5	2	24.9	65	70	104	110	112	4	6.5	2.5	2	0.35	1.7	1	160	188	3400	4300	7311E
30312	60	130	33.5	31	26	3	2.5	26.6	72	76	112	118	121	5	7.5	2.5	2.1	0.35	1.7	1	178	210	3200	4000	7312E
30313	65	140	36	33	28	3	2.5	28.7	77	83	122	128	131	5	8	2.5	2.1	0.35	1.7	1	205	242	2800	3600	7313E
30314	70	150	38	35	30	3	2.5	30.7	82	89	130	138	141	5	8	2.5	2.1	0.35	1.7	1	228	272	2600	3400	7314E
30315	75	160	40	37	31	3	2.5	32	S7	95	139	148	150	5	9	2.5	2.1	0.35	1.7	1	265	318	2400	3200	7315E
30316	80	170	42.5	39	33	3	2.5	34.4	92	102	148	158	160	5	9.5	2.5	2.1	0.35	1.7	1	292	352	2200	3000	7316E

续表

轴承代号	尺寸/mm								安装尺寸/mm									计算系数			基本额定		极限转速/$(r\cdot min^{-1})$		原轴承代号
	d	D	T	B	C	r_s min	r_{1s} min	a ≈	d_b min	d_b max	D_a min	D_a max	D_b min	a_1 min	r_{as} min	r_{as} max	r_{bs} max	e	Y	Y_0	动载荷 C_r (kN)	静载荷 C_{0r} (kN)	脂润滑	油润滑	
03 尺寸系列																									
30317	85	180	44.5	41	34	4	3	35.9	99	107	156	166	168	6	10.5	3	2.5	0.35	1.7	1	320	388	2000	2800	7317E
30318	90	190	46.5	43	36	4	3	37.5	104	113	165	176	178	6	10.5	3	2.5	0.35	1.7	1	358	440	1900	2600	7318E
30319	95	200	49.5	45	38	4	3	40.1	109	118	172	186	185	6	11.5	3	2.5	0.35	1.7	1	388	478	1800	2400	7319E
30320	100	215	51.5	47	39	4	3	42.2	114	127	184	201	199	6	12.5	3	2.5	0.35	1.7	1	425	525	1600	2000	7320E
22 尺寸系列																									
32206	30	62	21.25	20	17	1	1	15.6	36	36	52	56	58	3	4.5	1	1	0.37	1.6	0.9	54.2	63.8	6000	7500	7506E
32207	35	72	24.25	23	19	1.5	1.5	17.9	42	42	61	65	68	3	5.5	1.5	1.5	0.37	1.6	0.9	73.8	89.5	5300	6700	7507E
32208	40	80	24.75	23	19	1.5	1.5	18.9	47	48	68	73	75	3	6	1.5	1.5	0.37	1.6	0.9	81.5	97.2	5000	6300	7508E
32209	45	85	24.75	23	19	1.5	1.5	20.1	52	53	73	78	81	3	6	1.5	1.5	0.4	1.5	0.8	84.5	105	4500	5600	7509E
32210	50	90	24.75	23	19	1.5	1.5	21	57	57	78	83	86	3	6	1.5	1.5	0.42	1.4	0.8	86.8	108	4300	5300	7510E
32211	55	100	26.75	25	21	2	1.5	22.5	64	62	87	91	96	4	6	2	1.5	0.4	1.5	0.8	112	142	3800	4800	7511E
32212	60	110	29.75	28	24	2	1.5	25	69	68	95	101	105	4	6	2	1.5	0.4	1.5	0.8	138	180	3600	4500	7512E
32213	65	120	32.75	31	27	2	1.5	27.3	74	75	104	111	115	4	6	2	1.5	0.4	1.5	0.8	168	222	3200	4000	7513E
32214	70	125	33.25	31	27	2	1.5	28.8	79	79	108	116	120	4	6.5	2	1.5	0.42	1.4	0.8	175	238	3000	3800	7514E
32215	75	130	33.25	31	27	2	1.5	30	84	84	115	121	126	4	6.5	2	1.5	0.44	1.4	0.8	178	242	2800	3600	7515E
32216	80	140	35.25	33	28	2.5	2	31.4	90	89	122	130	135	5	7.5	2.1	2	0.42	1.4	0.8	208	278	2600	3400	7516E
32217	85	150	38.5	36	30	2.5	2	33.9	95	95	130	140	143	5	8.5	2.1	2	0.42	1.4	0.8	238	325	2400	3200	7517E
32218	90	160	42.5	40	34	2.5	2	36.8	100	101	138	150	153	5	8.5	2.1	2	0.42	1.4	0.8	282	395	2200	3000	7518E
32219	95	170	45.5	43	37	3	2.5	39.2	107	106	145	158	163	5	8.5	2.5	2.1	0.42	1.4	0.8	318	448	2000	2800	7519E
32220	100	180	49	46	39	3	2.5	41.9	112	113	154	168	172	5	10	2.5	2.1	0.42	1.4	0.8	355	512	1900	2600	7520E

续表

轴承代号	尺寸/mm								安装尺寸/mm									计算系数			基本额定		极限转速/(r·min^{-1})		原轴承代号
	d	D	T	B	C	r_s min	r_{1s} min	a ≈	d_b min	d_b max	D_a min	D_a max	D_b min	a_1 min	r_{as} min	r_{as} max	r_{bs} max	e	Y	Y_0	动载荷 C_r	静载荷 C_{0r}	脂润滑	油润滑	
																					kN				
23 尺寸系列																									
32303	17	47	20.25	19	16	1	1	12.3	23	24	39	41	43	3	4.5	1	1	0.29	2.1	1.2	36.8	36.2	8500	11000	7603E
32304	20	52	22.25	21	18	1.5	1.5	13.6	27	26	43	45	48	3	4.5	1.5	1.5	0.3	2	1.1	44.8	46.2	7500	9500	7604E
32305	25	62	25.25	24	20	1.5	1.5	15.9	32	32	52	55	58	3	5.5	1.5	1.5	0.3	2	1.1	64.5	68.8	6300	8000	7605E
32306	30	72	28.75	27	23	1.5	1.5	18.9	37	38	59	65	66	4	6	1.5	1.5	0.31	1.9	1.1	85.5	96.5	5600	7000	7606E
32307	35	80	32.75	31	25	2	1.5	20.4	44	43	66	71	74	4	8.5	2	1.5	0.31	1.9	1.1	105	118	5000	6300	7607E
32308	40	90	35.25	33	27	2	1.5	23.3	49	49	73	81	83	4	8.5	2	1.5	0.35	1.7	1	120	148	4500	5600	7608E
32309	45	100	38.25	36	30	2	1.5	25.6	54	56	82	91	93	4	8.5	2	1.5	0.35	1.7	1	152	188	4000	5000	7609E
32310	50	110	42.25	40	33	2.5	2	28.2	60	61	90	100	102	5	9.5	2	2	0.35	1.7	1	185	235	3800	4800	7610E
32311	55	120	45.5	43	35	2.5	2	30.4	65	66	99	110	111	5	10	2.5	2	0.35	1.7	1	212	270	3400	4300	7611E
32312	60	130	48.5	46	37	3	2.5	32	72	72	107	118	122	6	11.5	2.5	2.1	0.35	1.7	1	238	302	3200	4000	7612E
32313	65	140	51	48	39	3	2.5	34.3	77	79	117	128	131	6	12	2.5	2.1	0.35	1.7	1	272	350	2800	3600	7613E
32314	70	150	54	51	42	3	2.5	36.5	82	84	125	138	141	6	12	2.5	2.1	0.35	1.7	1	312	408	2600	3400	7614E
32315	75	160	58	55	45	3	2.5	39.4	87	91	133	148	150	7	13	2.5	2.1	0.35	1.7	1	365	482	2400	3200	7615E
32316	80	170	61.5	58	48	3	2.5	42.1	92	97	142	158	160	7	13.5	2.5	2.1	0.35	1.7	1	408	542	2200	3000	7616E
32317	85	180	63.5	60	49	4	3	43.5	99	102	150	166	168	8	14.5	3	2.5	0.35	1.7	1	442	592	2000	2800	7617E
32318	90	190	67.5	64	53	4	3	46.2	104	107	157	176	178	8	14.5	3	2.5	0.35	1.7	1	502	682	1900	2600	7618E
32319	95	200	71.5	67	55	4	3	49	109	114	166	186	187	8	16.5	3	2.5	0.35	1.7	1	540	738	1800	2400	7619E
32320	100	215	77.5	73	60	4	3	52.9	114	122	177	201	201	8	17.5	3	2.5	0.35	1.7	1	628	872	1600	2000	7620E

表 10-53　推力球轴承(GB/T 301—2015 摘录)

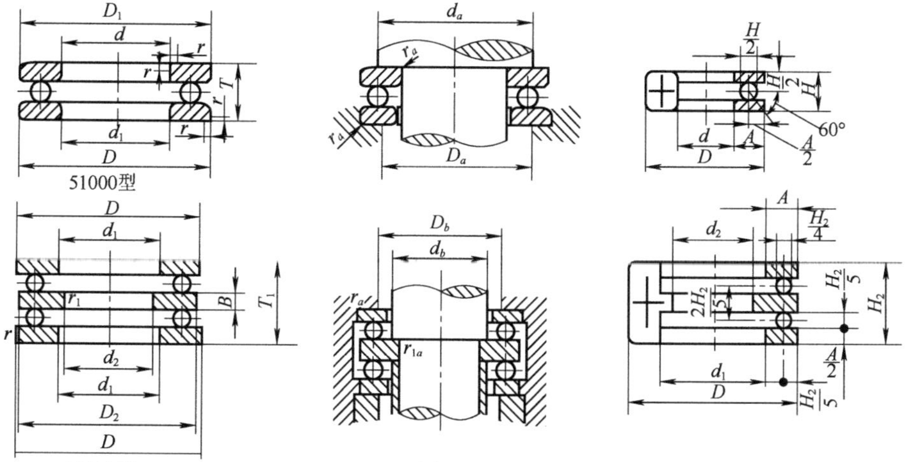

安装尺寸　　简化画法

标记示例:

滚动轴承 51208　GB/T 301—2015

轴向当量动载荷　$P_a = F_a$

轴向当量静载荷　$P_{0a} = F_a$

轴承代号		尺寸/mm											安装尺寸/mm							基本额定		极限转速/(r·min⁻¹)		原轴承代号
		d	d_2	D	T	T_1	$d_{1\min}$	$D_{1\min}$	$D_{2\max}$	B	$r_{s\min}$	$r_{1s\min}$	$d_{a\min}$	$D_{a\min}$	$D_{a\max}$	$D_{b\min}$	$d_{a\max}$	$r_{as\max}$	$r_{1as\max}$	动载荷 C_r	静载荷 C_{0r}	脂润滑	油润滑	
																				kN	kN			
12(51000 型)、22(52000 型)尺寸系列																								
51200	—	10	—	26	11	—	12	26	—	—	0.6	—	20	16		—	0.6	—	12.5	17.0	6000	8000	8200	—
51201	—	12	—	28	11	—	14	28	—	—	0.6	—	22	18		—	0.6	—	13.2	19.0	5300	7500	8201	—
51202	52202	15	10	32	12	22	17	32	32	5	0.6	0.3	25	22		15	0.6	0.3	16.5	24.8	4800	6700	8202	38202
51203	—	17	—	35	12	—	19	35	—	—	0.6	—	28	24		—	0.6	—	17.0	27.2	4500	6300	8203	—
51204	52204	20	15	40	14	26	22	40	40	6	0.6	0.3	32	28		20	0.6	0.3	22.2	37.5	3800	5300	8204	38204
51205	52205	25	20	47	15	28	27	47	47	7	0.6	0.3	38	34		25	0.6	0.3	27.8	50.5	3400	4800	8205	38205
51206	52206	30	25	52	16	29	32	52	52	7	0.6	0.3	43	39		30	0.6	0.3	28.0	54.2	3200	4500	8206	38206
51207	52207	35	30	62	18	34	37	62	62	8	1	0.3	51	46		35	1	0.3	39.2	78.2	2800	4000	8207	38207

续表

轴承代号		尺寸/mm											安装尺寸/mm							基本额定		极限转速/(r·min^{-1})		原轴承代号
		d	d_2	D	T	T_1	$d_{1\min}$	$D_{1\min}$	$D_{2\max}$	B	$r_{s\min}$	$r_{1s\min}$	$d_{a\min}$	$D_{a\min}$	$D_{a\max}$	$D_{b\min}$	$d_{a\max}$	$r_{as\max}$	$r_{1as\max}$	动载荷 C_r	静载荷 C_{0r}	脂润滑	油润滑	
																				kN				
12(51000 型)、22(52000 型)尺寸系列																								
51208	52208	40	30	68	19	36	42	68	68	9	1	0.6	57	51		40	1	0.6	47.0	98.2	2400	3600	8208	38208
51209	52209	45	35	73	20	37	47	73	73	9	1	0.6	62	56		45	1	0.6	47.8	105	2200	3400	8209	38209
51210	52210	50	40	78	22	39	52	78	78	9	1	0.6	67	61		50	1	0.6	48.5	112	2000	3200	8210	38210
51211	52211	55	45	90	25	45	57	90	90	10	1	0.6	76	69		55	1	0.6	67.5	158	1900	3000	8211	38211
51212	52212	60	50	95	26	46	62	95	95	10	1	0.6	81	74		60	1	0.6	73.5	178	1800	2800	8212	38212
51213	52213	65	55	100	27	47	67	100		10	1	0.6	86	79	79	65	1	0.6	74.8	188	1700	2600	8213	38213
51214	52214	70	55	105	27	47	72	105		10	1	1	91	84	84	70	1	1	73.5	188	1600	2400	8214	38214
51215	52215	75	60	110	27	47	77	110		10	1	1	96	89	89	75	1	1	74.8	198	1500	2200	8215	38215
51216	52216	80	65	115	28	48	82	115		10	1	1	101	94	94	80	1	1	83.8	222	1400	2000	8216	38216
51217	52217	85	70	125	31	55	88	125		12	1	1	109	101	109	85	1	1	102	280	1300	1900	8217	38217
51218	52218	90	75	135	35	62	93	135		14	1.1	1	117	108	108	90	1	1	115	315	1200	1800	8218	38218
51220	52220	100	85	150	38	67	103	150		15	1.1	1	130	120	120	100	1	1	132	375	1100	1700	8220	38220
13(51000 型)、23(52000 型)尺寸系列																								
51304	—	20	—	47	18	—	22	47		—	1	—	36	31	—	—	1	—	35.0	55.8	3600	4500	8304	—
51305	52305	25	20	52	18	34	27	52		8	1	0.3	41	36	36	25	1	0.3	35.5	61.5	3000	4300	8305	38305
51306	52306	30	25	60	21	38	32	60		9	1	0.3	48	42	42	30	1	0.3	42.8	78.5	2400	3600	8306	38306
51307	52307	35	30	68	24	44	37	68		10	1	0.3	55	48	48	35	1	0.3	55.2	105	2000	3200	8307	38307
51308	52308	40	30	78	26	49	42	78		12	1	0.6	63	55	55	40	1	0.6	69.2	135	1900	3000	8308	38308
51309	52309	45	35	85	28	52	47	85		12	1	0.6	69	61	61	45	1	0.6	75.8	150	1700	2600	8309	38309
51310	52310	50	40	95	31	58	52	95		14	1.1	0.6	77	68	68	50	1	0.6	96.5	202	1600	2400	8310	38310
51311	52311	55	45	105	35	64	57	105		15	1.1	0.6	85	75	75	55	1	0.6	115	242	1500	2200	8311	38311
51312	52312	60	50	110	35	64	62	110		15	1.1	0.6	90	80	80	60	1	0.6	118	262	1400	2000	8312	38312
51313	52313	65	55	115	36	65	67	115		15	1.1	0.6	95	85	85	65	1	0.6	115	262	1300	1900	8313	38313
51314	52314	70	55	125	40	72	72	125		16	1.1	1	103	92	92	70	1	1	148	340	1200	1800	8314	38314

续表

轴承代号		尺寸/mm											安装尺寸/mm							基本额定		极限转速/(r·min^{-1})		原轴承代号
		d	d_2	D	T	T_1	$d_{1\min}$	$D_{1\min}$	$D_{2\max}$	B	$r_{s\min}$	$r_{1s\min}$	$d_{a\min}$	$D_{a\min}$	$D_{a\max}$	$D_{b\min}$	$d_{a\max}$	$r_{as\max}$	$r_{1as\max}$	动载荷 C_r	静载荷 C_{0r}	脂润滑	油润滑	
																				kN				
13(51000 型)、23(52000 型)尺寸系列																								
51315	52315	75	60	135	44	79	77	135	18	1.5	1	111	99	99		75	1.5	1	162	380	1100	1700	8315	38315
51316	52316	80	65	140	44	79	82	140	18	1.5	1	116	104	104		80	1.5	1	160	380	1000	1600	8316	38316
51317	52317	85	70	150	49	87	88	150	19	1.5	1	124	111	114		85	1.5	1	208	495	950	1500	8316	38317
51318	52318	90	75	155	50	88	93	155	19	1.5	1	129	116	116		90	1.5	1	205	495	900	1400	8318	38318
51320	52320	100	85	170	55	97	103	170	21	1.5	1	142	128	128		100	1.5	1	235	595	800	1200	8320	38320
14(51000 型)、24(52000 型)尺寸系列																								
51405	52405	25	15	60	24	45	27	60		11	1	0.6	46	39		25	1	0.6	55.5	89.2	2200	3400	8405	38405
51406	52406	30	20	70	28	52	32	70		12	1	0.6	54	46		30	1	0.6	72.5	125	1900	3000	8406	38406
51407	52407	35	25	80	32	59	37	80		14	1.1	0.6	62	53		35	1	0.6	86.5	155	1700	2600	8407	38407
51408	52408	40	30	90	36	65	42	90		15	1.1	0.6	70	60		40	1	0.6	112	205	1500	2200	8408	38408
51409	52409	45	35	100	39	72	47	100		17	1.1	0.6	78	67		45	1	0.6	140	262	1400	2000	8409	38409
51410	52410	50	40	110	43	78	52	110		18	1.5	0.6	86	74		50	1.5	0.6	160	302	1300	1900	8410	38410
51411	52411	55	45	120	48	87	57	120		20	1.5	0.6	94	81		55	1.5	0.6	182	355	1100	1700	8411	38411
51412	52412	60	50	130	51	93	62	130		21	1.5	0.6	102	88		60	1.5	0.6	200	395	1000	1600	8412	38412
51413	52413	65	50	140	56	101	68	140		23	2	1	110	95		65	2.0	1	215	448	900	1400	8413	38413
51414	52414	70	55	150	60	107	73	150		24	2	1	118	102		70	2.0	1	255	560	850	1300	8414	38414
51415	52415	75	60	160	65	115	78	160	160	26	2	1	125	110		75	2.0	1	268	615	800	1200	8415	38415
51416	—	80	—	170	68	—	83	170	—	—	2.1	—	133	117		—	2.1	—	292	692	750	1100	8416	—
51417	52417	85	65	180	72	128	88	177	179.5	29	2.1	1.1	141	124		85	2.1	1	318	782	700	1000	8417	38417
51418	52418	90	70	190	77	135	93	187	189.5	30	2.1	1.1	149	131		90	2.1	1	325	825	670	950	8418	38418
51420	52420	100	80	210	85	150	103	205	209.5	33	3	1.1	165	145		100	2.5	1	400	1080	600	850	8420	38420

注：$r_{s\min}$、$r_{1s\min}$为r、r_1的最小单向倒角尺寸；$r_{as\max}$、$r_{1as\max}$为r_a、r_{1a}的最大单向倒角尺寸。

10.4.2　滚动轴承的配合(GB/T 275—2015 摘录)

表 10-54　向心轴承载荷的区分

载荷大小	轻载荷	正常载荷	重载荷
$\frac{P_r(\text{径向当量动载荷})}{C_r(\text{径向额定动载荷})}$	≤0.07	>0.07～0.15	>0.15

表 10-55　安装向心轴承的轴公差带代号

运转状态		载荷状态	深沟球轴承、调心球轴承和角接触球轴承	圆柱滚子轴承和圆锥滚子轴承	调心滚子轴承	公差带
说明	举例		轴承公称内径/mm			
旋转的内圈载荷及摆动载荷	电器仪表、精密机械、泵、通风机、传送带	轻载荷	≤18 >18～100 >100～200	— ≤40 >40～140	— ≤40 >40～100	h5 j6① k6①
	一般通用机械、电动机、涡轮机、泵、内燃机变速箱、木工机械	正常载荷	≤18 >18～100 >100～140 >140～200	— ≤40 >40～100 >100～140	— ≤40 >40～65 >65～100	j5, js5 k5② m5② m6
	铁路车辆和电车的轴箱、牵引电动机、轧机、破碎机等重型机械	重载荷	— —	>50～140 >140～200	>50～100 >100～140	m6 p6③
固定的内圈载荷	静止轴上的各种轮子，张紧轮、绳轮、振动筛、惯性振动器	所有载荷	所有尺寸			f6 g6 h6 j6
仅有轴向载荷		所有尺寸				j6、js6

注：① 凡对精度有较高要求场合，应用 j5、k5…代表 j6、k6…；
② 圆锥滚子轴承、角接触球轴承配合对游隙影响不大，可用 k6、m6 代替 k5、m5；
③ 重载荷下轴承游隙应选大于 0 组。

表 10-56　安装向心轴承的孔公差带代号(GB/T 275—2015 摘录)

运转状态		载荷状态	其他状况	公差带①	
说明	举例			球轴承	滚子轴承
固定的外圈载荷	一般机械、铁路机车车辆轴箱、电动机、泵、曲轴主轴承	轻、正常、重	轴向易移动，可采用剖分式外壳	H7、G7②	
		冲击	轴向能移动，可采用整体或剖分式外壳	J7、Js7	
摆动载荷		轻、正常			
		正常、重	轴向不移动，采用整体式外壳	K7	
		冲击		M7	
旋转的外圈载荷	张紧滑轮，轮毂轴承轻	轻		J7	K7
		正常		M7	N7
		重		—	N7、P7

注：① 并列公差带随尺寸的增大从左至右选择，对旋转精度有较高要求时，可相应提高一个公差等级；
② 不适用于剖分式外壳。

表 10-57　安装推力轴承的轴和孔公差带代号

运转状态	载荷状态	安装推力轴承的轴公差带		安装推力轴承的外壳孔公差带	
		轴承类型	公差带	轴承类型	公差带
仅有轴向载荷		推力球和推力滚子轴承	j6、js6	推力球轴承 推力圆柱、圆锥滚子轴承	H8 H7

表 10-58　配合面的表面粗糙度

轴或轴承座直径/mm		轴或外壳配合表面直径公差等级								
		IT7			IT6			IT5		
		表面粗糙度/μm								
超过	到	*Rz*	*Ra*		*Rz*	*Ra*		*Rz*	*Ra*	
			磨	车		磨	车		磨	车
	80	10	1.6	3.2	6.3	0.8	1.6	4	0.4	0.8
80	500	16	1.6	3.2	10	1.6	3.2	6.3	0.8	1.6
端面		25	3.2	6.3	25	3.2	6.3	10	1.6	3.2

注：与/P0、/P6(/P6x)级公差轴承配合的轴，其公差等级一般为 IT6，外壳孔一般为 IT7。

表 10-59　轴和外壳孔的形位公差

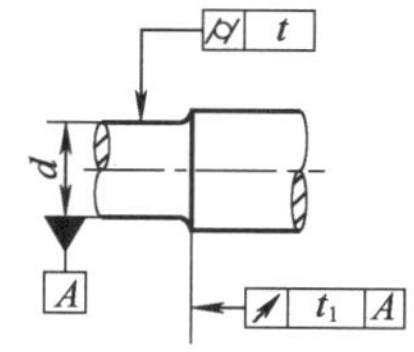

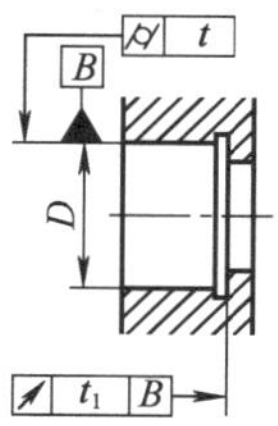

基本尺寸/mm		圆柱度 *t*				端面圆跳动 t_1			
		轴颈		外壳孔		轴肩		外壳孔肩	
		轴承公差等级							
		/P0	/P6 (/P6x)	/P0	/P6 (/P6x)	/P0	/P6 (/P6x)	/P0	/P6 (/P6x)
大于	至	公差值/μm							
	6	2.5	1.5	4	2.5	5	3	8	5
6	10	2.5	1.5	4	2.5	6	4	10	6
10	18	3.0	2.0	5	3.0	8	5	12	8
18	30	4.0	2.5	6	4.0	10	6	15	10
30	50	4.0	2.5	7	4.0	12	8	20	12
50	80	5.0	3.0	8	5.0	15	10	25	15
80	120	6.0	4.0	10	6.0	15	10	25	15
120	180	8.0	5.0	12	8.0	20	12	30	20
180	250	12.0	7.0	14	10.0	20	12	30	20
250	315	12.0	8.0	16	12.0	25	15	40	25

注：轴承公差等级新、旧标准代对照为：/P0-G；/P6-E 级；/P6x-Ex 级。

10.5 联 轴 器

表 10-60　轴孔和键槽的形式、代号及系列尺寸(GB/T 3852—2017 摘录)

	圆柱形轴孔 (Y 型)	有沉孔的短圆柱形轴孔 (J 型)	圆锥形轴孔 (Z_1 型)	有沉孔的圆锥形轴孔 (Z 型)
轴孔	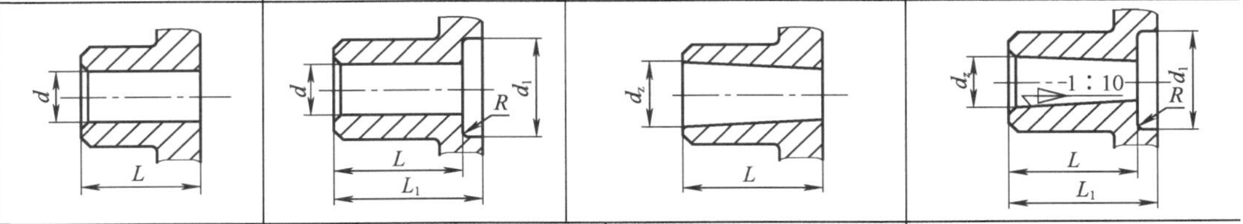			
键槽	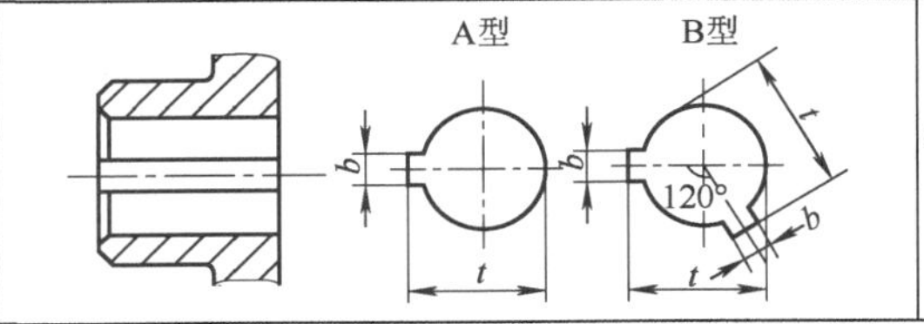		b、t 尺寸见 GB/T 1095—2003 (表 10-46)	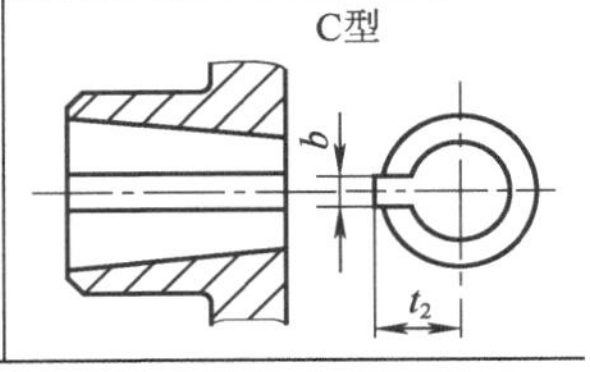

轴孔和 C 型键槽尺寸/mm

直径 d、d_z	轴孔长度 L 长系列	轴孔长度 L 短系列	轴孔长度 L_1	沉孔 d_1	沉孔 R	C 型键槽 b	C 型键槽 t_2 公称尺寸	C 型键槽 t_2 极限偏差
16						3	8.7	
18	42	30	42				10.1	
19							10.6	
20				38		4	10.9	
22	52	38	52		1.5		11.9	
24							13.4	
25	62	44	62	48		5	13.7	±0.1
28							15.2	
30							15.8	
32	82	60	82	55			17.3	
35						6	18.8	
38							20.3	
40				65	2	10	21.2	
42							22.2	
45	112	84	112	80			23.7	±0.2
48						12	25.2	
50				95			26.2	

直径 d、d_z	轴孔长度 L Y 型	轴孔长度 L J、J_1、Z 型	轴孔长度 L_1	沉孔 d_1	沉孔 R	C 型键槽 b	C 型键槽 t_2(长系列)公称尺寸	C 型键槽 t_2(长系列)极限偏差
55	112	84	112	95		14	29.2	
56							29.7	
60							31.7	
63				105		16	32.2	
65					2.5		34.2	
70	142	107	142				36.8	
71				120		18	37.3	
75							39.3	
80				140		20	41.6	±0.2
85							44.1	
90	172	132	172	160		20	47.1	
95					3		49.6	
100				180		25	51.3	
110	212	167	212				56.3	
120				210			62.3	
125					4	28	64.8	
130	252	202	252	235			66.4	

轴孔与轴伸的配合、键槽宽度 b 的极限偏差

d、d_z/mm	圆柱形轴孔与轴伸的配合		圆锥形轴孔的直径偏差	键槽宽度 b 的极限偏差
6～30	H7/j6	根据使用要求也可选用 H7/n6、H7/p6 和 H7/r6	H8 (圆锥角度及圆锥形状公差应小于直径公差)	P9 (或 JS9)
>30～50	H7/k6			
>50	H7/m6			

表 10-61　凸缘联轴器(GB/T 5843—2003 摘录)

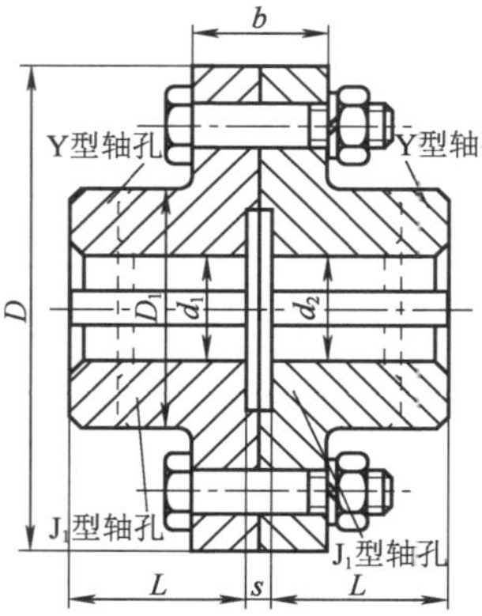

GY 型凸缘联轴器

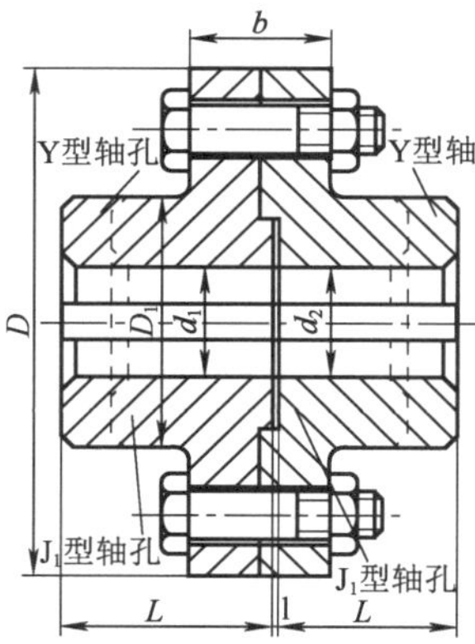

GYS 型有对中隼凸缘联轴器

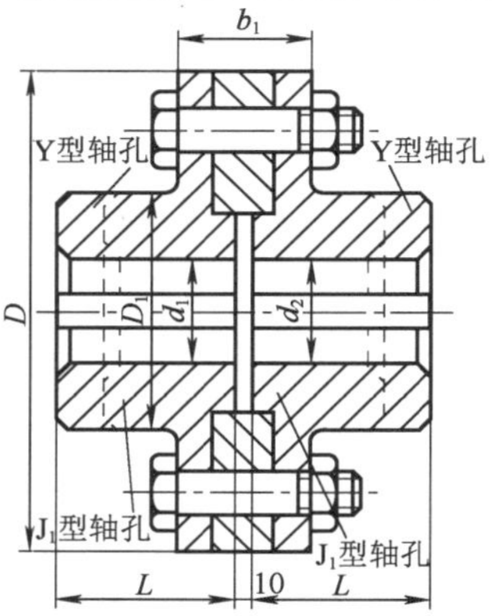

GYH 型有对中环凸缘联轴器

标记示例：GY5 凸缘联轴器 $\frac{Y30\times 82}{J_1 30\times 60}$ GB/T 5843—2003

主动端：Y 型轴孔、A 型键槽、d=30mm、L=82mm；

从动端：J_1 型轴孔、B 型键槽、d=30mm、L=60mm

型号	公称转矩/(N·m)	许用转速/(r/min)	轴孔直径 d_1、d_2/mm	轴孔长度 L/mm		D/mm	D_1/mm	b/mm	b_1/mm	s/mm	质量/kg	转动惯量/(kg·m²)
				Y 型	J_1 型							
GY1 GYS1 GYH1	25	12000	12，14	32	27	80	30	26	42	6	1.16	0.0008
			16,18,19	42	30							
GY2 GYS2 GYH2	63	10000	16，18，19	42	30	90	40	28	44	6	1.72	0.0015
			20，22，24	52	38							
			25	62	44							
GY3 GYS3 GYH3	112	9500	20，22，24	52	38	100	45	30	46	6	2.38	0.0025
			25，28	62	44							
GY4 GYS4 GYH4	224	9000	25,28	62	44	120	68	32	48	6	3.15	0.003
			30,32,(35)	82	60							
GY5 GYS5 GYH5	400	8000	30,32,35,38	82	60	120	68	36	52	8	5.43	0.007
			40，42	112	82							
GY6 GYS6 GYH6	900	6800	38	82	60	140	80	40	56	8	7.59	0.015
			40，42,45，48，50	112	84							
GY7 GYS7 GYH7	1600	6000	48，50，55，56,	112	84	160	100	40	56	8	13.1	0.031
			60，63	142	107							
GY8 GYS8 GYH8	3150	4800	60，63，65，70，71，75	142	107	200	130	50	68	10	27.5	0.103
			80	172	132							
GY9 GYS9 GYH9	6300	3600	95	142	107	260	160	66	84	10	47.8	0.319
			80，85，90，95	172	132							
			100	212	167							

注：本联轴器不具备径向、轴向和角向的补偿性能，刚性好，传递轴距大，结构简单，工作可靠，维护简便，适用于两轴对中精度良好的一般的轴系传动。

表 10-62　GICL 型鼓形齿式联轴器（JB/T 8854.3—2001 摘录）

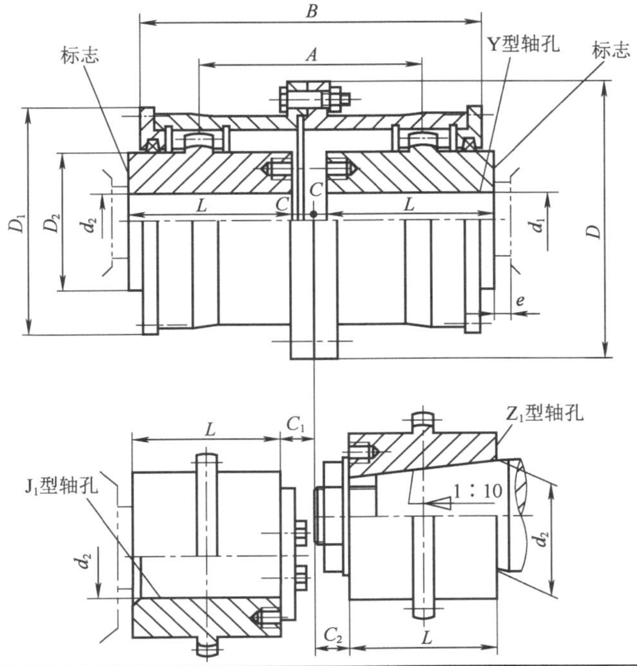

标记示例：

GICL4 联轴器 $\dfrac{50\times112}{J_1B45\times84}$ JB/T 8854.3—2001

主动端：Y 型轴孔、A 型键槽，d_1=50mm、L=112mm；
从动端：J_1 型轴孔、B 型键槽，d_2=45mm，L=84mm

型号	公称转矩/(N·m)	许用转速/(r/min)	轴孔直径 d_1、d_2、d_z	轴孔长度		D	D_1	D_2	B	A	C	C_1	C_2	e	转动惯量/(kg·m²)	质量/kg
				Y	J_1、Z_1											
			/mm													
GICL1	800	7100	16,18,19	42	—	125	95	60	115	75	20	—	—	30	0.009	5.9
			20,22,24	52	38						10	—	24			
			25,28	62	44						2.5	—	19			
			30,32,35,38	82	60							15	22			
GICL2	1400	6300	25,28	62	44	144	120	75	135	88	10.5	—	29	30	0.02	9.7
			30,32,35,38	82	60						2.5	12.5	30			
			40,42,45,48	112	84							13.5	28			
GICL3	2800	5900	30,32,35,38	82	60	174	140	95	155	106	3	24.5	25	30	0.047	17.2
			40,42,45,48,50,55,56	112	84							17	28			
			60	142	107								35			
GICL4	5000	5400	32,35,38	82	60	196	165	115	178	125	14	37	32	30	0.091	24.9
			40,42,45,48,50,55,56	112	84						3	17	28			
			60,63,65,70	142	107								35			
GICL5	8000	5000	40,42,45,48,50,55,56	112	84	224	183	130	198	142	3	25	28	30	0.167	38
			60,63,65,70,71,75	142	107							20	35			
			80	172	132							22	43			
GICL6	11200	4800	48,50,55,56	112	84	241	200	145	218	160	6	35	35	30	0.267	48.2
			60,63,65,40,71,75	142	107						4	20	35			
			80,85,90	172	132							22	43			
GICL7	15000	4500	60,63,65,40,71,75	142	107	260	230	160	244	180	4	35	35	30	0.453	68.9
			80,85,90,95	172	132							22	43			
			100	212	167								48			
GICL8	21200	4000	65,70,71,75	142	107	282	245	175	264	193	5	35	35	30	0.646	83.3
			80,85,90,95	172	132							22	43			
			100,110	212	167								48			

注：① J_1 型轴孔根据需要也可以不使用轴端挡圈；

② 本联轴器具有良好的补偿两轴综合位移能力，外形尺寸小，承载能力高，能在高转速下可靠地工作，适用于重型机械及长轴连接，但不宜用于立轴的连接。

表 10-63　弹性套柱销联轴器(GB/T 4323—2017 摘录)

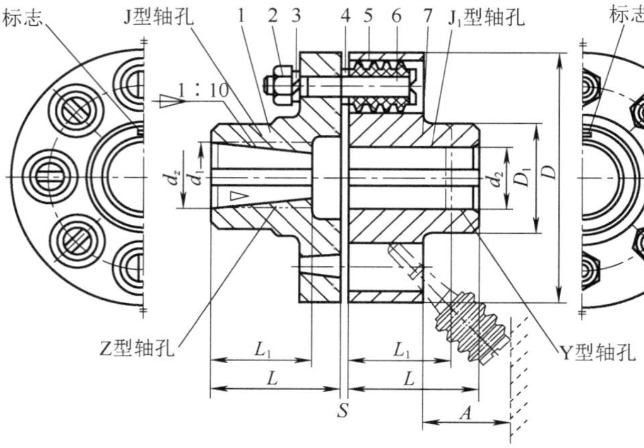

1、7-半联轴器；2-螺母；3-弹簧垫圈；4-挡圈；5-弹性套；6-柱销

标记示例：LT3 联轴器 $\dfrac{J_1 30\times 50}{J_1 35\times 50}$　GB/T 4323—2017

主动端：J_1 型轴孔，A 型键槽，d=30mm、L=50mm；

从动端：J_1 型轴孔，A 型键槽，d=35mm，L=50mm

型号	公称转矩 /(N • m)	许用转速 /(r/min)	轴孔直径 d_1、d_2、d_z	轴孔长度/mm Y 型	J、Z 型		D	D_1	S	A	质量 /kg	转动惯量 /(kg • m²)	许用补偿量 径向 ΔY /mm	角向 $\Delta\alpha$
			mm	L	L_1	L	mm							
LT1	16	8800	10，11	22	25	22	71	22	3	18	0.7	0.0004	0.2	1° 30'
			12，14	27	32	27								
LT2	25	7600	12，14	279	32	27	80	30	3	18	1	0.001		
			16，18，19	30	42	30								
LT3	63	6300	16，18，19	30	42	30	95	35	4	35	2.2	0.002		
			20，22	38	52	38								
LT4	100	5700	20，22，24	38	52	38	106	42	4	35	3.2	0.004		
			25，28	44	92	44								
LT5	224	4600	25，28	44	2	44	130	56	5	45	5.5	0.011	0.3	
			30，32，35	90	3	60								1°
LT6	355	3800	32，35，38	60	82	60	160	71	5	45	9.6	0.026		
			40，42	84	112	84								
LT7	560	3600	40，42，45，48	84	112	84	190	80	5	45	15.7	0.06		
LT8	1120	3000	40，42，45，48，50，55	84	112	84	224	95	6	65	24	0.13	0.4	
			60，63，65	107	142	107								
LT9	1600	2850	50，55	84	112	84	250	110	6	65	31	0.2		
			60，63，65，70	107	142	107								
LT10	3150	2300	63，65，70，75	107	142	107	315	150	8	80	60.2	0.64		
			80，85，90，95	132	172	132								
LT11	6300	1800	80，85，90，95	132	172	132	400	190	10	100	114	2.06	0.5	0° 30'
			100，110	167	212	167								
LT12	12500	1450	100，110，120，125	167	212	167	475	220	12	130	212	5.00		
			130	202	252	202								
LT13	22400	1150	120，125	167	212	167	600	280	14	180	416	16.0		
			130，140，150	202	252	202								
			160，170	242	302	242							0.6	

注：① 括号内的值仅用于钢制联轴器；

② 短时过载不得超过公称转矩值的 2 倍；

③ 本联轴器具有一定补偿两轴线相对偏移和减振缓冲能力，适用于安装底座刚性好，冲击载荷不大的中、小功率轴系传动，可用于经常正反转，起动频繁的场合，工作温度为-20～+70℃。

表 10-64　弹性柱销联轴器(GB/T 5014—2017 摘录)

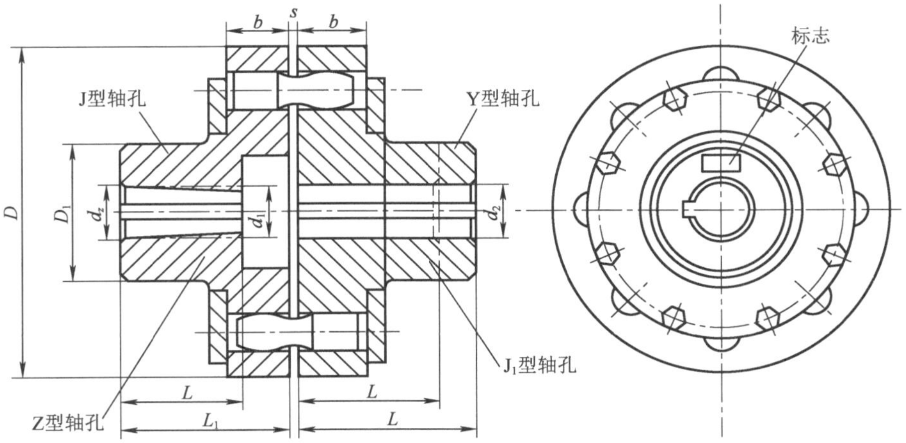

标记示例：LX7 联轴器 $\frac{ZC75\times107}{JB70\times107}$　GB/T 5014—2017

主动端：Z 型轴孔、C 型键槽、d_z=75mm、L_1=107mm；

从动端：J 型轴孔、B 型键槽、d_z=70mm、L_1=107mm

型号	公称转矩/(N·m)	许用转速/(r/min)	轴孔直径 d_1、d_2、d_z/mm	轴孔长度/mm Y型 L	轴孔长度/mm J、J_1、Z型 L	轴孔长度/mm J、J_1、Z型 L_1	D/mm	D_1/mm	B/mm	s/mm	质量/kg	转动惯量/(kg·m^2)
LX1	250	8500	12，14	32	27	—	90	40	20	2.5	2	0.002
			16，18，19	42	30	42						
			20，22，(24)	52	38	52						
LX2	560	6300	20，22，24	52	38	52	120	55	28	2.5	5	0.009
			25，28	62	44	62						
			30，32，(35)	82	60	82						
LX3	1250	4750	30，32，35，38	82	60	82	160	75	36	2.5	8	0.026
			40，42，(45)，(48)	112	84	112						
LX4	2500	3870	40，42，45，48，50，55，56	112	84	112	195	100	45	3	22	0.109
			(60)，(63)	142	107	142						
LX5	3150	3450	50，55，56	112	84	112	220	120	45	3	30	0.191
			60，63，65，70，71，75	142	107	142						
LX6	6300	2720	60，63，65，70，71，75	142	107	142	280	140	56	4	53	0.543
			80，(85)	172	132	172						
LX7	11200	2360	70，71，75	142	107	142	320	170	56	4	98	1.314
			80，85，90，95	172	132	172						
			100(110)	212	167	212						
LX8	16000	2120	80，85，90，95	172	132	172	360	200	56	5	119	2.023
			100，110，120，125	212	167	212						
LX9	22400	1850	100，110，120，125	212	167	212	410	230	63	5	197	4.386
			130，(140)	252	202	252						
LX10	35500	1600	110，120，125	212	167	212	480	280	75	6	322	9.760
			130，140，150	252	202	252						
			160，(170)，(180)	302	242	302						

注：① 括号内的值仅适用于钢制联轴器；

② 本联轴器结构简单，制造容易，装拆更换弹性元件方便，有微量补偿两轴线偏移和缓冲吸振能力，主要用于载荷较平衡、起动频繁、对缓冲要求不高的中、低速轴系传动，工作温度为-20～+70℃。

表 10-65　梅花形弹性联轴器(GB/T 5272—2017 摘录)

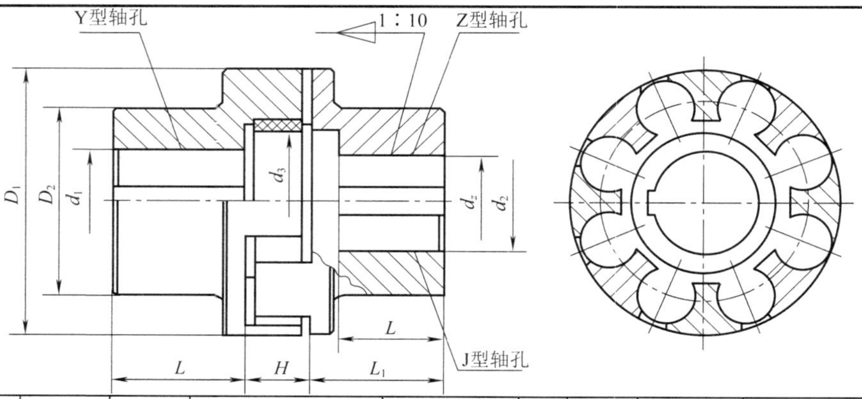

型号	公称转矩 /(N·m)	最大转矩 /(N·m)	许用转速 /(r/min)	轴孔直径 d_1、d_2、d_z /mm	轴孔长度 L/mm Y型 L	Z、J型 L_1	Z、J型 L	D_1 /mm	D_2 /mm	H /mm	转动惯量 /(kg·m²)	质量 /kg
LM50	28	50	15000	10,11	22	—	—	50	42	16	0.0002	1.00
				12,14	27	—	—					
				16,18,19	30	—	—					
				20,22,24	38	—	—					
LM70	112	200	11000	12,14	27	—	—	70	55	23	0.0011	2.50
				16，18，19	30	—	—					
				20，22，24	38	—	—					
				25，28	44	—	—					
				30,32,35,38	60	—	—					
LM85	160	288	9000	16,18,19	30	—	—	85	60	24	0.0022	3.42
				20,22,24	38	—	—					
				25,18	44	—	—					
				30，32，35，38	60	—	—					
LM105	355	640	7250	18,19	30	—	—	105	65	27	0.0051	5.15
				20,22,24	38	—	—					
				25,28	44	—	—					
				30,32,35,38	60	—	—					
				40,42	84	—	—					
LM125	450	810	6000	20,22,24	38	52	38	125	85	33	0.014	10.1
				25,28	44	62	44					
				30,32,35,38*	60	82	60					
				40,42,45,48,50,55	84	—	—					
LM145	710	1280	5250	25,28	44	62	44	145	95	39	0.025	13.1
				30,32,35,38	60	82	60					
				40,42,45*,48*,50*,55*	84	112	84					
				60,63,65	107	—	—					
LM170	1250	2250	4500	30,32,35,38	60	82	60	170	120	41	0.055	21.2
				40,42,45,48,50,55	84	112	84					
				60,63,65,70,75	107	—	—					
				80,85	132	—	—					
LM200	2000	3600	3750	35,38	60	82	60	200	135	48	0.119	33.0
				40,42,45,48,50,55	84	112	84					
				60,63,65,70*,75*	107	142	107					
				80,85,90,95	132	—	—					

注：①“*”无 J、Z 型轴孔型式；

② 转动惯量和质量是按 Y 型最大轴孔长度、最小轴孔直径计算的数值。

表 10-66　滑块联轴器（JB/ZQ 4384—2006 摘录）

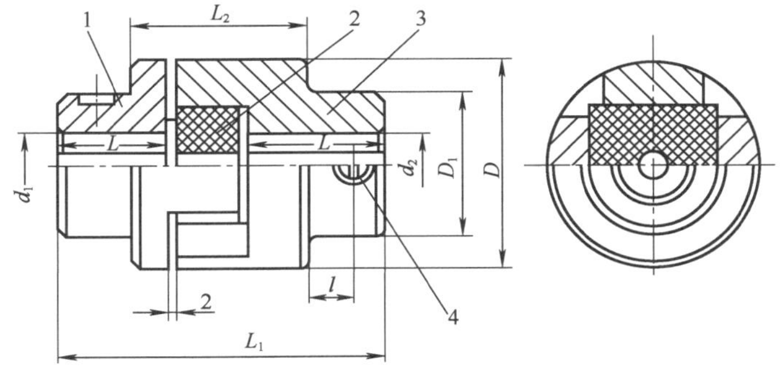

1、3-半联器；2-滑块；4-紧定螺钉

标记示例：

WH6 联轴器 $\dfrac{35\times82}{J_1 38\times60}$　JB/ZQ 4384—2006

主动端：Y 型轴孔、A 型键槽，d_1=35mm、L=82mm；

从动端：J_1 型轴孔，A 型键槽，d_2=38mm、L=60mm

型号	公称转矩 /(N·m)	许用转速 /(r/min)	轴孔直径 d_1、d_2 /mm	轴孔长度/mm Y 型	轴孔长度/mm J_1 型	D /mm	D_1 /mm	L_2 /mm	l /mm	质量 /kg	转动惯量 /(kg·m²)
WH1	16	10000	10，11	25	22	40	30	50	5	0.6	0.0007
			12，14	32	27						
WH2	31.5	8200	12，14			50	32	56	5	1.5	0.0038
			16，(17)，18	42	30						
WH3	63	7000	(17)，18，19			70	40	60	5	1.8	0.0063
			20，22	52	38						
WH4	160	5700	20，22，24			80	50	64	8	2.5	0.013
			25，28	62	44						
WH5	280	4700	25，28			100	70	75	10	5.8	0.045
			30，32，35	82	60						
WH6	500	3800	30，32，35，38			120	80	90	15	9.5	0.12
			40，42，45	112	84						
WH7	900	3200	40，42，45，48			150	100	120	25	25	0.43
			50，55								
WH8	1800	2400	50，55			190	120	150	25	55	1.98
			60，63，65，70	142	107						
WH9	3550	1800	65，70，75			250	150	180	25	85	4.9
			80，85	172	132						
WH10	5000	1500	80，85，90，95			330	190	180	40	120	7.5
			100	212	167						

注：① 装配时两轴的许用补偿量：轴向 $\Delta X=1\sim2\text{mm}$，径向 $\Delta Y\leqslant0.2\text{mm}$，角向 $\Delta\alpha\leqslant0°40'$；

② 括号内的数值尽量不用；

③ 本联轴器具有一定补偿两轴相对位移量、减振和缓冲性能，适用于中、小功率、转速较高，转矩较小的轴系传动，如控制器、油泵装置等，工作温度为-20～+70℃。

10.6　公差与配合

10.6.1　极限与配合

表 10-67　标准公差数值(GB/T 1800.3—1998 摘录)　　(μm)

基本尺寸/mm	标准公差等级																	
	IT1	IT2	IT3	IT4	IT5	IT6	IT7	IT8	IT9	IT10	IT11	IT12	IT13	IT14	IT15	IT16	IT17	IT18
≤3	0.8	1.2	2	3	4	6	10	14	25	40	60	100	140	250	400	600	1000	1400
>3～6	1	1.5	2.5	4	5	8	12	18	30	48	75	120	180	300	480	750	1200	1800
>6～10	1	1.5	2.5	4	6	9	15	22	36	58	90	150	220	360	580	900	1500	2200
>10～18	1.2	2	3	5	8	11	18	27	43	70	110	180	270	430	700	1100	1800	2700
>18～30	1.5	2.5	4	6	9	13	21	33	52	84	130	210	330	520	840	1300	2100	3300
>30～50	1.5	2.5	4	7	11	16	25	39	62	100	160	250	390	620	1000	1600	2500	3900
>50～80	2	3	5	8	13	19	30	46	74	120	190	300	460	740	1200	1900	3000	4600
>80～120	2.5	4	6	10	15	22	35	54	87	140	220	350	540	870	1400	2200	3500	5400
>120～180	3.5	5	8	12	18	25	40	63	100	160	250	400	630	1000	1600	2500	4000	6300
>180～250	4.5	7	10	14	20	29	46	72	115	185	290	460	720	1150	1850	2900	4600	7200
>250～315	6	8	12	16	23	32	52	81	130	210	320	520	810	1300	2100	3200	5200	8100
>315～400	7	9	13	18	25	36	57	89	140	230	360	570	890	1400	2300	3600	5700	8900
>400～500	8	10	15	20	27	40	63	97	155	250	400	630	970	1550	2500	4000	6300	9700
>500～630	9	11	16	22	30	44	70	110	175	280	440	700	1100	1750	2800	4400	7000	11000
>630～800	10	13	18	25	35	50	80	125	200	320	500	800	1250	2000	3200	5000	8000	12500

注：① 基本尺寸大于 500mm 的 IT1 至 IT5 的数值为试行的；

② 基本尺寸小于或等于 1mm 时，元 IT14～IT18。

表 10-68　轴的各种基本偏差的应用(基孔制配合)

配合种类	基本偏差	配合特性及应用
间隙配合	a、b	可得到特别大的间隙，很少应用
	c	可得到很大的间隙，一般适用于缓慢、松弛的动配合。用于工作条件较差(如农业机械)受力变形，或为了便于装配，而必须保证有较大的间隙。推荐配合为 H11/c11，其较高级的配合，如 H8/c7 适用于轴在高温工作的紧密动配合，例如，内燃机排气阀和导管
	d	一般用于 IT7～IT11，适用于松的转动配合，如密封盖、滑轮、空转带轮等与轴的配合。也适用于大直径滑动轴承配合，如透平机、球磨机、轧滚成型和重型弯曲机及其他重型机械中的一些滑动支承
	e	多用于 IT7～IT9 级，通常适用要求有明显间隙，易于转动的支承配合，如大跨距、多支点支承等。高等级的 e 轴适用于大型、高速、重载支承配合，如涡轮发电机、大型电动机、内燃机、凸轮轴及摇臂支承等
	f	多用于 IT6～IT8 级的一般转动配合。当温度影响不大时，被广泛用于普通润滑油(或润滑脂)润滑的支承，如齿轮箱、小电动机、泵等的转轴与滑动支承的配合
	g	配合间隙小，制造成本高，除很轻负荷的精密装置外，不推荐用于转动配合。多用于 IT5～IT7 级，最适合不回转的精密滑动配合，也用于插销等定位配合，如精密连杆轴承、活塞、滑阀及连杆销等
	h	多用于 IT4～IT11 级。广泛用于无相对转动的零件，作为一般的定位配合。若没有温度、变形影响，也用于精密滑动配合

续表

配合种类	基本偏差	配合特性及应用
过渡配合	js	为完全对称偏差(±IT/2)，平均为稍有间隙的配合，多用于 IT4～IT7 级，要求间隙比 h 轴小，并允许略有过盈的定位配合，如联轴器，可用手或木槌装配
	k	平均为没有间隙的配合，适用于 IT4～IT7 级。推荐用于稍有过盈的定位配合。例如，为了消除振动用的定位配合，一般用木槌装配
	m	平均为具有不大过盈的过渡配合。适用于 IT4～IT7 级，一般可用木槌装配，但在最大过盈时，要求相当的压入力
	n	平均过盈比 m 轴稍大，很少得到间隙，适用于 IT4～IT7 级，用锤或压力机装配，通常推荐用于紧密的组件配合。H6/n5 配合时为过盈配合
过盈配合	p	与 H6 或 H7 配合时是过盈配合，与 H8 孔配合时则为过渡配合。对非铁类零件，为较轻的压入配合，当需要时易于拆卸。对钢、铸铁或铜、钢组件装配是标准压入配合
	r	对铁类零件为打入配合，对非铁类零件，为轻打入的配合，当需要时可以拆卸。与 H8 孔配合，直径在 100mm 以上时为过盈配合，直径小时为过渡配合
	s	用于钢和铁制零件的永久性和半永久装配，可产生相当大的结合力。当用弹性材料，如轻合金时，配合性质与铁类零件的 p 轴相当。例如，套环压装在轴上、阀座等配合。尺寸较大时，为了避免损伤配合表面，需用热胀或冷缩法装配
	t、u、v x、y、z	过盈量依次增大，一般不推荐

表 10-69　优先配合特性及应用举例

基孔制	基轴制	优先配合特性及应用举例
$\frac{H11}{c11}$	$\frac{C11}{h11}$	间隙非常大，用于很松的、转动很慢的动配合；要求大公差与大间隙的外露组件；要求装配方便的很松的配合
$\frac{H9}{d9}$	$\frac{D9}{h9}$	间隙很大的自由转动配合，用于精度非主要要求时，或有大的温度变动、高转速或大的轴颈压力时
$\frac{H8}{f7}$	$\frac{F8}{h7}$	间隙不大的转动配合，用于中等转速与中等轴颈压力的精确转动；也用于装配较易的中等定位配合
$\frac{H7}{g6}$	$\frac{G7}{h6}$	间隙很小的滑动配合，用于不希望自由转动，但可自由移动和滑动并精密定位时，也可用于要求明确的定位配合
$\frac{H7}{h6}$　$\frac{H8}{h7}$ $\frac{H9}{h6}$　$\frac{H11}{h11}$	$\frac{H7}{h6}$　$\frac{H8}{h7}$ $\frac{H9}{h6}$　$\frac{H11}{h11}$	均为间隙定位配合，零件可自由装拆，而工作时一般相对静止不动。在最大实体条件下的间隙为零，在最小实体条件下的间隙由公差等级决定
$\frac{H7}{k6}$	$\frac{K7}{h6}$	过渡配合，用于精密定位
$\frac{H7}{n6}$	$\frac{N7}{h6}$	过渡配合，允许有较大过盈的更精密定位
$\frac{H7^*}{p6}$	$\frac{P7}{h6}$	过盈定位配合，即小过盈配合，用于定位精度特别重要时，能以最好的定位精度达到部件的刚性及对中性要求，而对内孔承受特殊要求，不依靠配合的紧固性传递摩擦负荷
$\frac{H7}{s6}$	$\frac{S7}{h6}$	中等压入配合，适用于一般钢件，或用于薄壁件的冷缩配合，用于铸铁件可得到最紧的配合
$\frac{H7}{u6}$	$\frac{U7}{h6}$	压入配合，适用于可以承受大压入力的零件或不宜承受大压入力的冷缩配合

注：* 公称尺寸小于或等于 3mm 为过渡配合。

表 10-70　轴的极限偏差(GB/T 1800.2—2020 摘录)

(μm)

基本尺寸/mm		公差带																						
		a	c	d				e			f					g			h					
大于	至	11*	▼11	8*	▼9	10*	11	7*	8*	9*	5*	6*	▼7	8*	9*	5*	▼6	7*	5*	▼6	▼7	8*	9	10*
3	6	-270 -345	-70 -145	-30 -48	-30 -60	-30 -78	-30 -105	-20 -32	-20 -38	-20 -50	-10 -15	-10 -18	-10 -22	-10 -28	-0 -40	-4 -9	-4 -12	-4 -16	0 -5	0 -8	0 -12	0 -18	0 -30	0 -48
6	10	-280 -370	-80 -170	-40 -62	-40 -76	-40 -98	-40 -130	-25 -40	-25 -47	-25 -61	-13 -19	-13 -22	-13 -28	-13 -35	-13 -49	-5 -11	-5 -14	-5 -20	0 -6	0 -9	0 -15	0 -22	0 -36	0 -58
10	18	-290 -400	-95 -205	-50 -77	-50 -93	-50 -120	-50 -160	-32 -50	-32 -59	-32 -75	-16 -24	-16 -27	-16 -34	-16 -43	-16 -59	-6 -14	-6 -17	-6 -24	0 -8	0 -11	0 -18	0 -27	0 -43	0 -70
18	30	-300 -430	-110 -240	-65 -98	-65 -117	-65 -149	-65 -195	-40 -61	-40 -73	-40 -92	-20 -29	-20 -33	-20 -41	-20 -53	-20 -72	-7 -16	-7 -20	-7 -28	0 -9	0 -13	0 -21	0 -33	0 -52	0 -84
30	40	-310 -470	-120 -280	-80 -119	-80 -142	-80 -180	-80 -240	-50 -75	-50 -89	-50 -112	-25 -36	-25 -41	-25 -50	-25 -64	-25 -87	-9 -20	-9 -25	-9 -34	0 -11	0 -16	0 -25	0 -39	0 -62	0 -100
40	50	-320 -480	-130 -290																					
50	65	-340 -530	-140 -330	-100 -146	-100 -174	-100 -220	-100 -290	-60 -90	-60 -106	-60 -134	-30 -43	-30 -49	-30 -60	-30 -76	-30 -104	-10 -23	-10 -29	-10 -40	0 -13	0 -19	0 -30	0 -46	0 -74	0 -120
65	80	-360 -550	-150 -340																					
80	100	-380 -600	-170 -390	-120 -174	-120 -207	-120 -260	-120 -340	-72 -107	-72 -126	-72 -159	-36 -51	36 -58	-36 -71	-36 -90	-36 -123	-12 -27	-12 -34	-12 -47	0 -15	0 -22	0 -35	0 -54	0 -87	0 -140
100	120	-410 -630	-180 -400																					
120	140	-460 -710	-200 -450	-145 -208	-145 -245	-145 -305	-145 -395	-85 -125	-85 -148	-85 -185	-43 -61	-43 -68	-43 -83	-43 -106	-43 -143	-14 -32	-14 -39	-14 -54	0 -18	0 -25	0 -40	0 -63	0 -100	0 -160
140	160	-520 -770	-210 -460																					
160	180	-580 -830	-230 -480																					

续表

基本尺寸/mm		公差带																						
		a	c	d				e			f					g			h					
大于	至	11*	▼11	8*	▼9	10*	11	7*	8*	9*	5*	6*	▼7	8*	9*	5*	▼6	7*	5*	▼6	▼7	8*	9	10*
180	200	-660 -950	-240 -530	-170 -242	-170 -285	-170 -355	-170 -460	-100 -146	-100 -172	-100 -215	-50 -70	-50 -79	-50 -96	-50 -122	-50 -165	-15 -35	-15 -44	-15 -61	0 -20	0 -29	0 -46	0 -72	0 -115	0 -185
200	225	-740 -1030	-260 -550																					
225	250	-820 -1110	-280 -570																					
250	280	-920 -1240	-300 -620	-190 -271	-190 -320	-190 -400	-190 -510	-110 -162	-110 -191	-110 -240	-56 -79	-56 -88	-56 -108	-56 -137	-56 -186	-17 -40	-17 -49	-17 -69	0 -23	0 -32	0 -52	0 -81	0 -130	0 -210
280	315	-1050 -1370	-330 -650																					
315	355	-1200 -1560	-360 -720	-210 -299	-210 -350	-210 -440	-210 -570	-125 -182	-125 -214	-125 -265	-62 -87	-62 -98	-62 -119	-62 -151	-62 -202	-18 -43	-18 -54	-18 -75	0 -25	0 -36	0 -57	0 -89	0 -140	0 -230
355	400	-1350 -1710	-400 -760																					

基本尺寸/mm		公差带																						
		h		j		js			k			m			n			p		r		s	u	
大于	至	▼11	12*	5	6	5*	6*	7*	5*	▼6	7*	5*	6*	7*	5*	▼6	7*	▼6	7*	6*	7*	▼6	▼6	8
3	6	0 -75	0 -120	+3 -2	+6 -2	±2.5	±4	±6	+6 +1	+9 +1	+13 +1	+9 +4	+12 +4	+16 +4	+13 +8	+16 +8	+20 +8	+20 +12	+24 +12	+23 +15	+27 +15	+27 +19	+31 +23	+41 +23
6	10	0 -90	0 -150	+4 -2	+7 -2	±3	±4.5	±7.5	+7 +1	+10 +1	+16 +1	+12 +6	+15 +6	+21 +6	+16 +10	+19 +10	+25 +10	+24 +15	+30 +15	+28 +19	+34 +19	+32 +23	+37 +28	+50 +28
10	18	0 -110	0 -180	+5 -3	+8 -3	±4	±5.5	±9	+9 +1	+12 +1	+19 +1	+15 +7	+18 +7	+25 +7	+20 +12	+23 +12	+30 +12	+29 +18	+36 +18	+34 +23	+41 +23	+39 +28	+44 +33	+60 +33
18	24	0 -130	0 -210	+5 -4	+9 -4	±4.5	±6.5	±10.5	+11 +2	+15 +2	+23 +2	+17 +8	+21 +8	+29 +8	+24 +15	+28 +15	+36 +15	+35 +22	+43 +22	+41 +28	+49 +28	+48 +35	+54 +41	+74 +41
24	30																						+61 +48	+81 +48
30	40	0 -160	0 -250	+6 -5	+11 -5	±5.5	±8	±12.5	+13 +2	+18 +2	+27 +2	+20 +9	+25 +9	+34 +9	+28 +17	+33 +17	+42 +17	+42 +26	+51 +26	+50 +34	+59 +34	+59 +43	+76 +60	+99 +60
40	50																						+86 +70	+109 +70

续表

基本尺寸/mm		公差带																						
		h		j		js			k			m			n			p		r		s	u	
大于	至	▼11	12*	5	6	5*	6*	7*	5*	▼6	7*	5*	6*	7*	5*	▼6	7*	▼6	7*	6*	7*	▼6	▼6	8
50	65	0 −190	0 −300	+6 −7	+12 −7	±6.5	±9.5	±15	+15 +2	+21 +2	+32 +2	+24 +11	+30 +11	+41 +11	+33 +20	+39 +20	+50 +20	+51 +32	+62 +32	+60 +41	+71 +41	+72 +53	+106 +87	+133 +87
65	80																			+62 +43	+73 +43	+78 +59	+121 +102	+148 +102
80	100	0 −220	0 −350	+6 −9	+13 −9	±7.5	±11	±17.5	+18 +3	+25 +3	+38 +3	+28 +13	+35 +13	+48 +13	+38 +23	+45 +23	+58 +23	+59 +37	+72 +37	+73 +51	+86 +51	+93 +71	+146 +124	+178 +124
100	120																			+76 +54	+89 +54	+101 +79	+166 +144	+198 +144
120	140	0 −250	0 −460	+7 −11	+14 −11	±9	±12.5	±20	+21 +3	+28 +3	+43 +3	+33 +15	+40 +15	+55 +15	+45 +27	+52 +27	+67 +27	+68 +43	+83 +43	+88 +63	+103 +63	+117 +92	+195 +170	+233 +170
140	160																			+90 +65	+105 +65	+125 +100	+215 +190	+253 +190
160	180																			+93 +68	+108 +63	+133 +108	+235 +210	+273 +210
180	200	0 −290	0 −460	+7 −13	+16 −13	±10	±14.5	±23	+24 +4	+33 +4	+50 +4	+37 +17	+46 +17	+63 +17	+51 +31	+60 +31	+77 +31	+79 +50	+96 +50	+106 +77	+123 +77	+151 +122	+265 +236	+308 +236
200	225																			+109 +80	+ 126 +80	+159 +130	+287 +258	+330 +258
225	250																			+113 +84	+130 +84	+169 +140	+313 +284	+356 +284
250	280	0 −320	0 −520	+7 −16	±16	±11.5	±16	±26	+27 +4	+36 +4	+56 +4	+43 +20	+52 +20	+72 +20	+57 +34	+66 +34	+86 +34	+88 +56	+108 +56	+126 +94	+146 +94	+190 +158	+347 +315	+396 +315
280	315																			+130 +98	+150 +98	+202 +170	+382 +350	+431 350
315	355	0 −360	0 −570	+7 −18	±18	±12.5	±18	±28.5	+29 +4	+40 +4	+61 +4	+46 +21	+57 +21	+78 +21	+62 +37	+73 +37	+94 +37	+98 +62	+ 119 +62	+144 +108	+165 +108	+226 +190	+426 +390	+479 +390
355	400																			+150 +114	+171 +114	+244 +208	+471 +435	+524 +435

注：▼为优先公差带，*为常用公差带，其余为一般用途公差带。

表 10-71 孔的极限偏差(GB/T 1800.2—2020 摘录) (μm)

基本尺寸 / mm		公差带																						
		C	D				E		F				G		H								J	
大于	至	▼11	8*	▼9	10*	11*	8*	9*	6*	7*	▼8	9*	6*	▼7	5	6*	▼7	▼8	▼9	10*	▼11	12*	6	7
3	6	+145 +70	+48 +30	+60 +30	+78 +30	+105 +30	+38 +20	+50 +20	+18 +10	+22 +10	+28 +10	+40 +10	+12 +4	+16 +4	+5 +0	+8 +0	+12 +0	+18 +0	+30 +0	+48 +0	+75 +0	+120 +0	+5 −3	+6 −6
6	10	+170 +80	+62 +40	+76 +40	+98 +40	+130 +40	+47 +25	+61 +25	+22 +13	+28 +13	+35 +13	+49 +13	+14 +5	+20 +5	+6 +0	+9 +0	+15 +0	+22 +0	+36 +0	+58 +0	+90 +0	+150 +0	+5 −4	+8 +7
10	18	+205 +95	+77 +50	+93 +50	+120 +50	+160 +50	+59 +32	+75 +32	+27 +16	+34 +16	+43 +16	+59 +16	+17 +6	+24 +6	+8 +0	+11 +0	+18 +0	+27 +0	+43 +0	+70 +0	+110 +0	+180 +0	+6 −5	+10 −8
18	30	+240 +110	+98 +65	+117 +65	+149 +65	+195 +65	+73 +40	+92 +40	+33 +20	+41 +20	+53 +20	+72 +29	+20 +7	+28 +7	+9 +0	+13 +0	+21 +0	+33 +0	+52 +0	+84 +0	+130 +0	+210 +0	+8 −5	+12 −9
30	40	+280 +120	+119 +80	+142 +80	+180 +80	+240 +80	+89 +50	+112 +50	+41 +25	+50 +25	+64 +25	+87 +25	+25 +9	+34 +9	+11 +0	+16 +0	+25 +0	+39 +0	+62 +0	+100 +0	+160 +0	+250 +0	+10 −6	+14 −11
40	50	+290 +130																						
50	65	+330 +140	+146 +100	+174 +100	+220 +100	+290 +100	+106 +60	+134 +60	+49 +30	+60 +30	+76 +30	+104 +30	+29 +10	+40 +10	+13 +0	+19 +0	+30 +0	+46 +0	+74 +0	+120 +0	+190 +0	+300 +0	+13 −6	+18 −12
65	80	+340 +150																						
80	100	+390 +170	+174 +120	+207 +120	+260 +120	+340 +120	+125 +72	+159 +72	+58 +36	+71 +36	+90 +36	+123 +36	+34 +12	+47 +12	+15 +0	+22 +0	+35 +0	+54 +0	+87 +0	+140 +0	+220 +0	+350 +0	+16 −6	+22 −13
100	120	+400 +180																						
120	140	+450 +200																						
140	160	+460 +210	+208 +145	+245 +145	+305 +145	+395 +145	+148 +85	+185 +85	+68 +43	+83 +43	+106 +43	+143 +43	+39 +14	+54 +14	+18 +0	+25 +0	+40 +0	+63 +0	+100 +0	+160 +0	+250 +0	+400 +0	+18 −7	+26 −14
160	180	+480 +230																						

续表

基本尺寸/mm		公差带																						
		C	D				E		F				G		H								J	
大于	至	▼11	8*	▼9	10*	11*	8*	9*	6*	7*	▼8	9*	6*	▼7	5	6*	▼7	▼8	▼9	10*	▼11	12*	6	7
180	200	+530 +240																						
200	225	+550 +260	+242 +170	+285 +170	+355 +170	+460 +170	+172 +100	+215 +100	+79 +50	+96 +50	+122 +50	+165 +50	+44 +15	+61 +15	+20 +0	+29 +0	+46 +0	+72 +0	+115 +0	+185 +0	+290 +0	+460 +0	+22 -7	+30 -16
225	250	+570 +280																						
250	280	+620 +300	+271 +190	+320 +190	+400 +190	+510 +190	+191 +110	+240 +110	+88 +56	+108 +56	+137 +56	+186 +56	+49 +17	+69 +17	+23 +0	+32 +0	+52 +0	+81 +0	+130 +0	+210 +0	+320 +0	+520 +0	+25 -7	+36 -16
280	315	+650 +330																						
315	355	+720 +360	+299 +210	+350 +210	+440 +210	+570 +210	+214 +125	+265 +125	+98 +62	+119 +62	+151 +62	+202 +62	+54 +18	+75 +18	+25 +0	+36 +0	+57 +0	+89 +0	+140 +0	+230 +0	+360 +0	+570 +0	+29 -7	+39 -18
355	400	+760 +400																						

基本尺寸/mm		公差带																						
		Js					K			M			N				P			R		S		U
大于	至	6*	7*	8*	9	10	6*	▼7	8*	6*	7*	8*	6*	▼7	8*	9	6*	▼7	9	6*	7*	6*	▼7	▼7
3	6	±4	±6	±9	±15	±24	+2 -6	+3 -9	+5 -13	-1 -9	0 -12	+2 -16	-5 -13	-4 -16	-2 -20	0 -30	-9 -17	-8 -20	-12 -42	-12 -20	-11 -23	-16 -24	-15 -27	-19 -31
6	10	±4.5	±7.5	±11	±18	±29	+2 -7	+5 -10	+6 -16	-3 -12	0 -15	+1 -21	-7 -16	-4 -19	-3 -25	0 -36	-12 -21	-9 -24	-15 -51	-16 -25	-13 -28	-20 -29	-17 -32	-22 -37
10	18	±5.5	±9	±13.5	±21.5	±35	+2 -9	+6 -12	+8 -19	-4 -15	0 -18	+2 -25	-9 -20	-5 -23	-3 -30	0 -43	-15 -26	-11 -29	-18 -61	-20 -31	-16 -34	-25 -36	-21 -39	-26 -44
18	24	±6.5	±10.5	±16.5	±26	±42	+2 -11	+6 -15	+10 -23	-4 -17	0 -21	+4 -29	-11 -24	-7 -28	-3 -36	0 -52	-18 -31	-14 -35	-22 -74	-24 -37	-20 -41	-31 -44	-27 -48	-33 -54
24	30																							-40 -61

续表

基本尺寸/mm		公差带																						
		Js					K			M			N				P			R		S		U
大于	至	6*	7*	8*	9	10	6*	▼7	8*	6*	7*	8*	6*	▼7	8*	9	6*	▼7	9	6*	7*	6*	▼7	▼7
30	40	±8	±12.5	±19.5	±31	±50	+3 -13	+7 -18	+12 -27	-4 -20	0 -25	+5 -34	-12 -28	-8 -33	-3 -42	0 -62	-21 -37	-17 -42	-26 -88	-29 -45	-25 -50	-38 -54	-34 -59	-51 -76
40	50																							-61 -86
50	65	±9.5	±15	±23	±37	±60	+4 -15	+9 -21	+14 -32	-5 -24	0 -30	+5 -41	-14 -33	-9 -39	-4 -50	0 -74	-26 -45	-21 -51	-32 -106	-35 -54	-30 -60	-47 -66	-42 -72	-76 -106
65	80																			-37 -56	-32 -62	-53 -72	-48 -78	-91 -121
80	100	±11	±17.5	±27	±43.5	±70	+4 -18	+10 -25	+16 -38	-6 -28	0 -35	+6 -48	-16 -38	-10 -45	-4 -58	0 -87	-30 -52	-24 -59	-37 -124	-44 -66	-38 -73	-64 -86	-58 -93	-111 -146
100	120																			-47 -69	-41 -76	-72 -94	-66 -101	-131 -166
120	140	±12.5	±20	±31.5	±50	±80	+4 -21	+12 -28	+20 -43	-8 -33	0 -40	+8 -55	-20 -45	-12 -52	-4 -67	0 -100	-36 -61	-28 -68	-43 -143	-56 -81	-48 -88	-85 -110	-77 -117	-155 -195
140	160																			-58 -83	-50 -90	-93 -118	-85 -125	-175 -215
160	180																			-61 -86	-53 -93	-101 -126	-93 -133	-195 -235
180	200	±14.5	±23	±36	±57.5	±92.5	+5 -24	+13 -33	+22 -50	-8 -37	0 -46	+9 -63	-22 -51	-14 -60	-5 -77	0 -115	-41 -70	-33 -79	-50 -165	-68 -97	-60 -106	-113 -142	-105 -151	-219 -265
200	225																			-71 -100	-63 -109	-121 -150	-113 -159	-241 -287
225	250																			-75 -104	-67 -113	-131 -160	-123 -169	-267 -313
250	280	±16	±26	±40.5	±65	±105	+5 -27	+16 -36	+25 -56	-9 -41	0 -52	+9 -72	-25 -57	-14 -66	-5 -86	0 -130	-47 -79	-36 -88	-56 -186	-85 -117	-74 -126	-149 -181	-138 -190	-295 -347
280	315																			-89 -121	-78 -130	-161 -193	150- -202	-330 -382
315	355	±18	±28.5	±44.5	±70	±115	+7 -29	+17 -40	+28 -61	-10 -46	0 -57	+11 -78	-26 -62	-16 -73	-5 -94	0 -140	-51 -87	-41 -98	-62 -202	-97 -133	-87 -144	-179 -215	-169 -226	-369 -426
355	400																			-103 -139	-93 -150	-197 -233	-187 -244	-414 -471

注：▼为优先公差带，*为常用公差带，其余为一般用途公差带。

10.6.2 几何公差

表 10-72　平行度、垂直度、倾斜度公差(GB/T 1184—1996 摘录)

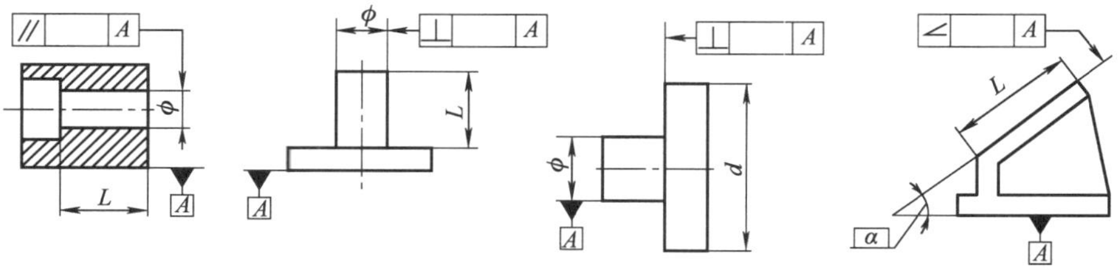

(μm)

公差等级	主参数 L，d，(D)/mm											应用举例(参考)	
	≤10	>10～16	>16～25	>25～40	>40～63	>63～100	>100～160	>160～250	>250～400	>400～630	>630～1000	平行度	垂直度和倾斜度
5	5	6	8	10	12	15	20	25	30	40	50	机床主轴孔对基准面要求，重要轴承孔对基准面要求，床头箱体重要孔间要求，一般减速器壳体孔、齿轮泵的轴孔端面等	机床重要支撑面，发动机轴和离合器的凸缘，气缸的支承端面，装P4、P5级轴承的箱体的凸肩
6	8	10	12	15	20	25	30	40	50	60	80	一般机床零件的工作面或基准，压力机和锻锤的工作面，机床一般轴承孔对基准面，床头箱一般孔间，变速器箱孔等	低精度机床主要基准面和工作面，一般导轨，主轴箱体孔，刀架，机床轴肩，以及滚动轴承内外圈端面等
7	12	15	20	25	30	40	50	60	80	100	120		
8	20	25	30	40	50	60	80	100	120	150	200		
9	30	40	50	60	80	100	120	150	200	250	300	低精度零件、重型机械滚动轴承端盖。	花键轴肩端面、带式输送机法兰盘等端面对轴心线，手动卷扬机及传动装置中轴承端面、减速器壳体平面等
10	50	60	80	100	120	150	200	250	300	400	500	柴油机和煤气发动机的曲轴孔、轴颈等	
11	80	100	120	150	200	250	300	400	500	600	800	零件的非工作面，卷扬机、输送机上用的减速器壳体平面	农业机械和齿轮端面
12	120	150	200	250	300	400	500	600	800	1000	1200		

表 10-73　直线度、平面度公差(GB/T 1184—1996 摘录)

主参数 L 图例

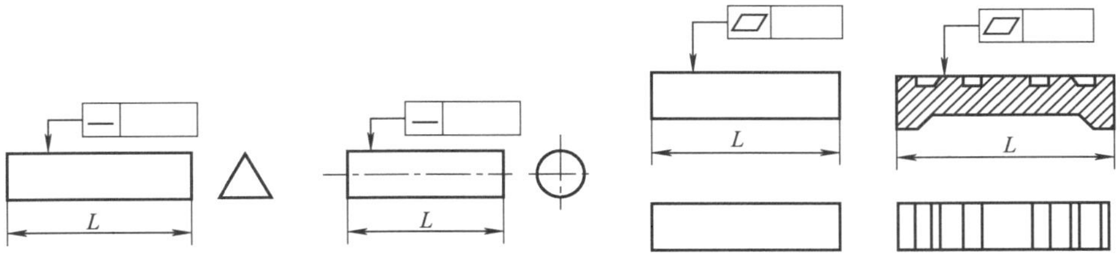

(μm)

公差等级	主参数 L/mm													应用举例(参考)
	≤10	>10～16	>16～25	>25～40	>40～63	>63～100	>100～160	>160～250	>250～400	>400～630	>630～1000	>1000～1600	>1600～2500	
5 6	2 3	2.5 4	3 5	4 6	5 8	6 10	8 12	10 15	12 20	15 25	20 30	25 40	30 50	普通精度机床导轨,柴油机进、排气门导杆
7 8	5 8	6 10	8 12	10 15	12 20	15 25	20 30	25 40	30 50	40 60	50 80	60 t00	80 120	轴承体的支承面，压力机导轨及滑块，减速器箱体、液泵、轴系支承轴承的接合面
9 10	12 20	15 25	20 30	25 40	30 50	40 60	50 80	60 100	80 120	100 150	120 200	150 250	200 300	辅助机构及手动机械的支承面，液压管件和法兰的连接面
11 12	30 60	40 80	50 100	60 120	80 150	100 200	120 250	150 300	200 400	250 500	300 600	400 800	500 1000	离合器的摩擦片，汽车发动机缸盖结合面

表 10-74　圆度、圆柱度公差(GB/T 1184—1996)

主参数 d、D 图例

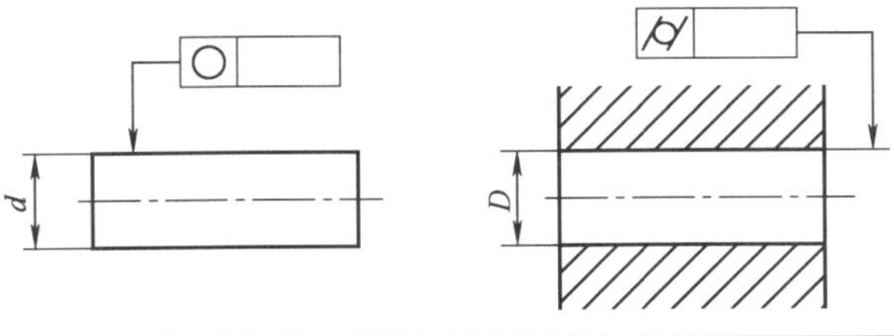

(μm)

精度等级	主参数 $d(D)$/mm												应用举例(参考)
	>3～6	>6～10	>10～18	>18～30	>30～50	>50～80	>80～120	>120～180	>180～250	>250～315	>315～400	>400～500	
5 6	1.5 2.5	1.5 2.5	2 3	2.5 4	2.5 4	3 5	4 6	5 8	7 10	8 12	9 13	10 15	安装 P6、P0 级滚动轴承的配合面，中等压力下的液压装置工作面(包括泵、压缩机的活塞和气缸)，风动绞车曲轴，通用减速器轴轴颈，一般机床主轴

续表

精度等级	主参数 $d(D)$/mm												应用举例(参考)
	>3 ~6	>6 ~10	>10 ~18	>18 ~30	>30 ~50	>50 ~80	>80 ~120	>120 ~180	>180~ 250	>250 ~315	>315~ 400	>400~ 500	
7 8	4 5	4 6	5 8	6 9	7 11	8 13	10 15	12 18	14 20	16 23	18 25	20 27	发动机的涨圈和活塞销及连杆中装衬套的孔等。千斤顶或压力油缸活塞，水泵及减速器轴颈，液压传动系统的分配机构，拖拉机气缸体，炼胶机冷铸轧辊
9 10 11	8 12 18	9 15 22	11 18 27	13 21 33	16 25 39	19 30 46	22 35 54	25 40 63	29 46 72	32 52 81	36 57 89	40 63 97	起重机、卷扬机用的滑动轴承、带软密封的低压泵的活塞和气缸通用机械杠杆与拉杆，拖拉机的活塞环与套筒孔
12	30	36	43	52	62	74	87	100	115	130	140	155	

表 10-75　同轴度、对称度、圆跳动和全跳动公差(CB/T 1184—1996 摘录)

主参数图例

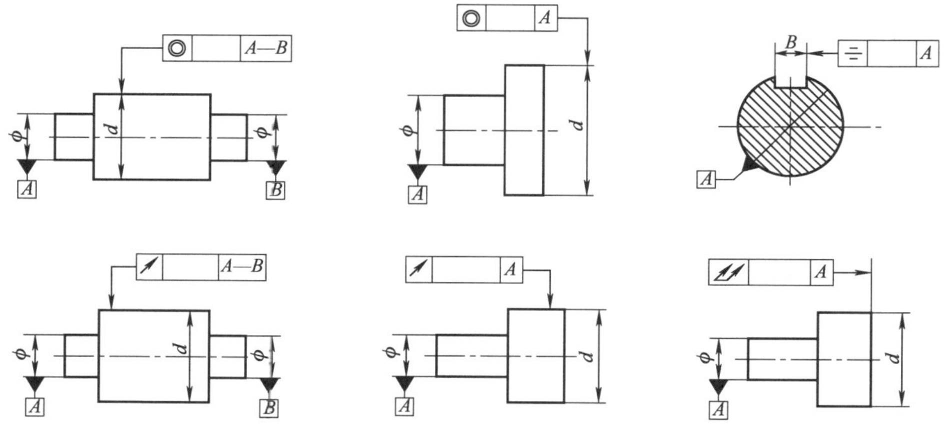

(μm)

精度等级	主参数 d、(D)、B、L/mm											应用举例(参考)
	>3 ~6	>6 ~10	>10 ~18	>18 ~30	>30 ~50	>50 ~120	>120 ~250	>250 ~500	>500 ~800	>800 ~1250	>1250 ~2000	
5 6	3 5	4 6	5 8	6 10	8 12	10 15	12 20	15 25	20 30	25 40	30 50	6 和 7 级精度齿轮轴的配合面，较高精度的减速轴，汽车发动机曲轴和分配轴的支承轴颈，较高精度机床的轴套
7 8	8 12	10 15	12 20	15 25	20 30	25 40	30 50	40 60	50 80	60 100	80 120	8 和 9 级精度齿轮轴的配合面，拖拉机发动机分配轴轴颈，普通精度高速轴(1000r/min 以下)，长度在 1m 以下的主传动轴，起重运输机的鼓轮配合孔和导轮的滚动面
9 10	25 50	30 60	40 80	50 100	60 120	80 150	100 200	120 250	150 300	200 400	250 500	10 和 11 级精度齿轮轴的配合面，发动机气缸套配合面，水泵叶轮离心泵泵件，摩托车活塞，自行车中轴
11 12	80 150	100 200	120 250	150 300	200 400	250 500	300 600	400 800	500 1000	600 1200	800 1500	用于无特殊要求，一般按尺寸公差等级 IT12 制造的零件

10.6.3　表面粗糙度

表 10-76　典型零件的表面粗糙度参考值

<table>
<tr><th>表面特征</th><th colspan="2">部位</th><th colspan="9">表面粗糙度 Ra 值不大于</th></tr>
<tr><td rowspan="4">滑动轴承表面</td><td colspan="2" rowspan="2">表面</td><td colspan="5">公差等级</td><td colspan="4" rowspan="2">流体润滑</td></tr>
<tr><td colspan="3">IT6～IT9</td><td colspan="2">IT10～IT12</td></tr>
<tr><td colspan="2">轴</td><td colspan="3">0.4～0.8</td><td colspan="2">0.8～3.2</td><td colspan="4">0.1～0.4</td></tr>
<tr><td colspan="2">孔</td><td colspan="3">0.8～1.6</td><td colspan="2">1.6～3.2</td><td colspan="4">0.2～0.8</td></tr>
<tr><td rowspan="6">密封材料处的孔轴表面</td><td colspan="2" rowspan="2">密封材料</td><td colspan="9">速度/ (m·s⁻¹)</td></tr>
<tr><td colspan="3">≤3</td><td colspan="2">5</td><td colspan="4">>5</td></tr>
<tr><td colspan="2">橡胶</td><td colspan="3">0.8～1.6 抛光</td><td colspan="2">0.4～0.8 抛光</td><td colspan="4">0.2～0.4 抛光</td></tr>
<tr><td colspan="2">毛毡</td><td colspan="5">0.8～1.6 抛光</td><td colspan="4"></td></tr>
<tr><td colspan="2">迷宫式的</td><td colspan="5">3.2～6.3</td><td colspan="4"></td></tr>
<tr><td colspan="2">涂油槽的</td><td colspan="5">3.2～6.3</td><td colspan="4"></td></tr>
<tr><td colspan="3" rowspan="2">圆锥结合工作面</td><td colspan="3">密封结合</td><td colspan="2">对中结合</td><td colspan="4">其他</td></tr>
<tr><td colspan="3">0.1～0.4</td><td colspan="2">0.4～1.6</td><td colspan="4">1.6～6.3</td></tr>
<tr><td rowspan="6">螺纹</td><td colspan="2" rowspan="2">类型</td><td colspan="9">螺纹精度等级</td></tr>
<tr><td colspan="3">4、5</td><td colspan="2">6、7</td><td colspan="4">8、9</td></tr>
<tr><td colspan="2">紧固螺纹</td><td colspan="3">1.6</td><td colspan="2">3.2</td><td colspan="4">3.2～6.3</td></tr>
<tr><td colspan="2">在轴上、杆上和套上螺纹</td><td colspan="3">0.8～1.6</td><td colspan="2">1.6</td><td colspan="4">3.2</td></tr>
<tr><td colspan="2">丝杠和起重螺纹</td><td colspan="3">—</td><td colspan="2">0.4</td><td colspan="4">0.8</td></tr>
<tr><td colspan="2">丝杠螺母和起重螺母</td><td colspan="3">—</td><td colspan="2">0.8</td><td colspan="4">1.6</td></tr>
<tr><td rowspan="5">键结合</td><td colspan="2">类型</td><td colspan="3">键</td><td colspan="2">轴上键槽</td><td colspan="4">毂上键槽</td></tr>
<tr><td rowspan="2">不动结合</td><td>工作面</td><td colspan="3">3.2</td><td colspan="2">1.6～3.2</td><td colspan="4">1.6～3.2</td></tr>
<tr><td>非工作面</td><td colspan="3">6.3～12.5</td><td colspan="2">6.3～12.5</td><td colspan="4">6.3～12.5</td></tr>
<tr><td rowspan="2">用导向键</td><td>工作面</td><td colspan="3">1.6～3.2</td><td colspan="2">1.6～3.2</td><td colspan="4">1.6～3.2</td></tr>
<tr><td>非工作面</td><td colspan="3">6.3～12.5</td><td colspan="2">6.3～12.5</td><td colspan="4">6.3～12.5</td></tr>
<tr><td rowspan="4">渐开线花键结合</td><td colspan="2" rowspan="2">类型</td><td colspan="2" rowspan="2">孔槽</td><td rowspan="2">轴齿</td><td colspan="2">定心面</td><td colspan="4">非定心面</td></tr>
<tr><td>孔</td><td>轴</td><td colspan="2">孔</td><td colspan="2">轴</td></tr>
<tr><td colspan="2">不动结合</td><td colspan="2">1.6～3.2</td><td>1.6～3.2</td><td>0.8～1.6</td><td>0.4～0.8</td><td colspan="2">3.2～6.3</td><td colspan="2">1.6～3.2</td></tr>
<tr><td colspan="2">动结合</td><td colspan="2">0.8～1.6</td><td>0.4～0.8</td><td>0.8～1.6</td><td>0.4～0.8</td><td colspan="2">3.2</td><td colspan="2">1.6～3.2</td></tr>
<tr><td rowspan="7">齿轮和蜗轮传动</td><td colspan="2" rowspan="2">类型</td><td colspan="9">精度等级</td></tr>
<tr><td>3</td><td>4</td><td>5</td><td>6</td><td>7</td><td>8</td><td>9</td><td>10</td><td>11</td></tr>
<tr><td colspan="2">直齿、斜齿、人字齿蜗轮（圆柱）齿面</td><td>0.1～0.2</td><td>0.2～0.4</td><td>0.2～0.4</td><td>0.4</td><td>0.4～0.8</td><td>1.6</td><td>3.2</td><td>6.3</td><td>6.3</td></tr>
<tr><td colspan="2">圆锥齿轮齿面</td><td></td><td></td><td>0.2～0.4</td><td>0.4～0.8</td><td>0.4～0.8</td><td>0.8～1.6</td><td>1.6～3.2</td><td>3.2～6.3</td><td>6.3</td></tr>
<tr><td colspan="2">蜗杆牙型面</td><td>0.1</td><td>0.2</td><td>0.2</td><td>0.4</td><td>0.4～0.8</td><td>0.8～1.6</td><td>1.6～3.2</td><td></td><td></td></tr>
<tr><td colspan="2">根圆</td><td colspan="9">与工作面同或接近的更粗些的优先数</td></tr>
<tr><td colspan="2">顶圆</td><td colspan="9">3.2～12.5</td></tr>
</table>

10.6.4　圆柱齿轮传动公差

表 10-77　偏差项目和代号(GB/T 10095.1～2—2008，GB/Z 18620.1～4—2008)

分类	序号	偏差 名称	偏差 代号	公差 名称	公差 代号	评定内容
必检参数	1	齿距累积总偏差	F_p	齿距累积总偏差	F_p	传递运动准确性
	2	齿距累积偏差	F_{pk}	齿距累积偏差	$\pm F_{pk}$	
	3	单个齿距偏差	f_{pt}	单个齿距偏差	$\pm f_{pt}$	传动平稳性
	4	齿廓总偏差	F_α	齿廓总偏差	F_α	
	5	螺旋线总偏差	F_β	螺旋线总偏差	F_β	载荷分布均匀性
可选用参数	6	切向综合总偏差	F_i'	切向综合总偏差	F_i'	传递运动准确性
	7	径向跳动	F_r	径向跳动公差	F_r	
	8	一齿切向综合偏差	f_i'	一齿切向综合偏差	f_i'	传动平稳性

表 10-78　$\pm f_{pt}$、F_p、$\pm F_{pk}$、F_α、f_i'、F_i'、F_r、F_w 的允许值(GB/T 10095.1～2—2008)　(μm)

分度圆直径 d/mm	模数 m/mm (偏差项目 / 精度等级)	单个齿距偏差 $\pm f_{pt}$ 5	6	7	8	齿距累积总偏差 F_p 5	6	7	8	齿廓总偏差 F_α 5	6	7	8	径向跳动公差 F_r 5	6	7	8	f_i'/K 值 5	6	7	8	公法线长度变动公差 F_w 5	6	7	8
$5 \leq d \leq 20$	$0.5 \leq m \leq 2$	4.7	6.5	9.5	13	11	16	23	32	4.6	6.5	9.0	13	9.0	13	18	25	14	19	27	38	10	14	20	29
	$2 < m \leq 3.5$	5.0	7.5	10	15	12	17	23	33	6.5	9.5	13	19	9.5	13	19	27	16	23	32	45				
$20 < d \leq 50$	$0.5 \leq m \leq 2$	5.0	7.0	10	14	14	20	29	41	5.0	7.5	10	15	11	16	23	32	14	20	29	41	12	16	23	32
	$2 < m \leq 3.5$	5.5	7.5	11	15	15	21	30	42	7.0	10	14	20	12	17	24	34	17	24	34	48				
	$3.5 < m \leq 6$	6.0	8.5	12	17	15	22	31	44	9.0	12	18	25	12	17	25	35	19	27	38	54				
$50 < d \leq 125$	$0.5 \leq m \leq 2$	5.5	7.5	11	15	18	26	37	52	6.0	8.5	12	17	15	21	29	42	16	22	31	44	14	19	28	37
	$2 < m \leq 3.5$	6.0	8.5	12	17	19	27	38	53	8.0	11	16	22	15	21	30	43	18	25	36	51				
	$3.5 < m \leq 6$	6.5	9.0	13	18	19	28	39	55	9.5	13	19	27	16	22	31	44	20	29	40	57				
$125 < d \leq 280$	$0.5 \leq m \leq 2$	6.0	8.5	12	17	24	35	49	69	7.0	10	14	20	20	28	39	55	17	24	34	49	16	22	31	44
	$2 < m \leq 3.5$	6.5	9.0	13	18	25	35	50	70	9.0	13	18	25	20	28	40	56	20	28	39	56				
	$3.5 < m \leq 6$	7.0	10	14	20	25	36	51	72	11	15	21	30	20	29	41	58	22	31	44	62				
$280 < d \leq 560$	$0.5 \leq m \leq 2$	6.5	9.5	13	19	32	46	64	91	8.5	12	17	23	26	36	51	73	19	27	39	54	19	25	37	53
	$2 < m \leq 3.5$	7.0	10	14	20	33	46	65	92	10	15	21	29	26	37	52	74	22	31	44	62				
	$3.5 < m \leq 6$	8.0	11	16	22	33	47	66	94	12	17	24	34	27	38	53	75	24	34	48	68				

注：① 本表中 F_w 为根据我国的生产实践提出的，供参考；

② 将 f_i'/K 乘以 K 即得到 f_i'；当 $\varepsilon_r < 4$ 时，$K = 0.2\left(\dfrac{\varepsilon_r + 4}{\varepsilon_r}\right)$；当 $\varepsilon_r \geq 4$ 时，$K = 0.4$；

③ $F_i' = F_p + f_i'$；

④ $\pm F_{pk} = f_{pt} + 1.6\sqrt{(k-1)m_n}$（5 级精度），通常 $k = z/8$；按相邻两级的公比 $\sqrt{2}$，可求得其他级 $\pm F_{pk}$ 值。

表 10-79　F_β 的允许值(GB/T 10095.1—2008)　　(μm)

分度圆直径 d / mm	公差项目 / 精度等级 / 齿宽 b / mm	螺旋线总偏差 F_β			
		5	6	7	8
$5 \leqslant d \leqslant 20$	$4 \leqslant b \leqslant 10$	6.0	8.5	12	17
	$10 < b \leqslant 20$	7.0	9.5	14	19
$20 < d \leqslant 50$	$4 \leqslant b \leqslant 10$	6.5	9.0	13	18
	$10 < b \leqslant 20$	7.0	10	14	20
	$20 < b \leqslant 40$	8.0	11	16	23
$50 < d \leqslant 125$	$4 \leqslant b \leqslant 10$	6.5	9.5	13	19
	$10 < b \leqslant 20$	7.5	11	15	21
	$20 < b \leqslant 40$	8.5	12	17	24
	$40 < b \leqslant 80$	10	14	20	28
$125 < d \leqslant 280$	$4 \leqslant b \leqslant 10$	7.0	10	14	20
	$10 < b \leqslant 20$	8.0	11	16	22
	$20 < b \leqslant 40$	9.0	13	18	25
	$40 < b \leqslant 80$	10	15	21	29
	$80 < b \leqslant 160$	12	17	25	35
$280 < d \leqslant 560$	$10 \leqslant b \leqslant 20$	8.5	12	17	24
	$20 < b \leqslant 40$	9.5	13	19	27
	$40 < b \leqslant 80$	11	15	22	31
	$80 < b \leqslant 160$	13	18	26	36
	$160 < b \leqslant 250$	15	21	30	43

10.7　电　动　机

10.7.1　Y 系列电动机的技术数据

表 10-80　Y 系列电动机的技术数据(JB/T 9616—1999)

电动机型号	额定功率 P/kW	满载转速 n / (r · min^{-1})	$\dfrac{\text{堵转转矩}}{\text{额定转矩}}$	$\dfrac{\text{最大转矩}}{\text{额定转矩}}$
同步转速 $n = 3000$r / min，2 极				
Y801-2	0.75	2830	2.2	2.3
Y802-2	1.1	2830	2.2	2.3
Y90S-2	1.5	2840	2.2	2.3

续表

电动机型号	额定功率 P/kW	满载转速 $n/(\mathrm{r \cdot min^{-1}})$	堵转转矩/额定转矩	最大转矩/额定转矩
同步转速 $n=3000\mathrm{r/min}$，2 极				
Y90L-2	2.2	2840	2.2	2.3
Y100L-2	3	2880	2.2	2.3
Y112M-2	4	2890	2.2	2.3
Y132S1-2	5.5	2900	2.0	2.3
Y132S2-2	7.5	2900	2.0	2.3
Y160M1-2	11	2930	2.0	2.3
Y160M2-2	15	2930	2.0	2.3
Y160L-2	18.5	2930	2.0	2.2
Y180M-2	22	2940	2.0	2.2
Y200L1-2	30	2950	2.0	2.2
Y200L2-2	37	2950	2.0	2.2
Y225M-2	45	2970	2.0	2.2
Y250M-2	55	2970	2.0	2.2
同步转速 $n=1500\mathrm{r/min}$，4 极				
Y801-4	0.55	1390	2.4	2.3
Y802-4	0.75	1390	2.3	2.3
Y90S-4	1.1	1400	2.3	2.3
Y90L-4	1.5	1400	2.3	2.3
Y100L1-4	2.2	1430	2.2	2.3
Y100L2-4	3	1430	2.2	2.3
Y112M-4	4	1440	2.2	2.3
Y132S-4	5.5	1440	2.2	2.3
Y132M-4	7.5	1440	2.2	2.3
Y160M-4	11	1460	2.2	2.2
Y160L-4	15	1460	2.2	2.2
Y180M-4	18.5	1470	2.0	2.2
Y180L-4	22	1470	2.0	2.2
Y200L-4	30	1470	2.0	2.2
Y225S-4	37	1480	1.9	2.2
Y225M-4	45	1480	1.9	2.2
Y250M-4	55	1480	2.0	2.2
Y280S-4	75	1480	1.9	2.2
Y280M-4	90	1480	1.9	2.2

续表

电动机型号	额定功率 P/kW	满载转速 $n/(r\cdot min^{-1})$	堵转转矩/额定转矩	最大转矩/额定转矩
同步转速 n=1000r/min，6 极				
Y90S-6	0.75	910	2.0	2.2
Y90L-6	1.1	910	2.0	2.2
Y100L-6	1.5	940	2.0	2.2
Y112M-6	2.2	940	2.0	2.2
Y132S-6	3	960	2.0	2.2
Y132M1-6	4	960	2.0	2.2
Y132M2-6	5.5	960	2.0	2.2
Y160M-6	7.5	970	2.0	2.0
Y160L-6	11	970	2.0	2.0
Y180L-6	15	970	1.8	2.0
Y200L1-6	18.5	970	1.8	2.0
Y200L2-6	22	970	1.8	2.0
Y225M-6	30	980	1.7	2.0
Y250M-6	37	980	1.8	2.0
Y280S-6	45	980	1.8	2.0
Y280M-6	55	980	1.8	2.0
同步转速 n=750r/min，8 极				
Y132S-8	2.2	710	2.0	2.0
Y132M-8	3	710	2.0	2.0
Y160M1-8	4	720	2.0	2.0
Y160M2-8	5.5	720	2.0	2.0
Y160L-8	7.5	720	2.0	2.0
Y180L-8	11	730	1.7	2.0
Y200L-8	15	730	1.8	2.0
Y225S-8	18.5	730	1.7	2.0
Y225M-8	22	730	1.8	2.0
Y250M-8	30	730	1.8	2.0
Y280S-8	37	740	1.8	2.0
Y280M-8	45	740	1.8	2.0
Y315S-8	55	740	1.6	2.0

注：电动机型号意义：以 Y132S2-2-B3 为例，Y 表示系列代号，132 表示机座中心高，S 表示短机座(M 为中机座，L 为长机座)，字母 S、M、L 后的数字表示不同功率的代号。2 为电动机的极数，B3 表示安装形式。

10.7.2　Y 系列电动机的安装及外形尺寸

表 10-81　Y 系列电动机的安装形式及外形尺寸　(mm)

1．安装形式

安装形式	基本安装型	由 B3 派生安装形				
	B3	V5	V6	B6	B7	B8
示意图	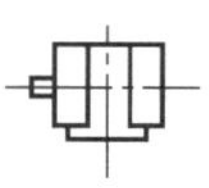	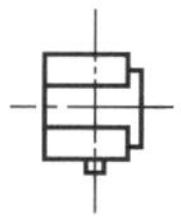	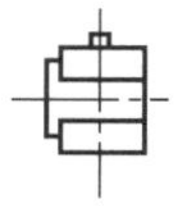	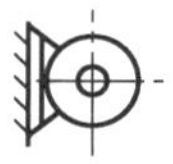	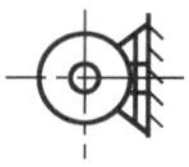	
轴中心高/mm	80～280	80～160				

安装形式	基本安装型	由 B3 派生安装型		基本安装型	由 B35 派生安装型	
	B6	V1	V3	B35	V15	V36
示意图		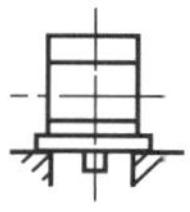	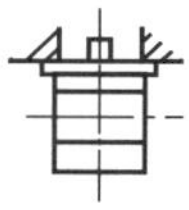	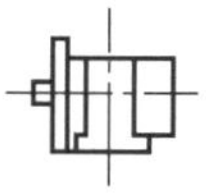	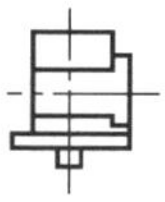	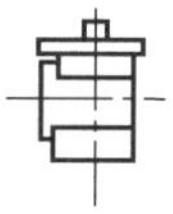
轴中心高/mm	80～225	80～280	80～160	80～280	80～160	

2．外形尺寸

B3、B6、B8、V5、V6 型

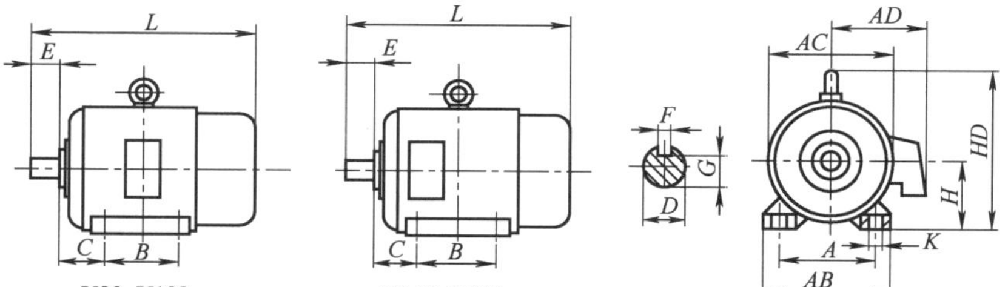

Y80~Y132　　Y160~Y280

机座号	极数	A	B	C	D		E	F	G	H	K	AB	AC	AD	HD	BB	L
80M	2、4	125	100	50	19	+0.009 −0.004	40	6	15.5	80	10	165	165	150	170	130	285
90S	2、4、6	140		56	24		50	8	20	90		180	175	155	190		310
90L			125													160	335
100L		160	140	63	28		60		24	100	12	205	205	180	245	180	380
112M		190		70						112		245	230	190	265	185	400
132S	2、4、6、8	216		89	38	+0.018 −0.002	80	10	33	132		280	270	210	315	205	470
132M			178													243	508
160M		254	210	108	42		110	12	37	160	15	330	325	255	385	275	600

续表

<table>
<tr><th>机座号</th><th>极数</th><th>A</th><th>B</th><th>C</th><th colspan="2">D</th><th>E</th><th>F</th><th>G</th><th>H</th><th>K</th><th>AB</th><th>AC</th><th>AD</th><th>HD</th><th>BB</th><th>L</th></tr>
<tr><td>160L</td><td rowspan="4">2、4、6、8</td><td>254</td><td>254</td><td>108</td><td>42</td><td rowspan="3">+0.018
−0.002</td><td rowspan="4">110</td><td>12</td><td>37</td><td>160</td><td rowspan="3">15</td><td>330</td><td>325</td><td>255</td><td>385</td><td>320</td><td>645</td></tr>
<tr><td>180M</td><td rowspan="2">279</td><td>241</td><td rowspan="2">121</td><td rowspan="2">48</td><td rowspan="2">14</td><td rowspan="2">42.5</td><td rowspan="2">180</td><td rowspan="2">355</td><td rowspan="2">360</td><td rowspan="2">285</td><td rowspan="2">430</td><td>315</td><td>670</td></tr>
<tr><td>180L</td><td>279</td><td>353</td><td>710</td></tr>
<tr><td>200L</td><td>318</td><td>305</td><td>133</td><td>55</td><td rowspan="10">+0.030
−0.011</td><td>16</td><td>49</td><td>200</td><td rowspan="4">19</td><td>395</td><td>400</td><td>310</td><td>475</td><td>380</td><td>770</td></tr>
<tr><td>225S</td><td>4、8</td><td rowspan="3">356</td><td>286</td><td rowspan="3">149</td><td>60</td><td>140</td><td>18</td><td>53</td><td rowspan="3">225</td><td rowspan="3">435</td><td rowspan="3">450</td><td rowspan="3">345</td><td rowspan="3">530</td><td>375</td><td>815</td></tr>
<tr><td rowspan="2">225M</td><td>2</td><td rowspan="2">311</td><td>55</td><td>110</td><td>16</td><td>49</td><td rowspan="2">400</td><td>810</td></tr>
<tr><td>4、6、8</td><td rowspan="2">60</td><td rowspan="7">110</td><td rowspan="4">18</td><td rowspan="2">53</td><td>840</td></tr>
<tr><td rowspan="2">250M</td><td>2</td><td rowspan="2">406</td><td rowspan="2">349</td><td rowspan="2">168</td><td rowspan="2">250</td><td rowspan="6">24</td><td rowspan="2">490</td><td rowspan="2">495</td><td rowspan="2">385</td><td rowspan="2">575</td><td rowspan="2">460</td><td rowspan="2">925</td></tr>
<tr><td>4、6、8</td><td rowspan="2">65</td><td rowspan="2">58</td></tr>
<tr><td rowspan="2">280S</td><td>2</td><td rowspan="4">457</td><td rowspan="2">368</td><td rowspan="4">190</td><td rowspan="4">280</td><td rowspan="4">550</td><td rowspan="4">555</td><td rowspan="4">410</td><td rowspan="4">640</td><td rowspan="2">525</td><td rowspan="2">1000</td></tr>
<tr><td>4、6、8</td><td>75</td><td>20</td><td>67.5</td></tr>
<tr><td rowspan="2">280M</td><td>2</td><td rowspan="2">419</td><td>65</td><td>18</td><td>58</td><td rowspan="2">576</td><td rowspan="2">1050</td></tr>
<tr><td>4、6、8</td><td>75</td><td>20</td><td>67.5</td></tr>
</table>

第 11 章　减速器结构及零件图例

11.1　减速器润滑与密封

1. 润滑剂

表 11-1　常用润滑油的主要性质和用途

<table>
<tr><th rowspan="2">名称</th><th rowspan="2">代号</th><th colspan="2">运动黏度/($mm^2 \cdot s^{-1}$)(cSt)</th><th rowspan="2">倾点
/(℃≤)</th><th rowspan="2">闪点(开口)
/(℃≥)</th><th rowspan="2">主要用途</th></tr>
<tr><th>40℃</th><th>100℃</th></tr>
<tr><td rowspan="8">全损耗系统用油
(GB/T 443—1989)</td><td>L-AN10</td><td>9.00～11.0</td><td rowspan="8">—</td><td rowspan="8">-5</td><td>130</td><td>用于高速轻载机械轴承的润滑和冷却</td></tr>
<tr><td>L-AN15</td><td>13.5～16.5</td><td rowspan="3">150</td><td rowspan="2">用于小型机床齿轮箱、传动装置轴承、中小型电机、风动工具等</td></tr>
<tr><td>L-AN22</td><td>19.8～24.2</td></tr>
<tr><td>L-AN32</td><td>28.8～35.2</td><td>主要用于一般机床齿轮变速、中小型机床导轨及 100kW 以上电机轴承</td></tr>
<tr><td>L-AN46</td><td>41.4～50.6</td><td rowspan="2">160</td><td>主要用于大型机床、大型刨床上</td></tr>
<tr><td>L-AN68</td><td>61.2～74.8</td><td rowspan="3">主要用于低速重载的纺织机械及重型机床、锻压、铸工设备上</td></tr>
<tr><td>L-AN100</td><td>90.0～110</td><td rowspan="2">180</td></tr>
<tr><td>L-AN150</td><td>135～165</td></tr>
<tr><td rowspan="7">工业闭式齿轮油
(GB 5903—2011)</td><td>L-CKC68</td><td>61.2～74.8</td><td rowspan="7">—</td><td rowspan="2">-12</td><td>180</td><td rowspan="7">适用于煤炭、水泥、冶金工业部门大型封闭式齿轮传动装置的润滑</td></tr>
<tr><td>L-CKC100</td><td>90.0～110</td><td rowspan="5">200</td></tr>
<tr><td>L-CKC150</td><td>135～165</td><td rowspan="4">-9</td></tr>
<tr><td>L-CKC220</td><td>198～242</td></tr>
<tr><td>L-CKC320</td><td>288～352</td></tr>
<tr><td>L-CKC460</td><td>414～506</td></tr>
<tr><td>L-CKC680</td><td>612～748</td><td>-5</td><td>220</td></tr>
<tr><td rowspan="5">蜗轮蜗杆油
(SH 0094—1991)</td><td>L-CKE220</td><td>198～242</td><td rowspan="5">—</td><td rowspan="5">-6</td><td rowspan="2">200</td><td rowspan="5">用于蜗杆蜗轮传动的润滑</td></tr>
<tr><td>L-CKE320</td><td>288～352</td></tr>
<tr><td>L-CKE460</td><td>414～506</td><td rowspan="3">220</td></tr>
<tr><td>L-CKE680</td><td>612～748</td></tr>
<tr><td>L-CKE1000</td><td>900～1100</td></tr>
</table>

表 11-2　常用润滑脂的主要性质和用途

<table>
<tr><th>名　称</th><th>代　号</th><th>滴点/℃
不低于</th><th>工作锥入度
/(10mm)$^{-1}$
(25℃，150g)</th><th>主　要　用　途</th></tr>
<tr><td rowspan="4">钙基润滑脂
(GB/T 491—2008)</td><td>L-XAAMHA1</td><td>80</td><td>310～340</td><td rowspan="4">有耐水性能。用于工作温度低于 55～60℃的各种工农业、交通运输机械设备的轴承润滑，特别是有水或潮湿处</td></tr>
<tr><td>L-XAAMHA2</td><td>85</td><td>265～295</td></tr>
<tr><td>L-XAAMHA3</td><td>90</td><td>220～250</td></tr>
<tr><td>L-XAAMHA4</td><td>95</td><td>175～205</td></tr>
<tr><td rowspan="2">钠基润滑脂
(GB/T 492—1989)</td><td>L-XACMGA2</td><td rowspan="2">160</td><td>265～295</td><td rowspan="2">不耐水(或潮湿)。用于工作温度在-10～110℃的一般中负荷机械设备轴承润滑</td></tr>
<tr><td>L-XACMGA3</td><td>220～250</td></tr>
</table>

续表

名　称	代　号	滴点/℃ 不低于	工作锥入度 /(10mm)$^{-1}$ (25℃，150g)	主　要　用　途
通用锂基润滑脂 (GB/T 7324—2010)	ZL-1	170	310～340	有良好的耐水性和耐热性。适用于-20～120℃宽温度范围内各种机械的滚动轴承、滑动轴承及其他摩擦部位的润滑
	ZL-2	175	265～295	
	ZL-3	180	220～250	
钙钠基润滑脂 (ZBE 36001—88)	ZGN-1	120	250～290	用于工作温度在 80～100℃、有水分或较潮湿环境中工作的机械湿润，多用于铁路机车、列车、小电动机、发电机滚动轴承(温度较高者)润滑。不适于低温工作
	ZGN-2	135	200～240	
滚珠轴承脂 (SY 1514—82)	ZGN69-2	120	250～290 (-40℃时为30)	用于机车、汽车、电机及其他机械的滚动轴承润滑
7407 号齿轮润滑脂 (SY 4036—84)	—	160	75～90	适用于各种低速、中、重载荷齿轮、链和联轴器等的润滑，使用温度≤120℃，可承受冲击载荷≤25 000MPa

2. 油杯

表 11-3　直通式压注油杯(JB/T 7940.1—1995 摘录)　　(mm)

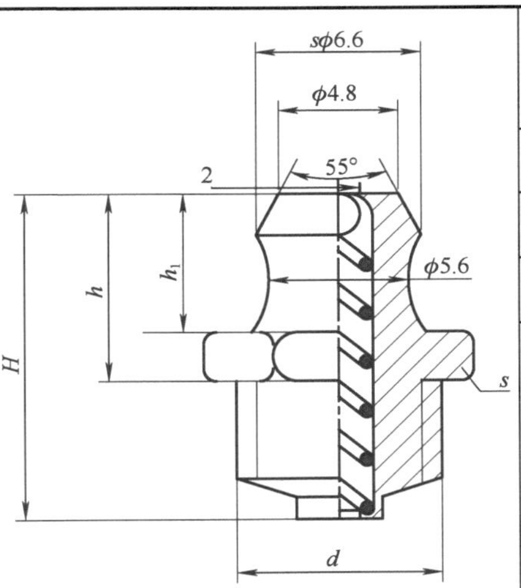

d	H	h	h_1	S 基本尺寸	S 极限偏差	钢　球 (按 GB308)
M6	13	8	6	8	0 -0.22	3
M8×1	16	9	6.5	10		
M10×1	18	10	7	11		

标记示例：
　油杯 M10×1　JB/T 7940.1—1995
　(连接螺纹 M10×1，直通式压注油杯)

表 11-4　压配式压注油杯(JB/T 7940.4—1995 摘录)　　(mm)

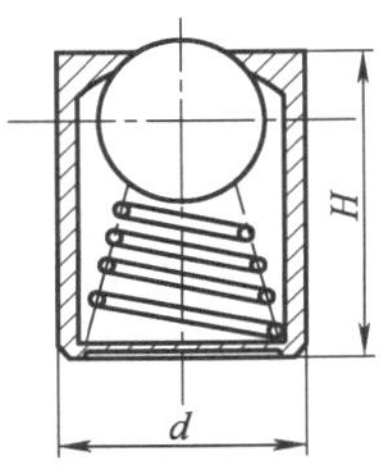

d 基本尺寸	d 极限偏差	H	钢　球 (按 GB 308)
6	+0.040 +0.028	6	4
8	+0.049 +0.034	10	5
10	+0.058 +0.040	12	6
16	+0.063 +0.045	20	11
25	+0.085 +0.064	30	13

标记示例：油杯 6　JB/T 7940.4—1995 (d =6mm，压配式压注油杯)

表 11-5 旋盖式油杯(JB/T 7940.3—1995 摘录) (mm)

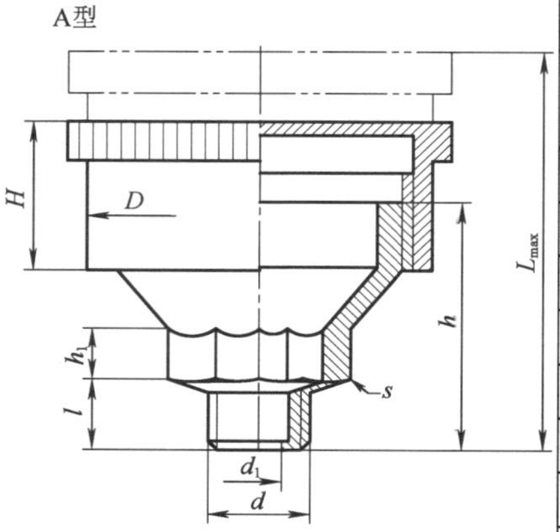

最小容量/cm³	d	l	H	h	h_1	d_1	D A型	D B型	L_{max}	S 基本尺寸	S 极限偏差
1.5	M8×1	8	14	22	7	3	16	18	33	10	0 −0.22
3	M10×1		15	23	8	4	20	22	35	13	0 −0.27
6			17	26			26	28	40		
12	M14×1.5	12	20	30	10	5	32	34	47	18	
18			22	32			36	40	50		
25			24	34			41	44	55		
50	M16×1.5		30	44			51	54	70	21	0 −0.33
100			38	52			68	68	85		
200	M24×1.5	16	48	64	16	6	—	86	105	30	—

标记示例：油杯 A25 GB 1154—89(最小容量 25cm³，A 型旋盖式油杯)

注：B 型油杯除尺寸和滚花部分尺寸稍有不同外，其余尺寸与 A 型相同。

3. 油标

表 11-6 压配式圆形油标(JB/T 7941.1—1995 摘录) (mm)

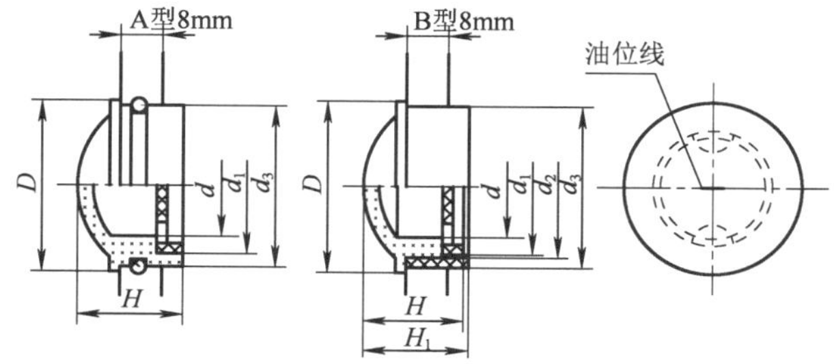

标记示例：

视孔 $d=32$，A 型压配式圆形油标的标记为

油标 A32 JB/T 7941.1

d	D	d_1 基本尺寸	d_1 极限偏差	d_2 基本尺寸	d_2 极限偏差	d_3 基本尺寸	d_3 极限偏差	H	H_1	O 形橡胶密封圈(按 GB 3452.1)
12	22	12	−0.050 −0.160	17	−0.050 −0.160	20	−0.065 −0.195	14	16	15×2.65
16	27	18		22	−0.065 −0.195	25				20×2.65
20	34	22	−0.065 −0.195	28		32	−0.080 −0.240	16	18	25×3.55
25	40	28		34	−0.080 −0.240	38				31.5×3.55
32	48	35	−0.080 −0.240	41		45		18	20	38.7×3.55
40	58	45		51	−0.100 −0.290	55	−0.100 −0.290			48.7×3.55
50	70	55	−0.100 −0.290	61		65		22	24	—
63	85	70		76		80				

表 11-7　长形油标（JB/T 7941.3—1995 摘录）

(mm)

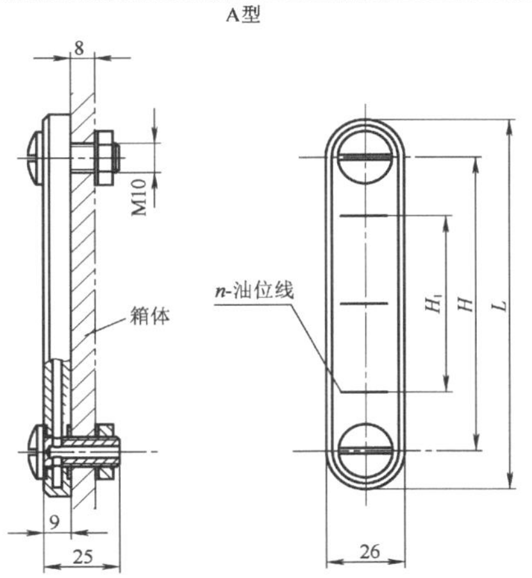

H 基本尺寸	*H* 极限偏差	H_1	*L*	*n*（条数）
80	±0.17	40	110	2
100		60	130	3
125	±0.20	80	155	4
160		120	190	6

O 形橡胶密封圈（按 GB 3452.1）	六角螺母（按 GB 6172）	弹性垫圈（按 GB 861）
10×2.65	M10	10

标记示例：

H＝80，A 型长形油标的标记为

油标　A80　JB/T 7941.3—1995

注：B 型长形油标见 JB/T 7941.3—1995。

表 11-8　管状油标（JB/T 7941.4—1995 摘录）

(mm)

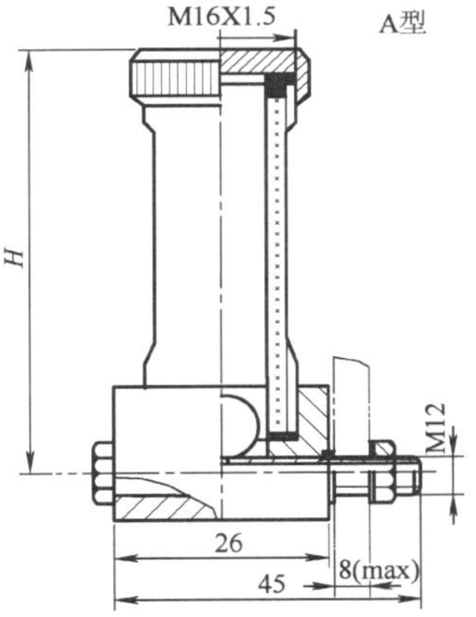

H	O 形橡胶密封圈（按 GB3452.1）	六角螺母（按 GB6172）	弹性垫圈（按 GB861）
80，100，125，160，200	11.8×2.65	M12	12

标记示例：

H = 200，A 型管状油标的标记为

油标　A200　JB/T 7941.4—1995

B 型管状油标尺寸见 JB/T 7941.4—1995

表 11-9　杆式油标

(mm)

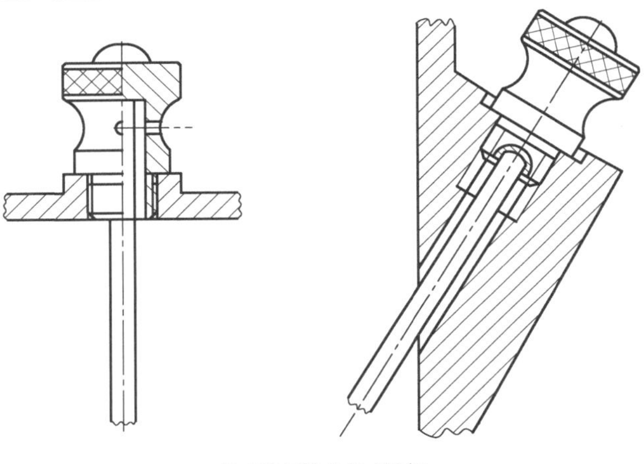

具有通气孔的杆式油标

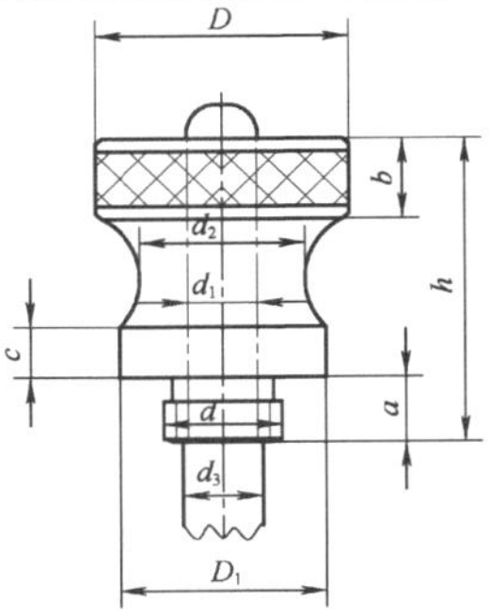

d	d_1	d_2	d_3	*h*	*a*	*b*	*c*	*D*	D_1
M12	4	12	6	28	10	6	4	20	16
M16	4	16	6	35	12	8	5	26	22
M20	6	20	8	42	15	10	6	32	26

4. 螺塞

表 11-10 外六角螺塞(JB/ZQ 4450—2006 摘录)、油封纸圈(ZB 71—62 摘录)、油封皮圈(ZB 70—62 摘录) (mm)

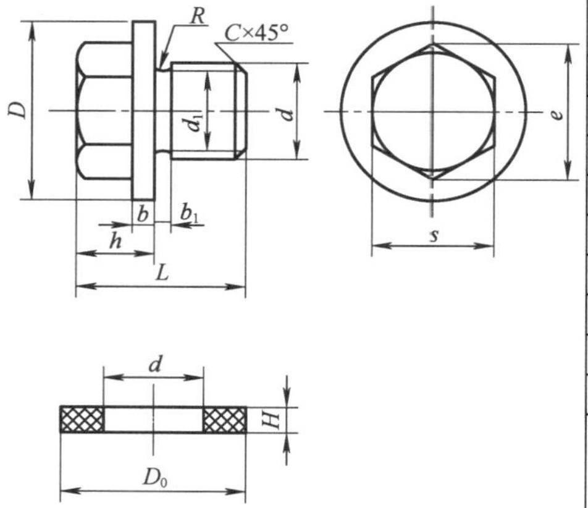

<table>
<tr><th rowspan="2">d</th><th rowspan="2">dd_1</th><th rowspan="2">D</th><th rowspan="2">e</th><th rowspan="2">s</th><th rowspan="2">L</th><th rowspan="2">h</th><th rowspan="2">b</th><th rowspan="2">b_1</th><th rowspan="2">R</th><th rowspan="2">C</th><th rowspan="2">D_0</th><th colspan="2">H</th></tr>
<tr><th>纸圈</th><th>皮圈</th></tr>
<tr><td>M10×1</td><td>8.5</td><td>18</td><td>12.7</td><td>11</td><td>20</td><td>10</td><td rowspan="4">3</td><td rowspan="2">2</td><td rowspan="2">0.5</td><td>0.7</td><td>18</td><td rowspan="5">2</td><td rowspan="6">2</td></tr>
<tr><td>M12×1.25</td><td>10.2</td><td>22</td><td>15</td><td>13</td><td>24</td><td rowspan="2">12</td><td rowspan="4">1.0</td><td>22</td></tr>
<tr><td>M14×1.5</td><td>11.8</td><td>23</td><td>20.8</td><td>18</td><td>25</td><td rowspan="4">3</td><td rowspan="7">1</td><td>22</td></tr>
<tr><td>M18×1.5</td><td>15.8</td><td>28</td><td rowspan="2">24.2</td><td rowspan="2">21</td><td>27</td><td rowspan="3">15</td><td>25</td></tr>
<tr><td>M20×1.5</td><td>17.8</td><td>30</td><td rowspan="2">30</td><td rowspan="5">4</td><td>30</td></tr>
<tr><td>M22×1.5</td><td>19.8</td><td>32</td><td>27.7</td><td>24</td><td rowspan="4">1.5</td><td>32</td><td rowspan="4">3</td></tr>
<tr><td>M24×2</td><td>21</td><td>34</td><td>31.2</td><td>27</td><td>32</td><td>16</td><td rowspan="3">4</td><td>35</td><td rowspan="3">2.5</td></tr>
<tr><td>M27×2</td><td>24</td><td>38</td><td>34.6</td><td>30</td><td>35</td><td>17</td><td>40</td></tr>
<tr><td>M30×2</td><td>27</td><td>42</td><td>39.3</td><td>34</td><td>38</td><td>18</td><td>45</td></tr>
</table>

标记示例：螺塞 M20×1.5 JB/ZQ 4450—2006

油封 30×20 ZB 70—62（$D_0=30$, $d=20$ 的油封皮圈）

油封 30×20 ZB 71—62（$D_0=30$, $d=20$ 的油封纸圈）

材料：螺塞—Q235；油封纸圈—石棉橡胶纸；油封皮圈—工业用革

5. 密封装置

表 11-11 油封毡圈及槽(JB/ZQ 4606—1997 摘录) (mm)

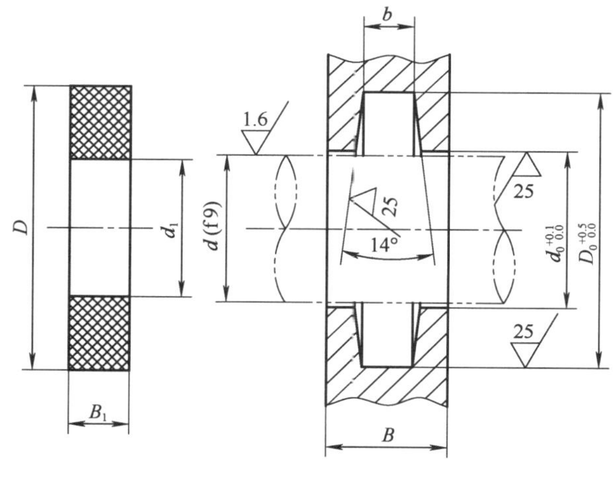

<table>
<tr><th rowspan="3">轴
d</th><th colspan="3">油封毡圈</th><th colspan="5">槽</th></tr>
<tr><th rowspan="2">D</th><th rowspan="2">d_1</th><th rowspan="2">B_1</th><th rowspan="2">D_0</th><th rowspan="2">d_0</th><th rowspan="2">b</th><th colspan="2">B_{min}</th></tr>
<tr><th>钢</th><th>钢铁</th></tr>
<tr><td>16</td><td>29</td><td>14</td><td rowspan="2">6</td><td>28</td><td>16</td><td rowspan="2">5</td><td rowspan="2">10</td><td rowspan="2">12</td></tr>
<tr><td>20</td><td>33</td><td>19</td><td>32</td><td>21</td></tr>
<tr><td>25</td><td>39</td><td>24</td><td rowspan="4">7</td><td>38</td><td>26</td><td rowspan="4">6</td><td rowspan="11">12</td><td rowspan="11">15</td></tr>
<tr><td>30</td><td>45</td><td>29</td><td>44</td><td>31</td></tr>
<tr><td>35</td><td>49</td><td>34</td><td>48</td><td>36</td></tr>
<tr><td>40</td><td>53</td><td>39</td><td>52</td><td>41</td></tr>
<tr><td>45</td><td>61</td><td>44</td><td rowspan="7">8</td><td>60</td><td>46</td><td rowspan="7">7</td></tr>
<tr><td>50</td><td>69</td><td>49</td><td>68</td><td>51</td></tr>
<tr><td>55</td><td>74</td><td>53</td><td>72</td><td>56</td></tr>
<tr><td>60</td><td>80</td><td>58</td><td>78</td><td>61</td></tr>
<tr><td>65</td><td>84</td><td>63</td><td>82</td><td>66</td></tr>
<tr><td>70</td><td>90</td><td>68</td><td>88</td><td>71</td></tr>
<tr><td>75</td><td>94</td><td>73</td><td>92</td><td>77</td></tr>
<tr><td>80</td><td>102</td><td>78</td><td rowspan="3">9</td><td>100</td><td>82</td><td rowspan="8">8</td><td rowspan="8">15</td><td rowspan="8">18</td></tr>
<tr><td>85</td><td>107</td><td>83</td><td>105</td><td>87</td></tr>
<tr><td>90</td><td>112</td><td>88</td><td>110</td><td>92</td></tr>
<tr><td>95</td><td>117</td><td>93</td><td rowspan="5">10</td><td>115</td><td>97</td></tr>
<tr><td>100</td><td>122</td><td>98</td><td>120</td><td>102</td></tr>
<tr><td>105</td><td>127</td><td>103</td><td>125</td><td>107</td></tr>
<tr><td>110</td><td>132</td><td>108</td><td>130</td><td>112</td></tr>
<tr><td>115</td><td>137</td><td>113</td><td>135</td><td>117</td></tr>
</table>

标记示例：

油封 40 JB/ZQ 4606—1997

（$d=40$mm 的油封毡圈，材料：半粗羊毛毡）

注：本标准适用于线速度 $v<5$m/s。

表 11-12　通用 O 形橡胶密封圈(GB/T 3452.1—2005 摘录代号 G)　　(mm)

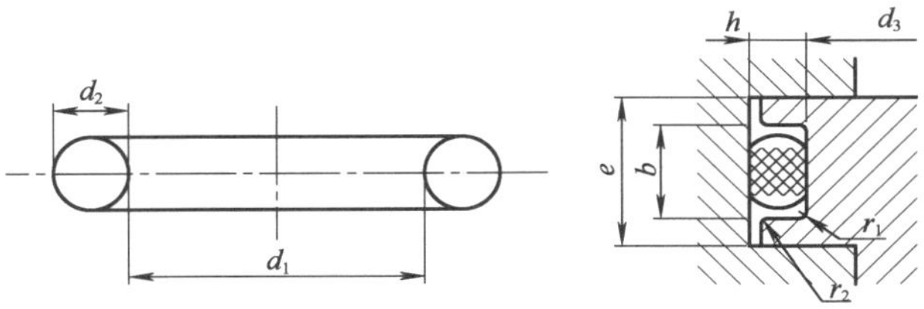

标记示例：

40×3.55-G-GB/T 3452.1—2005

（内径 d_1=40.0mm，截面直径 d_2=3.55mm 的通用 O 形圈）

沟槽尺寸					
d_2	$b_0^{+0.25}$	$h_0^{+0.10}$	d_3 偏差值	r_1	r_2
1.8	2.4	1.28	0 −0.04	0.2～0.4	0.1～0.3
2.65	3.6	1.97	0 −0.05	0.4～0.8	
3.55	4.8	2.75	0 −0.06		
5.3	7.1	4.24	0 −0.07	0.8～1.2	
7.0	9.5	5.72	0 −0.09		

内 径		截面直径 d_2			内 径		截面直径 d_2				内 径		截面直径 d_2			内 径		截面直径 d_2			
d_1	极限偏差±	1.80±0.08	2.65±0.09	3.55±0.10	d_1	极限偏差±	1.80±0.08	2.65±0.09	3.55±0.10	5.30±0.13	d_1	极限偏差±	2.65±0.09	3.55±0.1	5.30±0.13	d_1	极限偏差±	2.65±0.09	3.55±0.10	5.30±0.13	7.0±0.15
11.2	0.20	*	*		31.5	0.35	*	*	*		54.5	0.51	*	*	*	95.0	0.79	*	*	*	
11.8	0.19	*	*		32.5	0.36	*	*	*		56.0	0.52	*	*	*	97.5	0.81	*	*	*	
12.5	0.21	*	*		33.5	0.36	*	*	*		58.0	0.54	*	*	*	100	0.82	*	*	*	
13.2	0.21	*	*		34.5	0.37	*	*	*		60.0	0.55	*	*	*	103	0.85	*	*	*	
14.0	0.22	*	*		35.5	0.38	*	*	*		61.5	0.56	*	*	*	106	0.87	*	*	*	
15.0	0.22	*	*		36.5	0.38	*	*	*		63.0	0.57	*	*	*	109	0.89	*	*	*	*
16.0	0.23	*	*		37.5	0.39	*	*	*		65.0	0.58	*	*	*	112	0.91	*	*	*	*
17.0	0.24	*	*		38.7	0.40	*	*	*		67.0	0.60	*	*	*	115	0.93	*	*	*	*
18.0	0.25	*	*	*	40.0	0.41	*	*	*	*	69.0	0.61	*	*	*	118	0.95	*	*	*	*
19.0	0.25	*	*	*	41.2	0.42	*	*	*	*	71.0	0.63	*	*	*	122	0.97	*	*	*	*
20.0	026	*	*	*	42.5	0.43	*	*	*	*	73.0	0.64	*	*	*	125	0.99	*	*	*	*
21.2	027	*	*	*	43.7	0.44	*	*	*	*	75.0	0.65	*	*	*	128	1.01	*	*	*	*
22.4	028	*	*	*	45.0	0.44	*	*	*	*	77.5	0.67	*	*	*	132	1.04	*	*	*	*
23.6	029	*	*	*	46.2	0.45	*	*	*	*	80.0	0.69	*	*	*	136	1.07	*	*	*	*
25.0	030	*	*	*	47.5	0.46	*	*	*	*	82.5	0.71	*	*	*	140	1.09	*	*	*	*
25.8	31	*	*	*	48.7	0.47	*	*	*	*	85.0	0.72	*	*	*	145	1.13	*	*	*	*
26.5	031	*	*	*	50.0	0.48	*	*	*	*	87.5	0.74	*	*	*	150	1.16	*	*	*	*
28.0	032	*	*	*	51.5	0.49		*	*	*	90.0	0.76	*	*	*	155	1.19		*	*	*
30.0	034	*	*	*	53.0	050		*	*	*	92.5	0.77	*	*	*	160	1.23		*	*	*

注：*表示包括的规格。

表 11-13　J 型无骨架橡胶油封(HG 4-338-66 摘录)(1988 年确认继续执行)　(mm)

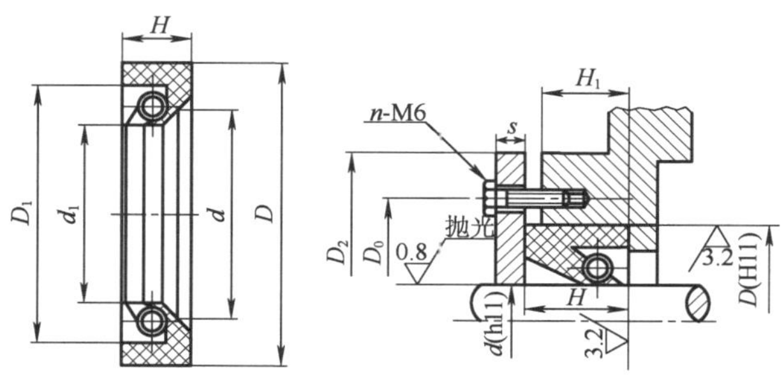

标记示例：J 型油封 50×75×12 橡胶 I-1 HG 4-338-66
($d=50$mm，$D=75$mm，$H=12$mm，
材料为耐油橡胶 I-1 的 J 型无骨架橡胶油封)

轴径 d		30～95(按 5 进位)	100～170(按 10 进位)
油封尺寸	D	$d+25$	$d+30$
	D_1	$d+16$	$d+20$
	d_1	$d-1$	
	H	12	16
槽的尺寸	S	6～8	8～10
	D_0	$D+15$	
	D_2	$D+15$	
	n	4	6
	H_1	$H-(1\sim2)$	

表 11-14　迷宫密封槽　(mm)

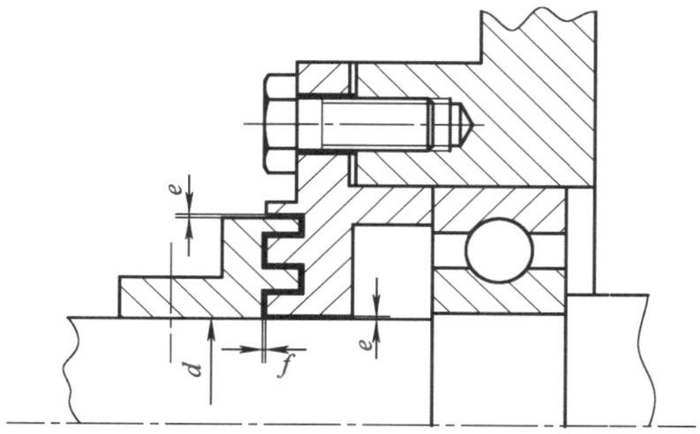

轴径 d	10～50	50～80	80～110	110～180
e	0.2	0.3	0.4	0.5
f	1	1.5	2	2.5

表 11-15　迷宫式密封槽(JB/ZQ 4245-2006 摘录)　(mm)

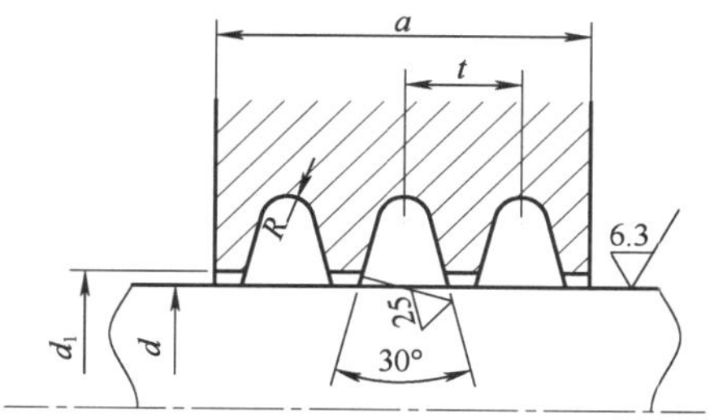

轴径 d	25～80	>80～120	>120～180	n 为槽数，一般 n=2～4 个，使用 3 个的较多
R	1.5	2	2.5	
t	4.5	6	7.5	
d_1	$d_1=d+1$			
a_{min}	$a_{min}=nt+R$			

11.2　减速器结构附件

1. 观察孔与观察孔盖

表 11-16　检查孔与检查孔盖

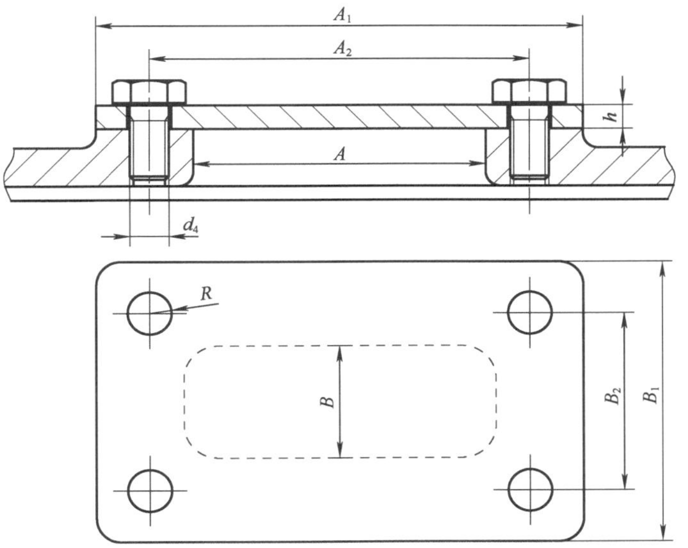

注：材料 Q235-A 钢板或 HT150

A	100　120　150　180　200
A_1	$A+(5\sim6)d_4$
A_2	$\frac{1}{2}(A+A_1)$
B	$B_1-(5\sim6)d_4$
B_1	箱体宽$-(15\sim20)$
B_2	$\frac{1}{2}(B+B_1)$
d_4	M4～M8，螺钉数 4～6 个
R	5～10
h	3～5

2. 通气器

表 11-17　通气塞　　　　(mm)

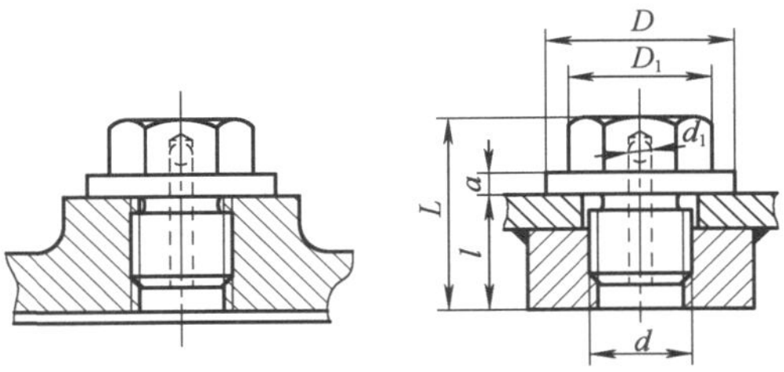

注：材料 Q235，S 为扳手开口宽

d	D	D_1	S	L	l	a	d_1
M12×1.25	18	16.5	14	19	10	2	4
M16×1.5	22	19.6	17	23	12	2	5
M20×1.5	30	25.4	22	28	15	4	6
M22×1.5	32	25.4	22	29	15	4	7
M27×1.5	38	31.2	27	34	18	4	8
M30×2	42	36.9	32	36	18	4	8

表 11-18　通气帽

(mm)

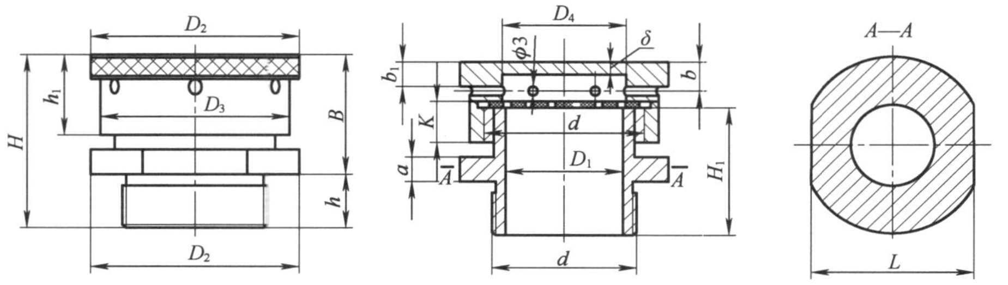

d	D_1	B	h	H	D_2	H_1	a	δ	K	b	h_1	b_1	D_3	D_4	L	孔数
M27×1.5	15	≈30	15	≈45	36	32	6	4	10	8	22	6	32	18	32	6
M36×2	20	≈40	20	≈60	48	42	8	4	12	11	29	8	42	24	41	6
M48×3	30	≈45	25	≈70	62	52	10	5	15	13	32	10	56	36	55	8

表 11-19　通气器

(mm)

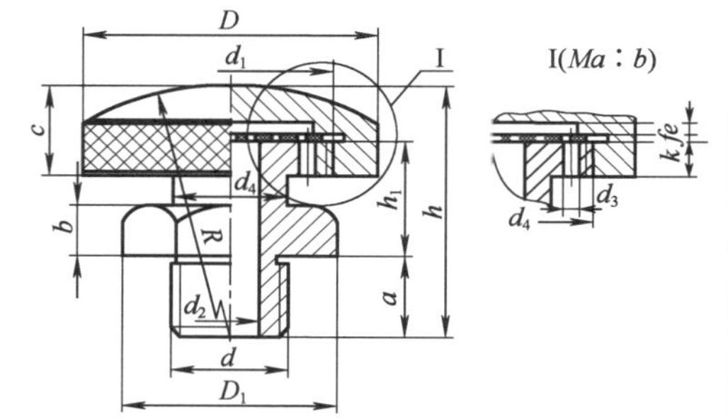

d	d_1	d_2	d_3	d_4	D	h	a	b
M18×1.5	M33×1.5	8	3	16	40	40	12	7
M27×1.5	M48×1.5	12	4.5	24	60	54	15	10
M36×1.5	M64×1.5	16	6	30	80	70	20	13

d	c	h_1	R	D_1	S	k	e	f
M18×1.5	16	18	40	25.4	22	6	2	2
M27×1.5	22	24	60	36.9	32	7	2	2
M36×1.5	28	32	80	53.1	41	10	3	3

S 为扳手开口宽度

3. 轴承端盖

表 11-20　凸缘式轴承盖

(mm)

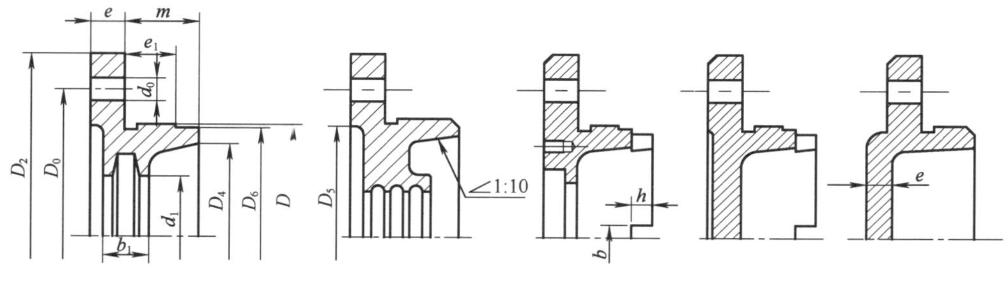

注：材料为 HT150

		轴承外径 D	螺钉直径 d_3	螺钉数
$d_0=d_3+1$	$D_4=D-(10\sim15)$			
$D_0=D+2.5d_3$	$D_5=D_0-3d_3$			
$D_2=D_0+2.5d_3$	$D_6=D-(2\sim4)$	45～65	6	4
$e=1.2d_3$	b_1、d_1 由密封件尺寸确定	70～100	8	4
$e_1\geqslant e$	$b=5\sim10$	110～140	10	6
m 由结构确定	$h=(0.8\sim1)b$	150～230	12～16	6

表 11-21　嵌入式轴承盖　　(mm)

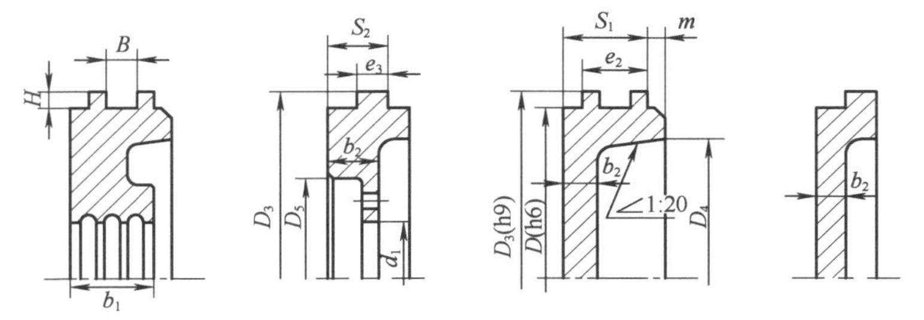

S_1=15～20
S_2=10～15
e_2=8～12
e_3=5～8
m 由结构确定；$D_3=D+e_2$，装有 O 形密封圈时，D_3 按 O 形圈外径取整（表 11-12）；b_2=8～10；其余尺寸由密封尺寸确定

注：材料为 HT150

表 11-22　套杯　　(mm)

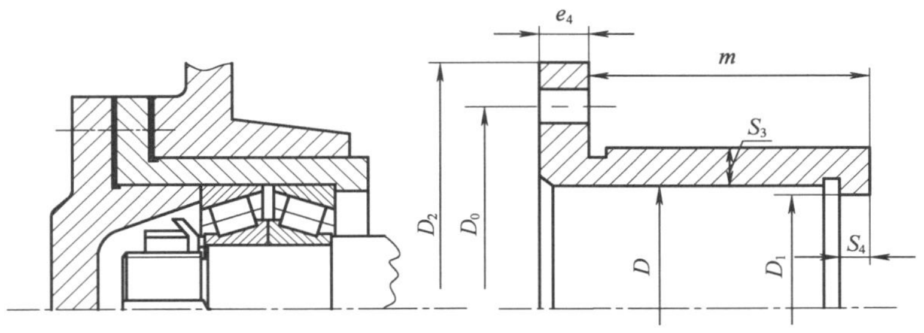

S_3、S_4，e_4=7～12
$D_0=D+2S_3+2.5d_3$
D_1 由轴承安装尺寸确定
$D_2=D_0+2.5d_3$
m 由结构确定

注：材料为 HT150

4. 挡油环

表 11-23　挡油环、甩油环

挡油环

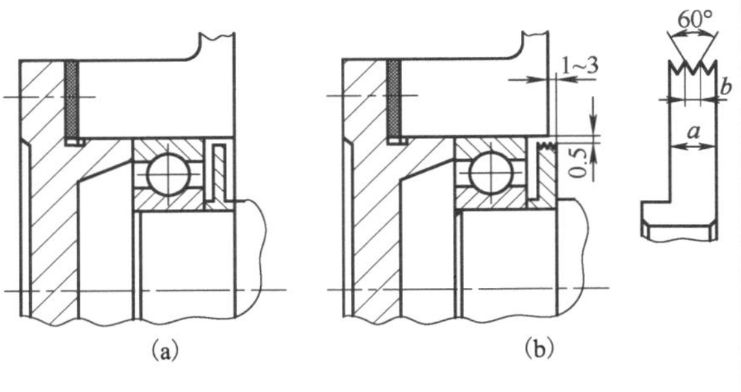

(a) 用于油润滑和脂润滑　　a = 6～9mm
(b) 用于脂润滑，密封效果较好　　b = 2～3mm

甩油环

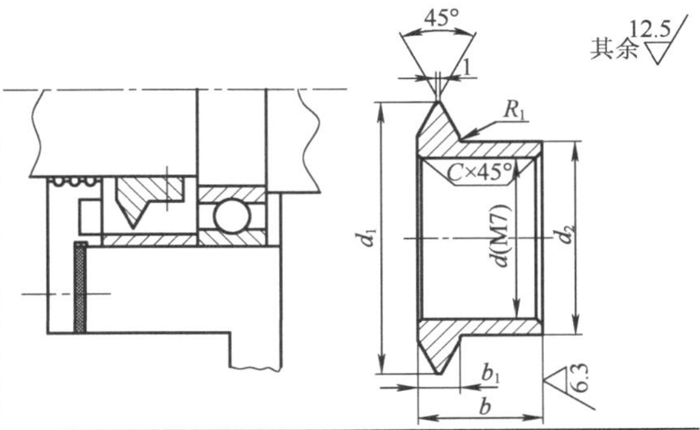

d	d_1	d_2	b(参考)	b_1	C
30	48	36	12	4	0.5
35	65	42			
40	75	50		5	
50	90	60			
55	100	65			1
65	115	80	15		
80	140	95	30	7	

5. 起吊装置

表 11-24　吊耳和吊钩

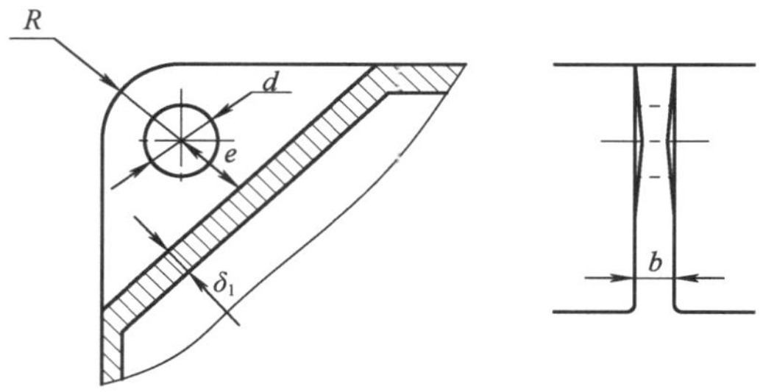	$d = b = (1.5 \sim 2.5)\delta_1$ $R = (1.0 \sim 1.2)d$ $e = (0.8 \sim 1.0)d$
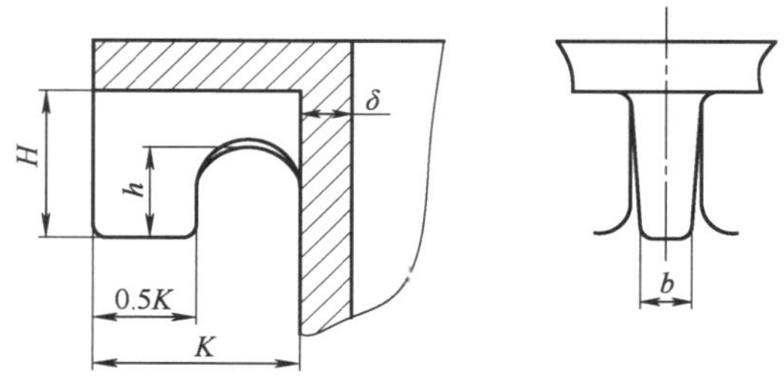	$b = (1.8 \sim 2.5)\delta$ $H = 0.8K$ $h = 0.5H$ $r = 0.25K$ $K = c_1 + c_2$ c_1、c_2 见表 5-2
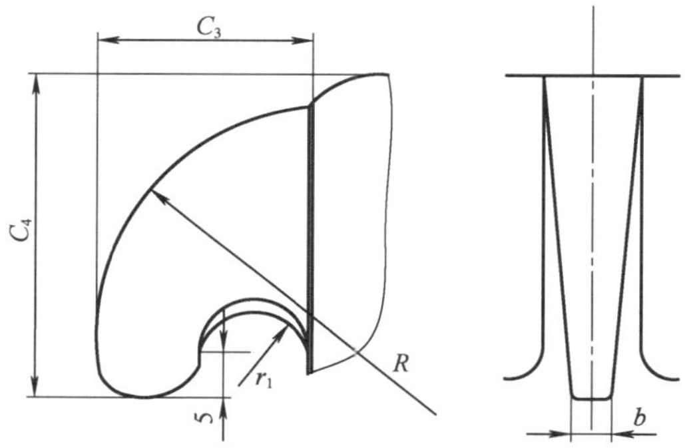	C_3=(4～5) d_1 C_4=(1.3～1.5) C_3 b=(1.8～2.5) d_1 R=C_4；r≈0.2C_3；r≈0.25C_3 d_1 为箱盖壁厚

11.3　减速器零件图例

减速器零件主要有以下几个部分组成：轴、齿轮轴、齿轮、锥齿轮轴、锥齿轮、蜗杆、蜗轮、上箱盖、下箱座，具体零件图如图 11-1～图 11-9 所示。

1. 轴

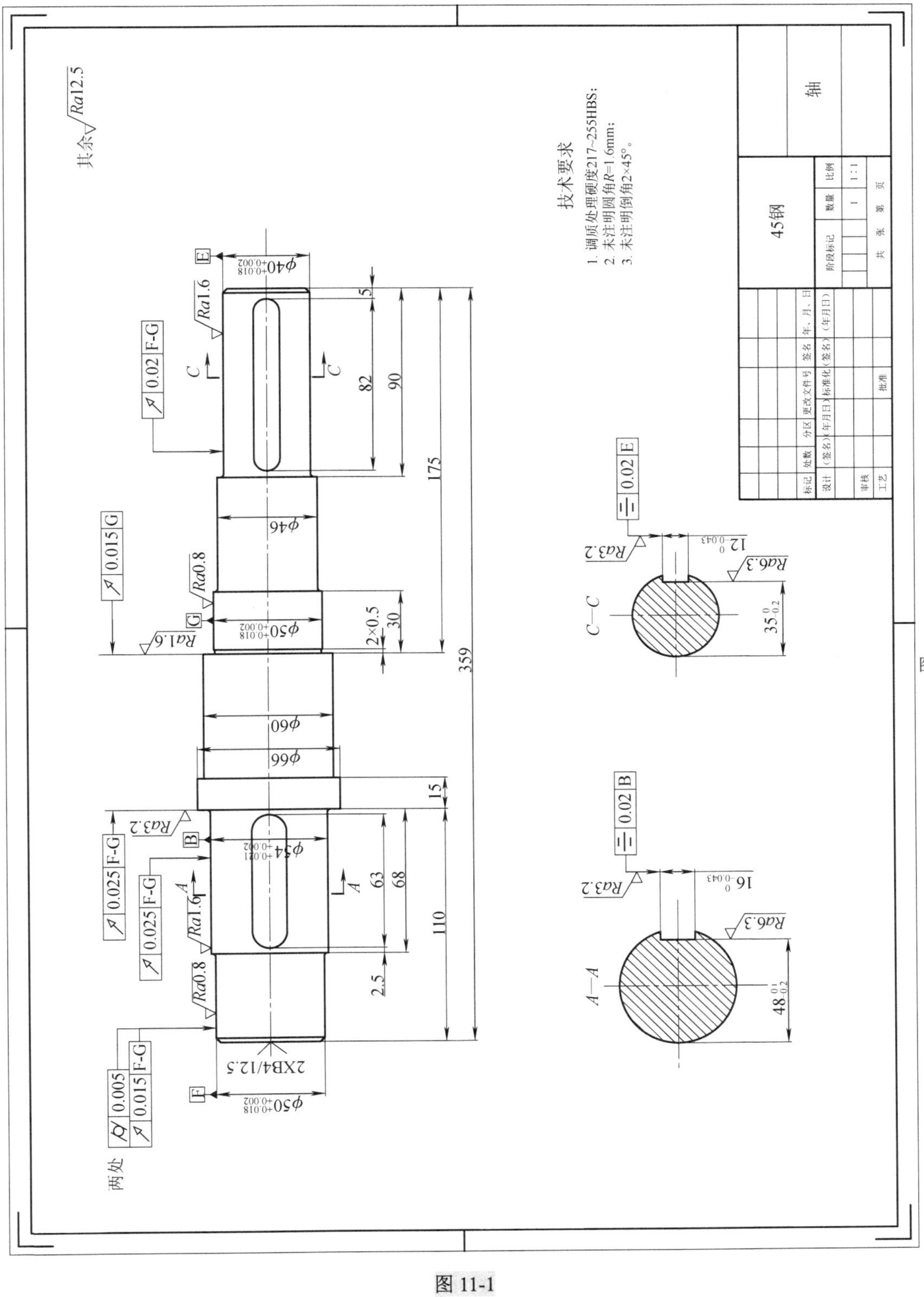

图 11-1 动画

图 11-1

2. 齿轮轴

图 11-2 动画

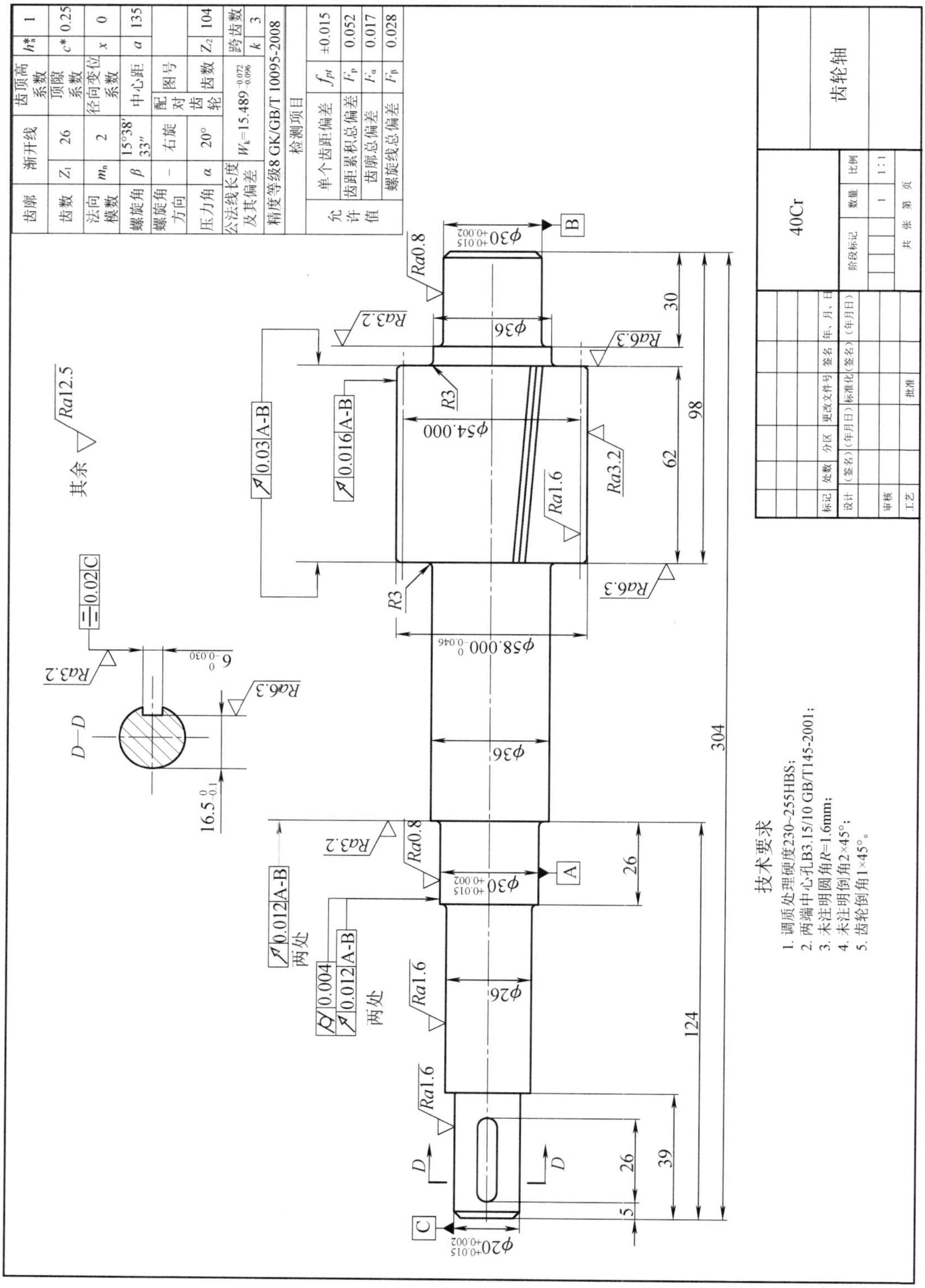

图 11-2

3. 齿轮

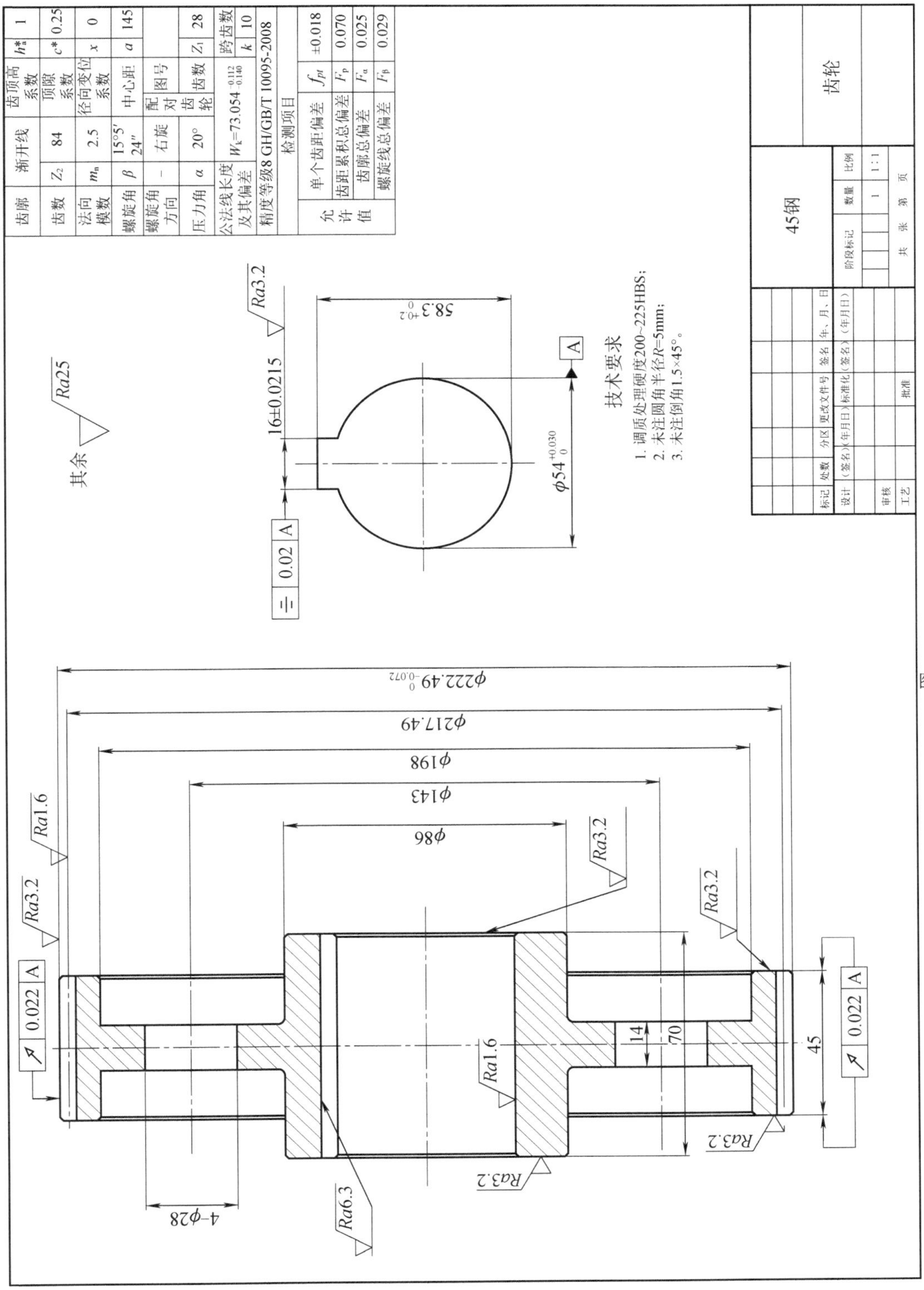

图 11-3 动画

图 11-3

4. 锥齿轮

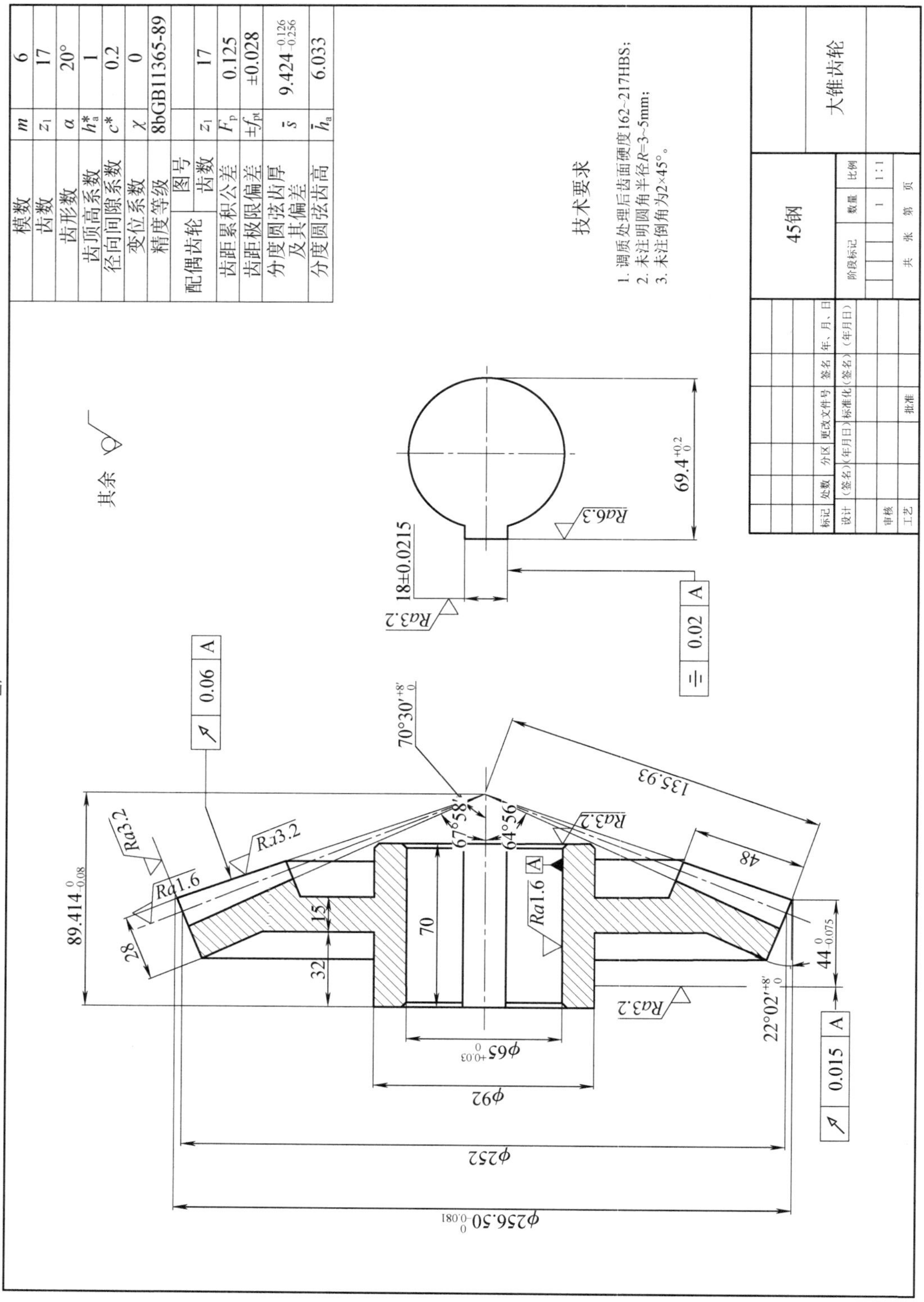

图 11-4 动画

图 11-4

5. 锥齿轮轴

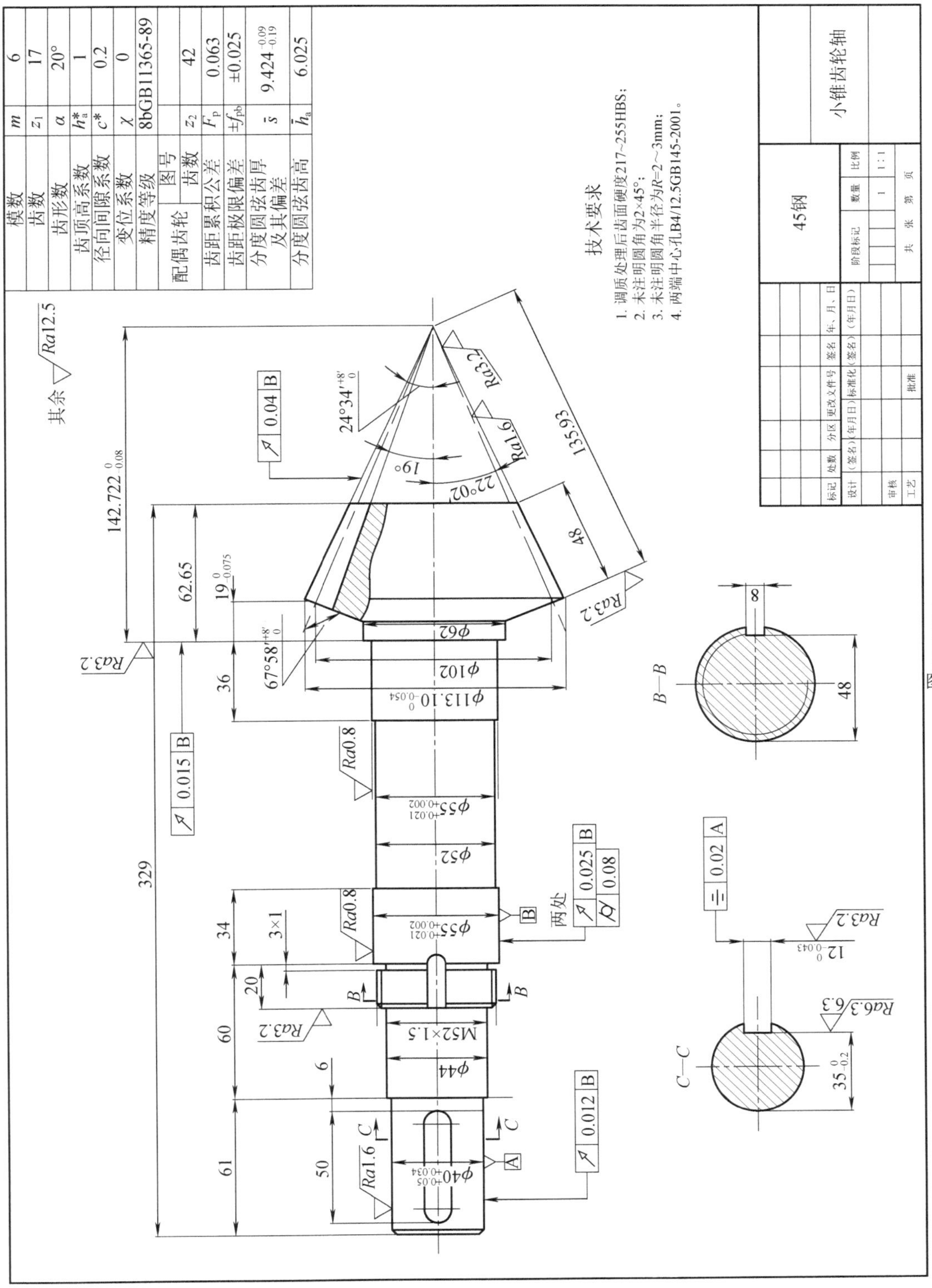

图 11-5

图 11-5 动画

6. 蜗杆

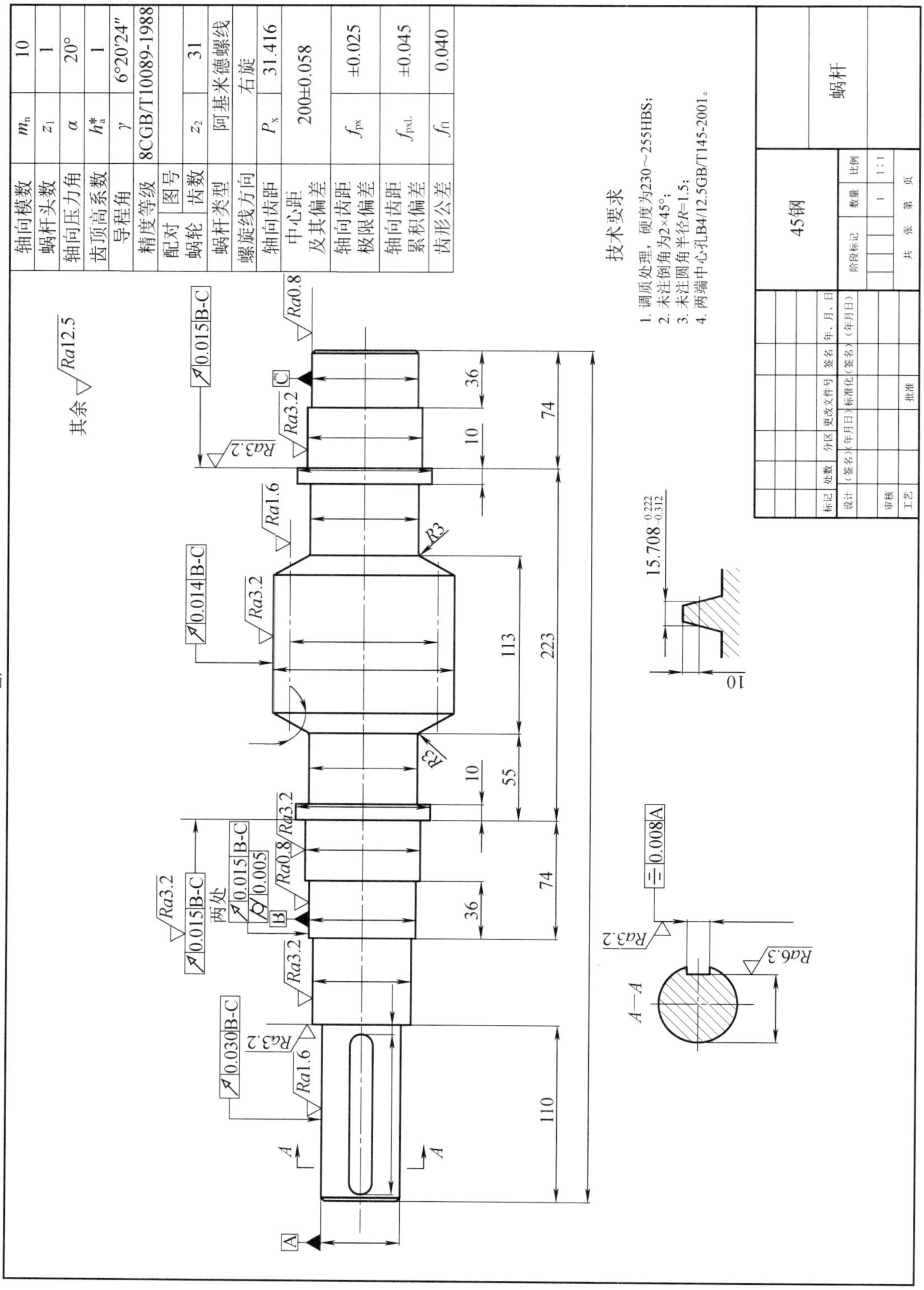

图 11-6 动画

图 11-6

7. 蜗轮

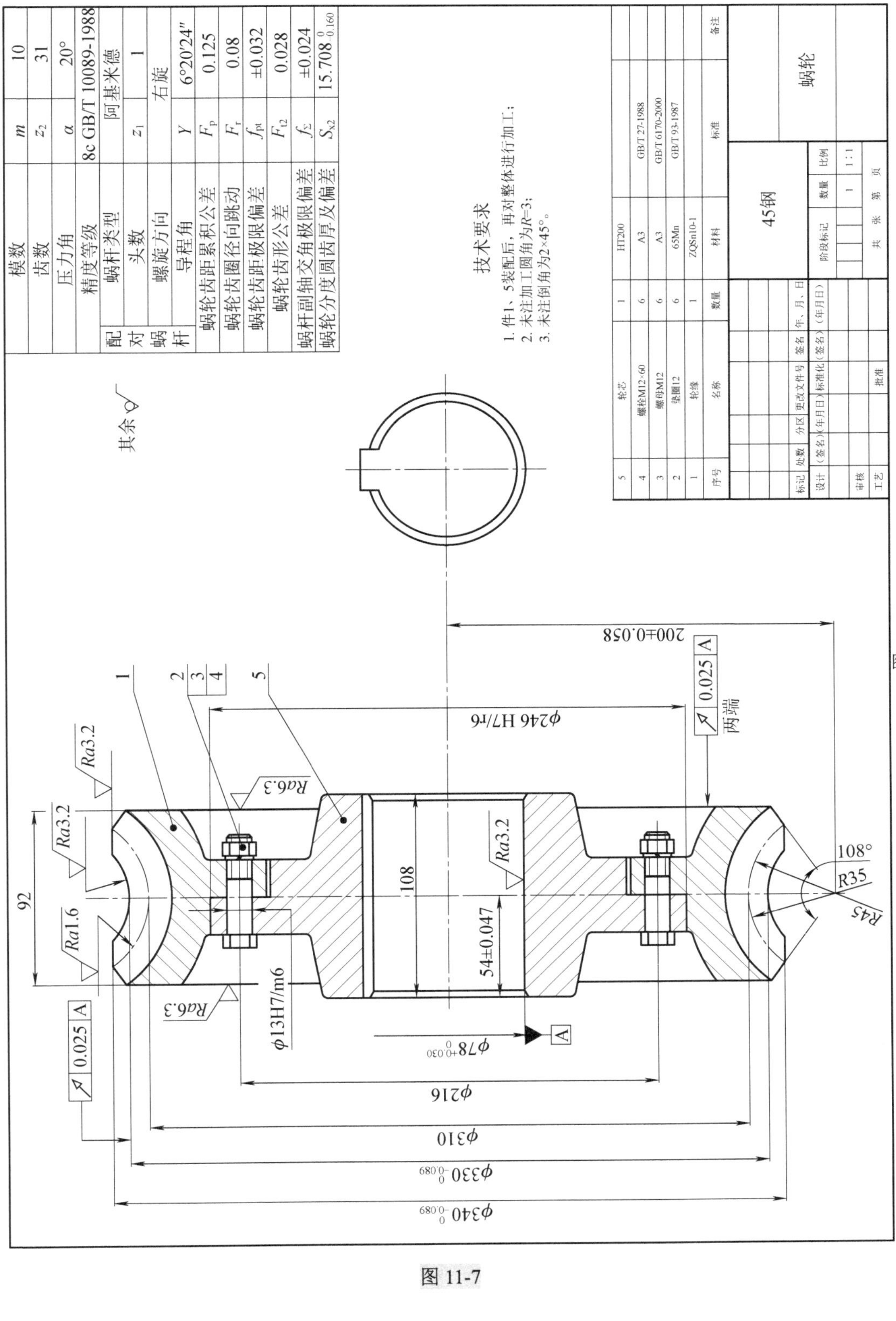

图 11-7 动画

图 11-7

8. 上箱盖

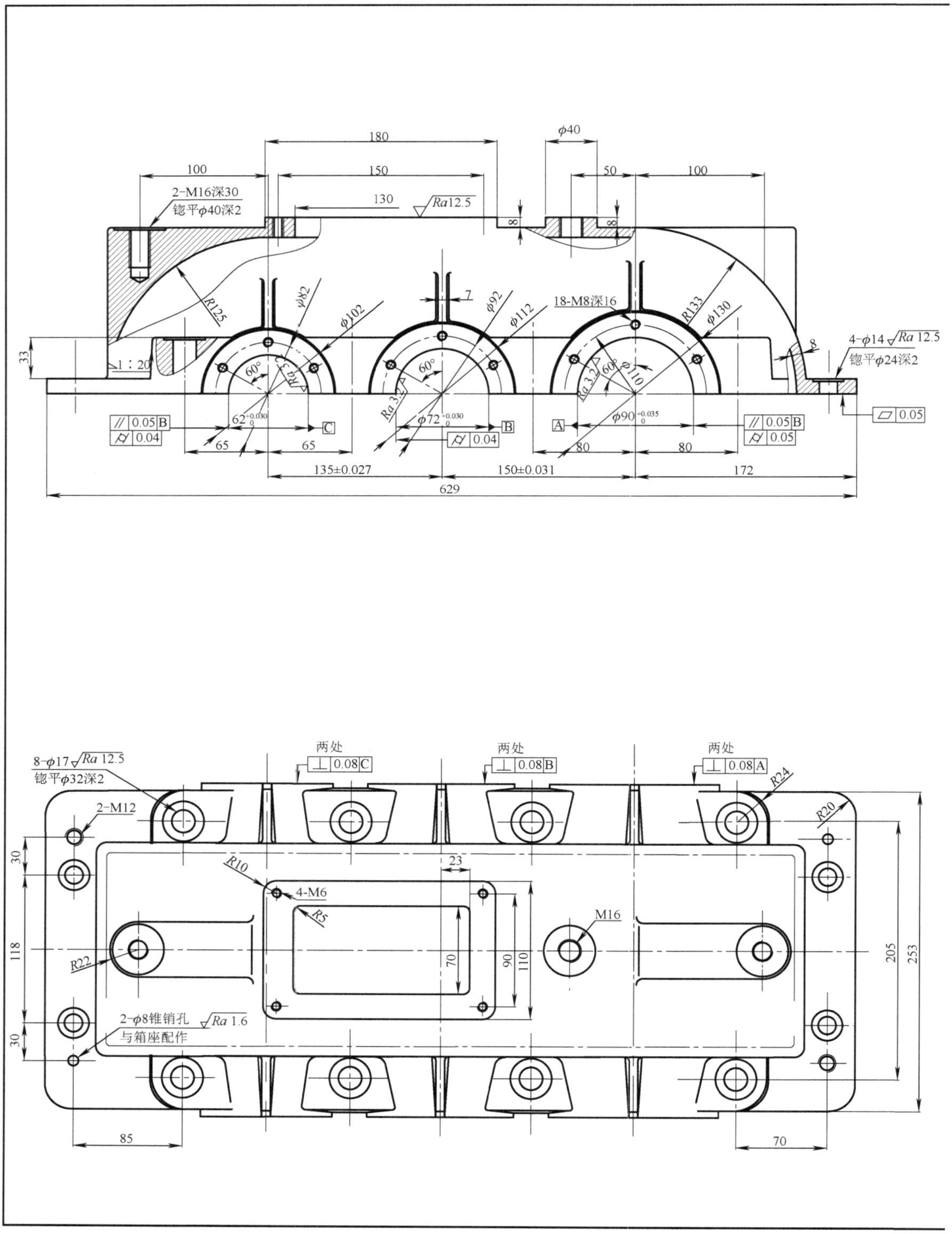
2-M16深30
锪平φ40深2
18-M8深16
4-φ14 Ra 12.5
锪平φ24深2
8-φ17 Ra 12.5
锪平φ32深2
2-M12
4-M6
M16
2-φ8锥销孔 Ra 1.6
与箱座配作
两处
Ra12.5
1：20
135±0.027
150±0.031
629

图 11-8

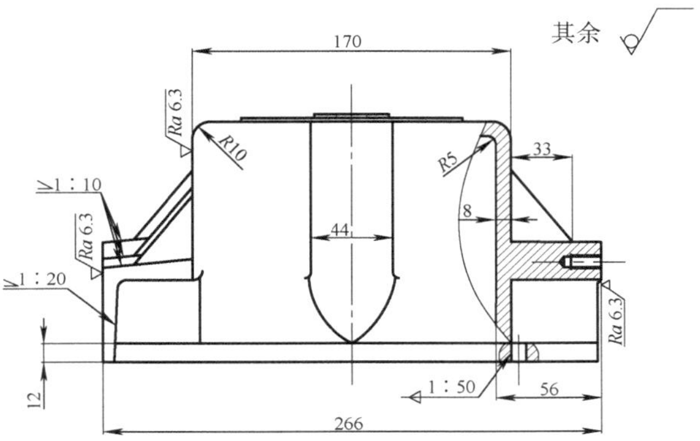

图 11-8 动画

技术要求

1.箱体铸成后，应进行清沙，并进行实效处理；
2.箱盖和箱座合箱后，边缘应齐平，相互错位每边不大于1mm；
3.应仔细检查箱盖和箱座剖分面的密合性，用0.05mm塞尺塞入深度不大于剖分面的三分之一，用涂料法检查接触面积达到每平方厘米不少于一个斑点；
4.箱盖和箱座合箱后。先打上定位销，联接后再进行镗孔；
5.未注明的铸造圆角半径R=5~10mm；
6.未注明的拔模斜度为1:10。

						HT150			
标记	处数	分区	更改文件号	签名	年、月、日				
设计	（签名）	（年月日）	标准化	（签名）	（年月日）	阶段标记	数量	比例	箱盖
							1		
审核									
工艺			批准			共　张　第　页			

9. 下箱座

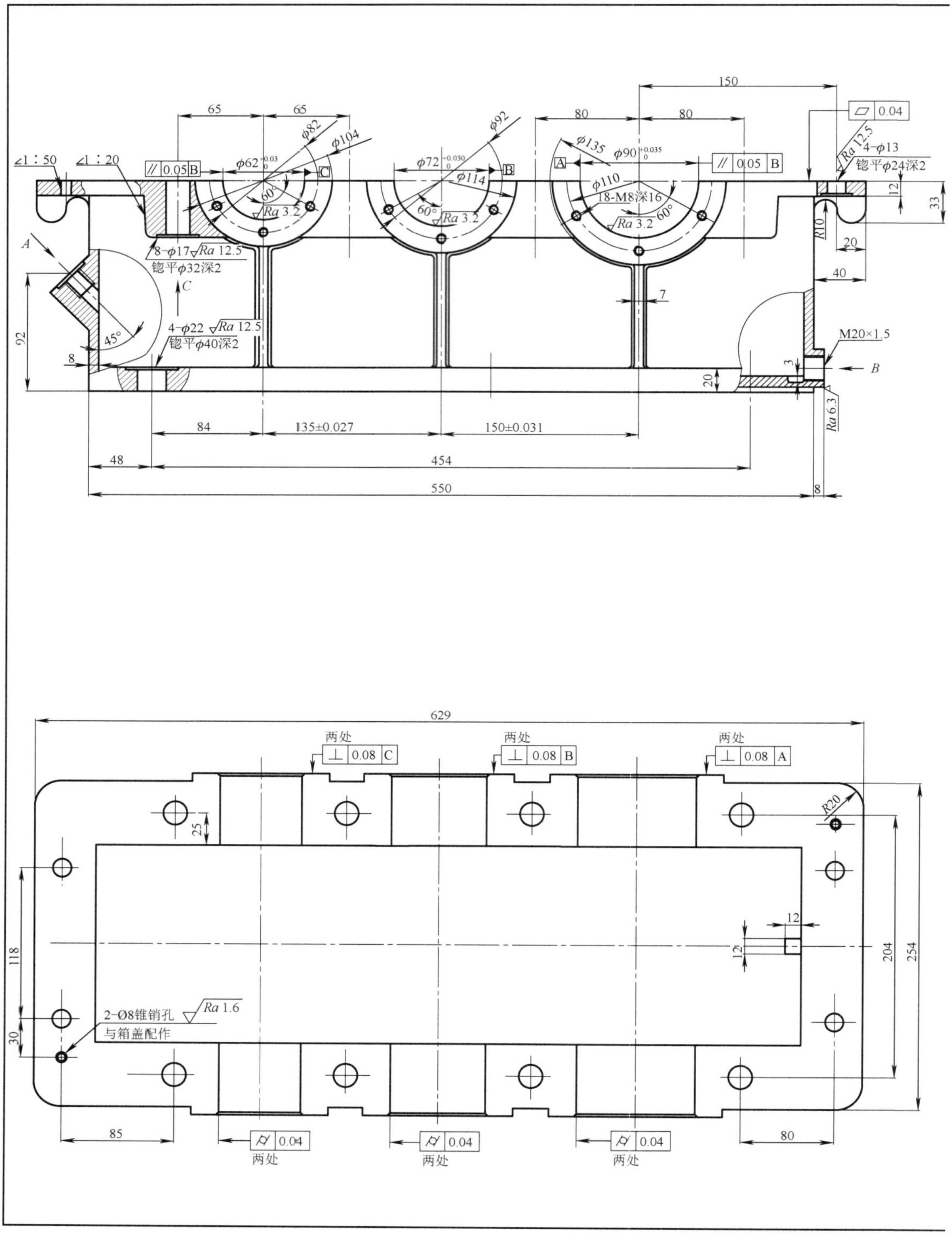
150
65
65
80
80
⊿ 0.04
∠1：50
∠1：20
// 0.05 B
φ62
φ82
φ104
C
φ72
φ92
φ114
B
φ135
φ90
A
φ110
// 0.05 B
Ra 12.5
4-φ13
锪平φ24深2
12
33
60°
Ra 3.2
60°
Ra 3.2
18-M8深16
60°
Ra 3.2
R10
20
40
A
8-φ17 Ra 12.5
锪平φ32深2
C
7
92
45°
4-φ22 Ra 12.5
锪平φ40深2
M20×1.5
B
8
3
20
Ra 6.3
84
135±0.027
150±0.031
48
454
550
8
629
两处
⊥ 0.08 C
两处
⊥ 0.08 B
两处
⊥ 0.08 A
R20
25
12
118
12
204
254
2-Ø8锥销孔 Ra 1.6
与箱盖配作
30
85
⌭ 0.04
两处
⌭ 0.04
两处
⌭ 0.04
两处
80

图 11-9

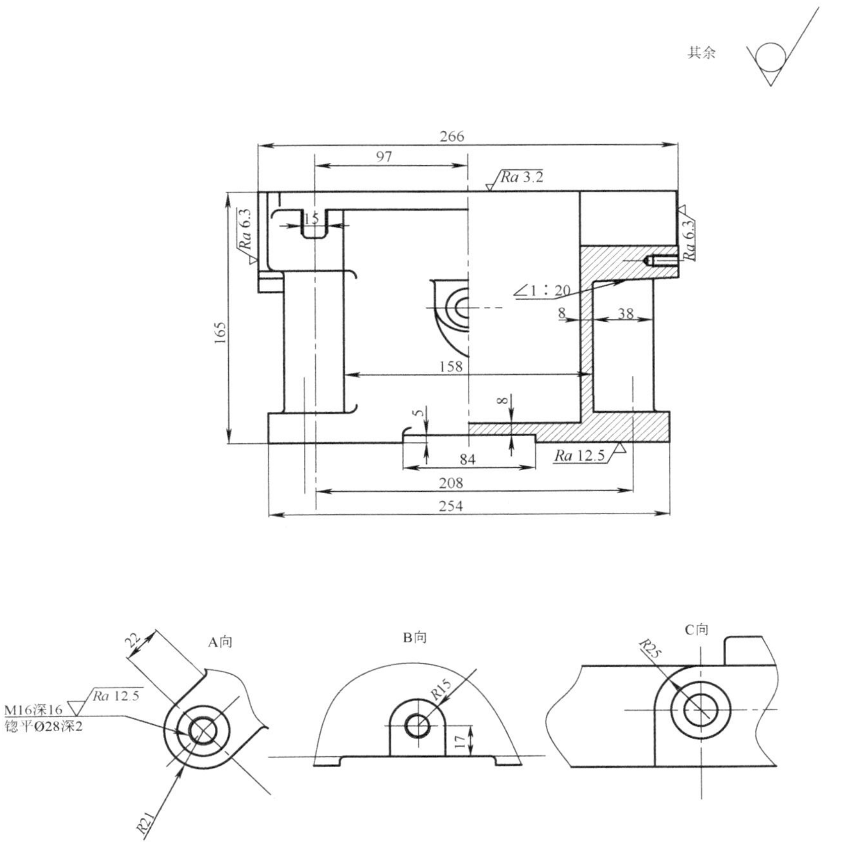

图 11-9 动画

技术要求

1. 箱体铸成后，应进行清沙，并进行实效处理。
2. 箱盖和箱座合箱后，边缘应齐平，相互错位每边不大于1mm。
3. 应仔细检查箱盖和箱座剖分面的密合性，用0.05mm塞尺塞入深度不大于剖分面宽度的三分之一，用涂色法检查接触面积达到每平方厘米不少于一个斑点。
4. 箱盖和箱座合箱后。先打上定位销，联接后再进行镗孔。
5. 未注明的铸造圆角半径R=5~10mm。6.未注倒角2×45°。

						HT150			
标记	处数	分区	更改文件号	签名	年、月、日				下箱座
设计	（签名）	（年月日）	标准化	（签名）	（年月日）	阶段标记	数量	比例	
							1	1：1	
审核									
工艺			批准			共 张 第 页			

第 12 章　机械装置参考图例

图例 1　船用起锚机总装图(图 12-1)

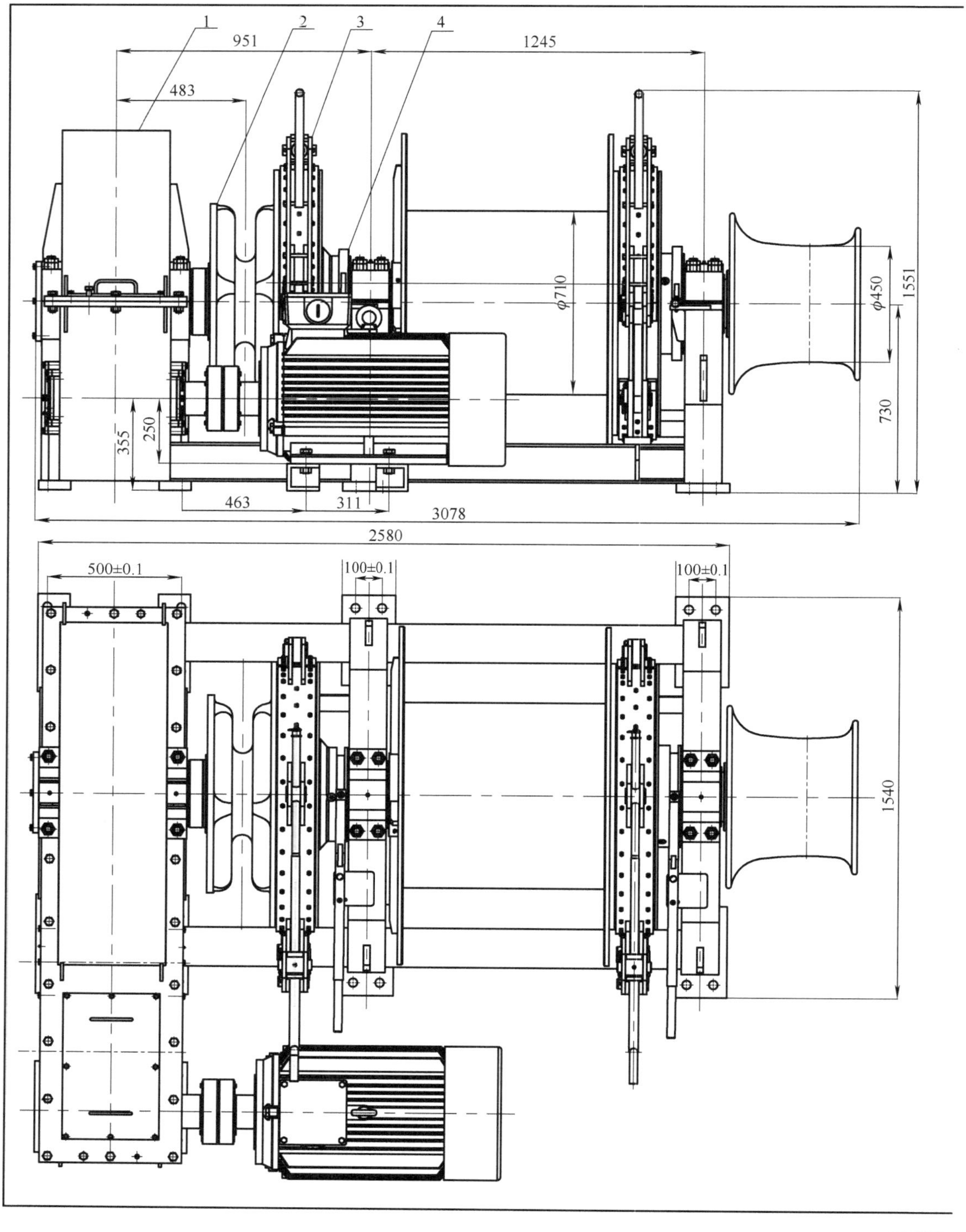

图 12-1

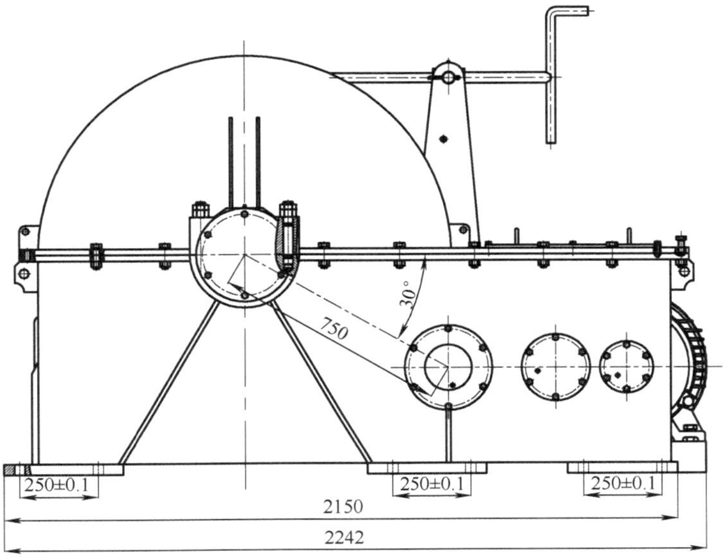

图 12-1 动画

主要技术参数

链轮：
锚链直径 ϕ46AM3
起锚速度 ≥9.2m/min
额定负载 100.5kN
过载拉力 150.8kN
支持负载 756kN

主卷筒：
系缆拉力 80kN(第一层)
公称速度 ≥15m/min
空载速度 ≥30m/min
储缆能力 ϕ44×200m
支持负载 240kN

副卷筒：
额定拉力 ≈40kN
空载速度 ≥37m/min
副卷筒直径 ϕ450mm

电动机：
型号 YZ250S-4/8/16-H
功率 30/30/14.5kW
转速 1410/680/334r/min
工作制 10/30/5min
电源 380V/50Hz/3P

技术要求

1.本锚机各项性能满足CCS《钢质海船入级规范》2015，GB/T 4447-2008/ISO 4568:2006《海船用起锚机和起锚绞盘》；
2.装配前各部件应仔细清洗和尺寸检查，锐边倒钝，去毛刺；
3.锚机在装配过程中应转动灵活，无阻碍现象；
4.定期在转动表面和齿轮接触处涂抹润滑脂；
5.产品表面涂覆应牢固美观，不得覆盖标牌。

序号	名称	数量	材料	标准	备注
4	离合装置	2	组合件		
3	刹车装置	2	组合件		
2	卷筒轴装置	1	组合件		
1	传动装置	1	组合件		

ϕ46电机起锚机		比例		图号	
		数量		材料	
设计	(日期)	总图			
绘图					
审阅					

图例 2　一级圆柱齿轮减速器(凸缘式，图 12-2)

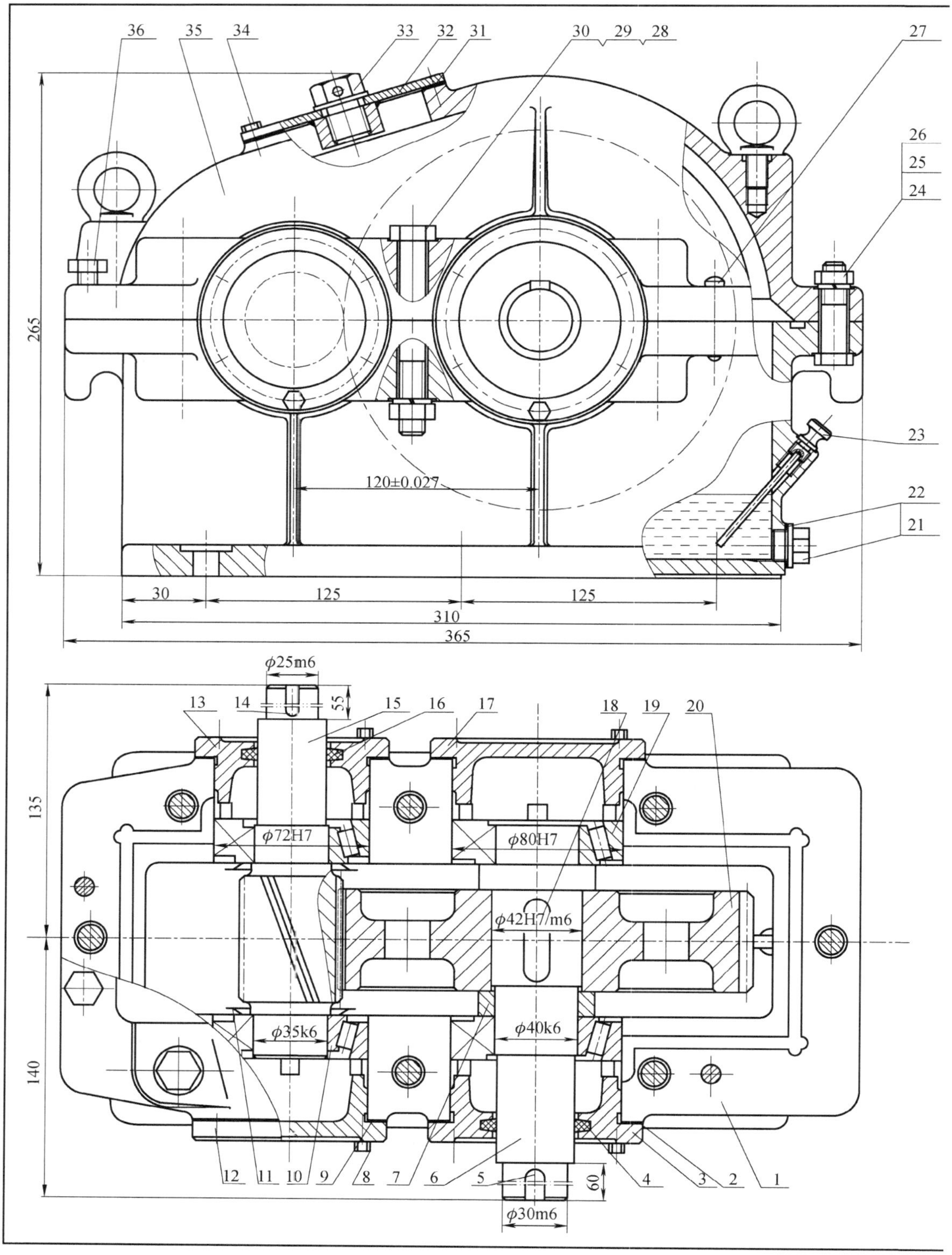

图 12-2

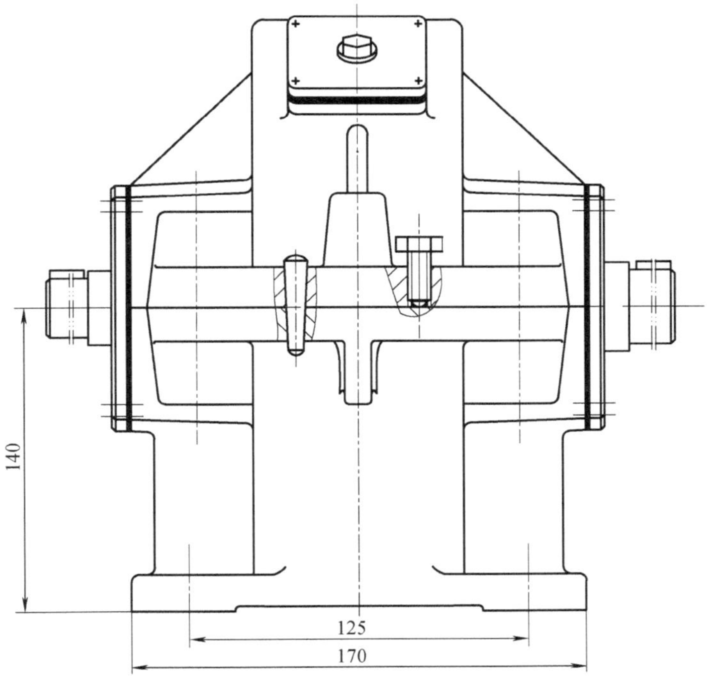

技术特性

输入功率 kW	输入轴转速 r/min	传动比 i
4.5	960	3.56

技术要求

1. 装配前，滚动轴承用汽油清洗，其他零件用煤油清洗，箱体内不允许有任何杂物存在，箱体内壁涂耐油油漆；
2. 齿轮副的侧隙用铅丝检验，侧隙值应不小于0.14mm；
3. 滚动轴承的轴向调整间隙均为0.05～0.1mm；
4. 齿轮装配后，用涂色法检验齿面接触斑点，沿齿高不小于45%，沿齿长不小于60%；
5. 减速器剖分面涂密封胶或水玻璃，不允许使用任何填料；
6. 减速器内装N150号工业齿轮油（GB/T5903-1986），油量应达到规定高度；
7. 减速器外表面涂灰色油漆。

序号	名称	数量	材料	标准	备注
36	起盖螺钉	1	Q235	M10X20	
35	箱盖	1	HT200		
34	螺钉	4	Q235	GB/T5783 M6X20	
33	通气器	1	Q235		
32	视孔盖	1	Q235		
31	垫片	1	软钢纸板		
30	弹簧垫圈	6	65Mn	垫圈GB/T93 12	
29	螺母	6	Q235	GB/T6170 M12	
28	螺栓	6	Q235	GB/T5782 M12X100	
27	圆锥销	2	35	销GB/T117A8X35	
26	弹簧垫圈	1	65Mn	垫圈GB/T93 10	
25	螺母	1	Q235	GB/T6170 M10	
24	螺栓	1	Q235	GB/T5782 M10X40	
23	油标尺	1		组合件	
22	封油圈	1	石棉橡胶纸		
21	油塞	1	Q235		
20	大齿轮	1	45	mn=2.5,z=71	
19	圆锥滚子轴承	2		30208E GB/T297	
18	键	1	45	键12X40 GB/T1096	
17	轴承盖	1	HT200		
16	毡圈	1	半粗羊毛毡	毡圈30JB/ZQ4606	
15	齿轮轴	1	45	mn=2.5,z=20	
14	键	1	45	键8X50 GB/T1096	
13	轴承盖	1	HT200		
12	轴承盖	1	HT200		
11	挡油盘	2	Q235		
10	圆锥滚子轴承	2		30207E GB/T297	
9	调整垫片	2组	08F		
8	螺钉	24	Q235	GB/T5782 M8X25	
7	轴套	1	45		
6	轴	1	45		
5	键	1	45	键8X55 GB/T1096	
4	毡圈	1	半粗羊毛毡	毡圈35JB/ZQ4606	
3	轴承盖	1	HT200		
2	调整垫片	2组	08F		
1	箱座	1	HT200		

一级圆柱齿轮减速器 （凸缘式）		比例		图号	
		数量		材料	
设计		(日期)	(课程名称)	(校名班号)	
绘图					
审阅					

图例 3　一级圆柱齿轮减速器(嵌入式，图 12-3)

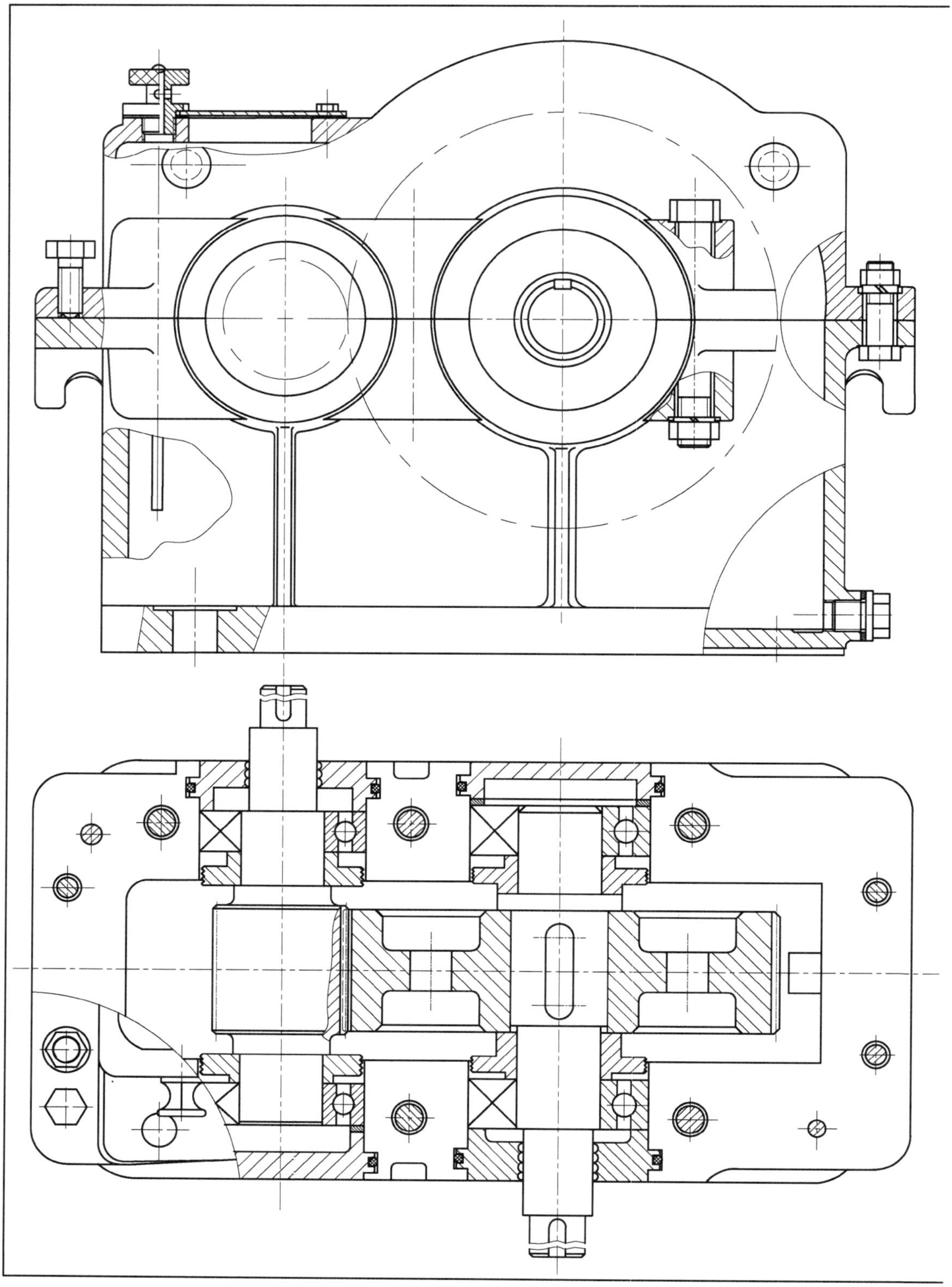

图 12-3

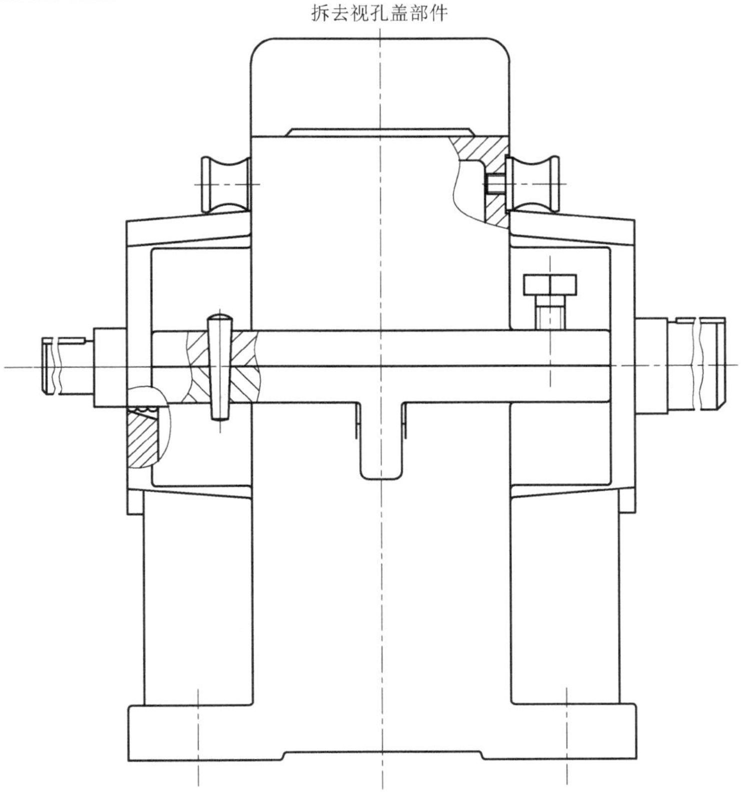

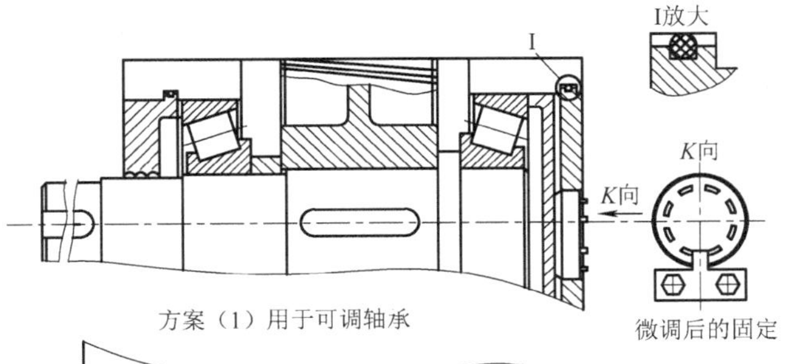

方案（1）用于可调轴承

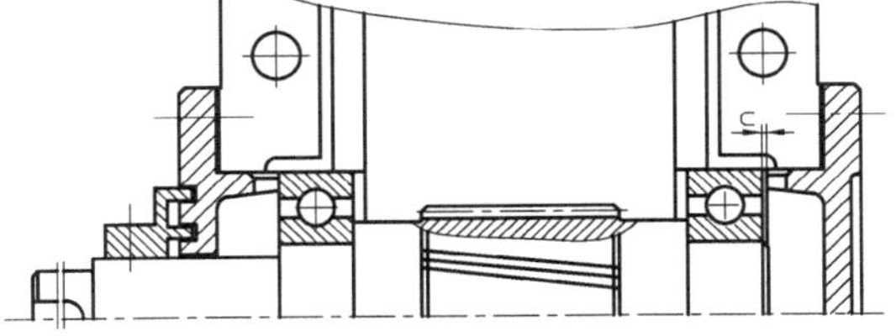

方案（2）用于不可调轴承

一对圆锥滚子轴承组成正装，轴向游隙的调整是通过槽形螺塞和调整环来实现的。其特点是：支承刚度好，拆装方便，但调整较麻烦，使用于径向和轴向负荷都较大而转速较低的场合。

采用一对深沟球轴承组成两端固定支承。凸缘式端盖调整轴向游隙比较方便，使用于转速较高、负荷较小的场合，这种轴承也可承受不大的轴向力。

一级圆柱齿轮减速器（嵌入式）			比例		图号	
			数量		材料	
设计		(日期)	(课程名称)		(校名班号)	
绘图						
审阅						

图例 4　二级展开式圆柱齿轮减速器(油润滑，图 12-4)

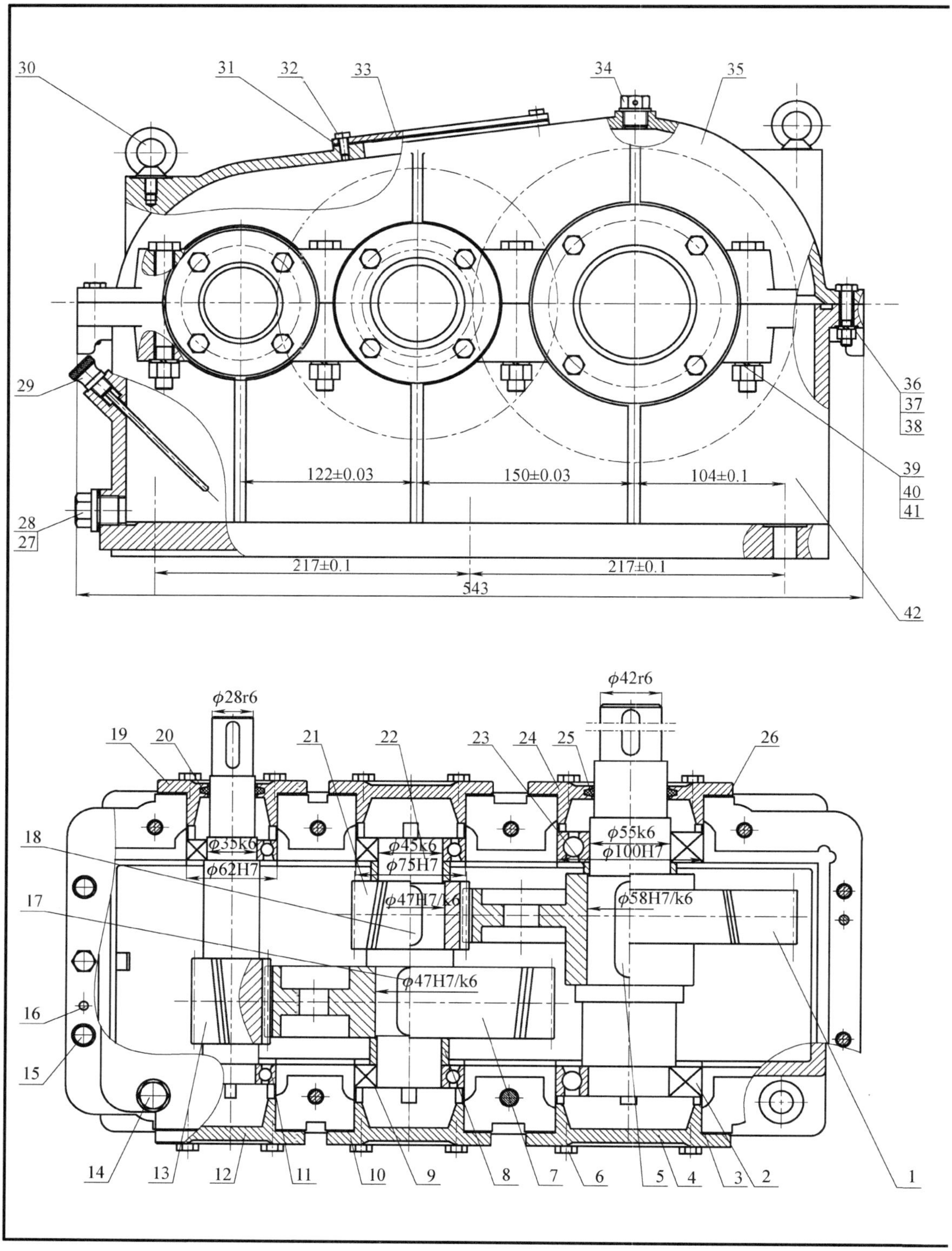

图 12-4

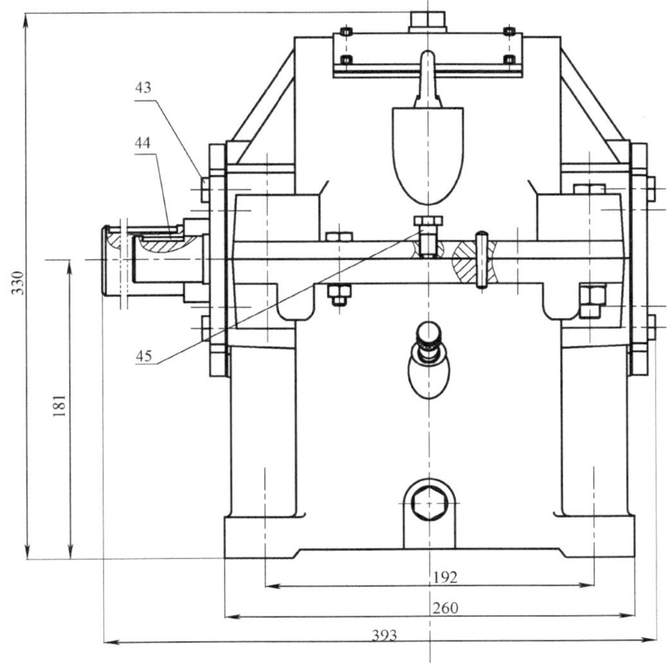

图 12-4 动画

技术要求

1. 装配前所有零件用煤油清洗，滚动轴承用汽油清洗，箱体内不容许有任何杂物。
2. 调整、固定轴承时应留有轴向间隙0.25~0.4mm。
3. 箱体内装全损耗系统用油L-AN68至固定高度。
4. 减速器剖分面、各接触面及密封处均不允许漏油，剖分面允许涂以密封胶或水玻璃，不允许使用垫片。
5. 接触斑点沿齿高不小于60%。
6. 减速器外表面涂灰色油漆。

序号	名称	数量	材料	标准	备注
45	起盖螺钉M10X20	1		GB-T5780-2000	
44	键8X45	1	45	GB/T1096-1979	
43	螺母M12	12		GB6170-86	
42	下箱体	1			
41	螺母M12	8		GB6170-86	
40	螺栓M12X120	8		GB5782-86	
39	垫圈12	8		GB93-87	
38	螺母M12	2		GB6170-86	
37	螺栓M12X120	2		GB5782-86	
36	垫圈12	2		GB93-87	
35	上箱体	1			
34	通气孔	1			组合件
33	观察孔盖	1		BT-01-05	
32	螺栓M8x20	4		GB5783-86	
31	密封垫	1	Q215		
30	吊环螺钉M8	2	8.8级	GB5783-86	
29	油标	1	45	BT-01-08	
28	油孔	1		BT-01-03	
27	六角油塞	1	Q235	BT-01-03	
26	调整垫片	2	08F		
25	毛毡密封圈	1	半粗羊毛毡	BT-01-18	
24	轴承盖	1	HT200	BT-01-19	
23	套筒	1	Q235A		
22	中间轴	1			
21	齿轮	1	45	BT 01-15	
20	毡圈油封	1	半粗羊毛毡		
19	透盖	1	HT150		
18	键6X56	1	45	GB/T1096-1979	
17	键16X63	1	Q275	GB1096-79	
16	销A8X30	2	35		
15	螺母M12	2		GB6170-86	
14	螺母M12	8		GB6170-86	
13	高速轴	1	45	GB/T117-2000	
12	端盖	1	HT150		
11	滚动轴承7207C	2		GB/T292-1994	成对使用
10	端盖	2	HT150		成对使用
9	滚动轴承7209AC	2		GB 292-83	成对使用
8	套筒	2			
7	大齿轮	1	45	BT-01-23	
6	轴承端盖螺钉	12			
5	键18X56	1	45	GB/T292-1994	
4	端盖	1	HT150	GB/T1096-1979	
3	调整垫片	2	08F		
2	滚动轴承7311C	2			成对使用
1	齿轮	1			

标记	处数	分区		签名		阶段标记	重量	比例
	签名			签名				
设计			标准化					
审核								
工艺			标记					

图例 5　二级展开式圆柱齿轮减速器(脂润滑，图 12-5)

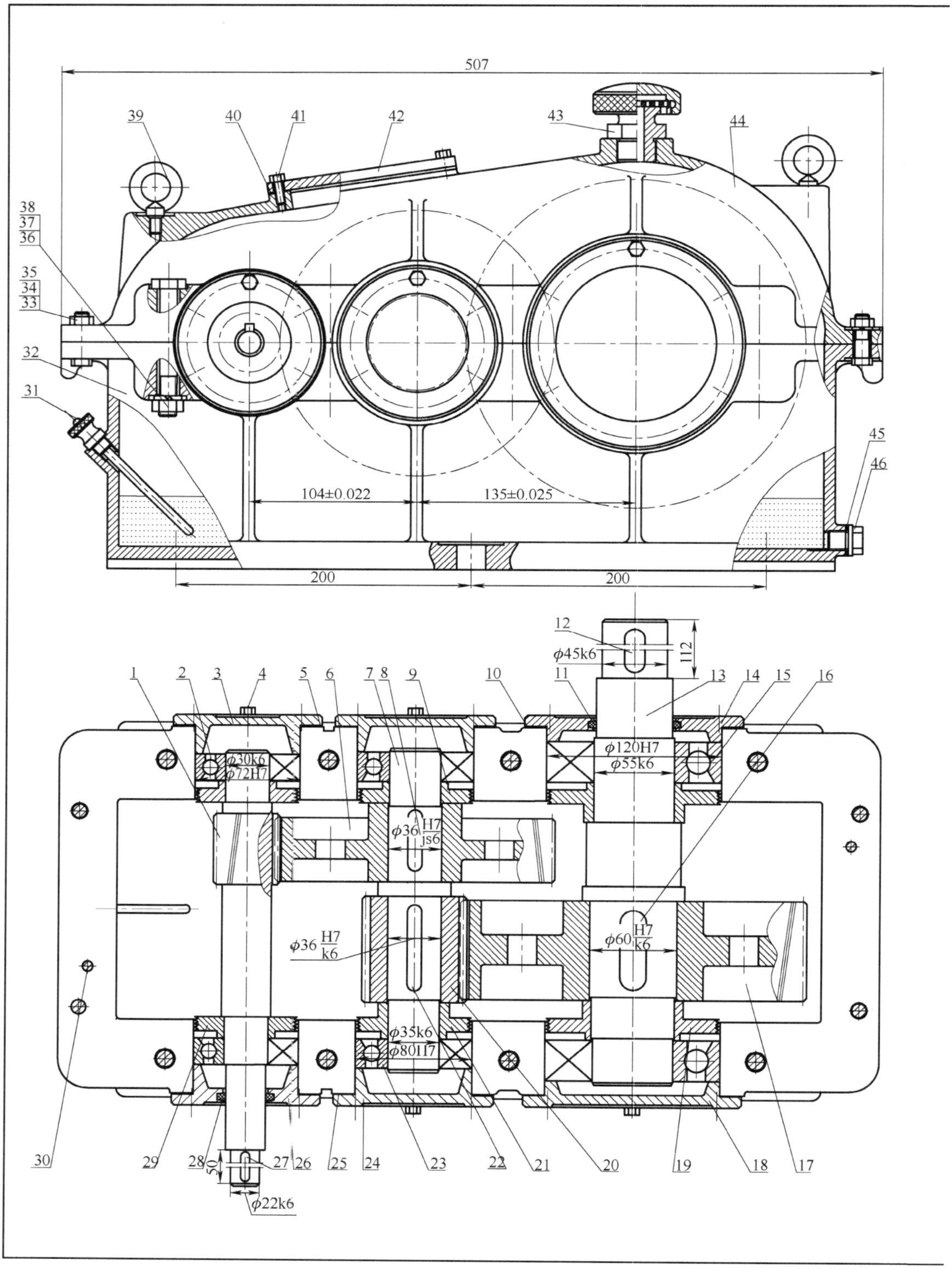

图 12-5

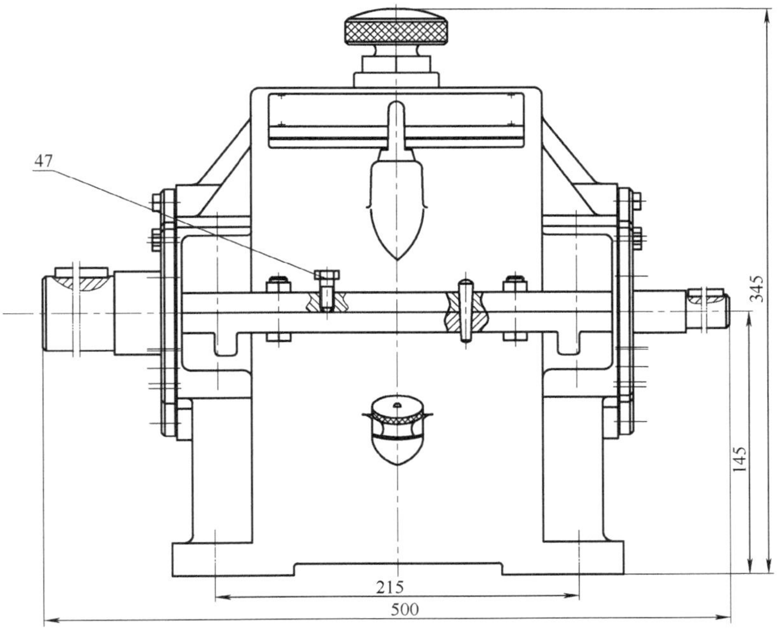

图 12-5 动画

技术要求

1. 装配前，按图纸检查零件配合尺寸，零件合格才能装配，所有零件装配前用煤油清洗，轴承用汽油清洗，箱内不许有任何杂物存在，箱体内壁涂耐油油漆。
2. 减速器剖分面、各接触面及密封处均不允许漏油、渗油，箱体剖分面允许涂以密封油漆或水玻璃，不允许使用其他任何填料。
3. 调整、固定轴承应留有轴向间隙0.05~0.10mm。
4. 齿轮装配后应用涂色法检查接触斑点，沿齿高不小于30%，沿齿长不小于50%。
5. 减速器内装N90工业齿轮油，油量达到规定的深度。
6. 减速器外表面涂灰色油漆。
7. 按试验规程进行试验。

序号	名称	数量	材料	标准	备注
47	起盖螺钉M8	1	Q235		
46	螺塞M14	1	Q235		
45	封油垫	1	工业皮革		
44	箱盖	1	HT150		
43	通气孔	1			组合件
42	检查孔盖	1	HT150		
41	螺栓M6	4	8.8级	GB5783-86	
40	垫片	1	08F		
39	吊环螺钉M8	2	8.8级	GB5783-86	
38	螺母M12	8	8级	GB6170-86	
37	垫圈12	8	65Mn	GB93-87	
36	螺栓M12	8	8.8级	GB5783-86	
35	螺母M10	4	8级	GB6170-86	
34	垫圈10	4	65Mn	GB93-87	
33	螺栓M10	4	8.8级	GB5783-86	
32	箱座	1	HT150		
31	油标尺M12	1	Q235		
30	定位销	2	35	GB117-86	
29	挡油环	2	45		
28	毡圈油封	1	羊毛毡		
27	键	1	45	GB1096-79	
26	轴承通盖	1	HT150		
25	调整垫片	2	08F		成组
24	轴承端盖	2	HT150		
23	滚动轴承7307	2		GB276-89	外购
22	键	1	45	GB1096-79	
21	挡油环	1	45		
20	齿轮	1	40Cr		
19	挡油环	2	45		
18	轴承端盖	1	HT150		
17	齿轮	1	45		
16	键	1	45	GB1096-79	
15	滚动轴承7311	2		GB276-89	外购
14	轴承通盖	1	HT150		
13	轴	1	45		
12	键	1	45	GB1096-79	
11	毡圈油封	1	羊毛毡		
10	调整垫片	2	08F		成组
9	套筒	1	45		
8	键	1	45	GB1096-79	
7	轴	1	45		
6	齿轮	1	45		
5	调整垫片	2	08F		成组
4	螺栓M6	36	8.8级	GB5783-86	
3	轴承端盖	1	HT150		
2	滚动轴承7306	2		GB276-89	外购
1	齿轮轴	1	40Cr		

二级展开式圆柱齿轮减速器（脂润滑）			比例		图号	
			数量		材料	
设计		(日期)	(课程名称)		(校名班号)	
绘图						
审阅						

图例 6　二级同轴式圆柱齿轮减速器(图 12-6)

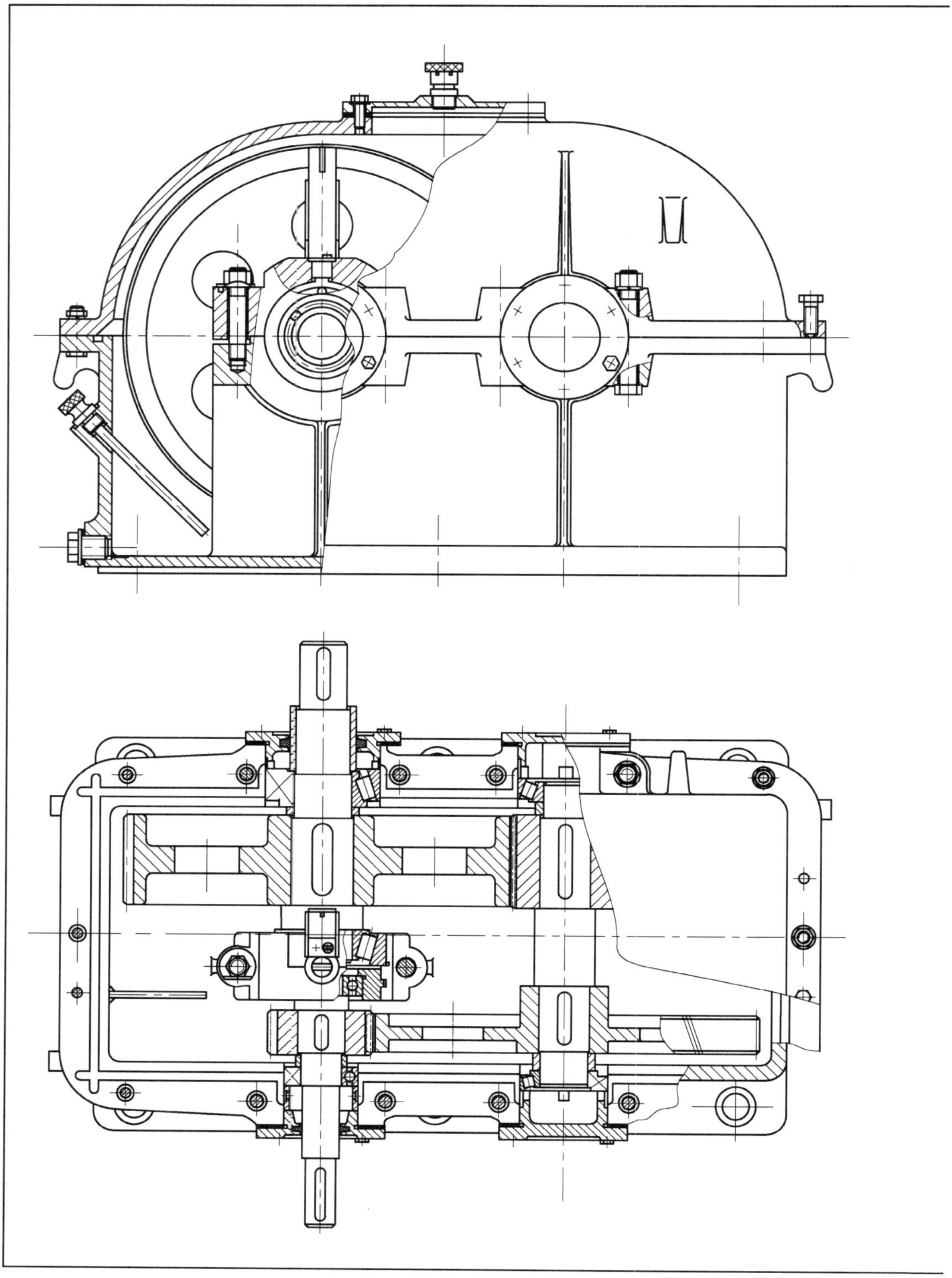

图 12-6

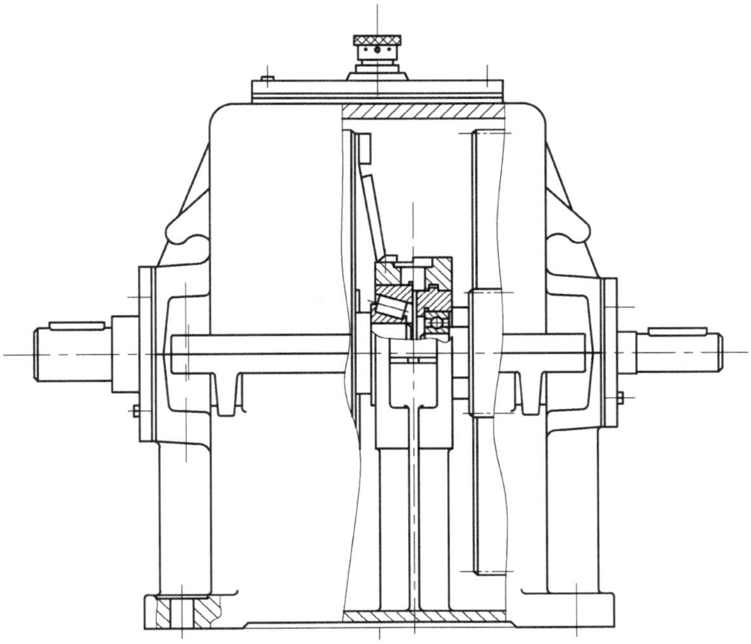

中间轴承部件的结构及润滑方法

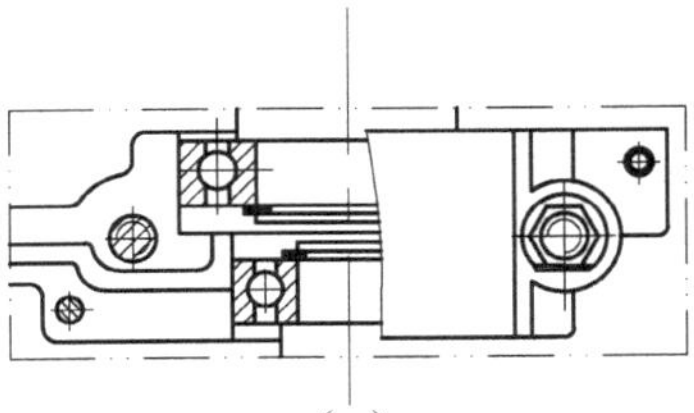

(a)

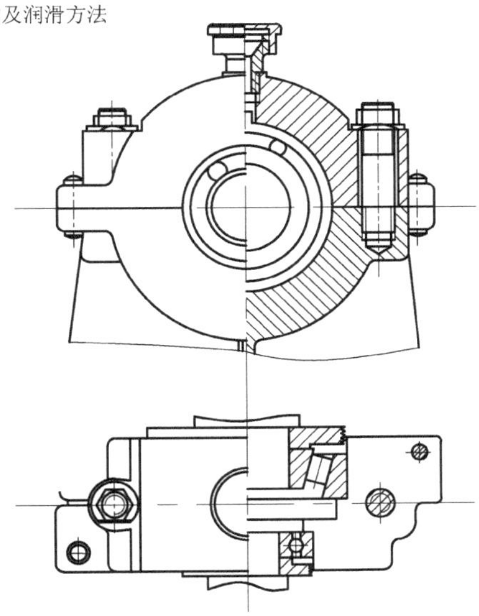

(b)

注意：
1. 本图是同轴式结构，这种结构的中间轴承润滑比较困难，如采用稀油润滑，必须设法将机体内的润滑油引导到中间轴承处。图中提供一些中间轴承部件结构及润滑方法。
2. 图(a)所示方案中，轴的另一支点为双向固定。

二级同轴式圆柱齿轮减速器		比例		图号	
		数量		材料	
设计	(日期)	(课程名称)		(校名班号)	
绘图					
审阅					

图例 7　二级圆锥-圆柱齿轮减速器(图 12-7)

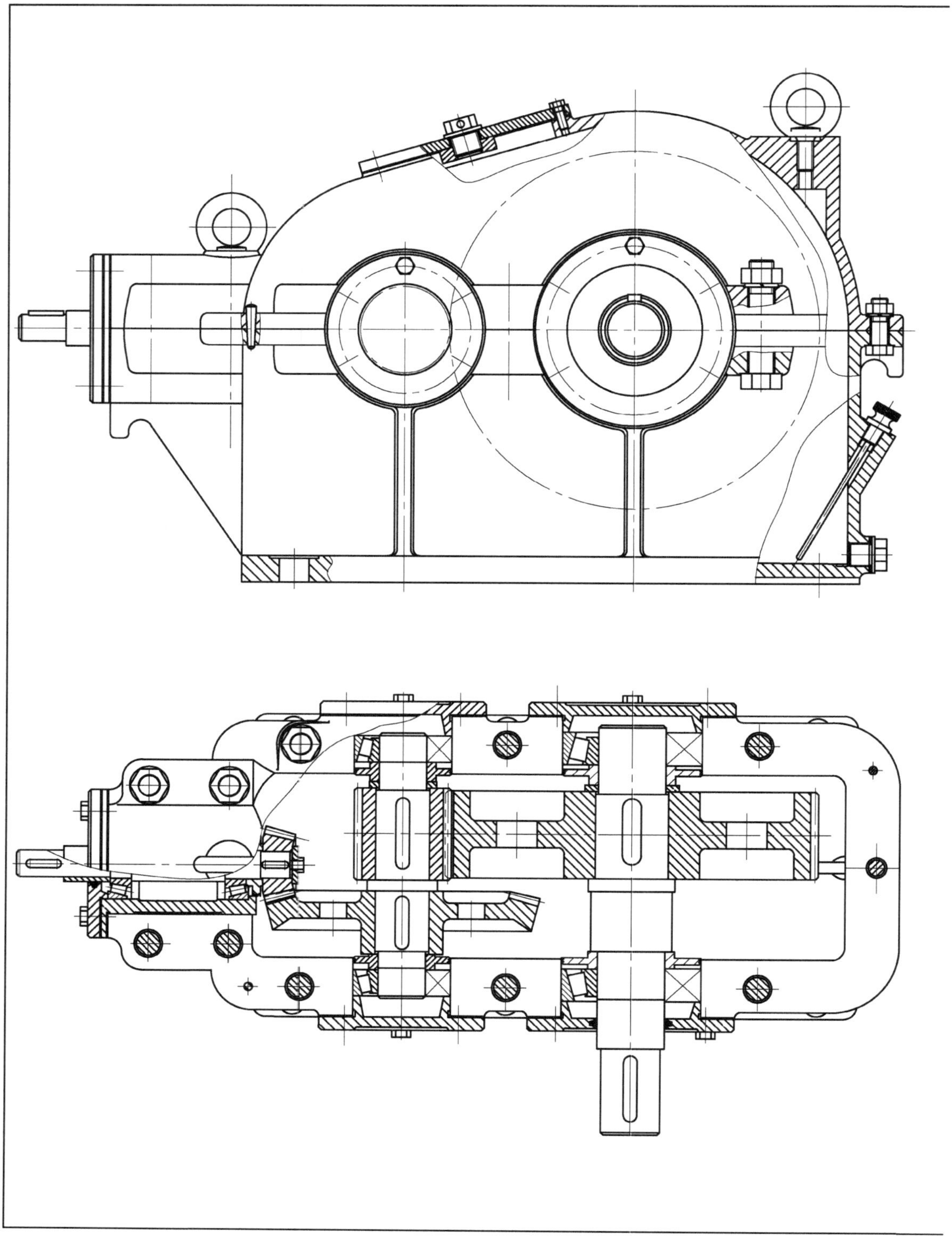

图 12-7

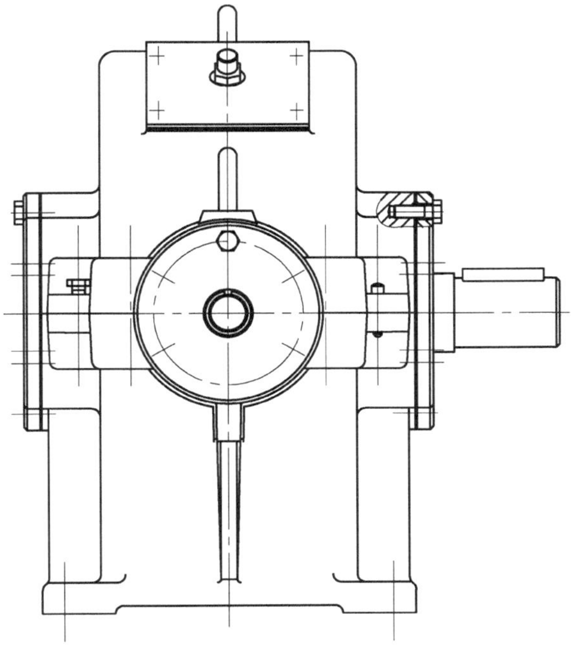

小锥齿轮轴系部件结构方案

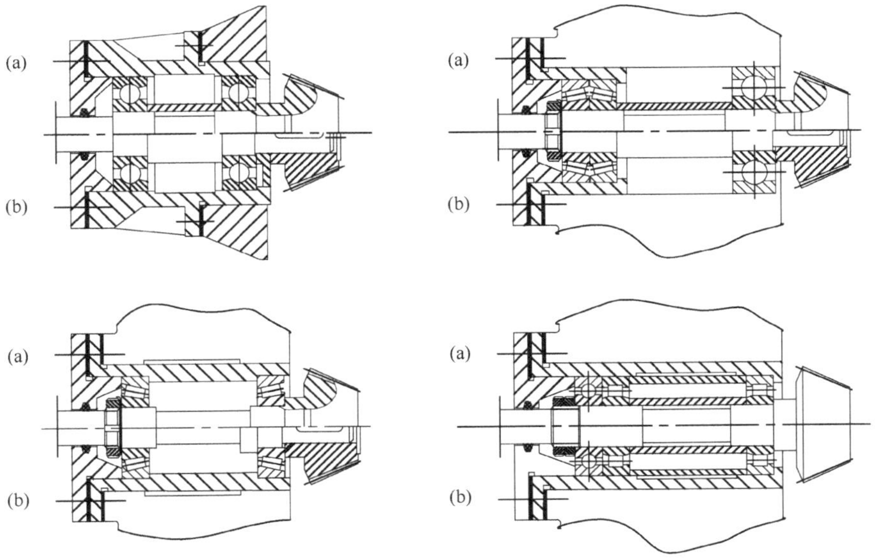

图 12-7 动画

二级圆锥—圆柱齿轮减速器			比例		图号
			数量		材料
设计		(日期)	(课程名称)		(校名班号)
绘图					
审阅					

图例 8　一级蜗杆减速器(蜗杆下置，图 12-8)

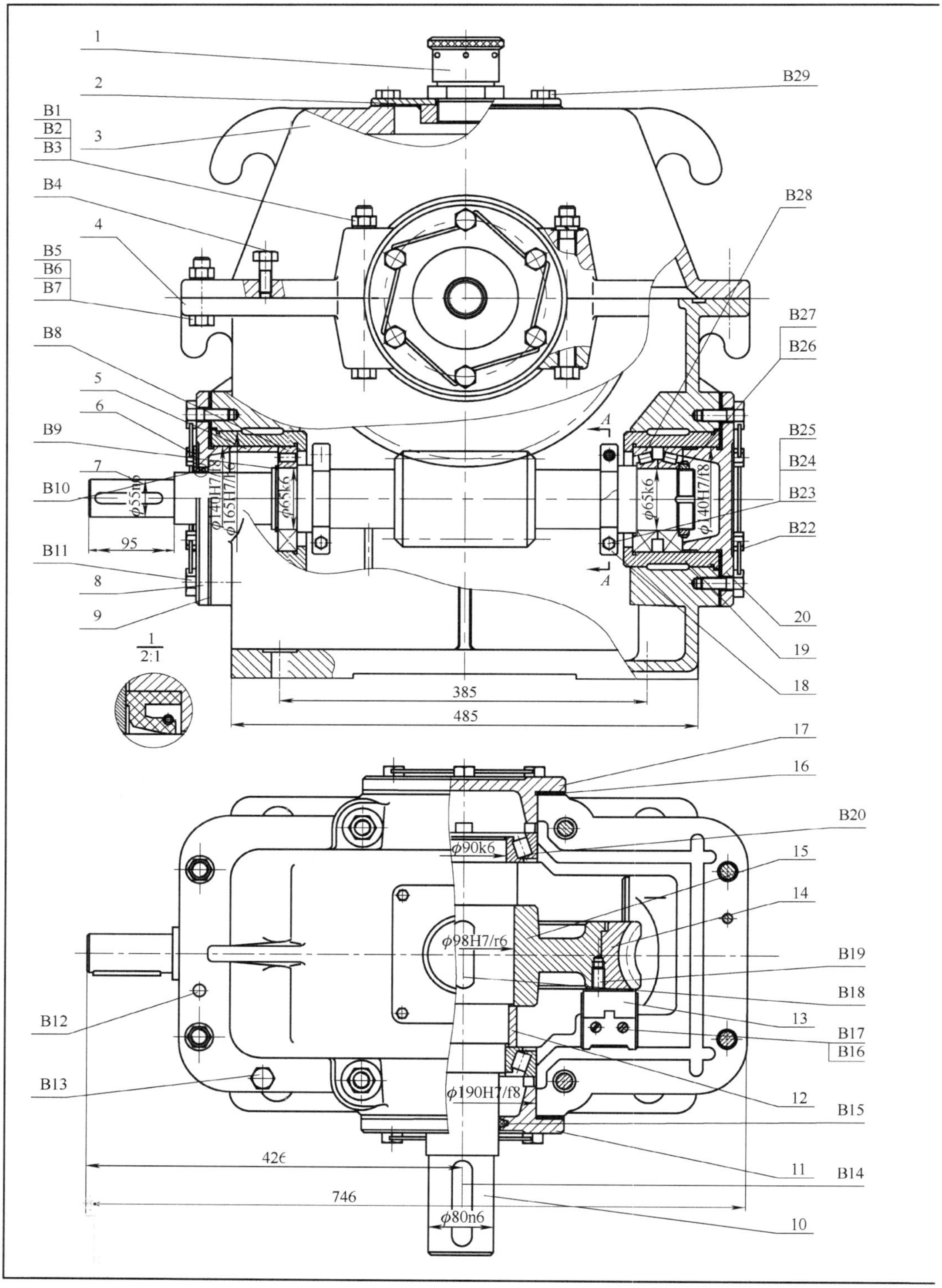

图 12-8

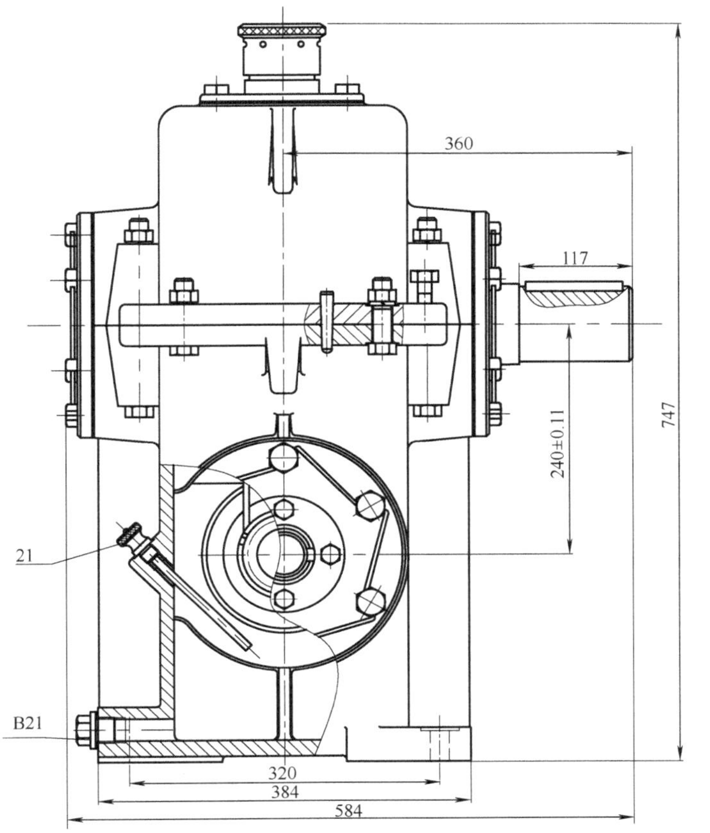

图 12-8 动画

注：本图是蜗杆减速器的装配工作图。蜗杆采用一端固定一端游动的轴承结构，防止蜗杆因发热膨胀而将轴承顶死。蜗轮轴承采用油润滑，剖分面上的两个刮油板将蜗轮端面上的油引入油沟，润滑蜗轮轴承。蜗杆浸油较浅，在蜗杆轴上装有甩油板（见*A*—*A*剖面）搅动润滑油，改善润滑状况。

A—*A*

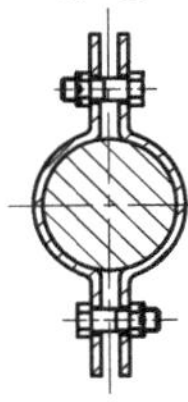

技术特性

主动轴功率：17kW

主动轴转速：1000r/min

传动比：16.33

技术要求

1. 装配前所有零件用煤油清洗，滚动轴承用汽油清洗；
2. 各配合、密封、螺钉联结处用润滑脂润滑；
3. 保证侧隙 jn=0.19mm；
4. 接触斑点按齿高不得小于60%，按齿长不得小于65%；
5. 蜗杆轴承的轴向游隙为0.05mm～0.1mm，蜗轮轴承的轴向游隙为0.12～0.20mm；
6. 装成后进行空负荷试验，条件为：高速轴转速n=1000r/min，正反转各运行一小时。运转平稳，无噪音和撞击声，温升不得超过60°C，不漏油(试车用HJ-40机械油)；
7. 未加工外表面涂灰色油漆，内表面涂红色耐油漆。

序号	名称	数量	材料	标准	备注
21	油尺	1	B2		
20	轴承端盖	1	HT150		
19	套杯	1	A3		
18	甩油板	4	A3		组合件
17	轴承端盖	1	HT150		
16	调整垫片	2组	08F		
15	蜗轮轮毂	1	HT200		
14	蜗轮轮缘	1	ZQSn10-1		
13	刮油板	1	HT150		
12	套筒	1	HT150		
11	轴承端盖	1	HT150		
10	轴	1	45		
9	调整垫片	2组	08F		
8	轴承端盖	1	HT150		
7	蜗杆	1	45		
6	密封盖	1	A3		
5	套筒	1	A3		
4	机座	1	HT200		
3	机盖	1	HT200		
2	窥视孔盖	1	A3		
1	通气孔	1			

一级蜗杆减速器	比例		图号	
	数量		材料	
设计	(日期)	(课程名称)	(校名班号)	
绘图				
审阅				

第四部分　综合训练题目

第 13 章　机械设计综合训练题目

13.1　一级齿轮传动机械

该套题目适用于非机械类专业(1 周或 1.5 周)。

13.1.1　第 1 题：带式运输机的传动装置设计

1．设计题目

某带式运输机所采用的传动装置简图如图 13-1 所示。

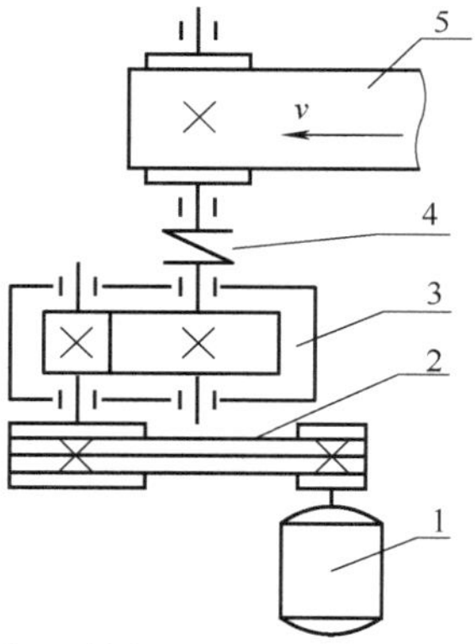

1-电动机；2-V 带传动；3-斜齿圆柱齿轮减速器；4-联轴器；5-带式运输机

图 13-1　带式运输机传动装置

(1) 带式运输机数据，见表 13-1。

(2) 工作条件：单班制工作，空载起动，单向、连续运转，工作中有轻微振动。运输带速度允许速度误差为±5%。

(3) 使用期限：工作期限为十年，根据设计要求可确定检修期一般为四年或五年。

(4) 生产批量及加工条件：中小批量生产，具备基本的加工能力和铸造条件。

2．设计任务

(1) 完成总体方案设计或分析。

(2) 完成传动设计(带传动、齿轮传动)。

(3) 完成轴系设计。

(4) 完成减速器结构设计，绘制装配图(或局部视图)。

(5) 绘制零件图(轴、齿轮)。

(6) 编写说明书。

3. 设计要求

(1) 减速器装配图一张。

(2) 零件工作图两张。

(3) 设计说明书一份。

表 13-1　第 1 题的数据表

序号	1	2	3	4	5	6	7	8	9	10
运输带工作拉力 F/N	3000	3000	2900	2900	2800	2800	2700	2700	2600	2600
滚筒转速 n/(r/min)	85	90	95	100	105	110	115	120	125	130
滚筒直径 D/mm	300	305	310	315	320	325	330	335	340	345
序号	11	12	13	14	15	16	17	18	19	20
运输带工作拉力 F/N	2500	2500	2400	2400	2300	2300	2200	2200	2100	2100
滚筒转速 n/(r/min)	135	140	145	150	155	160	165	170	175	180
滚筒直径 D/mm	350	355	360	365	370	375	380	385	390	395

13.1.2　第 2 题：螺旋输送机的传动装置设计

1. 设计题目

某螺旋输送机所采用的传动装置简图如图 13-2 所示。

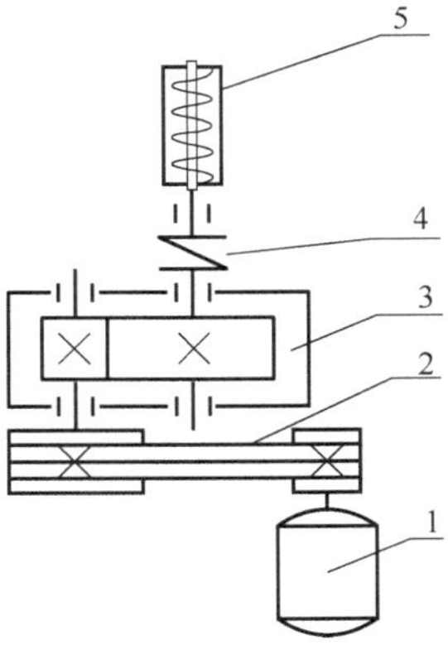

1-电动机；2-V 带传动；3-斜齿圆柱齿轮减速器；4-联轴器；5-螺旋绞笼叶片

图 13-2　螺旋输送机传动装置

(1) 螺旋输送机数据，见表 13-2。

(2) 工作条件：单班制工作，空载起动，单向、连续运转，工作中有轻微振动。运输带速度允许速度误差为±5%。

(3) 使用期限：工作期限为十年，根据设计要求可确定检修期一般为四年或五年。

(4) 生产批量及加工条件：小批量生产，具备基本的加工能力和铸造条件。

2. 设计任务

(1)完成总体方案设计或分析。

(2)完成传动设计(带传动、齿轮传动)。

(3)完成轴系设计。

(4)完成减速器结构设计，绘制装配图(或局部视图)。

(5)绘制零件图(轴、齿轮)。

(6)编写说明书。

3. 设计要求

(1)减速器装配图一张。

(2)零件工作图两张。

(3)设计说明书一份。

表 13-2　第 2 题的数据表

序号	1	2	3	4	5	6	7	8	9	10
螺旋轴扭矩 $T/(\mathrm{N\cdot m})$	500	525	550	575	600	625	650	675	700	725
螺旋轴速度 $v/(\mathrm{m/s})$	0.65	0.70	0.75	0.80	0.85	0.90	0.95	1.00	1.05	1.10
螺旋绞笼直径 D/mm	200	210	220	230	240	245	250	255	260	265
序号	11	12	13	14	15	16	17	18	19	20
螺旋轴扭矩 $T/(\mathrm{N\cdot m})$	750	775	800	825	850	875	900	925	950	975
螺旋轴速度 $v/(\mathrm{m/s})$	1.15	1.20	1.25	1.30	1.35	1.40	1.45	1.50	1.55	1.60
螺旋绞笼直径 D/mm	270	275	280	285	290	295	300	305	310	315

13.2　二级齿轮传动机械

该套题目适用于近机械类专业(2 周)或机械类专业(3 周)。

13.2.1　第 3 题：带式运输机的设计

1. 设计题目

设计带式运输机传动系统。该带式运输机共有三种传动方案，传动装置简图如图 13-3 所示(电动机的位置可自行确定)。

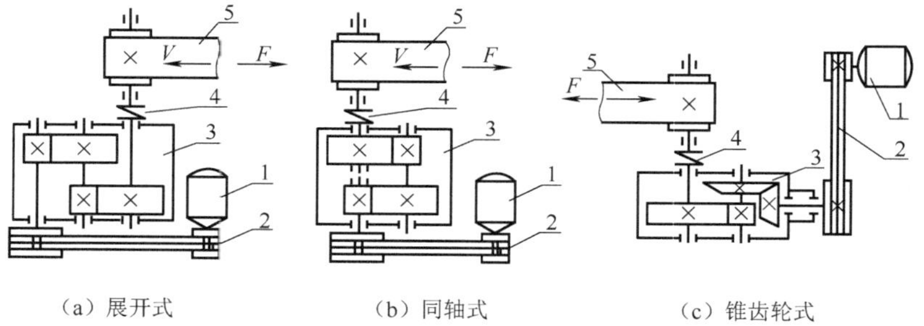

1-电动机；2-V 带传动；3-齿轮减速器；4-联轴器；5-带式输送装置

图 13-3　带式运输机传动方案

2. 设计数据与工作要求

带式输送机的已知参数如表 13-3 和表 13-4 所示。输送带鼓轮的传动效率为 0.97(包括鼓轮和轴承的效率损失)，该输送机为两班制工作，连续单向运转，用于输送散粒物料，如谷物、型砂、煤等，工作载荷较平稳，使用寿命为 10 年，每年 300 个工作日。一般机械厂中等批量制造。

表 13-3　第 3 题的数据表一

序号	1	2	3	4	5	6	7	8	9	10
运输带从动轴扭矩 T/(N · m)	750	800	850	900	925	950	975	1000	1050	1100
运输带工作速度 v/(m/s)	0.63	0.65	0.67	0.70	0.75	0.80	0.85	0.88	0.90	0.95
滚筒直径 D/mm	300	310	320	330	340	345	350	355	360	365
序号	11	12	13	14	15	16	17	18	19	20
运输带从动轴扭矩 T/(N · m)	1150	1200	1250	1300	1350	1400	1450	1500	1550	1600
运输带工作速度 v/(m/s)	1.00	1.05	1.05	1.10	1.10	1.15	1.15	1.20	1.20	1.25
滚筒直径 D/mm	370	375	380	385	390	395	400	405	410	415

表 13-4　第 3 题的数据表二

序号	1	2	3	4	5	6	7	8	9	10
运输带工作拉力 F/N	4000	4200	4400	4600	4800	5000	5200	5400	5600	5800
滚筒转速 n/(r/min)	50	52	54	56	58	60	62	64	66	68
滚筒直径 D/mm	300	305	310	315	320	325	330	335	340	345
序号	11	12	13	14	15	16	17	18	19	20
运输带工作拉力 F/N	5000	4900	4800	4700	4600	4500	4400	4300	4200	4100
滚筒转速 n/(r/min)	110	112	114	116	118	120	122	124	126	128
滚筒直径 D/mm	300	305	310	315	320	325	330	335	340	345

3. 设计任务

(1) 机械装置总体设计：分析各种传动方案的优缺点，选择(或由教师指定)一种方案；进行传动系统设计；确定电动机的功率与转速，分配各级传动的传动比；进行运动及动力参数计算。

(2) 机械传动装置设计及计算：完成带传动、齿轮传动设计计算，确定其主要参数。

(3) 进行减速器结构设计：完成各轴系零部件的结构设计；完成轴的强度校核计算、轴承的寿命计算及键等校核计算；减速器箱体及附件等的设计与选用。

(4) 绘制减速器装配图。

(5) 绘制零件图：对主要零件如轴、齿轮、箱体等进行结构设计，并绘制零件工作图。

(6) 编制设计计算说明书，准备答辩。

4. 设计要求

(1) 减速器装配图一张($0^{\#}$)。

(2) 零件工作图两张。

(3) 设计说明书一份。

13.2.2　第 4 题：链式运输机的设计

1. 设计题目

设计一个含圆锥-圆柱齿轮减速器的链式运输机，运输链的传动比为 1。传动装置简图如图 13-4 所示。

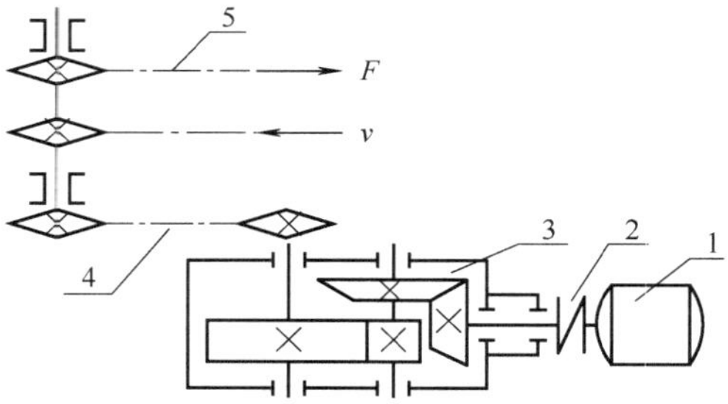

1-电动机；2-联轴器；3-圆锥-圆柱齿轮减速器；4-传动链；5-运输链

图 13-4　链式运输机

(1) 链式运输机数据，见表 13-5。

(2) 工作条件：两班制工作，单向、连续运转，工作中有轻微振动。运输带允许速度误差为±5%。

(3) 使用期限：工作期限为十年，检修期间隔为四或五年。

(4) 生产批量及加工条件：小批量生产。

表 13-5　第 4 题的数据表

序号	1	2	3	4	5	6	7	8
运输链工作拉力 F/N	6000	6300	6600	6900	7200	7500	7800	8200
运输链工作速度 v/(m/s)	0.58	0.60	0.62	0.64	0.66	0.68	0.70	0.72
运输链链轮齿数 z	25	23	21	19	25	23	21	19
运输链节距 p/mm	31.75	38.10	44.45	50.80	38.10	44.45	50.80	50.80

2. 设计任务

(1) 机械装置总体设计：分析传动方案的优缺点；进行传动系统设计；确定电动机的功率与转速，分配各级传动的传动比；进行运动及动力参数计算。

(2) 机械传动装置设计及计算：完成齿轮传动、链传动设计计算，确定其主要参数。

(3) 分析计算运输链的运动特征，计算其速度的不均匀性。

(4) 进行减速器结构设计：完成各轴系零部件的结构设计；完成轴的强度校核计算、轴承的寿命计算及键等校核计算；减速器箱体及附件等的设计与选用。

(5) 绘制减速器装配图。

(6) 绘制零件图：对主要零件如轴、齿轮、箱体等进行结构设计，并绘制零件工作图。

(7) 编制设计计算说明书，准备答辩。

3. 设计要求

(1) 减速器装配图一张 ($0^{\#}$)。

(2) 零件工作图两张。

(3) 设计说明书一份。

13.2.3　第 5 题：平板搓丝机的设计

1. 设计题目

设计一台平板搓丝机，完成其传动装置和驱动机构的设计。

(1) 设计背景：搓丝机用于加工螺纹，基本结构如图 13-5 所示，上搓丝板安装在机头 4 上，下搓丝板安装在滑块 6 上。加工时，下搓丝板随着滑块做往复运动。在起始(前端)位置时，送料装置 5 将工件送入上、下搓丝板之间，滑块向后运动时，工件在上、下搓丝板之间滚动，搓制出与搓丝板一致的螺纹。搓丝板共两对，可同时搓制出工件两端的螺纹。滑块往复运动一次，加工一个工件。

(2) 工作条件：室内工作，动力源为三相交流电动机，电动机单向运转，载荷较平稳。

(3) 使用期限：工作期限为十年，每年工作 300 天；检修期间隔为四或五年。

(4) 生产批量及加工条件：中等规模的机械厂，可加工 7 级、8 级精度的齿轮、蜗轮。

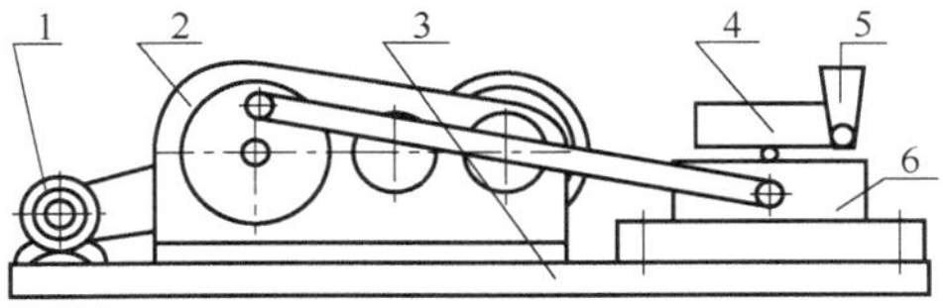

1-电动机；2-传动装置；3-床身；4-机头；5-送料装置；6-滑块

图 13-5　平板搓丝机

2. 数据

平板搓丝机的数据如表 13-6 所示。

表 13-6　第 5 题的数据表

序号	最大加工直径/mm	最大加工长度/mm	滑块行程/mm	搓丝动力/kN	生产率/(件/min)
1	6	160	260～280	12	45
2	8	160	280～300	13	43
3	10	180	300～320	14	40
4	12	180	320～340	15	38
5	12	200	340～360	16	35

3. 设计任务

(1) 机械装置总体设计：分析各种传动方案的优缺点，选择(或由教师指定)一种方案；进行传动系统设计；确定电动机的功率与转速，分配各级传动的传动比；进行运动及动力参数计算。

(2) 机械传动装置设计及计算：完成带传动、齿轮传动设计计算，确定其主要参数。

(3) 完成搓丝机驱动机构设计，绘制机构运动简图，进行运动和动力分析并计算搓丝力；分析搓丝板(滑块)的速度，计算盈亏功及飞轮所需的转动惯量。

(4) 进行减速器结构设计：完成各轴系零部件的结构设计；完成轴的强度校核计算、轴承的寿命计算及键等校核计算；减速器箱体及附件等的设计与选用。

(5) 绘制减速器装配图。
(6) 绘制零件图：对主要零件如轴、齿轮、箱体等进行结构设计，并绘制零件工作图。
(7) 编制设计计算说明书，准备答辩。

4. 设计要求

(1) 机构简图及运动和动力分析图一份。
(2) 减速器装配图一张($0^{\#}$)。
(3) 零件工作图两张。
(4) 设计说明书一份。

13.3 提升牵引传动机械

该套题目适用于机械类专业(3 周)。

1. 设计要求

(1) 绘制系统布置图或系统结构图。
(2) 绘制传动装置装配图。
(3) 绘制零件图。
(4) 零部件三维造型。
(5) 编制设计计算说明书。

2. 设计任务

(1) 机械装置总体设计：根据给定机械的工作要求，确定机械的工作原理，拟定工艺动作和执行构件的运动形式，绘制工作循环图；选择原动机的类型和主要参数，并进行执行机构的选型与组合，设计该机械的几种运动方案，对各种运动方案进行分析、比较和选择，完成其总体方案设计；完成该机械传动装置的运动和动力参数计算。

(2) 机械装置方案设计及分析：对选定的运动方案中的各执行机构进行运动分析与综合，并完成其机构设计，确定其运动参数，并绘制机构运动简图；进行机械动力性能分析与综合，确定调速飞轮；完成零部件运动学、动力学分析和设计。

(3) 机械传动装置设计及计算：进行主要传动零部件的工作能力设计计算；传动装置中各轴系零部件的结构设计；完成轴的强度校核计算、轴承的寿命计算及键等校核计算；箱体及附件等的设计与选用。

(4) 图形绘制及表达：绘制机械系统图；绘制部件装配图；绘制零件图。
(5) 完成零部件三维造型。
(6) 进行优化设计计算。
(7) 编制设计计算说明书，进行课程设计答辩。

13.3.1 第 6 题：船用起重机的设计

设计船用起重机，该装置结构原理如图 13-6 所示，主要完成其传动装置设计。

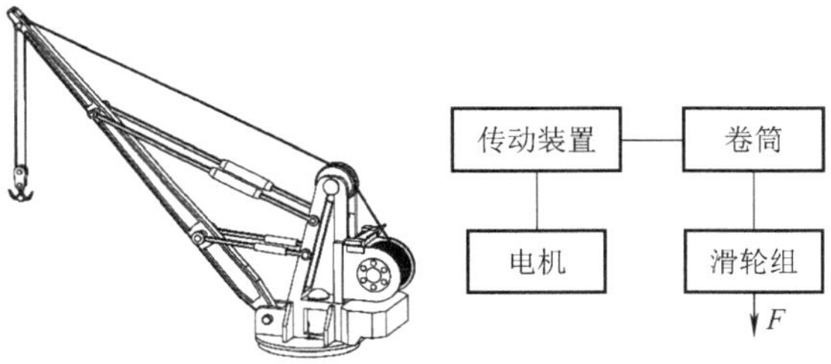

图 13-6　船用起重机

(1) 船用起重机数据，如表 13-7 所示。

(2) 工作条件：单班制工作，间歇正反运转，工作中有轻微振动，工作环境灰尘较少。

(3) 使用期限：工作期限为十年，检修期间隔为四或五年。

(4) 生产批量：小批量生产。

表 13-7　第 6 题的数据表

序号	1	2	3	4	5	6
提升力 F / kN	50	60	70	80	90	100
速度 V / (m/s)	0.5	0.45	0.4	0.35	0.35	0.3
卷筒直径 D / mm	480	460	440	420	400	380

13.3.2　第 7 题：船用铰缆车的设计

设计一台船用铰缆车。该装置结构原理简图如图 13-7 所示，主要完成传动装置和卷筒机构设计。

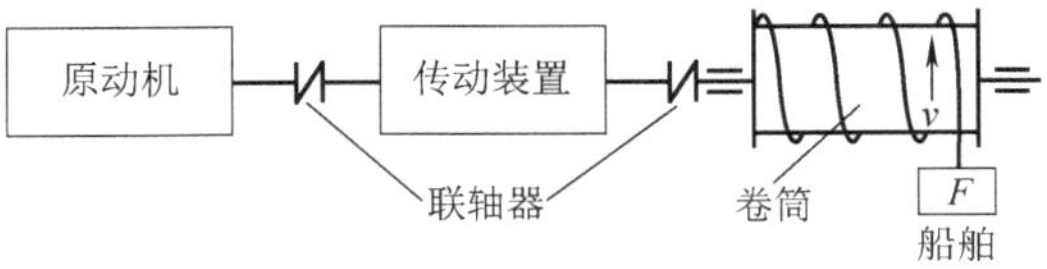

图 13-7　船用铰缆车传动装置

(1) 船用铰缆车数据：船用铰缆车绳牵引力 F、缆绳牵引速度 v 及卷筒直径 D 见表 13-8 所示。

表 13-8　第 7 题的数据表

序号	1	2	3	4	5	6	7	8
船用铰缆车绳牵引力 F/N	8000	8500	9000	9500	10000	10000	10500	11000
缆绳牵引速度 v/ (m/s)	0.75	0.78	0.81	0.84	0.87	1.20	1.25	1.30
卷筒直径 D/mm	350	360	370	380	390	450	460	470

(2) 工作条件及使用期限：用于船舶缆绳牵引，空载起动，连续运转，工作平稳。工作期限为十五年，每年工作 300 天，两班制工作，每班工作 4 小时，检修期间隔为五年。中小批量生产。

13.3.3　第 8 题：船用起锚机的设计

船用起锚机提升装置（提升锚链和锚的装置）简图如图 13-8 所示。

绘制提升装置的方案原理图及结构图，装置包括原动机、传动装置、工作机，考虑到安全性，应有保证安全的制动部分。

该装置一般安装在船舶甲板上，动力通过减速装置传给工作机——卷筒，卷筒将锚链送入锚链仓。

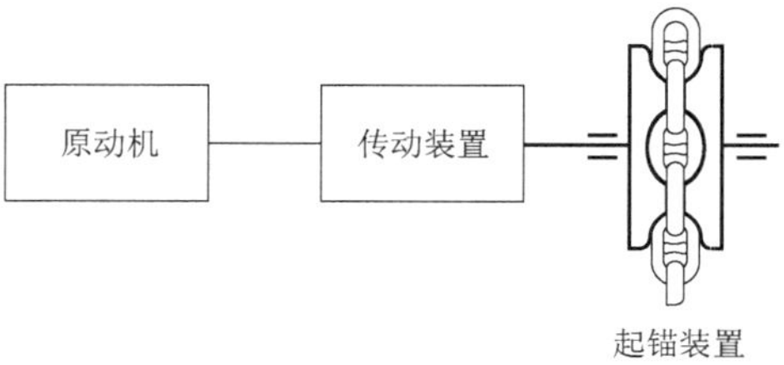

图 13-8　船用起锚机提升装置

设计要求：本提升装置用于锚链和锚的提升，防滑动。电动机水平放置，且采用正、反转按钮控制方式。工作时，要求安全、可靠，提升装置应保证静载时机械自锁，并有力矩限制器和电磁制动器。设备调整、安装方便，结构紧凑，造价低。

（1）数据见表 13-9。

表 13-9　第 8 题的数据表

序号	1	2	3	4	5	6
提升力 F/N	25000	26000	27000	28000	29000	30000
提升速度 v/(m/s)	0.35	0.38	0.40	0.42	0.43	0.45
卷筒直径 D/mm	450	460	470	480	490	500
容链量/m	60	70	80	85	90	100

（2）工作条件：载荷平稳，间歇工作。

（3）生产批量：小批量生产。

13.3.4　第 9 题：爬式加料机的设计

设计爬式加料机，该装置结构原理如图 13-9 所示，主要完成传动装置和执行机构设计。

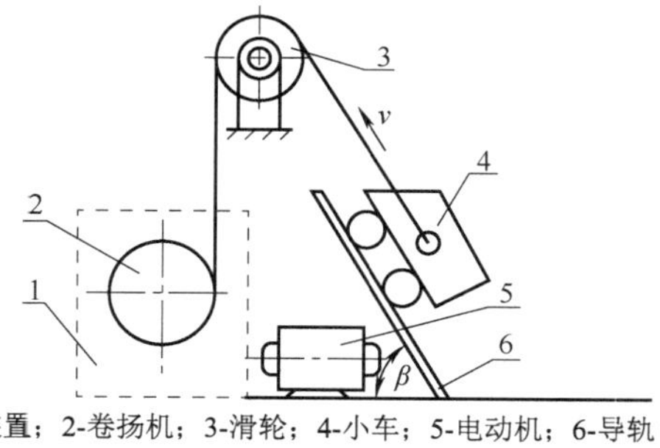

1-传动装置；2-卷扬机；3-滑轮；4-小车；5-电动机；6-导轨（β=60°）

图 13-9　爬式加料机

(1) 爬式加料机数据，见表 13-10。

(2) 工作条件：单班制工作，间歇正反运转，工作中有轻微振动，工作环境有较大灰尘。

(3) 使用期限：工作期限为十年，检修期间隔为四或五年。

(4) 生产批量：小批量生产。

表 13-10　第 9 题的数据表

数据编号	1	2	3	4	5
装料量 P/N	5000	7000	8000	9000	10000
速度 V/(m/s)	1.2	1.1	1.0	0.9	0.8
卷筒直径 D/mm	550	530	510	490	470
轨距/mm	662	662	662	662	662
轮距/mm	500	500	500	500	500

13.3.5　第 10 题：电梯提升装置的设计

曳引式电梯提升装置简图如图 13-10 所示，该提升装置安装在机房中，由电动机通过制动器、减速器和曳引轮带动曳引钢丝绳运动；曳引钢丝绳绕过曳引轮、导向轮实现往复运动；曳引钢丝绳一端连接轿厢，一端连接对重装置，轿厢与对重装置的重力使曳引钢丝绳压紧在曳引轮绳槽内产生摩擦力，实现摩擦传动。电动机带动曳引轮转动，驱动钢丝绳，拖动轿厢做相对运动。

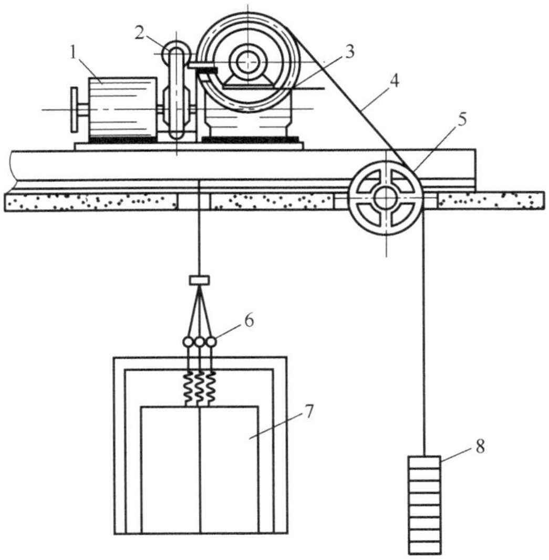

1-电动机；2-制动器；3-减速器；4-曳引绳；5-导向轮；6-绳头组合；7-轿厢；8-对重

图 13-10　电梯曳引传动关系图

曳引系统受力分析如图 13-11 所示。曳引力的大小为轿厢曳引绳上的载荷力 T_1 与对重侧曳引绳上的载荷力 T_2 之差。由于载荷力不仅与轿厢的载重量有关，而且随电梯的运行阶段而变化，因此曳引力是一个不断变化的力。

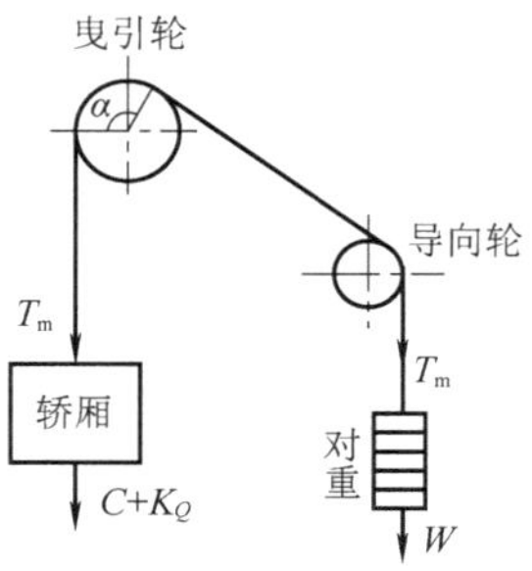

C-轿厢自重(kg)；K_Q-额定载重量(kg)；W-对重的重量(kg)；α-包角

图 13-11　曳引系统受力分析

设计要求：本提升装置用于电梯的提升。曳引轮上钢丝绳直径为 13mm，电动机水平放置，且采用正、反转按钮控制方式。工作时，要求安全、可靠，提升装置应保证静载时机械自锁，并有力矩限制器和电磁制动器。设备调整、安装方便，结构紧凑，造价低。

(1) 数据见表 13-11。

表 13-11　第 10 题的数据表

序号	1	2	3	4	5
轿厢自重 C/kg	500	550	600	650	700
额定载重量 K_Q/kg	1200	1100	1000	1000	900
对重的重量 W/kg	1000	1000	1000	1000	1000
提升速度 v/(m/s)	0.8	0.9	1.0	1.3	1.4
曳引轮直径 D/mm	530	585	650	715	780

(2) 工作条件：载荷平稳，间歇工作。

(3) 生产批量及加工条件：生产 10 台，无铸钢设备。

13.4　综合设计与机构分析

该套题目适用于机械类专业(3 周、4 周)或机械设计及自动化方向专业设计训练。

1. 设计要求

(1) 绘制系统布置图或系统结构图。

(2) 绘制传动装置装配图。

(3) 绘制零件图。

(4) 零部件三维造型。

(5) 编制设计计算说明书。

2. 设计任务

(1) 机械装置总体设计：根据给定机械的工作要求，确定机械的工作原理，拟定工艺动作和执行构件的运动形式，绘制工作循环图；选择原动机的类型和主要参数，并进行执行机构的选型与组合，设计该机械的几种运动方案，对各种运动方案进行分析、比较和选择，完成其总体方案设计；完成该机械传动装置的运动和动力参数计算。

(2) 机械装置方案设计及分析：对选定的运动方案中的各执行机构进行运动分析与综合，

确定其运动参数，并绘制机构运动简图；进行机械动力性能分析与综合，确定调速飞轮；完成零部件运动学、动力学分析和设计。

(3) 机械传动装置设计及计算：进行主要传动零部件的工作能力设计计算；传动装置中各轴系零部件的结构设计；完成轴的强度校核计算、轴承的寿命计算及键等校核计算；箱体及附件等的设计与选用。

(4) 图形绘制及表达：绘制机械系统图；绘制部件装配图；绘制零件图。

(5) 完成零部件三维造型。

(6) 进行优化设计计算。

(7) 编制设计计算说明书，进行课程设计答辩。

13.4.1　第 11 题：简易卧式铣床传动装置的设计

设计用于简易卧式铣床的传动装置(图 13-12)。

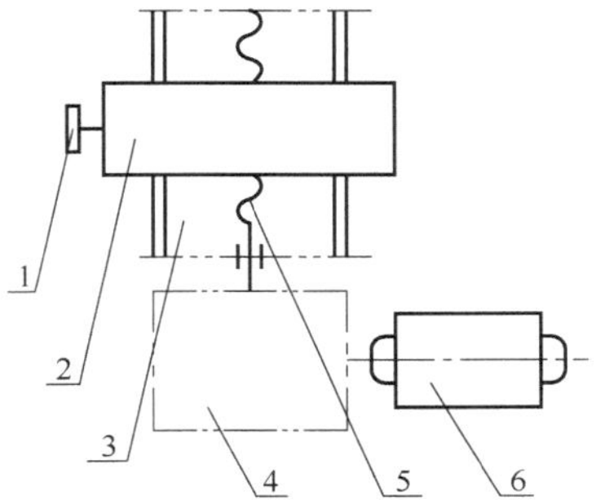

1-铣刀；2-动力头；3-导轨；4-传动装置；5-丝杠；6-电动机

图 13-12　卧式铣床传动装置

(1) 设计数据如表 13-12 所示。

表 13-12　第 11 题的数据表

序号	1	2	3	4	5	6	7	8
丝杠直径/mm	30	35	40	45	50	55	60	65
丝杠转矩/ (N·m)	563	765	1000	1265	1563	1891	2250	2640
转速/ (r/min)	38	36	34	32	30	28	26	24

(2) 工作条件：室内工作，动力源为三相交流电动机，电动机双向运转，载荷较平稳，间歇工作。

(3) 使用期限：设计寿命为十年，每年工作 300 天；检修期间隔为三年。

(4) 生产批量及加工条件：中等规模的机械厂，可加工 7、8 级精度的齿轮、蜗轮。

13.4.2　第 12 题：简易拉床传动装置的设计

用于拉削花键孔的简易拉床的传动装置；传动装置如图 13-13 所示。

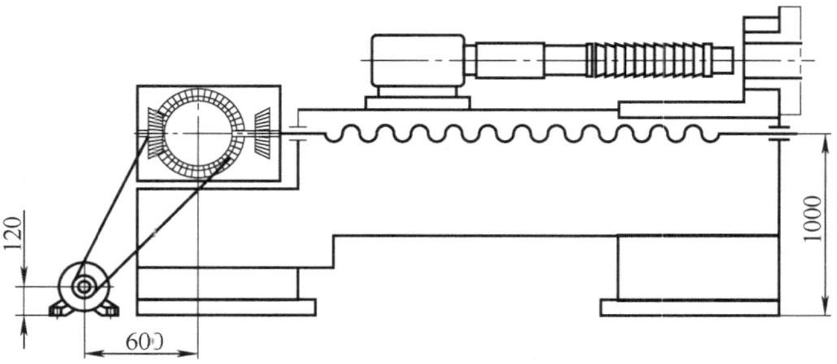

图 13-13　拉床的传动装置

(1) 原始数据如表 13-13 所示。

表 13-13　第 12 题的数据表

序号	1	2	3	4	5	6	7	8
切削力/N	81900	82200	82500	82800	83100	83400	83700	84000
拉削速度/(m/min)	0.92	1.12	1.32	1.52	1.72	1.92	2.12	2.32
丝杠螺距/mm	6	8	10	12	14	15	16	20

(2) 工作条件：两班制工作，连续运转，载荷平稳。
(3) 使用期限：工作期限为 15 年。
(4) 生产批量：中小批量生产。

13.4.3　第 13 题：加热炉装料机的设计

1. 设计题目

加热炉装料机如图 13-14 所示。

图 13-14 动画

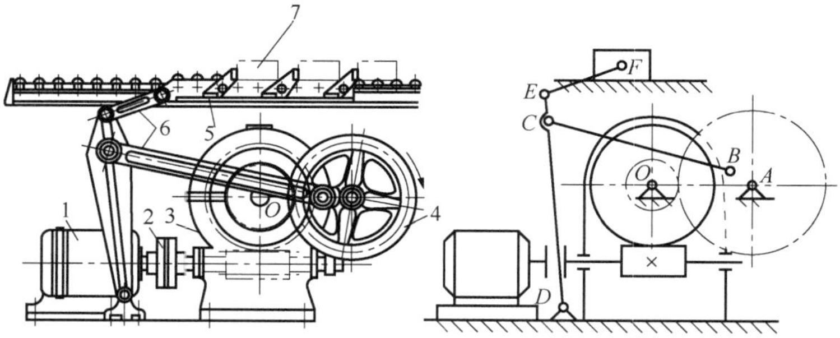

1-电动机；2-联轴器；3-蜗杆副；4-齿轮；5-装料推板；6-连杆；7-物料

图 13-14　加热炉装料机

2. 设计背景

(1) 题目简述：该机器用于向加热炉内送料。装料机由电动机驱动，通过传动装置带动装料机推杆做往复移动，将物料送入加热炉内。

(2) 使用状况：室内工作，需要 5 台，动力源为三相交流电动机，电动机单向转动，载荷较平稳，转速误差<4%；使用期限为 10 年，每年工作 250 天，每天工作 16 小时，大修期为 3 年。

(3) 生产状况：中等规模机械厂，可加工 7、8 级精度的齿轮、蜗轮。

3. 设计参数

已知参数：推杆行程 200mm。原始数据见表 13-14。

表 13-14　第 13 题的数据表

序号	1	2	3	4	5	6	7	8
电动机所需功率/kW	2.5	2.8	3	3.4	3.8	4.2	4.6	5.1
推杆工作周期/s	4.3	3.7	3.3	3	2.7	2.5	2.3	2.1

13.4.4　第 14 题：榫槽成形半自动切削机的设计

1. 设计题目

设计榫槽成形半自动切削机。

切削机的组成框图如图 13-15 所示。该机器为木工机械，其功能是将木质长方形块切削出榫槽，其执行系统工作过程如图 13-16 所示。先由构件 2 压紧工作台上的工件，接着端面铣刀 3 将工件的右端面切平，然后构件 2 松开工件，推杆 4 推动工件向左直线移动，通过固定的榫槽刀，在工件上的全长上开出榫槽。

图 13-15　切削机组成框图

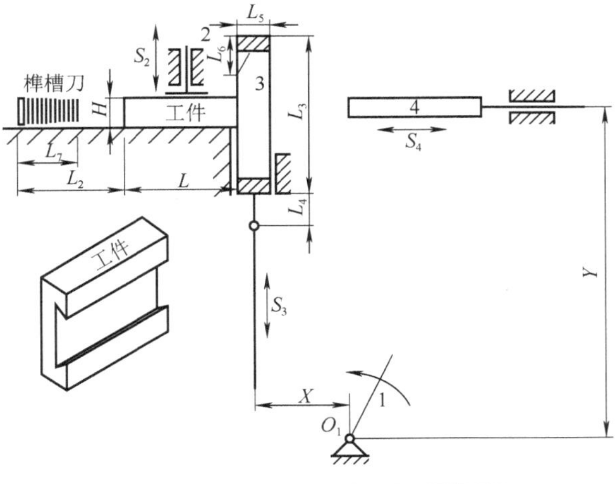

图 13-16　切削机系统工作过程

2. 原始数据及设计要求

原始数据见表 13-15。

表 13-15　第 14 题的数据表一

X	Y	H	L	L_2	L_3	L_4	L_5	L_6	L_7
50	220	10	70	30	70	30	20	18	20

设计要求及任务：推杆在推动工件切削榫槽过程中，要求工件做近似等速运动。小批量生产(共加工 5 台)，室内工作，载荷有轻微冲击，原动机为三相交流电动机，使用期限为 10 年，每年工作 300 天，每天工作 16 小时，每半年做一次保养，大修期为 3 年。其他设计参数见表 13-16。

表 13-16　第 14 题的数据表二

序号	1	2	3	4	5
推杆工作载荷/N	2000	2500	3000	3500	4000
端面切刀工作载荷/N	1500	1800	2000	2200	2500
生产率/(件/min)	80	70	60	50	40

13.5　创新类机械设计

13.5.1　第 15 题：爬楼梯车设计

1. 设计题目

设计爬楼梯车如图 13-17 所示。

2. 设计背景

(1) 题目简述。该机构用于帮助老龄及残障人士攀爬楼梯和路沿等。本装置在结构上采用轮-腿混合方式，但二者之间有各自独立的驱动系统，可灵活地适应各种场合。

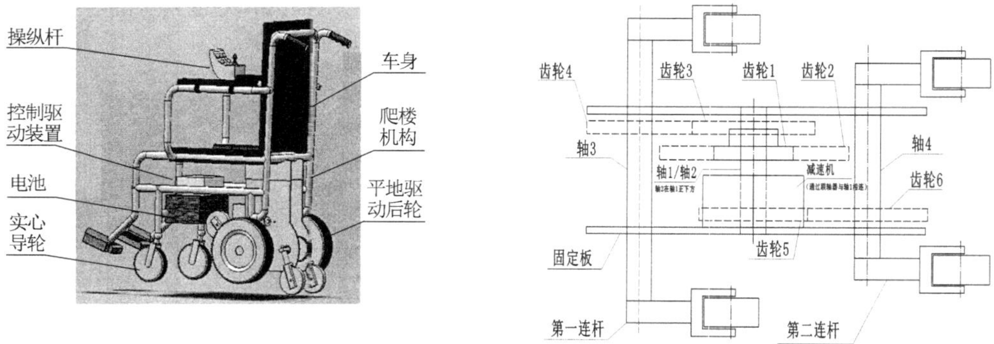

图 13-17　爬楼梯车

(2) 运动原理。减速机通过输出轴带动轴 1 转动；齿轮 1 固定在轴 1 上，并与齿轮 2 啮合，齿轮 1 的转动带动齿轮 2 转动；齿轮 2 固定在轴 2 上，其转动带动轴 2 的转动，轴 2 的两侧分别固定齿轮 3 和齿轮 5；齿轮 3 至齿轮 6 尺寸相同，因此齿轮 3 和齿轮 5 分别带动齿轮 4 和齿轮 6 做同向等速运动。

3. 工作要求及设计参数

产品为室内外通用型号，采用 48V 无刷直流电动机，额定转速 3000 转，转速误差≤5%，使用年限为 5 年，全年工作，每天 8 小时。

默认参数见表 13-17。

表 13-17　第 15 题的数据表一

名称	d_1	d_2	d_3	L_1	L_2	θ
尺寸参数(mm)或(°)	254	100	180	140	110	105

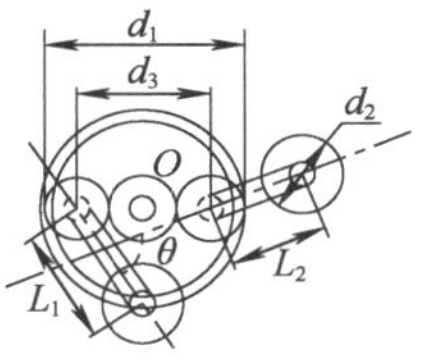

设计参数(假设人与车总重为 125kg)见表 13-18。

表 13-18　第 15 题的数据表二

序号	第二连杆需克服的最大力矩/(N·m)	爬一台阶所需时间/s	连杆的最大转速/(rad/s)	爬楼的最大功率/W
1	125	2	3.14	393
2	125	3	2.09	261
3	125	4	1.05	126

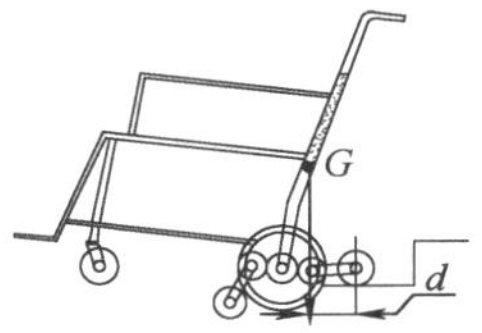

13.5.2　第 16 题：水下抓捕机器人设计

1. 设计题目

水下机器人手爪设计如图 13-18 所示。

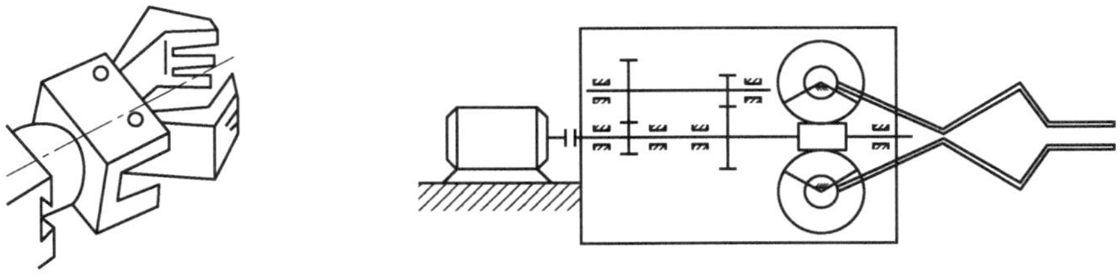

(a) 实物图　　(b) 手爪夹紧原理图

图 13-18　水下机器人手爪设计

2. 设计背景

(1) 题目简述：水下抓捕机器人在工作勘查时，利用电机驱动机械手爪对实物进行夹紧，完成抓取实物的动作目标。

(2) 使用状况：水下工作，手爪动力源为一台交流伺服电机，电机双向转动。使用年限为 8 年，每年 300 天，每天工作 10 个小时。

3. 原始数据

原始数据见表 13-19。

表 13-19　第 16 题的数据表

序号	1	2	3	4	5
夹紧力 F/N	300	330	360	400	450
夹紧速度 v/(m/s)	0.2	0.18	0.15	0.12	0.1

13.5.3　第 17 题：管道机器人设计

1. 设计题目

能源自给式管道机器人如图 13-19 所示。

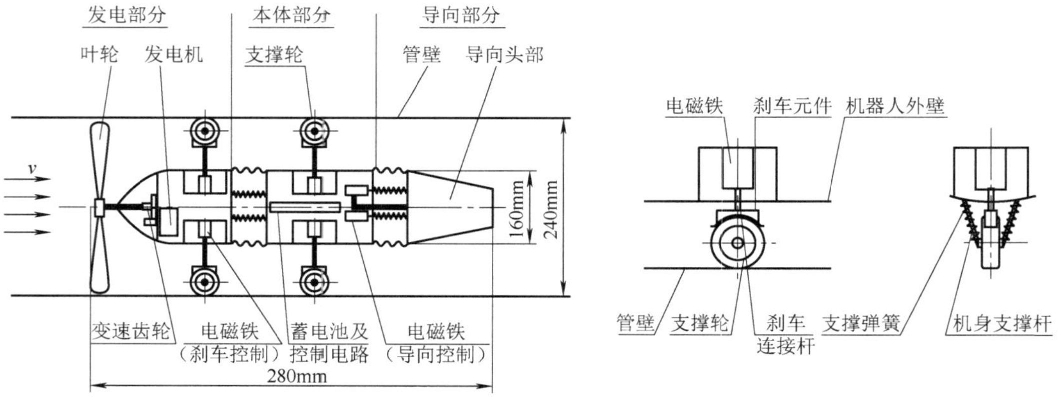

图 13-19　能源自给式管道机器人

2. 设计背景

(1) 题目简述：此管道机器人用于对管道进行检修和维护等，通过利用管道内高速流动的风，达到推动机器人运动并提供电力以达到持久工作的目的。

(2) 工作要求：产品在管道内工作，叶轮为三叶式，外壳有 6 个支撑轮，静摩擦系数μ为 0.18，电机额定转速为 3000r/min，转速误差≤5%。

(3) 计算公式如下：

$$P = 0.125\rho \pi d^2 C_p V^3 \eta_{总}$$

$$P = 2\pi nM / 60$$

$$F_{推} = 0.5\rho V^2 S \qquad (S = 0.02\text{m}^2)$$

$$f_{静} = \mu F_{压}$$

式中，V 为风速；M 为扭矩；S 为机身横截面积。

3. 设计参数

设计参数见表 13-20。

表 13-20　第 17 题的数据表

序号	额定转速 n/(r/min)	变速齿轮比	额定功率/ W	叶片直径 d/mm	空气密度 ρ/(kg/m³)	风能功率系数 C_p	机械效率 $\eta_{总}$
1	750	1∶4	10	240	2.4	0.6	0.5
2	600	1∶5	10	240	2.4	0.6	0.5
3	500	1∶6	10	240	2.4	0.6	0.5

13.5.4　第 18 题：海底行走车设计

1. 设计题目

海底行走车的箱体由 4 个三角履带轮行走系统支撑，每个履带单元如图 13-20 所示。

2. 设计背景

(1) 题目简述：海底行走车是搭载各种执行机构在海床上行走、勘探、采样的移动平台，多采用履带式。密封箱体内安装有直流电机、传动机构，驱动箱体外履带运动。

(2) 设计要求：传动部分结构简单紧凑，传动高效可靠。

图 13-20　海底行走车

3. 设计参数

设计参数如表 13-21 所示。

表 13-21　第 18 题的数据表

序号	1	2	3
扭矩/(N·m)	10	15	20
行走速度/(m/s)	0.3	0.2	0.1

13.5.5 第 19 题：仿生机械设计

1. 设计题目

飞行器机构原理图如图 13-21 所示。

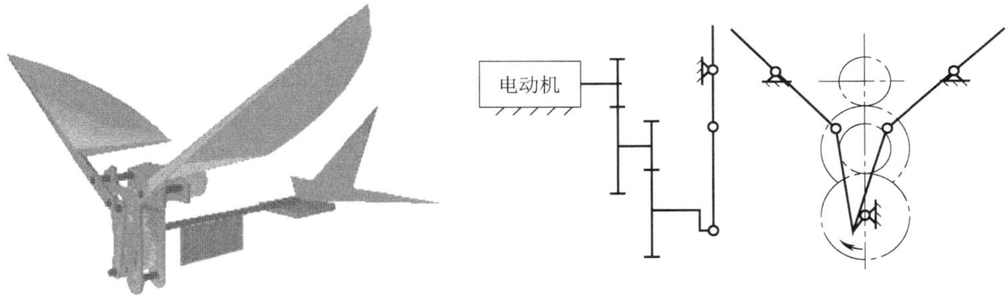

图 13-21　飞行器机构原理图

2. 设计背景

(1) 题目简述：微扑翼飞行器是一种模仿鸟类或昆虫飞行的新概念飞行器，与固定翼和旋翼飞行器相比，具有较强的机动性，比固定翼和旋翼飞行更具优势。

(2) 设计要求：采用微型直流电动结构简单紧凑，传动高效可靠。

3. 设计参数

根据给定设计公式(m 为机构质量，数据见表 13-22)：

飞行功率输出 $P_{fly}=45.21m^{0.728}$；　翼展 $b=1.237m^{0.368}$；　扑翼频率 $f=3.991m^{-0.202}$。

表 13-22　第 19 题的数据表

序号	1	2	3
质量 m/g	30	45	60

附录　机械设计综合训练重点难点微视频

附 1　自升式和半潜式钻井平台

自升式钻井平台是用于海洋油气勘探开发的设备，具有独立升降的能力，主要由平台结构、桩腿和升降传动装置等组成。

附 2　船舶甲板机械

甲板机械是指机舱之外所有依靠动力驱动的船舶设备，此处以散货船为例，介绍螺旋桨、舵机、锚机、绞缆机和起货机等的作用和设计要求。

附 3　船用锚机及舵机设备简介

介绍船用锚机的分类、组成以及应用，讲解了舵设备的组成和舵的类型，以及舵叶的控制方法，各种液压舵机的组成、工作原理和优缺点。

附 4　机械工程师知识体系及职业素质

介绍了机械工程师需要掌握的设计、制造、质量管理等知识体系，以及应当具备的团队精神、交流沟通等职业素养。

附 5　机械系统方案设计

介绍了机械系统方案设计的目的、内容、基本要求，重点讲解了传动系统的设计，以工程案例为对象，分析讲解各种传动类型的特点以及传动机构排放顺序的合理性。

附 6　船舶锚机方案设计

以船用锚机为例，讲解其设计规范和方案构成，重点介绍了船用起锚机的动力系统、传动方案、链轮轴装置以及制动方案与离合方案。

附 7　带传动设计实例

以 V 带传动为例，重点讲解了 V 带的型号、根数、长度，带传动的中心距，大带轮和小带轮直径的设计计算和选取确定。

附 8　船舶锚机中齿轮传动件设计

以船舶锚机中的齿轮传动件为例，重点讲解了硬齿面齿轮材料的选择、热处理方法，大小齿轮的模数、齿数、螺旋角、齿宽、分度圆直径、中心距等的设计计算和选取确定。

附 9　传动装置装配草图的绘制

引导学生正确确定箱体尺寸、主要零件的轮廓及相互位置，重点分析了调整箱体内壁线的原因、方法和步骤，完成减速器装配草图的绘制。

附 10　轴的径向尺寸确定

以高速轴为例，重点分析轴的各轴段直径的选取。

附 11　轴的轴向尺寸确定

以高速轴为例，重点分析轴的各轴段长度的选取。

附 12　轴的设计实例

重点分析轴的结构设计，以工程实例为对象，重点讲解轴的各个轴段直径和长度的尺寸确定，以及强度校核，修改轴的结构，完成轴的细节设计，画出轴的零件图。

附 13　滚动轴承的寿命计算实例

以工程实例为对象，重点讲解角接触轴承附加轴向力的计算、轴向载荷的计算，以及当量动载荷、轴承寿命的计算。

附 14　减速器装拆与结构分析

以典型二级圆柱齿轮减速器及蜗杆减速器等为对象，总体认知减速器及相关附件。重点讲解轴上零件的装配要求，轴承的使用方法以及其他零件的装配过程等。

附 15　减速器设计禁忌

重点讲解了各类减速器在结构设计时的设计技巧，以及需要关注的一些禁忌，例如传动比的分配、支撑座的刚度、输油沟和导油孔设计等。

附 16　零件图的标注

本微课主要讨论在标注零件图的尺寸时，应尽可能标注得符合加工要求，即应使图上标注的尺寸在制造、检验和测量时方便，或按工艺基准标注尺寸。

更多内容可参看中国大学 MOOC 机械设计在线平台：

https://www.icourse163.org/course/JUST-1206794818

参 考 文 献

卜炎，2002．中国机械设计大典：第 3 卷．南昌：江西科学技术出版社

陈祥华，李勇，赵建锋，2015．Visual Basic 程序设计案例教程．北京：北京邮电大学出版社

成大先，2016．机械设计手册．6 版．北京：化学工业出版社

高强，2005．包装机械设计．北京：化学工业出版社

高志，2011．机械原理．上海：华东理工大学出版社

龚桂义，1990．机械设计课程设计图册．北京：高等教育出版社

贾瑞清，刘欢，2016．机械创新设计案例与评论．北京：清华大学出版社

李威，王小群，2007．机械设计基础．2 版．北京：机械工业出版社

彭代慧，邹显春，2014．MATLAB 2013 实用教程．北京：高等教育出版社

彭文生，黄华梁，2003．机械设计教学指南．北京：高等教育出版社

彭文生，李志明，黄华梁，2002．机械设计．北京：高等教育出版社

濮良贵，纪名刚，2006．机械设计．8 版．北京：高等教育出版社

强建国，2008．机械原理创新设计．武汉：华中科技大学出版社

邱宣怀，1997．机械设计．4 版．北京：高等教育出版社

宋伟刚，2006．通用带式运输机设计．北京：机械工业出版社

孙桓，陈作模，2006．机械原理．7 版．北京：高等教育出版社

王大康，2015．机械设计课程设计．3 版．北京：北京工业大学出版社

王明强，2002．计算机辅助设计技术．北京：科学出版社

王启义，2002．中国机械设计大典：第 2 卷．南昌：江西科学技术出版社

王淑仁，2006．机械原理课程设计．北京：科学出版社

王太辰，2002．中国机械设计大典：第 6 卷．南昌：江西科学技术出版社

吴克坚，于晓红，钱瑞明，2003．机械设计．北京：高等教育出版社

吴宗泽，2009．机械设计师手册．2 版．北京：机械工业出版社

夏齐霄，雷红，2010．机械设计 VB 编程基础及应用实例．北京：国防工业出版社

杨可桢，程光蕴，2006．机械设计基础．5 版．北京：高等教育出版社

于靖军，2013．机械原理．北京：机械工业出版社

余俊，2002．中国机械设计大典：第 1 卷．南昌：江西科学技术出版社

张文莉，姜斌，2013．计算机辅助工业设计：三维产品表现．长沙：湖南大学出版社

郑文纬，吴克坚，1997．机械原理．7 版．北京：高等教育出版社

周开勤，2002．机械零件手册．5 版．北京：高等教育出版社

朱孝录，2002．中国机械设计大典：第 4 卷．南昌：江西科学技术出版社